U0157006

ARTUSI
LA SCIENZA IN CUCINA E L'ARTE DI MANGIAR BENE

————

地中海饮食圣经

烹饪中的科学和饮食的艺术

[意] 佩莱格里诺·阿尔图西　著

Pellegrino Artusi

文　铮　李承之　译

ARTUSI

LA SCIENZA IN CUCINA E
L'ARTE DI MANGIAR BENE

地中海饮食圣经

烹饪中的科学和吃食的艺术

[意] 佩莱格里诺·阿图西 著
Pellegrino Artusi

文 铮 等译

出版前言

佩莱格里诺·阿尔图西
——活在未来的美食家

LA SCIENZA IN CUCINA E L'ARTE DI MANGIAR BENE 这本家庭实用烹饪手册，在意大利通常以作者的名字直接被称为"阿尔图西"。这是一本能代表意大利美食艺术的杰作，自十九世纪末以来，它悄然走进意大利和世界其他各国千千万万的家庭，再也没有离开人们的生活。这是此类著作在意大利国内外取得的史无前例的成功。

当年，年届五旬的阿尔图西早已远离了他的家乡——位于艾米利亚-罗马涅大区中部的福林波波利，此时他对美食艺术的热爱已经变成了一种痴迷，一种伟大的直觉，他满脑子想的都是这些，甚至不惜放弃自己的生意，全身心地投入到对文化和美食的热爱中。

阿尔图西的计划伴随着意大利民族国家的诞生，这项计划具有双重目标——让意大利人拥有自己的美食艺术和民族语言。在刚刚统一成为一个国家的意大利，人们只会根据各地的习俗，用方言来表达自己的思想。在烹饪这样一个私人而又日常的领域，阿尔图西率先提出以托斯卡纳口语为基础建构烹饪语言模式，这一主张被权威语言学家们评价为一次真正的语言革命。

就烹饪本身而言，阿尔图西的出发点非常简单："营养乃生命之第一需求，致力于斯天经地义，这样才能更好地满足人之需求。"

由于气候、环境和文化等原因，在这片狭长而迷人的土地上，美食丰富多样，于是如何来展示这些美食就成了一个问题。所谓"意大利美食"并不存在，这里只有不计其数的传统家乡菜肴，各地之间千差万别，代表意大利的美食应该是它们之间相互交流与融汇的结果，这也是一面能映射出意大利历史的镜子，只有将这些菜肴汇集到一起才能尽显意大利民族美食的风采。

　　作为商人，阿尔图西曾经走南闯北，因此他的读者也遍及意大利各地，他们通过邮寄和铁路运输的方式为阿尔图西提供资料和样品，向他介绍了许多烹饪和料理的方法，保护了民族身份的多样性元素。于是，阿尔图西开始构思一部集大成的著作，与他的读者们一起1891年版开先河，为意大利民族身份的建立与国家荣誉的彰显而作出贡献。

　　为了研究精致的烹饪技法，阿尔图西以三个关键词概括了这项美食计划，并将其印在了此书的扉页上：卫生、经济、美味。（1891年版扉页附在本文之后）这样，一代一代的后来者便可以依据这一标准薪火相传，以健康、简便和热爱为原则来判断菜肴是否可口，质量是否上乘，是否应时应季，是否中规中矩。优雅的境界只有通过实践与训练才能达到，对饮食的探索也不例外，需要在艺术与科学之间不断磨砺。阿尔图西自命为一个自由主义者，一个优秀公民，对他而言，饮食既是一种享受，也是一种责任，它必将唤起人们对天然原料的尊重，对适度节俭、反对浪费的关注，从而实现超越个人和家庭层面的福祉。

　　从1891年本书初版到1911年阿尔图西去世，在长达二十年的时间里，他都在耐心工作，在烹饪和语言两方面都不断求变以创新法，不断寻求一种民族口味，使其成为意大利文化不可分割的一部分。阿尔图西预见到了随后几十年间逐渐形成的趋势，例如意大利面将成为意大利菜单上最典型的第一道菜。他是一位具有远见卓识的美食家，为我们提供的不仅仅是一本家庭实用烹饪手册。*LA SCIENZA IN CUCINA E L'ARTE DI MANGIAR BENE* 是一部集语言、文学和美食于一身的著作，对所有热爱意大利美食的人来说，都是不可不读的参考书。

阿尔图西生于罗马涅，长在托斯卡纳。他希望与家乡福林波波利城同在，因此将其命名为自己文化遗产的继承者，在这里阿尔图西基金会将继续珍视这位美食家开创的事业，收集他的记忆，推广他的美食，通过家庭烹饪的观念，传播这个美食与美酒之乡丰富的饮食文化遗产，使这座城市成为意大利美食的基地和标志。在阿尔图西基金会（www.casartusi.it）的不懈努力下，如今的"阿尔图西"已有了多种语言版本，这让他能以世界上的很多语言向人们展示意大利的美食传统。通过现在这个译本，他又要与具有数千年传统、享誉世界的中国美食展开对话。

这是一次不可思议的旅行，因此也弥足珍贵。置于这场美食文化盛宴正中的，除了丰富的地域传统之外，还有这个"中央之国"文化中一个不可或缺的元素——分享，这是人们共生的需要，也是共处的快乐。因此，"阿尔图西"得以远渡重洋，带着他的亲切、幽默和学识，说起了汉语。

在此，我们必须感谢所有为实现这一壮举而努力的单位与个人，特别是意大利驻华使馆文化处，是他们发起并实现了本书的翻译工作。还要感谢福林波波利市政府、艾米利亚-罗马涅大区政府、意大利干饲料（AIFE）协会，他们从始至终都在鼓励和支持这项出版工作。当然还要特别感谢最终让此书面世的湖南美术出版社。

这位生活在未来的美食家将继续履行他的公民使命。阿尔图西基金会将以他的名义继续执行这项任务：弘扬美善，无论遐迩。

意大利已然准备就绪，在这片阿尔图西的土地上，到处都值得您去发现和品尝。

阿尔图西基金会主席

莱拉·滕托尼

IGIENE ✶ ECONOMIA ✶ BUON GUSTO

LA SCIENZA IN CUCINA

E

L'ARTE DI MANGIAR BENE

MANUALE PRATICO PER LE FAMIGLIE

COMPILATO

DA

PELLEGRINO ARTUSI

Un pasto buono ed un mezzano Mantengon l'uomo sano.	Piglia il cibo con misura Dai due regni di natura.
Molto cibo e mal digesto Non fa il corpo sano e lesto.	*Prima digestio fit in ore.*

IN FIRENZE

PEI TIPI DI SALVADORE LANDI

Direttore dell'*Arte della Stampa*

—

1891

1891年版扉页

译者前言

佩莱格里诺·阿尔图西（Pellegrino Artusi）1820年8月4日出生于意大利北部艾米利亚-罗马涅大区的小城福林波波利，这座城镇现在已经被简称为弗利。他是家里七个孩子中唯一长大成人的。他的父亲曾在当地参加过1821年和1831年反对西班牙专制统治的起义，而且还是1831年那场起义的发起者之一。1831年3月6日福林波波利临时政府委员会发布公告，提出"自由、团结、祖国"的口号，为意大利民族国家的统一运动推波助澜。

年轻的佩莱格里诺·阿尔图西帮助他父亲从事香料贸易，他经常要到当时所属的教皇国以外出差，因此在他名下会同时有两本护照，一本是1845年签发的去的里雅斯特用的护照，另一本是1846年签发的去帕多瓦用的护照，这从一个侧面反映出该地区地缘政治与文化的复杂性。阿尔图西先后就读于贝尔蒂诺罗主教神学院和如今被誉为"世界大学之母"的博洛尼亚大学，主修文学。

1851年1月25日夜晚，人称"过客"的江洋大盗斯特凡诺·佩洛尼（Stefano Pelloni）率领手下来福林波波利劫掠，阿尔图西家也未能幸免，全家人受到威胁恐吓，以至于他的一个妹妹因惊吓而发疯，住进了精神病院。经历了这场劫难的阿尔图西决定离开家乡，到意大利中部的托斯卡纳大区生活，这里曾是文艺复兴运动的摇篮，也是意大利文化的重要发源地。多年后，阿尔图西的同乡——大诗人乔瓦尼·帕斯科利（Giovanni Pascoli）记录了阿尔图西的这段残酷记忆："宁静而文明的佛罗伦萨于1852年迎来了他。"一年后，阿尔图西迁居利沃诺继续经商，后来又回到佛罗伦萨，开了一家银行，并凭借实力、谨慎和运气经营得风生水起。

然而，阿尔图西还一直保持着对文学和文化的热爱，特别是对民族饮食文化情有独钟。1865年，当佛罗伦萨成为意大利的首都时，阿尔图西买下老城中心阿泽利奥广场上一座宽敞而安静的宅第，全身心投入到他的文化兴趣中。但他在这方面的运气远不如他从事的贸易和金融行业。1878年和1881年，他先后投资翻译和出版了《福斯科洛传》和《朱斯蒂三十封书信评注》两部著作，但几乎没有任何社会影响和经济收益，最终惨淡收场。

生活的富足使阿尔图西可以按照自己的意愿诗意地生活，比如每年他都要去维亚雷焦海滨度过几乎整个夏天，陪伴他的只有他的那些狸奴、书籍和朋友，当然还有两位私人主厨，一位是来自寓居之地托斯卡纳的玛丽埃塔·萨巴蒂尼（Marietta Sabatini）女士，一位是来自家乡的弗朗西斯科·鲁菲利（Francesco Ruffilli）先生。他的座上宾多是文化界、艺术界、学术界的精英或社会名流，例如人类学和民族学学会创始人保罗·曼特伽扎（Paolo Mantegazza）、诗人奥林多·圭里尼（Olindo Guerrini）、作家雷纳托·富奇尼（Renato Fucini）、动物学家恩里科·希利尔·吉利奥利（Enrico Hillyer Giglioli）、出版家本波拉德（Bemporad）、文学批评家亚历山德罗·德安科纳（Alessandro D'Ancona）等等。

直到1891年，70岁的阿尔图西才在他钟爱的文化事业上取得了真正的成功。他将多年来研究意大利及地中海饮食和烹饪的成果公之于世，出版了这本 *LA SCIENZA IN CUCINA E L'ARTE DI MANGIAR BENE*，虽然这一次他仍然是自掏腰包出书，却不像上两次那样亏本，且第一次就印刷了1000册。要知道，在当时的意大利，这样的发行量已经是相当可观了。

这本起初不被专业人士看好的书就像灰姑娘一样成功逆袭，一版再版，很快就让阿尔图西成了意大利家喻户晓的文化名人。这本书自问世后一直畅销不衰，20年间阿尔图西亲自编辑出版了15版，其实他的挚友保罗·曼特伽扎在1893年早就说过："您为我们提供了这本书，为我们做了一件大好事，所以我祝愿您能出版一百版。"事实表明，截止到1931年，此书已经拥有32个版本，乃至与《约婚夫妇》和《木偶奇遇记》两部文学名著一起，成为意大利拥有读者最多的书籍。

1911年3月30日，阿尔图西在佛罗伦萨去世，走过了他91年的人生。

时至今日，这本《地中海饮食圣经》仍一版再版并广泛发行，几乎成为意大利人居家必备的美食圣经，书中收集了790种菜肴的食材和烹饪技法，包括汤类、开胃菜、头道菜、二道菜和甜品，以及酒类，一应俱全。按作者自己的说法，"有了这本实用手册，你只需要知道如何拿勺子就行了"。然而，这部作品并非一本庸常的菜谱，作者的文学素养和对文化的感悟时时处处闪现于字里行间，还不断穿插掌故轶事和精彩点评，写作风格幽默隽永，这不得不让中国读者联想到比阿尔图西大一百岁的袁枚和那本浸透性灵的《随园食单》。因此，与其说这是一本菜谱，不如说它是一本品味之书，只不过作者既不是学者，也不是教授，而是一位慷慨的绅士、有格调的大厨和幽默的"美食主播"。

此外，阿尔图西还有一个更大的愿望，那就是让这本书成为意大利近代与现代饮食文化的分水岭，让人们大大方方地面对口腹之欲，不再羞于谈吃，让国民用味蕾来记住自己的家乡，爱上自己的祖国，感受民族文化的特殊意义。这是那个时代赋予他的灵感和使命。

可能让阿尔图西没有想到的是，在他离开这个世界半个多世纪后，饮食文化会随着全球化的加速、快餐思想的蔓延和地域文化差异的逐渐消失而变得单调乏味。好在20世纪几乎所有西方伟大的厨师都从阿尔图西那里汲取了灵感，他们保持着精致、优雅和传统的制作方式，坚守着对美食的敬畏和想象。1986年为抵御美式快餐泛滥而在意大利兴起的慢餐运动，以及世界各地民众的积极响应，就是一个充分的例证。

在纪念阿尔图西逝世一百周年之际，被誉为"诗人主厨"的意大利世界级烹饪大师马西莫·博图拉（Massimo Bottura）提醒意大利读者："阿尔图西勺子一挥就为我们了解自己和我们的国家铺平了道路。现在轮到我们来掌握民族烹饪的未来了。只要打开这本书，深入研究，你就会发现其中仍然充满惊喜。"

现在，我们将这本《地中海饮食圣经》呈现在了中国读者的面前，面对博大精深的中国饮食文化，这部来自意大利的美食之书也许会像当年的马可·波罗那样，为我们讲述不一样的生活，带来意味悠长的体验。另外，友善地提醒读者：书中列举的部分食材现已列为保护动物或较难购买，本书为呈现原貌不做删改，仅供参考。敬请读者根据实际情况选材烹饪，祝您有好胃口。

感谢意大利驻华使馆文化处对这项翻译出版工作的高度重视和积极推进，文化参赞孟斐璇（Franco Amadei）先生和菲德利克（Federico Roberto Antonelli）先生，以及文化专员马里奥（Mario Izzi）先生共同促成了此书中文版的诞生。感谢意大利阿尔图西基金会的专业态度和博爱精神，特别是基金会主席莱拉·滕托尼（Laila Tentoni）女士还亲自为本书中文版作序。感谢本书的出版方湖南美术出版社的社长黄啸先生、副社长王柳润女士、责任编辑曾凡杜聪先生，特别是策划人王瑞智先生，他们敏锐地发现了本书的传播价值和蕴含的文化精神。

文铮

2023 年 7 月

序

一本好似灰姑娘的书的故事

看看人的判断有多经常出错。

我那时刚结束对拙作《烹饪中的科学和饮食的艺术》最后的润色，正巧我的朋友，学者弗朗切斯科·特雷维桑（Francesco Trevisan），维罗纳的系皮奥内马费伊高中的文学老师来到了佛罗伦萨。他是一位热衷于乌戈·福斯科洛研究的学者，当选为委员会成员，负责在克罗齐教堂为这位《墓地哀思》的作者建造纪念碑。我很荣幸地借着那次机会在家里接待了他，并认为那是问他对我的烹饪书的看法的好时机。但是，天呀！在审视了我的作品之后，他对我多年的卑微努力作出了如下的残酷判决："这本书成不了什么大气候。"

我因他的意见而感到有些灰心，却又不完全信服。这使我转而把希望投向大众的评判，想要找佛罗伦萨的一家知名出版社出版此书。自许多年前为我的各种出版物花了一大笔钱以来，我一直与那家出版社的经营者们保持着一种几乎可以称得上是友谊的关系，因此我怀抱着希望，觉得他们会愿意以迁就的态度对待拙作。此外，为了增强这些先生们的信心，我提议建立一种合作伙伴的关系。眼见为实，在给他们看了我的手稿之后，我还希望能向他们展示一下我烹饪的实例，因此某一天，我把他们都请来一起吃了一顿饭。他们似乎颇为满意，那些被我邀请来作陪的客人们也十分餍足。

可我的谄媚显然是徒劳无功的。经过反复的思量和推敲之后，他们中的一位对我说："如果您的书是由唐尼写的话，我们也许能认真考虑一下。""这本书要是唐尼[1]写的，"我回复说，"那可能就没人能看懂了。那本大部头的《厨师之王》就是如此。不像我这本实用的册子，不论是谁，只要拿着一把汤勺，就能照着它捣鼓出点东西来。"

应当指明的是，出版社一般不大关心一本书是好是坏，是有益还是有害；对他们来说，只要书的封面能印上一个闻名遐迩的名字，他们就可以轻松地把书推销出去。这些名字能提供一种推力，凡在它们羽翼庇佑下出版的书籍，都能一飞冲天。

我不得不从头开始，去寻找一个要求没有那么严格的出版商。我听闻米兰另一家出版社的大名，便转向他们，因为他们宣称要出版"所有类型的音乐作品"。我想，在那个大杂烩中，我谦卑的作品或许能找到小小的一席之地。他们干巴巴的生硬答复令我感觉颇受羞辱："我们不出版烹饪书。"

我对自己说："我们别再去寻求他人的帮助了，自己承担出版这本书的风险吧！"于是，我聘请了印刷师萨尔瓦托雷·兰迪来印刷这本书。不过，在我与他商讨合同条款的过程中，我忽然有了一个主意，想把我的作品交给另一家更适合出版类似书籍的大出版社。说实话，我觉得它是所有出版社中最合适的。但是，老天呀（又来了）！看看那条件吧！

200里拉买断作品和作者权！但愿这件事和其他出版社的不屑态度能证明烹饪书在意大利已经声名狼藉到了何等地步。

听到这样一个屈辱的提议，我是如何地勃然大怒，在此不必赘述。总之我决定完全自费出版，自己承担风险。不过，由于我当时颇为气馁，

---

1 译注：唐尼是当时佛罗伦萨一家著名餐厅的店主。

为了避免彻底的惨败，我仅仅印刷了一千册。

此后不久，恰逢一场大型慈善展览会在我的出生地福林波波利举办，一位朋友写信给我，希望我能提供两本讲福斯科洛的生活的样书。由于我手边刚好没有这本书，便提供了两本《烹饪中的科学与饮食的艺术》作为替代。我真不该那么做，因为后来有人转告我说，拍得此书的人非但不欣赏它们，还示众嘲笑它们，后来又拿去卖给了烟草商。

然而，这还不是我受到的最后一次羞辱。因为我又寄了一册书给我订阅的罗马杂志。它曾登出广告说，杂志社会为所有作为礼物寄来的书发表一段书评，并美言几句。结果他们不但仅仅把我的书列在了"收到书目"里，还把书名给写错了。

终于，在经历了如此多的挫折之后，总算出现了一位慧眼伯乐为我的事业说话。凭借着其特有的敏锐而可靠的直觉，保罗·曼特伽扎教授很快意识到我的工作确有一定的价值，可能会对家庭有所帮助。他对我表示祝贺，说："通过这本书，你做了一件很有益的工作，我衷心祝愿它能再版千百次！"

"太多啦！"我回答说，"能印刷两版我就心满意足了。"后来，令我无比讶异和惊喜，甚至有点儿惭愧的是，教授在他的两次演讲中对拙作大加赞赏，并向听众们推荐了它。

此刻，看到我的书渐渐地取得了一些成绩，尽管仍很微不足道，但我终于开始有了点儿信心。我写信给我福林波波利的朋友，埋怨他们冒犯了一本有朝一日会为他们的小镇带来荣誉的书——愤怒使我无法说出"我的小镇"这个词。

第一版售完之后，带着些许踌躇——因为仍对此感到难以置信——我开始着手进行第二版印刷，这次依然只有一千册。第二版售卖一空的速度较上次更快，这给了我印刷两千册第三版的勇气。接下来是第四版和第五版，每版三千册。随后，本书在较短的时间间隔内又连续推出了六版，每版四千册。我发现，随着我这本小书年岁的增长，它似乎越来越受欢迎，人们对它的需求量也越来越大，于是在随后的三版重印中，我把发行量分别增加到了六千册、一万册和一万五千册。到如今第三十五版为止，已共有二十八万三千册书被印刷出版，且由于烹饪是一门永无止境的艺术，每次重印时总会有新食谱的添补。尤令我感到欣慰的是，本书的购买者中，不乏专业人才和饱学之士。

在为这些骄人成果感到满心喜悦的同时，我也愈加急于为公众提供更加精致、准确的版本。有一天，当发现负责出版的人并没有完全致力于实现这个目标时，我对他开玩笑说："难道连您也觉得，就因为我的书透着一股炖菜的味道，它便不值得被严肃地对待了吗？虽然我也很不情愿这么说，但要知道，根据我们这个世纪追求物质主义和生活享受的趋势，终有一天——而且这一天很快就会来到——能给人带来精神愉悦和身体滋养的这类书，会比那些科学家们写的对人类更有益处的书更受欢迎，会被更广泛地研究和阅读。"

看不到这一点的人是盲目的！那些隐士的时代，充斥着诱人、讨喜、理想的幻觉的时代，已要走到尽头了。世界正迫不及待地甚至有些过了头地迅速奔向安乐的温床，而那些懂得并能够用健康的状态抵御这种危险倾向的人，应当赢得掌声。

我就此打住这长篇累牍，但在此之前，请容我先向佛罗伦萨本波拉德出版社致以敬意和感激，他们为把拙作介绍给公众并推而广之尽了一切努力。

佩莱格里诺·阿尔图西

序诵

　　烹饪是个十足的淘气鬼。它常常叫人陷入绝望，可有时又会带来快乐，因为每当你取得成功或克服了某一困难时，便会充满成就感，甚至想唱起凯歌。

　　对谈论这项艺术的书籍要时刻警惕：它们中的大部分要么漏洞百出，要么不知所云，尤其是那些意大利烹饪书。法国的要稍微好些。但不管从哪一类中，你最多都只能获取到一些笼统的概念，而这些概念只有在你已经对厨艺有所了解的情况下才会有所助益。

　　如果你并不追求成为一名绝顶大厨，那么，你就不需要是那种生来就顶着一口大锅的天才。保持激情和专注，养成一丝不苟的习惯就够了。然后，记得总是挑选最精细的食材作原料，这将有助于你在烹饪时大放异彩。

　　实践是最好的老师，尤其是在一位经验丰富的人指导下实操。不过，即便缺少了后者，有了我的保驾护航，再投入大量的努力，我相信你也能倒腾出像样的东西。

　　我有许多熟识的朋友，且感情深厚。他们坚持让我出版本作，其盛情难却。出版此书的材料其实早已完备，只是以前单供我个人使用。现在，我仅以一个普通业余爱好者的身份把它们介绍给你。我自信不至让足下失望，因为这些菜肴我自己都已尝试过千百次了。假如第一次尝试没成功也不要灰心，我向你保证，只要怀着良好的愿景和恒心，你总会成功的，甚至会把它们改进得更好，因为我并不认为自己已经达到了完美的顶峰。

不过，眼见本书已经再版十四次（在意大利），（全球）总印刷量也达到了五万两千册之多，我或可认为，这些菜肴得到了大众的认可。而且，幸运的是，到目前为止，还没有人因为肠胃不适或其他在此提及未免不雅的症状咒我下地狱。

但是，我并不希望别人仅因我醉心烹饪就给我贴上老饕或"暴食者"的标签，正相反，我要对这种不光彩的名声提出抗议，因为我两者皆非。我爱美丽的东西，也爱美味的东西，不论我身在何处。我厌恶暴殄天物的行为，因为用人们的话来说，一切都是上帝的恩赐。阿门。

佩莱格里诺·阿尔图西

致读者

生命体有两个主要任务：生息和繁衍。因而，为了使生活本身能少些阴郁艰难，也为了人类共同的福祉，我们自然希望，对于那些把注意力投向这两种生存需求，研究并想出种种办法以尽可能地满足它们的人，即便人们不感激他们的辛劳，至少也该不吝同情怜爱之心。

第三版前言的寥寥数语中蕴含的意思，在著名诗人洛伦佐·斯泰凯蒂本人写给我的一封亲切信件中体现得淋漓尽致，我很高兴地把他的话抄录如下：

> 人类之所以能生生不息，正是因为人类有生息和繁衍的本能，并强烈地感受到想满足这种本能的需要。若说需求的满足总是伴随着某种感官的愉悦，那么满足维生需求伴随的是味觉上的愉悦，繁衍则是触觉上的愉悦。如果人类不再感受得到对食物的渴求或性的刺激，那我们距离终结也不远了。

因此，味觉和触觉是最为紧要的。实际上，它们是个体乃至全人类生活中最不可或缺的感官，其他感官仅起到辅助作用。少了视觉或听觉，人也能生活下去，少了味觉器官的官能活动却不行。

那么，在感官的等级链里，对生命及其繁衍最为重要的两种感官怎么会被认为是最低下的呢？为什么觉得绘画、音乐等满足其他感官的事物是艺术，是高贵的东西，而那些满足味觉的就要下等些呢？喜欢看一幅美丽的画作或听一场优美的交响乐的人，怎么就比喜欢享用美味佳肴的人更高雅呢？难道在人类的感官中也存在"出力不讨好"[1]这样的不公吗？

这一定是因为大脑现在专制地统治着身体的所有器官。在墨尼乌斯·阿格里帕的时代它主宰着胃，现在它却没什么作用了，至少没起到什么好作用。那些从事高强度脑力劳动的人有几个有良好的消化功能呢？这群智慧的艺术家们都有种种神经方面的病征，例如焦虑症、神经衰弱；他们的身材、胸围和耐力的状态江河日下；甚至繁殖能力也每况愈下。他们身负才华，也身患佝偻病；具备纤巧的感知力，也不缺肥大的腺体。他们无法为自己提供足够的养分，只能靠咖啡、酒精和吗啡来刺激和支撑自己。他们认为导向大脑的感官比维持生存的更加高贵，而现在是时候把这一不公正的判决丢到一边了。

神圣的自行车运动呵，它使我们感受到食欲旺盛的喜悦，不顾那些衰败之事和颓丧之人！他们梦想着理想艺术，得到的却是萎黄病、脊髓痨和静脉曲张。为了空气，为了自由而健康的空气，为了使血液更加鲜红，肌肉更加强健，让我们去享用能吃到的最好的东西，并不要为此感到羞愧！把美食所应有的地位还给它！最终，即便是大脑这个暴君也会得益。这个病态的社会终究会明白，就算是在艺术领域，一场关于鳗鱼烹调的讨论比起一篇论述贝阿特丽奇的微笑的论文也毫不逊色。

人不能只靠面包活着，这话不错，因为我们还需要配面包吃的东西。我坚信，能使面包更便宜、更美味、更健康的技艺就是真正的艺术。正如书中向我们提出的箴言：让我们为味觉正名，不仅不应羞于诚实地满足它，还要尽可能好地满足它。

佩莱格里诺·阿尔图西

1　译注：原文意为"工作的人只有一件衬衫，不工作的却有两件"，形容不干活的反而能得到好处。

目录

RICETTE 食谱

肉汤、肉冻和酱汁

汤点

肉汤汤点

干拌汤点及素汤

头盘

酱

蛋

面团和面糊

馅料

煎炸类食品

清水煮肉

配菜

炖菜

冷盘

蔬菜和豆类

海鲜

烤肉

面点

蛋糕和用勺子吃的甜点

糖浆

果酱

酒

冰淇淋

其他

一些养生准则

提比略皇帝曾说过，一个人到了三十五岁以后，就不该再需要医生了。若从某种意义上讲，他这一说法不无道理，那么同样正确的是，如果及时就医，医生可以把疾病扼杀在萌芽状态，使你免于早夭。而且，即使医生无法根除疾病，至少也可以缓解症状，给人以关怀安慰。

提比略皇帝这一断言的合理之处在于，当一个人行至生命半途时，他应该已经对自身有了足够的了解，知道什么对自己有害，什么对自己有利，也应当能够通过良好的饮食习惯来使自己维持健康状态。如果他的健康没有被身体机能缺陷或内脏损伤影响，这一点应该不难做到。此外，人到了这个年龄时，就应已意识到，防患于未然，即预防性治疗，才是最好的。人应该减少对药物作用的依赖。真正有水平的医生开出的处方，用药都少而简单。

神经紧张且过度敏感的人，尤其是那些无所事事又爱杞人忧天的人，常常自觉身患千百种疾病，但实际上，这些所谓的疾病只存在于他们的臆想之中。有个这样的人在某天向医生讲起自己情况时说："我都不知道像我这样疾病缠身的人怎么活得下去！"结果，他非但仅患有几种许多人都有的小毛病，还一直活到了耄耋之年。

这些不幸的疑心病患者——他们得的就是这种病，而不是什么别的重疾——值得我们同情，因为他们无法把自己从过分夸张、持续的恐惧的桎梏中解放出来。没有什么办法能说服他们，因为他们总是对那些试图安慰自己的人的热情心存疑虑。你常能见到他们或眼神阴郁地一边把手搭在自己的脉搏上一边叹气；或面带厌憎地对着镜子观察自己的舌苔；有时夜间还会被自己的心跳惊得一激灵，从床上猛地跳起来。膳食对他们来说简直是一种折磨，因为他们不仅要操心食物的选择，还总担心自己是否吃得太多——他们担忧过量饮食会带来某种后遗症，便希望能靠节食来规避风险，结果半夜里常因节食过度要么失眠，要么噩梦缠身。他们怕自己会害风寒或胸口痛，外出时便把自己包得好像裹了芝士的猪肝，且每当出现一丝要感冒的迹象，就一层层继续添衣，直叫洋葱都相形见绌。对于这类人，任何药物都是无效的。一位有良知的医生会对他们说：去找找乐子，分散一下自己的注意力吧！觉得有精力时，多去户外散散步；如果经济条件允许，就和好朋友去旅游，你会感觉好些的。不用说，我上文中的叙述是针对那些条件优渥的阶层而言的。那些不掌握财富的人为条件所限，不得不因势利导，勉强安慰自己说，活跃而节制的生活有利于强身健体，维持健康。现在从这些引入语转入养生建议的概述，请允许我再提醒你们一些长期以来虽得到了科学的认可，却从来没有得到足够的重复的准则。首先，说到穿衣服，我要把注意力投向那些可能已做了母亲的女士们身上，并且要说：从你们的孩子还是幼儿时，就要开始让他们穿轻薄的衣服，这样，等到他们长大后，他们受气候突然变化的影响就会较小，也更不容易患上感冒或支气管炎。此外，在冬天，要是你不把屋里的暖气温度提高到12摄氏度以上，就很有可能免于肺炎的侵扰——今时今日，肺炎实在常见。

　　当第一股寒流来到时，不要忙着给自己加上厚厚的衣服。直到真正持续地变冷之前，有一件可以根据气候变化随穿随脱的外衣就足够了。而在春天临近时，请记住下面这段谚语，我认为它展现了不可辩驳的真理：

四月勿褪氅
五月缓减衣
六月除外衫
莫抛备时需

　　尽量居住在健康的环境中，即光线充足、通风良好的房子里：阳光照射到的地方，疾病都会消散。有的女士们在半昏暗的环境中待客，当你到她们家去时，常常被家具绊倒，也不知该把帽子放在何处。她们是很令人同情的：由于这种昏暗的环境，不常移步到户外的习惯，也因为女性本身就倾向于少喝酒，少吃肉，而更偏好蔬菜和甜点，你在她们身上通常看不到红润的脸颊、白里透红的肌肤和紧实的肌肉这类身体健康的标志。她们皮肉松弛，面庞就好像人们种植在背阴处，预备等到濯足节时用来装点墓穴的巢菜一样。在她们中不乏歇斯底里者、神经质者和苍白无生气者，这又有什么好奇怪的呢？

　　若你不想成为家里的累赘，就该养成什么都吃的习惯。挑食的人总会连累家里的其他人：为避免做双份菜，别人便不得不迁就他的口味。不要成为自己肠胃的奴隶，这个反复无常、动不动就耍倔脾气的内脏似乎尤爱折磨那些过量饮食的人——这一恶习常见于那些不受条件限制放肆饮食的人。你若是屈从于它，它便一会儿叫你恶心，一会儿把食物的味道从嗓子眼里直返上来，一会儿又泛酸水，直到逼着你吃上疗养饮食。如果你没有暴食的恶习，就向你的肠胃宣战，与它正面交锋，并制服它。除非它天生抗拒某一种食物，在这种情况下，便该停止战争，不要逞强争胜。

　　那些不参与健身运动的人必须比其他人生活得更加节制。关于这一点，阿诺罗·潘多菲尼（Agnolo Pandolfini）在他的《家庭护理论述》（*Trattato del governo della famiglia*）一书中讲道："我发现规律、节制地饮食，仅在渴或饿的状态下才吃喝是十分有必要的。即便是像我这样年老的人，不管是多么生冷、难以消化的东西，我总是能在一天之内将它们消化。孩子们，记住这条简单、普适又完美的准则吧！要注意了解哪些东西对你们有害，哪些对你们有益；当心前者，坚持食用后者。"

早晨起床之后，找到最适合你的肠胃状态的东西。如果觉得肠胃仍未清空，喝一杯黑咖啡就够了，而且在此之前可以先喝半杯掺咖啡的水，这会有助于摆脱消化不完全的残留物。如果你觉得自己食欲旺盛（注意别被自己的身体欺骗了，因为还有一种状态叫"假性饥饿"），急需食物——这是健康状况良好的标志，也是长寿的征兆——那么这正是你根据自己的口味，来上一份黄油吐司配黑咖啡、拿铁咖啡或热巧克力的最佳时机。消化少量的流质食物大概需要四个小时，在此之后，按照现代人的生活习惯，人们会在上午十一点至十二点左右吃固体餐食。

这是一天中的第一餐，此时人们往往胃口极佳。不过，如果你还打算在稍后享用晚餐的话，午餐不宜吃得过饱。如果你将在这一天中不怎么活动，也不打算进行体力劳动，那最好不要在午餐时喝葡萄酒，因为红葡萄酒不好消化，而作为酒精的白葡萄酒会扰乱头脑，使人无法集中注意力。

最好在上午吃饭时佐以纯净水，等一天结束时再倒上一两小杯红酒。还有一种习惯是饮茶，既可以喝纯茶，也可以在里面加一些牛奶。我认为这是一种很好的补充：它不仅不会给肠胃带来额外的负担，而且作为一种温热的、刺激神经的补品，还能促进消化。

晚餐是一天中最重要的一餐，我认为它可称得上是个家庭派对。在这一餐里，人们可以放纵自我，尽管夏日比冬天稍稍收敛一些，因为在天气炎热时，人们需要更清淡、更好消化的食物。自然界动物和植物两大王国中有广泛而多样的营养供给，以肉类为主的食物，都有助于良好地消化吸收，配以陈年干葡萄酒时更是如此。但要注意，不要过量食用那些利于排泄的食物，也不要用大量的葡萄酒冲蚀你的肠胃。在这一点上，有些健康专家会提议晚饭时只喝水，而把葡萄酒留到用餐结束时享用。如果你有这个勇气，不妨尝试一下，对我个人而言这有些过于严苛了。

有这样一条良好的准则：晚饭时，只要一感到反胃，就立刻住嘴，转向甜点。另一个避免暴饮暴食后肠胃不舒服的好办法，就是在吃过大鱼大肉的第二天保持清淡的饮食。

晚餐后来点冰淇淋并没有坏处，相反，它会对你有好处，因为它能为肠胃带来消化所需的热量。不过，要时刻注意，除非实在口渴难耐，不要在一餐与另一餐之间喝酒，以免影响消化——这一自然界的最高化学活动必须不受干扰。

午餐和晚餐之间应该留出七个小时的间隔——这正是充分消化所需要的时间。实际上，对于消化系统运行较慢的人来说，七个小时也是不够的。因此，如果一个人在十一点吃午饭，最好等到晚上七点再吃晚饭。实际上，在肠胃发出坚定的饥饿信号以前是不应当去吃饭的，而如果通过户外散步或其他适度、愉悦的运动来刺激食欲，这种需求就会更快地变得迫切。

前文提及的阿诺罗·潘多菲尼写道："运动是涵养生命之法；它能激发自身热量和自然的活力，有利于排出多余、有害的物质和湿气，增强身体和神经强度。它对于年轻人来说是必要的，对于老年人也是有益的。那些拒绝运动的人，就别想生活得健康愉悦。书中说，苏格拉底亦会在家中舞蹈、跳跃以锻炼身体。简单节制，休息得当，保持愉悦的生活方式比任何药物都利于健康。"

故此，节制和锻炼是健康所倚仗的两大支柱，但要注意"过犹不及"，有机体的持续排泄需要补充。要提防从一个极端落入另一个极端，即从营养过剩变成营养不良，因为后者也会使身体衰弱。

在青少年时期，也就是成长的时期，人体需要大量的营养；而在成年时期，尤其是在步入老年以后，节制饮食就成了延长生命所必需的良习。

对于那些依然保持着我们父辈的良好风俗，在正午或一点钟吃饭的人，我想再次引用那句古老的谚语："午饭后要站立，晚饭后要行走。"然后我还要提醒大家，消化过程是从嘴里开始的。所以我认为再怎么提醒你们保护牙齿都不为过，因为只有牙齿状态良好，才能更好地咀嚼和磨碎食物。用牙齿磨碎的食物因为有了唾液的帮助，比在厨房里切碎、捣烂的食物要更好消化。后者虽然不怎么需要咀嚼，对胃来说却是更沉重的负担，仿佛牙齿因自己的部分工作被抢走去而深感愤慨似的。实际上，通过充分的咀嚼，人们可以更好地消化和享受许多原本被认为难以消化的食物。

遵循这些准则的指引，你就能够好好调养你的肠胃。若你脾胃虚弱，它们能帮助你增强肠胃功能；若你生来就有一副健壮的肠胃，它们则能帮助你在不使用任何药物的情况下维持它的良好状态。远离帮助排泄的药，因为频繁地使用它们可能会带来灾难性的后果，除非实在情况紧急，不然应该尽可能地减少服用量。动物们常常通过它的本能——有时也许也有理性的成分——教导我们应该如何进行自我调节：每当我亲爱的朋友西庇隆[1]经受消化不良之苦时，它就会禁食一到两天，并在屋顶上来回奔跑，帮助自己消化。真正令人扼腕的是那些可悯的妈妈们。她们出于过强的母性，总是紧紧地盯着孩子的健康状况，只要发现孩子有一点儿无精打采或排泄不规律的症状，长期盘踞在她们脑海中的蛔虫作祟的傻念头就立刻发作起来——而这些蛔虫往往只存在于她们的想象中。她们会立刻求助于药物和灌肠法，而不是让孩子们自然恢复——在他们所处的这个生命力旺盛、朝气蓬勃的生命阶段，顺其自然本可以创造很多奇迹。

饮用烈酒时要格外当心，一个不留神可能就会过量。所有的养生专家都反对饮用烈酒，因为它会给人体器官造成不可逆转的损害。唯一的例外是，在寒冷的冬夜，你可以喝上一小杯白兰地（里面甚至可以掺一点朗姆酒）。这将有助于你夜间的消化，第二天醒来时，你会发现自己的

1　译注：作者的猫。

肠胃更加轻松，口气也变得更好了。

那些任由自己沦落为酒的奴仆的人，实在是做了一件很糟糕的事。渐渐地，他们会丧失食欲，甚至只靠酒精来滋养自己。在世人的眼中，他们一路颓丧堕落，最终成了可笑、可怕、可鄙的人。从前有个商人，他每到一个城市都会站在街角，观察来往的行人，当他看到鼻头通红的人时，就会赶紧跑过去，问对方哪里可以买到好酒。还有一些好笑的故事，比如有个厨师，当他的雇主在等待晚饭时，他却把煎锅架在水槽上，还在底下疯狂地扇风，试图把火点起来。毫无疑问，即便我们忽略酗酒这种恶习在面部留下的痕迹和上述种种令人发笑的场景，每当我们见到这些酒鬼，看到他们目光呆滞、口齿不清，时不时做出一些不成体统的事时，也便忍不住地心底一沉。我们害怕会爆发争执，继而拔刀相向——这种情况时有发生。如果一个人不改掉酗酒的恶习，他对酒精的渴望只会与日俱增，到最后就会成为一个无可救药的酒鬼——而酒鬼都没有什么好结局。

那种通过药物刺激来增强食欲的行为也不值得鼓励。如果你的肠胃习惯于在外力的帮助下进行消化，它的活性就会逐渐减弱，胃酸的分泌也会受到影响。至于睡觉和休息，这二者是紧密相连的，都应当根据个体的需要调整，因为每个人的情况各不相同。有时，我们会没来由地感觉浑身不适，且找不到不舒服的原因。这没有什么别的缘故，正是缺乏恢复性的休息导致的。

现在，我预备以下述两条外国谚语简单直接地结束这一系列劝诫。愿诸君幸福、长寿。

英文谚语

早睡早起

使人健康、富有且智慧

Early to bed and early to rise

Makes a men healthy, wealthy and wise

法文谚语

清晨六点起床，十点用餐

晚上六点进食，十点上床

便可健康长寿，安享百年

Se lever à six, déjeuner a dix,

Diner à six, se coucher à dix,

Fait verve l'homme dix fois dix.

我曾给诗人洛伦佐·斯泰凯蒂（即奥林多·圭里尼）寄送过拙作（第三版），这是他给我写的信：

亲爱的先生：

感谢您还惦记着我，您绝对想象不到，收到您的著作，对我而言是多么大的惊喜！我是，且一直都是您作品最忠诚的追随者之一。我认为它是所有同类作品中——请注意，我此处说的并不仅是意大利作品，因为意大利的烹饪书总是不尽如人意；我要说，它在世界范围内，都是最好、最实用，也是最优美的。您还记得那个曾被奉为皮埃蒙特标杆的维亚拉迪吧？

"烤烧肉——给家禽去毛的方式应是用火炙烤，而不是用水炖煮。黑松露火腿牛排则应该卷成手提箱的样子，抹上黄油，放进火炉中烘烤，并且每隔一会儿就用油脂浸润牛排。把两只牛脾掏空、焯水，把肥肉团成大约软木塞大小的肉丸，作为馅料填在里面，再把它们配在牛排两边。在烤熟之后，尝尝咸淡是否合适，再在其表面涂上一层番茄酱。最后，用什锦水果和松糕作为配菜，把它们放在瓦罐中，趁热端上桌。"

书里当然找不到毫无二致的表述，但是类似的可笑菜谱俯拾皆是。

即便是其他那些"厨王""厨后""烹饪大师"的书，也不过是些从法语翻译而来、拾人牙慧的东西，或是东拼西凑而成的杂烩。一个人若想找到实用的、适合家庭烹调的食谱，就得不断摸索、猜测，免不了要犯错误。因此我要说，愿上帝保佑阿尔图西！

这封信是一曲来自罗马涅的赞歌，我在此地怀着最真诚的热情宣传您的书。赞美之声从四面八方涌来，一位近亲写信感谢我说："终于有一本不是写给'食人族'看的烹饪书了！因为我看的其他书中，总是会出现'拿起你的肝，把它切成片'之类的字眼。"

我自己也曾考虑过要写一部烹饪书，收入"霍普利教科书"系列里去。我本来准备写一本人们说的那种普及性质的书，不过，紧张的时间以及财务状况[2]的问题使我始终难以把此想法付诸实践。后来，随着您著作的出版，我彻底偃旗息鼓了。不过，我虽放弃了这个念头，却留下了一套丰富的烹调类藏书，它们在我家饭厅的架子上排列有序，相当美观。您此书的第一版，经过重新装订，夹入了衬纸，并添补了几道食谱；在这些藏书中占据着崇高的位置。第二版被我用于日常翻阅查询，而现在第三版将取代第一版的地位，因为它有您的亲笔签名。

如您所见，我了解、钦佩、推崇您的作品已有一段时间了。现在，您应该能明白我收到您善心赠送的巨著时，究竟有多么喜悦了。最初，只有我的肠胃对您怀有应分的感激之情，而现在，这种感情已经从肠胃蔓延至我整个灵魂了。因此，尊敬的先生，我对您的好意和礼物怀有最真诚的感谢，也为能把我的敬重和谢意表达给您而倍感荣幸。

您最忠诚的仰慕者
奥林多·圭里尼
于博洛尼亚
1996-12-19

2　作者认为，这是纯粹的谎言。

使我感到十分惊喜、倍感荣幸的是，女伯爵、著名教授保罗·曼特伽扎的妻子玛丽亚·凡托尼给我写了下述信件。它已被我珍藏起来，作为对我微不足道的努力的慷慨回馈：

圣特伦佐（拉斯佩齐亚湾）

1997年11月14日

亲爱的阿尔图西先生：

请原谅我的唐突，因我实在想告诉您，您的书对我而言有多么实用和珍贵。没错，它简直价值千金！我依照着您的食谱做出来的菜，没有一道令人失望。实际上，有几道是如此完美，以至于博得了不少赞扬。我告知您此事，是想向您表达我衷心的感谢，因为这一切都是您的功劳。

我做了您的梿梼果冻，并把它寄给了我身在布宜诺斯艾利斯的继子，此时它已经在去往美洲的路上了。我相信，它一定会得到应得的赞誉。由于您把每一处都写得清晰明了，按您的食谱操作实在是一种乐趣，我从中获得了巨大的满足感。

我想把这一切都告之于您，故此不揣冒昧地给您写了这封信。

我的丈夫向您致以最诚挚的问候

我则怀着满腔感激之情与您握手

玛丽亚·曼特伽扎

"庖厨喜剧"，又名"当雇主要大宴宾客时，可怜的厨师们的绝望"（这是真实发生过的事件，只不过故事里的人物使用了化名）

雇主对他聘请的厨师说："弗朗切斯科，我要提醒你：卡利夫人不吃鱼，不论是鲜鱼还是咸鱼都不行，她甚至连鱼类制品的气味都忍受不了。还有，你知道的，甘迪侯爵闻到香草的气味就犯恶心。注意菜里别放肉豆蔻和其他辛香作料，因为切萨里法官讨厌这些东西。玛蒂尔德·阿尔坎塔拉夫人吃不惯苦杏仁，所以别加在甜点中。你也晓得，我的好朋友莫斯卡蒂在自家的厨房里永远都不会用火腿、猪油、培根或者腌肉，因为它们会叫他犯胃胀气。你做菜时也不要用这类东西，免得他生病。"

弗朗西斯科一直在张口结舌地听他的雇主说话，此时终于感叹道："还有什么别的不能放吗，我的老爷?"

"实际上，根据我对客人们口味的了解，还真有一些别的点要提醒你注意。有个人不吃羊肉，因为觉得那东西尝起来和牛油一个味道；有些则不吃羔羊肉，因为它不好消化；还有人夸夸其谈，声称吃卷心菜和土豆会害他们患上鼓膜炎，会让他们在晚上睡觉时身体肿胀、噩梦连连。不过最后这些话我们丢到一边就好，不必理会。"

"好吧，我知道该怎么做了。"厨师一面走开，一面喃喃自语地补充道，"要满足所有这些先生们的要求，还要防止他们患上鼓膜炎。我要去找马可（这家里的驴），叫它行行好，给我一点儿明智的建议，再来一盘它产出来的东西，那里头肯定没有那些不能放的材料!"

肉类的营养价值

在进入正文之前，我认为应当在此处列出不同动物肉的营养价值，并按照营养价值由高到低排列它们——虽然我不敢自吹科学数值的准确性。

1. 野禽，指带羽毛的野生动物和鸽子
2. 小公牛
3. 小母牛
4. 家禽
5. 奶饲乳牛
6. 羊肉
7. 长皮毛的野味
8. 羔羊肉
9. 猪肉
10. 鱼类

鉴于动物的年龄、生活环境、饮食等都会明显地改变同一物种内部个体的肉质，亦可抹杀不同物种之间的区别，上述排序可能会引起许多反对意见。

　　用老母鸡能熬出比牛肉更好的汤。高山芳草喂养出的公羊肉比奶饲乳牛更有滋味，更富营养。某些品种的鱼类，例如加尔达湖鳟（鳟鱼的一种），比四足动物更有营养。

箴言

伪善的世界对饮食不屑一顾。然而，若不铺好桌布，借机大吃一顿，我们根本无法庆祝民间或宗教节日。

帕纳蒂诗云：

所有的社交，所有的节日
皆以饕餮起，又以饕餮止
在头脑运转前
得先填饱肚子

那有几分精明的牧师们
会为一餐饭走上十英里
或做临终祷告
或庆祝圣人节

若一切结束后缺少餐饭
赞美诗就不能光辉结束

Tutte le societa, tutte le feste
Cominciano e finiscono in pappate
E prima che s'accomodin le teste
Voglion essere le pance accomodate.

I preti che non son del meno accorti,
Fan died miglia per un desinare.
O che si faccia l'uffizio dei morti,
O la festa del santo titolare,
Se non v'e dopo la sua pappatoria
Il salmo non finisce con la gloria.

RICETTE

—

食谱

肉汤、肉冻和酱汁

BRODI, GELATINA E SUGHI

———

PITTE, PANE...
BRODI, GRAIN... E SUGHI

Instrumento per levar ogni gran caldaro dal focho

1 | 肉汤

众所周知，要做好一顿肉汤，需把肉放在冷水中，慢慢把锅里的水煮开，注意不要让汤水溢出。若您想要的不是肉汤而是美味的水煮肉，那便不必太小心，直接把肉丢进沸水中就好。大家也知道，海绵状的骨头虽能给肉汤增加滋味和香气，但骨头汤本身并不是太有营养。

托斯卡纳人的习惯是往肉汤中加入一小束香草，以使其更具香气。因为香叶进到锅里之后会散开，所以这束香草并非由叶片，而是由芹菜、胡萝卜、西芹、罗勒茎各占一小部分捆扎而成的。有的人还会放一些炭烤薄洋葱片，但洋葱有可能造成胀气，并不适合所有人的肠胃。若您想按照法式习惯给肉汤上色，只需要把糖加热至焦黄色后加水稀释再煮沸，使糖能够彻底溶解，最后将糖水储存在瓶子里即可。

为防止肉汤在炎热的夏天变质，需早晚各将其煮沸一次。

煮肉时漂在汤上层的浮沫是肉类表面的白蛋白在高温下凝结，与血红素（一种血液色素物质）结合而生的产物。

与铁锅和铜锅相比，陶制锅具导热性较差，用火加热时更好控制，因而更受欢迎。唯一的例外是英国工厂生产的釉涂层铸铁锅，它锅盖的中心有个阀门。

人们一直认为肉汤是绝佳的食物，它营养均衡，使人充满活力。但现在有医生说肉汤根本没有营养，它的作用实际上只是刺激肠胃消化液的分泌。在这个问题上，我没有资格做出决断。就把证实这个看起来有悖常识的新理论的责任留给医生们吧！

2 | 给病人喝的肉汤

一位非常有才华的专家在照顾我认识的一位身患重病的女士时，为她量身定制了一份肉汤食谱，做法如下：

把公牛肉或小牛肉切成薄片，叠放在大平底锅里，加少许盐，倒入适量冷水没过牛肉。拿一个盘子盖住平底锅，也往盘子上倒些水。先用文火慢炖牛肉6个小时，最后用大火猛煮10分钟。用一块亚麻布过滤肉汤。

仅需2千克牛肉，您便可获得2/3~3/4升肉汤。这样做出来的汤色泽鲜亮，富含营养。

3 | 肉冻

500克（约1磅）去骨牛腿肉（**见食谱323**）

1只奶饲乳牛蹄，或150克小牛蹄肉

2~3只鸡爪

2个鸡头，带颈部

鸡爪去皮切块，接着把所有材料放入锅中，倒2升冷水，加适量盐煮沸，烹煮时注意撇去上层浮沫。慢炖7~8小时，直至一半汤水蒸发。把汤汁倒进盆里，待凝结后撇去上层油脂。若肉汤无法凝结，就继续烹煮，直到它变得更加浓稠，或往里加入2片鱼胶。现在，肉冻已经初步完成了，但还需继续澄清它，使其呈现琥珀般的颜色。为做到这一点，需先用刀把70克瘦牛肉切碎，再将它放入臼中捣碎。接着，把牛肉、鸡蛋和少量水（约几汤匙）一起放进锅里，搅拌均匀，倒入冷明胶。边加热混合物边用搅拌勺搅拌它，直至沸腾；随后慢火熬煮大约20分钟，这也是品尝盐分是否合适，给肉冻上色的时机。

若想使肉冻着色，只需放两撮糖和少量水到未涂锡的金属勺子里，把勺子放在火上，烤至糖色接近焦黑，再将焦糖一点点地滴进煮沸的肉汤中，直到它变成您想要的颜色。有的人还喜欢加一小杯马沙拉白葡萄酒。

现在，拿出一块毛巾，把它在水中浸湿后再拧干。用毛巾过滤热肉汤，注意在过滤时不要挤压它。过滤好后立刻把肉汤倒进模具中。若肉汤在夏天无法很好地凝固，就把模具放在冰块上。当想把肉冻从模具中取出时，用一块蘸了热水的布包裹住模具两边即可。成型的肉冻清澈、柔软、透明，呈黄玉色，十分美观。一般来说，肉冻是与鸡肉冻或其他冷盘一起食用的。对病人而言，它也是一道理想的菜肴。如果肉冻因没有被尽快吃完而变质发苦，就再将其煮沸一次。我们也可以用同样的方式澄清肉汤和其他常见汤。

4 | 肉酱汁

罗马涅人不像距他们不远的托斯卡纳人那样口袋里随时揣着《秕糠学会词典》。因此，他们根据肉酱汁呈现的深棕色将它称作墨肉汤。

学习制备这种汤最好的方法是亲眼看一位优秀的厨师操作。但我希望，在本书指导下，即使您做出的肉酱汁达不到令人垂涎欲滴的程度，至少也能像个样子。

把薄薄的培根或腌五花肉片（最好使用后者）铺在锅底，将1个大洋葱、1根胡萝卜和1根芹菜切碎放在五花肉上，再加入几块黄油。最后，把瘦牛肉切碎或切成薄片放进锅里。任何部位的牛肉都能拿来做这道菜。为节约成本，您甚至可以使用带血的牛颈肉或被佛罗伦萨屠夫称为"边角料"（parature）的其他次等肉。烹饪时留下的碎肉、猪皮或其他东西都可以往锅里加，只要保证它们是干净的就行。撒盐和2粒丁香调味，然后把锅架在火上加热，不要搅动里面的东西。

当洋葱烧焦的香气钻入您的鼻子时，将牛肉翻面。等它完全变成棕色或近乎黑色后，浇1小瓢冷水在上面。此动作需重复3次，因为水会慢慢蒸发。最后，如果肉的重量大约为500克，就往锅中倒入1.5升热水，骨头汤更佳。小火慢炖5~6个小时收汁，这样肉的营养也能完全融进汤汁里。用网筛过滤肉汤。待油脂厚厚地凝结在汤汁上层时，把它撇掉，这样处理过的肉酱汁会变得更易消化。肉酱汁可以保存许多天，它的用途广泛，譬如可用来做美味的通心粉馅饼。

将切碎的鸡脖子、鸡头和牛肉混合在一起做出的肉酱汁味道更好。

在家里做肉酱汁时，可以把剩余的肉制成肉丸。

---

5 | 被法国人称为西班牙酱汁的肉酱

用这种烹饪方法能同时做出水煮牛肉和浓稠的酱汁。在我看来，它既巧妙又经济，因为没有任何东西浪费，酱汁还可以成为所有菜肴的良好调味料。

取1千克带骨瘦牛肉，将其中400克肉切成薄片。剩下的肉加1.5升水，按照常规方式煮成肉汤。

在锅底铺上猪油、意大利熏火腿片以及几块黄油。把洋葱切丁铺在黄油上，再将肉片放在最上层。把火调大，当肉底部开始变色后，用勺子舀一勺肉汤浇在上面。接着把肉翻面，等到另一面也变色时再浇上一勺肉汤。加盐、1粒丁香、9~10粒碎花椒和一茶匙糖调味。现在把剩下的肉汤也倒进锅里，加入胡萝卜片和由欧芹、芹菜以及其他香叶组成的香草束。小火慢煮约2个小时，然后取出肉片，过滤汤汁并撇去油脂。这种酱汁可以用于为**食谱38**所描述的肉酱汁浓汤打底，增加蔬菜的味道，或经马铃薯粉和黄油的混合物勾芡后放进意大利面中。

马铃薯粉比小麦粉更适合勾芡酱汁。

6 │ 番茄酱汁

在后文中我将讲到"番茄酱"，注意把它与"番茄酱汁"区分开。番茄酱汁制备简单，一般由煮熟、捣碎的番茄泥做成。若您觉得需要一些额外的香味，也可以往里加几小块芹菜、几片欧芹叶和罗勒叶。

汤点
MINESTRE

———

　　从前人们说汤是人类的草料，如今，医生却建议我们少吃汤水类食物，以免肚子被它填满，留不出空间给富含营养的肉类。食用肉类可以补充纤维，而面食通常由淀粉制成，易产生脂肪，造成肌肉松弛。我对这一理论没有异议，但若承蒙允许，还想提出以下建议：那些不在壮年或健康状况不佳，须受到特别照顾的人应少吃汤点，容易发胖且希望控制体重的人同样如此。最后，如果希望参加宴会的客人有余力品味多种菜肴，则提供的汤点量宜较小，口味应较为清淡。但除这些情况外，丰盛的汤点在不太奢华的一餐中总是受欢迎的，请尽情享用吧。在此原则的指导下，我将根据自己的经验列出各种汤点的食谱。

　　众所周知，**食谱427**介绍的豌豆可以为用大米、碎面条和面团制作的肉汤汤点增添风味和魅力。若您临时需要烹饪，来不及准备汤点，那么豌豆搭配**食谱75**中描述的烩饭同样美味。

肉汤汤点
Minestrein brodo

———

| 7 | 罗马涅风味帽饺 |

此面食因形状很像一个个小帽子而得名"帽饺"。本食谱选取的是最简单、清淡的做法，这样它就不会给肠胃造成负担。

180克意大利乳清干酪，
或90克意大利乳清干酪和90克拉维吉奥罗软奶酪
半块鸡胸肉，加盐和胡椒粉调味，抹上黄油烹制，
用弯月刀切成碎末
30克磨碎的帕尔玛奶酪
1个完整的鸡蛋
1个蛋黄
少许肉豆蔻、辛香作料、一些柠檬皮（若您喜欢）
一小撮盐

每个人的口味都不尽相同，因此把调料混在一起后记得品尝一下，并根据自己的喜好调整。如果没有鸡胸肉，可以用100克里脊瘦肉代替它，同样按上述方法烹调。

若奶酪太软，就撤除蛋清，只加入蛋黄。如果混合成的馅料太硬，则多加1个蛋黄。制作包裹馅料的外皮仅需以鸡蛋和面粉为原料。用面粉和鸡蛋——可以使用刚才剩余的蛋清——做一张柔软的薄面皮，拿大小如下图所示的圆形模具把面皮分割成小片。将馅料放在圆面片的中心位置，对折面片成半月形。接着，把半月形底部较尖的两端捏合在一起，一个"小帽子"就做好了。

帽饺圆面片

如果面皮被手揉干，可以在手指上蘸些水，润湿面片边缘。用阉公鸡汤烹制的帽饺风味最佳。阉公鸡是一种傻乎乎的动物，每逢圣诞佳节，它就会善良地为人类牺牲自己。现在，请按照罗马涅风俗把帽饺放进鸡汤里煮熟。在罗马涅，每到圣诞节那天，您总能听见有人吹牛说自己吃掉了一百个帽饺。实际上，那么多帽饺足以撑爆肚子，我认识的一个人就发生了这种情况。对于一个中等饭量的人来说，两打帽饺就足够了。

我将告诉您一个关于这道汤点的小故事，它可能不太重要，但或许能引发一些思考。

正如你们所知，罗马涅人对绞尽脑汁地读书没有一丁点儿兴趣。这也许是因为那儿的孩子们自婴儿时期就见惯了他们的父母什么都肯干但就是不愿意翻开书的做派。另一个可能的因素是，由于身处一个不需要怎么费劲就能过上幸福生活的地方，罗马涅人普遍认为高等教育并不是必要的。出于这个原因，百分之九十的人在上完高中后便开始闲散度日，这就是生活在罗马涅南部地区一个村庄的一对夫妻与他们十几岁的儿子卡利诺所处的情况。然而，做父亲的信奉自强不息的理念，尽管他有能力让儿子得到很好的照顾，但仍希望孩子能成为一名律师甚至一名议员——毕竟这两者之间只有一步之遥。经过无数谈话、讨论和家庭内部的争吵，他们最终决定彼此分离，让卡利诺到大城市继续学习。夫妇二人决定把儿子送去费拉拉，因为它离家最近。父亲陪同卡利诺去了那里，但他是带着沉重的心情去的，因为他不得不把儿子从慈爱母亲的怀抱里生拉硬拽出来，而前者早已被母亲的眼泪浸透了。过了不到一个星期，夫妻俩坐在餐桌前吃肉汤帽饺。在长时间的沉默和几声叹息之后，做母亲的感叹道："唉，如果卡利诺在这里就好了！他那么喜欢吃帽饺！"

这些话刚说完，他们就听到了前门的敲门声。很快，卡利诺兴高采烈地窜进了房间。

"咦，你回来了！"父亲惊讶道，"发生了什么事？"

"发生的事，"卡利诺回答说，"就是我不适合在书本上浪费时间。我宁愿被大卸八块，也不愿意再回到那个监狱。"慈母欣喜若狂，跑去拥抱她的儿子，接着转向丈夫说："让他按照自己的意愿去做吧。一个健康的傻瓜总比一个病恹恹的书呆子好。他在这儿照顾好自己就够忙的了。"事实上，从那一刻起，卡利诺就开始围着一把步枪、一条猎狗、一匹拴在漂亮小马车上的活泼的马打转，并不断地"骚扰"年轻的乡村女孩。

8 | 意式小饺子

300 克猪腰肉片

1个羔羊脑，或比羔羊更大的动物的一半大脑

50 克牛骨髓

50 克磨碎的帕尔玛奶酪

3个蛋黄，如有必要，再加1个蛋清

肉豆蔻香料

去除猪肉中的骨头和肥肉，把它放进炖锅里，加黄油、盐和少许胡椒粉烹煮。如果手边没有猪肉，可以用同样的方法烹制200克火鸡胸瘦肉代替它。用弯月刀把肉捣碎或切细，随后将动物大脑煮熟并去皮，与生牛骨髓和所有其他食材一起放入猪肉（或火鸡肉）中，充分搅拌混合。包意式小饺子的方式与帽饺一样，使用的面皮形状也相同，只不过前者比后者小一些。制作意式小饺子需要的面皮如下图所示。

意式小饺子圆面片

9 | 博洛尼亚风味小饺子

当您听到有人说起博洛尼亚烹饪时，请向其致敬，因为这种烹饪值得称赞。出于当地气候的原因，博洛尼亚烹饪偏沉重油腻，但它也是多

汁、美味且健康的。这或许可以解释为什么在博洛尼亚，活到耄耋之年的长寿老人比其他地方更常见。虽然下述意式饺子的做法比前面两种更简单，成本也更低，但当您品尝时会发现它们同样好吃。

> 30 克肥瘦相间的火腿
>
> 20 克博洛尼亚香肠
>
> 60 克牛骨髓
>
> 60 克磨碎的帕尔玛奶酪
>
> 1 个鸡蛋
>
> 少许肉豆蔻
>
> （无需盐或胡椒）

用弯月刀切碎火腿和博洛尼亚香肠，依样处理牛骨髓，但不要把它放在火上烹饪。把它们连同其余配料一起倒进鸡蛋液中，搅拌均匀。把得到的糊状物包在鸡蛋面皮中，面皮的制作方法同前**食谱8**，大小如**食谱8**所示。这种小饺子可以保存几天甚至几周。如果您想要漂亮的金黄色小饺子，那么一包完就须把它们放进烘箱中烘干。用上述食材能做出将近300个小饺子，而为了制备包这些饺子所需的面皮，您需要拿3个鸡蛋和面。

"博洛尼亚就像一座日夜不歇地举办盛宴的古老大城堡。"一位时常和朋友去那儿吃饭的人说。这句夸张之语是有一定事实依据的，一位希望将自己的名字与一项造福意大利的新事业联系起来的慈善家就利用了此事实。我所谓"造福意大利的新事业"指的是建立烹饪培训机构和烹饪学校。考虑到博洛尼亚伟大的饮食传统、出色的美食和烹饪的方式，它比其他任何城市都更适合建立这样的学校。显然，没有人愿意过多地表现出对饮食的关注，其原因很容易理解。但是，撇开表面的虚伪不谈，每个人都会忍不住抱怨糟糕的晚餐或因食物准备不当而导致的消化不良。营养是生命的首要需求，因此，照顾这一需求并以最佳方式满足它自然是合情合理的。

一位外国作家说："一个家庭的健康、幸福和精神面貌都取决于它的烹饪。因此，如果每个妇女——无论是普通主妇还是高门贵妇——都能通晓这门给家庭带来福祉、财富和安宁的艺术，那将是一件非常美妙的事。"1884年6月21日，洛伦佐·斯泰凯蒂（即奥林多·圭里尼）曾在都灵博览会的一次会议上说："我们应摆脱烹饪乃庸俗之事的偏见，因为为智慧和优雅服务的东西并不庸俗。葡萄酒生产商为创造一种令人愉快的饮料而与葡萄，偶尔也与土地本身打交道。他们受人爱戴、引人羡慕，还会被授予荣誉勋章，可同样操纵原材料以获得令人愉快的食物的厨师却不被尊敬，不被看重，甚至不被允许进入会客厅。酒神巴克斯是朱庇特的儿子，餐桌之神科莫的父母却无名无姓。然而，智者曾说：'告诉我你吃什么，我就能说出你是谁'。各个民族的特性——强壮或软弱，伟大或困苦——很大程度上都来源于他们所吃的食物。烹饪没有得到公正的评价，我们应为烹饪正名。"

故此，我认为我的培训机构应当培养年轻女性成为厨师。她们天然就比男性更加节约，更懂得如何减少浪费，因此很容易找到烹饪相关的工作。而且，一旦她们把自己掌握的烹饪技艺带入中产阶级家庭，它就可以作为一剂良药，治愈家庭中因饮食不佳而产生的争吵。我听说托斯卡纳市一位聪明的女士曾为了掌握烹饪技艺而扩大自己狭小的厨房，使之成为一个能令她更舒适地享受我的书的地方。

我的想法仍处于萌芽状态，尚不成熟，如果其他人认为它有价值，尽可以利用、发展它来获利。我认为，接受私人订单并出售已经制作完成的饭菜的经营形式较为直接，仅需相对偏少的初始资金和费用便可建立、推进和繁荣。

若想制作更富风味的小饺子，您还可以在现有食谱的基础上加入1个蛋黄和半块抹了黄油的熟鸡胸肉，充分混合它们和其他食材。

10 | 鸽子肉小饺子

这种饺子制备十分简便，因此非常值得在此一提。

取1只重约500克的乳鸽，去毛，准备以下食材：

> 80克磨碎的帕尔玛奶酪
>
> 70克肥瘦相间的火腿肉
>
> 少许肉豆蔻

制作这道菜不需要乳鸽的肝脏和胗，因此请先掏出内脏，再把处理过的乳鸽放进水里加盐烹煮（半小时就够了，不必把鸽子完全煮熟）。关火，取出乳鸽并剔除其骨头。先用刀，再用弯月刀把鸽子肉和火腿肉切成碎末，最后加入帕尔玛奶酪和肉豆蔻。充分搅拌馅料，使其混合均匀。

请用3个鸡蛋制作面团，因为我们将大约需要260张面皮。面皮形状请参见**食谱8**中的图示。这种小饺子可以放在肉汤或菜汤里煮着吃，也可以只加奶酪和黄油干吃，拌鸡杂酱吃风味更佳。

11 | 奶酪面包浓汤

每逢复活节，罗马涅人都会烹饪奶酪面包浓汤来隆重地庆祝节日。他们称这种汤为"特里都拉"（tridura）。这个词早在十四世纪初便已有使用，但在如今的托斯卡纳方言中，它已经失去了含义。最早写及"特里都拉"的是一份古老的手稿，其中提到它承担着认证主职授予权的作用。每年人们都要赠予卡法吉奥罗（Cafaggiolo，位于佛罗伦萨）的塞蒂莫（Settimo）修道院一个新做的木碗。木碗里面装满"特里都拉"，碗上覆盖着木条，木条上则放着以月桂装饰的10磅猪肉。世事迁徙流变，连语言和文字也是如此，但制作这道菜肴的材料始终如一。烹制奶酪面包浓汤所需的原料是：

130克擦碎而非捣碎的陈面包

4个鸡蛋

50克帕尔玛奶酪

少许肉豆蔻

一撮盐

将所有食材放进一口大锅中混合在一起，如有需要，可以再添加一些面包屑，但不要让混合物过于浓稠。倒入准备好的热（但尚未沸腾）肉汤稀释混合物，注意不要把肉汤全部倒入，留一部分备用。

在锅周围点燃炭火，锅的正下方则保持无火或小火状态。当汤开始沸腾时，试着用长柄木勺将它从锅边向内推，使其堆积在锅中心位置，但不要搅拌它。汤变稠后，将其倒进一个大汤碗中，端上餐桌。

依照本食谱做出的奶酪面包浓汤可供六人食用。

如果这道汤做得很成功，您就会看到各种食材的混合物聚集成小簇，周围则是清澈的肉汤。如果您还喜欢其他蔬菜和豌豆，就把它们单独煮熟，与其他食材混合搅拌后再倒入肉汤。

12 │ 干面包屑汤

托斯卡纳人把晒干的陈面包片称为"塞各雷罗"（seccherelli）。磨碎过筛后，它就成了烹饪材料，可以用来做汤。把干面包屑倒进沸腾的肉汤中，干面包屑的用量应与烹制粗粒小麦粉汤时小麦粉的用量相同。根据您想做的汤量，敲2个或更多鸡蛋进大汤碗里，每放1个鸡蛋就拌入一匙磨碎的帕尔玛干酪，随后把沸腾的肉汤一点点浇在上面。

13 | 粗粒小麦细扁面条

粗粒小麦面条与用普通小麦粉做的面条几乎没有什么不同，不过它煮熟后更加筋道。针对这道汤点而言，足够筋道是一种优点。此外，它的汤汁更加清淡，给肠胃造成的负担更小。

做这种面条需要使用磨得很细的粗粒小麦粉。须在准备擀面的几个小时前将其与鸡蛋混合。如果您准备擀面时面团仍然太软，可以加入几撮干粗粒小麦粉以和出软硬适中的面团，这样它就不会粘在擀面杖上。盐和其他调味料都不是必需的。

14 | 肉汤面团

这是一道令意大利人引以为傲的菜肴。但若您觉得仅为一块鸡胸肉就宰杀一只公鸡或母鸡未免不值，那么，可以等到手头有多余的鸡胸肉时再烹饪这道菜。

把200克质地绵密、淀粉含量高的马铃薯放进水里煮熟（蒸熟更佳），并将马铃薯泥过筛。往马铃薯泥中加入用弯月刀切碎的水煮鸡胸肉、40克磨碎的帕尔玛奶酪、2个蛋黄、适量盐和少许肉豆蔻。将上述食材搅拌混合后倒在面板上，再撒上30~40克（这些就足以把各种食材糅合成面团）面粉。把面团擀成约小指粗细的圆柱体，切段，再放进沸腾的肉汤里烹煮5~6分钟。

依照本食谱做出的肉汤面团可供七至八人食用。

请注意，如果鸡胸肉块太大，那么仅2个蛋黄是不够的。

15 │ 粗粒小麦粉汤（一）

边煮牛奶边不断加入粗粒小麦粉，直到形成质地稠密的混合物。将其从火上移开，加盐、磨碎的帕尔玛奶酪、一勺黄油和肉豆蔻调味，静置冷却。向混合物中打入足量生鸡蛋，直到它变成奶油状液体。取一个光滑的锡制模具，在其底部涂抹黄油，再铺一张同样抹了黄油的纸。把混合物倒入模具中，采用水浴法加热，使其质地更加浓稠。待面糊煮熟并冷却凝结后，用刀刃在模具内部刮一圈，使其与模具侧边内壁分离，底部垫的黄油纸亦有助于脱模。将混合物切成厚度与斯库多硬币[1]相仿，宽1~2厘米的小方块或圆饼。食用时把它们放入肉汤中烹煮几分钟即可。

以2个鸡蛋和1杯牛奶为原料，可做四至五人份的汤，用1杯半牛奶和3个鸡蛋做出的汤则足够八人食用。

16 │ 粗粒小麦粉汤（二）

比起上一道食谱，我更偏爱下述烹饪粗粒小麦粉汤的方法，不过这只是个人口味问题。

每个鸡蛋配以：

30克粗粒小麦粉

20克磨碎的帕尔玛奶酪

20克黄油

一小撮盐

少许肉豆蔻

1　译注：十九世纪以前的意大利银币单位。

加热黄油至熔化后，将其从火上移开，依次加入粗粒小麦粉、奶酪和鸡蛋，搅拌均匀。把混合物倒进衬有黄油纸的平底烤盘里，放入烤箱用上下火烹饪。请注意火候，烤至面糊变浓稠即可，不要将其烤焦。面糊冷却凝结后，将其从模具中取出，切成小方块或其他形状，在肉汤中烹煮10分钟即可食用。

烹饪五人份的粗粒小麦粉汤需要3个鸡蛋。

17 | 油炸圆饼汤

除了糖，这道菜的原料与**食谱182**几乎一致。以下是烹煮七至八人份油炸圆饼汤需要的食材：

100克匈牙利面粉

20克黄油

一块核桃大小的啤酒酵母

1个鸡蛋

一小撮盐

将面团擀成略薄于半指的面饼，再分成数个大小如下图所示的小圆饼。把小圆饼静置在一旁发酵，当它们膨胀成小球后入油煎炸。若没有橄榄油，可用猪油或黄油代替。预备上菜前，把经过油炸的圆饼放入汤锅，再浇上沸腾的肉汤。

圆饼直径图

18 │ 天堂汤

这是一道营养丰富,清淡易消化的汤。不过它其实与天堂毫无关联。

将4个鸡蛋的蛋清打发,再加入蛋黄搅拌混合。接着加入4勺(不必盛得太满)由干面包磨碎制成的细面包糠、等量帕尔玛奶酪以及少许肉豆蔻。

轻轻搅拌混合物以避免凝固,并将其一小勺一小勺地舀入沸腾的肉汤中。

烹煮7~8分钟即可。

按本食谱做出的天堂汤可供六人食用。

19 │ 肉泥汤

150克奶饲乳牛瘦肉

25克肥火腿肉

25克磨碎的帕尔玛奶酪

两汤匙由面包心、水和少量黄油调成的糊状物

1个鸡蛋

少许肉豆蔻

适量盐

先后用刀和弯月刀将瘦牛肉和火腿剁细,再把它们放进臼中捣成肉泥,过筛,与鸡蛋和其他配料混合。煮汤时,用小勺把混合物舀进锅里。若想追求美观,也可以用裱花枪。待肉泥充分煮熟后即可端菜上桌。

依照本食谱做出的肉泥汤足够四至五人食用,若将其同面包结合起来,则可供多达十二人食用。您可以选取前一日剩下的质量上佳的面包,把它切成小块放入平底锅中,用大量油煎至焦黄。最后,把面包块放进

汤碗里，再将肉泥汤倒在上面，一道肉泥面包浓汤就做好了。

20 | 过孔面汤

以下两种食谱除食材数量之外，彼此之间的差别很小。

烹饪四人份过孔面汤需要：

　　100 克面包糠

　　20 克牛骨髓

　　40 克磨碎的帕尔玛干酪

　　2 个鸡蛋

　　少许肉豆蔻或柠檬皮，也可两者都加

烹饪七至八人份过孔面汤需要：

　　170 克面包糠

　　30 克牛骨髓

　　70 克磨碎的帕尔玛干酪

　　3 个全蛋

　　1 个蛋黄

　　肉豆蔻或柠檬皮同上

牛骨髓的作用是使面团更加柔软，因而不必加热熔化它，只需用刀将其剁碎切细即可。将所有食材混合在一起，和成一个质地较为紧实的面团——但要留一些面包糠备用，以便在稍后有需要时添加。

这道汤点被称为"过孔面汤"是因为面团最后要从一种专用铁制厨具的孔洞中挤出，拉成面条煮进汤里。罗马涅人很看重过孔面汤，因此没有这种厨具的家庭屈指可数。实际上，由于气候原因，他们喜爱各种鸡蛋面食，简直没有一天少得了它们。若您没有罗马涅人的工具，也可以用裱花枪制作面条。

21 | 牛肉过孔面汤

150克牛脊肉

50克面包糠

30克磨碎的帕尔玛奶酪

15克牛骨髓

15克黄油

2个蛋黄

适量盐

少许肉豆蔻

将牛脊肉放入臼中捣碎，过筛。

把牛骨髓和黄油块切碎，与肉泥混合在一起，接着加入其余食材，和成足够结实的长条形面团。用上文所述厨具将面团进一步挤压拉长，做成面条。

把面条放入肉汤中烹煮10分钟即可。依照本食谱做出的牛肉过孔面汤可供六人食用。

您也可用鸡胸肉或火鸡胸肉（生熟皆可）代替牛脊肉。

22 | 乳清奶酪²汤

这道菜的做法同**食谱7**中帽饺馅料的做法一样。不同之处在于，不需要将馅料包裹在面片中，而是用勺将其小团小团地舀进煮沸的肉汤中。一旦柔软的混合物变硬，就立即把它连同肉汤倒入汤碗，端菜上桌。

23 | 榛粒粗麦面汤

300毫升牛奶

100克粗粒小麦粉

20克磨碎的帕尔玛奶酪

1个全蛋

1个蛋黄

一块核桃大小的黄油

适量盐

适量面粉

少许肉豆蔻

把黄油放入牛奶中加热。牛奶沸腾后，一点点地倒入粗粒小麦粉并撒盐调味。粗粒小麦粉煮熟后，把锅从火上移开，静置至热而不沸时加入鸡蛋、帕尔玛奶酪和肉豆蔻，搅拌均匀。待混合物冷却后，将其倒在铺有面粉的面板上。把混合物同面粉和在一起，卷成细圆柱状的面团。接着，把面团切成大小相当的小块，揉成榛子大小的面球。将面球扔进沸腾的肉汤里，烹煮片刻即可盛出食用。通常情况下，把混合物和成面团需要25~30克面粉，但这一数字并不固定，需视混合物的浓稠度而定。

2　译注：乳清奶酪，即意大利里科塔奶酪。

依照本食谱做出的榛粒粗麦面汤可供五至六人食用。

24 | 炸面团汤

烹制炸面团所需的面糊与**食谱184**中描述的面糊相同，只是配料里少了摩泰台拉香肠，因而请参照该食谱制备面糊。用其所列食材，您将能做出可供八至十人食用的炸面团。面团吸收汤汁会膨胀，因此需把它们做得像榛子一样小。用木勺舀起调制好的面糊，再拿餐刀的刀尖蘸着它放进沸腾的热油里，使面糊变成一个个小圆球。炸面团的油可以选用猪油或黄油。煎炸过后，把面团放入汤碗，浇上热肉汤，即可端上餐桌食用。

若想在吃饭时更迅速便捷地烹饪这道菜，可提前一天就调好面糊，等到第二天早上再炸面团。冬天时，即使提前几天炸好面团，它的口感也不会受到影响。

25 | 乳清奶酪砖汤

200克乳清奶酪

30克磨碎的帕尔玛奶酪

2个鸡蛋

适量盐

柠檬皮及少许肉豆蔻

加热熔化乳清奶酪并用网筛过滤，随后加入其他配料及鸡蛋。把所有食材搅拌均匀，倒入底部铺有黄油纸、四壁光滑的模具中，用水浴加热法将其蒸熟。静置冷却后，抽出模具底部的黄油纸，取出混合物，将其切成1厘米见方的小块。把做好的奶酪砖块放入汤碗，浇上热肉汤即可端上餐桌食用。

依照本食谱做出的乳清奶酪砖汤可供五至六人食用。

---

26 | 千卒汤

为一群人烹饪这道菜时，按人头计算，每人半个鸡蛋就足够了。

首先准备一个容器。您准备了几个鸡蛋，就放几满勺面粉到容器里。接着，依次放入磨碎的帕尔玛奶酪、肉豆蔻、盐，最后加入鸡蛋，将所有食材搅拌均匀。透过一个缝隙较宽的网筛把混合物滤入沸腾的肉汤，边倒边搅拌肉汤，烹煮片刻即可。

---

27 | 牛奶面汤

60 克面粉

40 克黄油

30 克帕尔玛奶酪

400 毫升牛奶

4 个鸡蛋

适量盐

可根据个人口味添加少许肉豆蔻

加热黄油，待它熔化成液体后倒入面粉并搅拌均匀。当液体开始变色时，一点点倒入牛奶。继续烹煮几分钟，随后把混合物从火上移开，加入调味料，静置冷却后放入鸡蛋。参照**食谱15**用水浴加热法烹饪混合物，后续烹饪步骤也与粗粒小麦粉汤一致。

依照本食谱做出的牛奶面汤可供八至十人食用。

28 | 天使面包汤

150 克细面包心

50 克肥瘦相间的火腿肉

40 克牛骨髓

40 克磨碎的帕尔玛奶酪

适量面粉

1 个全蛋

1 个蛋黄

少许肉豆蔻

　　用热肉汤浸润面包心，再将其包裹在厨用毛巾中，用力拧出汤汁。把火腿切碎，用刀面拍碎牛骨髓，持续碾揉直至它变成糊状。混合以上三种食材和帕尔玛奶酪，再打入鸡蛋。

　　将混合物铺在撒有干面粉的面板上，再撒一层面粉——100克左右即可，揉成数个榛子大小的柔软面球。把小面球放进沸腾的肉汤里，烹煮10分钟即可食用。

　　依照本食谱做出的天使面包汤可供十至十二人食用。

29 | 马铃薯面球汤

500 克马铃薯

40 克黄油

40 克磨碎的帕尔玛奶酪

3 个蛋黄

少许肉豆蔻

将马铃薯放入水中煮熟（蒸熟更佳），去皮，趁热过筛并撒盐调味。接着加入其他食材，充分搅拌混合。把混合物倾倒在撒有干面粉的面板上，搓成细长的圆柱体，这样面粉就只会附着在外层，不会卷入混合物中。将圆柱体切成小块，揉成榛子大小的面球，放入适量橄榄油或猪油中煎炸。最后，把炸好的面球盛进汤碗，浇上沸腾的肉汤。

依照本食谱做出的马铃薯面球汤可供八至十人食用。

---

30 | 米面球汤

100克大米

40克黄油

40克磨碎的帕尔玛奶酪

1个蛋黄

少许肉豆蔻

适量盐

把大米放进牛奶（500毫升牛奶即可）中熬煮，待其成为质地十分黏稠的米糊时，加黄油和盐调味，把锅从火上移开。待米糊稍稍冷却后，放入蛋黄、帕尔玛奶酪和肉豆蔻。后续烹饪步骤请参见上一条食谱。米糊面球比用马铃薯做成的面球更富风味。

依照本食谱做出的米面球汤可供六人食用。

---

31 | 双色汤

这是一道清淡易消化的汤点，最得托斯卡纳女士们的欢心。然而，它在罗马涅人的餐桌上却不受欢迎，居住在这片以美味意面闻名的土地上的人们偏爱筋道弹牙的口感，不喜欢吃太软的食物。他们尤其讨厌木薯粉的糊状质地，常常一见它便感到反胃。

> 180 克面粉
>
> 60 克黄油
>
> 40 克帕尔玛奶酪
>
> 400 毫升牛奶
>
> 2 个全蛋
>
> 2 个蛋黄

32 | 肉馅面包浓汤

取半块鸡胸肉，一小块肥瘦相间的火腿肉及一小块牛骨髓，混在一起剁成肉馅。加磨碎的帕尔玛奶酪和少许肉豆蔻为肉馅调味，并用鸡蛋液做黏合剂，把所有食材和在一起。因火腿本身盐含量较高，制作肉馅无须额外加盐。

取一块长条陈面包，将它切成数片厚约半指的圆形面包片，剥去面包皮。把准备好的肉馅涂抹在半数面包片上，再把剩余的面包片一一覆盖在肉馅上方并用力按压，使上下两层面包片紧密粘连。把填好了馅的圆面包片切成小方块，根据地区习惯或个人口味，选择纯猪油、橄榄油或黄油煎炸它们。

准备上菜前，把炸好的小方块放入汤碗，浇上煮沸的肉汤即可食用。

33 | 橙盖鹅膏菌浓汤

每到吃蘑菇的季节，您就能做这道菜。您可以把它端上任何一张高贵的餐桌，因为它的格调足以与它们相配。

"橙盖鹅膏菌"即**食谱396**中描述的橙黄色蘑菇。取600克橙盖鹅膏菌——实际上，经清洗和去皮后，剩下的蘑菇也就500克左右。把它们洗干净，切成薄片或小块。

接着制作调味料。把50克猪油、一小撮欧芹、50克黄油和3勺油一同放进锅里加热。当它们开始变色时，加入蘑菇和盐。待这些食材被煎至半熟后，把所有东西倒入热肉汤中再煮10分钟。把汤从炉子上移开之前，放1个鸡蛋、1个蛋黄进锅里，再撒一把磨碎的帕尔玛奶酪。一点点地把汤倒入汤碗，边倒边搅拌。最后，加入烤面包块——但不要放得太多，以免汤汁被其吸收。

依照本食谱做出的橙盖鹅膏菌浓汤可供六至七人食用。

若只打算做一半的量，放1个鸡蛋就足够了。

34 | 黄南瓜浓汤

将1千克黄南瓜去皮并切成薄片。加2勺肉汤把南瓜煮熟，用网筛过滤熟南瓜泥。

往锅里放入60克黄油和两匙面粉，加热搅拌成糊状。当黄油面糊开始变成金黄色时，调成小火慢煨。随后，把南瓜泥和足供六人食用的肉汤倒入锅中烹煮。南瓜汤做好后，趁热将其浇在炸面包块上，配以磨碎的帕尔玛奶酪食用。

若您掌握了正确的烹饪方式，并选用滋味上佳的肉汤搭配南瓜，做出的黄南瓜浓汤必定口感清爽，适合所有宴会场合。

35 | 豆泥油汤

由于做这道菜需要把豌豆碾成泥，所以挑选原料时，不必专挑最嫩的豌豆。用400克去壳豌豆就足以做出六人份当下时兴的菜式——汤汁偏少的汤点。将豌豆泥放入肉汤烹煮，并加入由欧芹、芹菜、胡萝卜和罗勒叶捆成的香草束。汤汁入味后,将香草束拣出丢弃。豌豆泥煮熟后,放入2块用黄油煎过的面包片,令它们充分吸收汤汁。用网筛过滤所有食材。最后,加入适量肉汤稀释混合物。若您有肉酱汁,也可以加一些进汤里。烹饪这道菜须选用质量上乘的陈面包,将其切成小块,用黄油煎一道。

36 | 健康浓汤

任意地方的任何一个菜园都能提供烹饪这道菜需要的原料。例如,若您手头有胡萝卜、酸模、芹菜和白菜,就将白菜切丝,用力攥出其中的水分,也可加热白菜,使其水分进一步蒸发。把酸模连茎洗净,胡萝卜和芹菜切成约3厘米长的丁,与白菜一同放进锅里,加少许盐、一撮胡椒和一块黄油。待蔬菜充分吸收了黄油后,倒入肉汤烹煮它们。烹煮蔬菜的同时请准备好面包。做这道菜须用质量上乘的陈面包。把面包切成小方块,用黄油、初榨橄榄油或猪油煎炸。煎面包需要大量的油脂,因此,为防止面包变得过于油腻,需待油热后再放入面包。您也可以先煎半指厚的面包片,再将其切成小方块。一切准备就绪后,把面包放进汤碗,浇上已煮沸的汤汁,即可端菜上桌。

若想追求美观,可用专业食品雕刻刀把蔬菜切成迷人而优雅的形状。

37 | 酸模浓汤

200克酸模
1棵莴苣

将蔬菜洗净、沥干、切丝并开火烹煮,煮熟后加一小撮盐和30克黄油调味。往汤锅里放入2个蛋黄,倒少量温热的肉汤。将已调好味的蔬菜一点点放进锅里，再倒入烹制浓汤所需的适量热肉汤，边倒边不断搅拌。把煎面包块放进酸模汤里，端上餐桌，再撒一层磨碎的帕尔玛奶酪。

依照本食谱做出的酸模浓汤可供五人食用。

38 | 肉酱汁浓汤

某些厨师装腔作势，滥用那种听似响亮却无意义的烹饪术语。按照他们的说法，本食谱所描述的汤应该被称为Mitonnée。如果我为了取悦那些在异国习俗面前卑躬屈膝的人，也往书里塞进大量洋腔洋调的拗口名词，谁知道我会变得多么有声望呢！但是，为了意大利的尊严，我写作时竭尽所能地选用我们优美而和谐的本土语言，也很乐意用简单自然的名字称呼这道汤点。

想要做好这道菜，首先得知道如何烹饪美味的西班牙酱汁（**见食谱5**），这可不是每个人都能做到的。

烹饪四人份的西班牙酱汁需要500克牛肉和一些鸡脖子，若您有做其他菜时剩下的边角碎肉，也可以加一些。除此之外，这道汤还需要大量蔬菜作为原料。您可以依据时令选用芹菜、胡萝卜、甘蓝、酸模、西葫芦、豌豆甚至马铃薯等蔬菜。马铃薯和西葫芦需切丁，其余蔬菜则需切片。将所有蔬菜煮熟，捞出后用黄油煎一道，再加一些西班牙酱汁浸没蔬菜。把一大块面包切成半指厚的面包片，煎至焦黄色后再切成小方块。这道菜要连锅端上桌，因此最好选一口体面像样的平底锅或煎锅作容器。往锅里叠铺食材的顺序如下所述：先放一层面包，再铺一层蔬菜，最后撒一层帕尔玛奶酪末，如此反复。待最终浇上酱汁后，就不要再搅动肉汤了。用盘子和餐巾盖住锅口，将其置于近火处保温静置半小时后端菜上桌。

有必要提醒诸位，这道菜中的汤汁极易被蒸干。因此，最好额外留存一点酱汁，若食用时觉得太干，就把它加进菜里。

39 | 女王汤

一见这名字，人们就不禁要猜测这道菜是所有汤中最好的。它当然是最杰出的菜式之一，但这个名字有些言过其实了。

女王汤的原料是去皮剔筋的无骨鸡肉。用弯月刀把鸡肉切成碎末，放入臼中，同5~6颗去皮甜杏仁和在牛奶或肉汤里浸泡过的面包心一起捣碎。面包的数量应为鸡肉的1/6~1/5。充分研磨所有食材，用网筛过滤一道，再将它们放入汤碗，浇上一勺热肉汤。

把面包切成小块，用黄油炸至金黄后放进汤碗里。最后，倒入沸腾的肉汤，把各种食材搅拌均匀，配以帕尔玛奶酪端上餐桌。

若某一餐后有烤鸡或煮鸡剩余，这道汤点最有助于消耗剩菜。不过，只用烤鸡肉口感最佳。

杏仁能赋予女王汤乳白的色泽，但最后做出的汤不应太稠。有些人还会往汤里放入煮熟的蛋黄。

40 | 西班牙风味浓汤

取小母鸡或阉公鸡的胸脯肉，将其切成小块，用小火烹煮，加黄油、盐和胡椒粉调味。若黄油无法提供足够的水分，可加入少量肉汤。鸡胸肉煮熟后捞出。把一块拳头大小的面包心放进锅里剩下的肉汤里，边加热边搅拌，直至形成面糊。把面糊和鸡胸肉放入臼中，再加2个蛋黄和少许肉豆蔻，碾成细泥，放置在阴凉处使其冷凝。准备煮汤时（面糊甚至可以放到第二天），将它倒在撒有面粉的面板上，擀成约手指粗细的圆柱体。在刀面上涂抹干面粉，把圆柱体切成大小相等的小块，用同样沾了面粉的手将这些小块搓成榛子大小的面球。把小面球扔进沸腾的肉汤里，烹煮5~6分钟后倒入汤碗，配上用黄油或猪油煎过的面包块食用，搭配**食谱32**中描述的肉馅面包口味更佳。

这道西班牙风味浓汤风味雅致，可供十至十二人食用。

41 | 鸡蛋面包汤

这种汤的味道极淡。但由于它在国外的餐桌上十分常见，我将在此为大家描述其做法。

　　3个鸡蛋

　　30克面粉

　　一块核桃大小的黄油

首先自制面包。把3个鸡蛋的蛋黄和蛋清分开，打发蛋清，将它同蛋黄、面粉和黄油混合在一起，搅拌均匀。把混合物倒入一个四壁光滑，底部铺有黄油纸的模具中，放入烤箱或乡村式烤炉中烘烤。

待面包烤好并冷却后，将其切成方形或菱形的小块，浇上煮沸的肉汤，配以帕尔玛奶酪端上餐桌。

依照本食谱做出的鸡蛋面包汤可供六至七人食用。

42 | 卢加内加香肠[3]泡饭

除泡饭之外，威尼托人对其他汤点可谓一无所知，也正因如此，他们懂得许多种泡饭的烹饪方式。其中一种就是把米饭和香肠煮在肉汤中。但威尼托人做泡饭时习惯加完整的香肠，而我更喜欢先把香肠切碎，再同米饭一起煮。煮饭前不必淘米，只需把它们包裹在一块布里，搓去表

3　译注：卢加内加（Luganega），伦巴第及威尼托地区出产的一种香肠。

面浮灰即可。烹饪香肠泡饭时，我个人喜欢添加萝卜或卷心菜。入锅前，两种蔬菜都必须先焯水，或者换句话说，煮至半熟。接着，把萝卜切成方块，卷心菜切丝，用黄油煸炒一道。把泡饭从火上移开之前，加入一小撮帕尔玛奶酪。它能使泡饭汤变稠，还会为其增添一种令人愉悦的滋味。

43 │ 煨汤饭

我年轻时曾和一位马贩子一起做过一次长途旅行，我们的目的地是罗维戈（Rovigo）的集市。幸而我的旅伴御马有方，在他的指令下，马儿驮着我们飞速地奔驰。经过许多小时的跋涉，第二天，也就是星期六的晚上，我们又饿又累地抵达了波莱塞拉（Polesella）。进城后的头一件事自然是照料我们骁勇的坐骑的需求。待我们终于走进旅舍的门厅——那时许多小旅店的门厅既是厨房，也是餐厅——我的同伴问女店主："您这儿有什么吃的吗？""现在没有。"她回答，考虑了一会儿又补充道："我刚拧了几只鸡的脖子准备明天吃，可以用它们做一些米饭。""就做米饭吧！马上做！"他回答道，"我们快饿死了！"店主立即开始烹饪，我站在旁边，仔细观察她是如何操作的。

店主把1只鸡剁头去爪，剩下的部分切块放进一口大锅。在那锅里，由猪油、大蒜和西芹配成的炒料已显出焦黄的色泽。接着，她又往锅里加了一小块黄油、盐和胡椒粉调味。待鸡肉变色后，店主把它们放进一锅煮沸的水中，又把米饭也扔了进去。在盛出煮好的米饭之前，还撒了一大把帕尔玛奶酪末。读者们！你们真该看看她在我们面前摆了多大一盘米饭！但我们还是把它吃了个精光，因为那对我们来说既是汤、主菜，也是配菜。

现在，若是非要在波莱塞拉那位女店主食谱的基础上再提出改进意见，我认为，猪油的滋味稍嫌不足，用切细的腌五花肉代替它会更好。

番茄酱汁或番茄酱与这道菜也很搭。此外，为使米饭与鸡肉的口感更好地相合，既不能把米饭煮得过软，也不能太稀。

44 | 鹌鹑饭

用熏火腿和1/4个洋葱调制一份剁料[4]，用黄油煸炒。当洋葱开始变色时，放入已掏去内脏并洗净的鹌鹑，撒盐和胡椒粉调味。待鹌鹑肉也变色后，倒入肉汤将其烹至半熟，随后加入米饭和足以煮熟所有食材的适量肉汤。一切就绪后，撒帕尔玛奶酪调味。您可以根据个人喜好将米饭和鹌鹑捞出干吃，也可以搭配汤汁一起食用。

用4只鹌鹑和400克米饭可做出四人份的鹌鹑饭。

45 | 马尔法蒂尼[5] 汤

在那些把鸡蛋面当每日主食的地方，每一位女佣都是做鸡蛋面的大师，更别说马尔法蒂尼汤了，它可是简便料理的代表。因此，我并不是为那些省的居民，而是为那些除了用面包、大米或商店买来的面条做汤之外一无所知的人们介绍这道菜。

制作马尔法蒂尼最简便的方式就是用面粉。混合鸡蛋和干面粉，把它们放在面板上用手反复揉搓，直到和出一个质地坚实的面团。把面团切成约半指厚的面片，静置风干一段时间。接着，用弯月刀把面片切成半粒米大小的碎粒。为保证碎粒大小大致相当，可以用网筛过滤一道，或者干脆不用弯月刀而用擦板擦碎面片。有些人做这道菜时，把面粒弄得像麻雀嘴一样大，但我并不推荐，因为这样大小的面粒较难消化。事

---

4 译注：意式剁料（battuto）是许多菜肴的基础调料。它通常由切碎的腌火腿或烟熏五花肉、洋葱或大蒜以及其他调料调配而成。这些原料入锅煸炒，就可做出炒料。

5 译注：马尔法蒂尼（Malfattini），指用鸡蛋、菠菜等做的疙瘩状面食。

实上，为了使马尔法蒂尼汤更易消化，烹饪时可以用面包屑取代面粉，或加一小撮帕尔玛奶酪末和少许辛香作料调味。

当豌豆正当季时，您可以像**菜谱427**中描述的那样用豌豆搭配马尔法蒂尼汤，也可以放些切碎的甜菜，当然，两者都加也无妨。提起甜菜，我注意到，烹饪时惯于大量使用香叶的佛罗伦萨人不认识莳萝。若他们像其他地方的人一样混合莳萝与甜菜，就会发现两者能产生一种令人愉悦的香味。事实上，我曾试图将这种芬芳的香草引入佛罗伦萨，却未获成功。这也许是因为佛罗伦萨的甜菜总是成捆出售的，而在罗马涅，它们总是与莳萝混在一起，散运到市场上售卖。

46 | 库斯库斯

库斯库斯是一道源自阿拉伯地区的菜肴。摩西和雅各的后裔们在游历的过程中把它带到了世界各地，但谁也说不清它在漫长的旅行中曾多少次、如何地修改过。如今，身在意大利的犹太人用它做吃饭时的汤品。有两个人曾好心地请我品尝过它，还向我展示了其烹饪过程。为了测试，我后来又在自家厨房里做了一次，因此可以保证其正宗性。然而，我不敢保证自己能向诸位描述清楚：

> 因为，形容这奇特的混合物
> 是艰巨的工作，不可以儿戏
> 牙牙学语的舌头也胜任不来[6]

以下食材足够六至七人食用。

6　译注：此处作者夸张地化用了《神曲·地狱》XXXII，7~9行的内容。

750克小牛胸肉

150克无骨瘦牛肉

300克粗粒小麦粉

1个鸡肝

1个熟鸡蛋

1个蛋黄

各种蔬菜，如洋葱、甘蓝、芹菜、胡萝卜、菠菜、甜菜及其他

把粗粒小麦粉放进一个宽而平的陶盘或涂了锡的铜锅里，加一撮盐和胡椒粉调味。接着，舀几汤匙水，一点点滴进小麦粉中，用手掌揉搓面粉，使其膨胀、松散，呈颗粒状。加完水后，再将一汤匙橄榄油滴进面粉中，用同样的方式揉搓。整个过程大约需要半小时。处理完粗粒小麦粉后，把它放入汤碗中，用一块亚麻布盖住碗口，拿一根细绳扎紧亚麻布垂下来的部分。

接着，用牛胸肉和3升水烹饪肉汤。肉汤沸腾后，撇去浮沫，然后将装有粗粒小麦粉的碗架在汤锅上。注意确保肉汤不接触碗底，且碗能像盖子一样堵住汤锅口，这样就不会有蒸汽漏出。把粗粒小麦粉如此蒸上1小时15分钟。中途把覆盖在碗上的布揭开一次，充分搅拌小麦粉，再把碗放归原位，继续蒸煮。

用刀把150克瘦牛肉剁碎，与一块切得极细的面包心混合搅拌，加盐和胡椒调味。把混合物揉成榛子大小的肉丸，放入橄榄油中煎炸。

接着制作这道菜的拌酱。所有蔬菜洗净，切好备用。先煸炒洋葱，待其变成金黄色时加入其他蔬菜，用盐和胡椒粉调味并不断翻炒。等蔬菜中的水分蒸发之后，用肉酱汁或肉汤以及番茄酱汁或番茄酱浸润它们。加入切成片的鸡肝和肉丸，与蔬菜一同煮熟。

将粗粒小麦粉盛进一口长柄深平底锅里，趁它仍未沸腾前放入蛋黄，

再倒入部分拌酱，充分搅拌后即可起锅。取一个大盘子盛菜。做好的库斯库斯应是几乎不带汤汁的，因此您可以将其堆叠成小山包，再把煮熟的鸡蛋切成月牙形装饰在顶部。把剩下的拌酱和肉汤混合在一起，往每个人的碟子里盛一份，搭配库斯库斯食用。这样，大家每一口都能品味到粗粒小麦粉混合着肉汤的滋味。

牛胸肉可以留待之后做炖肉时用。

一通长篇大论之后，我想读者的头脑中免不了浮现出两个问题：

1. 为什么做这道菜需要那么多橄榄油？为什么总是用橄榄油？

2. 做这道菜的工序如此繁杂，真的值得吗？

鉴于这是一道古以色列菜肴，我们可以在《申命记》第14章21行中找到第一题的答案"不可用山羊羔母的奶煮山羊羔"。不过，若您不那么讲究，可以在炸肉丸时加一些帕尔玛奶酪，使其更富风味。第二个问题我可以自己回答。我认为，这道菜并不适合在盛大隆重的场合食用，但若烹饪得当，它的魅力甚至能让那些原本不习惯此类菜肴的人为之倾倒。

47 │ 意式蔬菜浓汤

意式蔬菜浓汤总会唤起我对那充斥着集体焦虑和个人不安感的一年的回忆。

那是1855年洗海水浴的季节，我正身处里窝那。当时，霍乱正在意大利的几个省份蔓延，每个人都在为那场即将到来的大流行病提心吊胆。一个星期六的晚上，我走进一家小餐馆，问："今天有什么汤？""蔬菜浓汤。"店主回答道。"好，就上一份吧。"我吃过饭，散了会儿步，就回去睡觉了。我住在沃尔通广场一幢整洁干净的新别墅里，那儿的经营者是一位名叫多梅尼奇的先生。当天晚上，我感到自己的肚子里开始翻江倒海。这令我惊惧不已，一趟趟地往盥洗室跑——意大利语明明就应该把这房间称为"难受室"或"不安房"。"该死的蔬菜浓汤！别再折腾我了!"我大喊大叫，对着所有无辜的东西大发雷霆。

第二天，我只觉得精疲力竭，干脆跳上第一班火车逃往佛罗伦萨。一到那儿，我立刻感到自己好多了。星期一，我得到一个不幸的消息，霍乱在里窝那暴发了。第一个染病去世的不是别人，正是多梅尼奇先生。我竟还埋怨那蔬菜浓汤！后来我几番尝试，改进了原本的食谱。以下是最符合我口味的做法，请诸位根据各地口味和季节时令自由修改配方。

首先，按前述食谱做一份肉汤，烹饪时往里加一把去壳芸豆。如果手头只有干芸豆，就先把它们泡软。将甘蓝、菠菜和少量甜菜切丝，在冷水中浸泡一会儿后捞出沥干。接着，把蔬菜放进深平底锅里加热，用勺子用力按压它们，挤出剩余的水分。若您要做四至五人份的意式蔬菜浓汤，就将40克肥火腿肉、1瓣大蒜和少许欧芹切细做成剁料，入锅炒熟。随后，把芹菜、胡萝卜、1个马铃薯、1个西葫芦和少量洋葱切成薄片，与炒料一起放进深平底锅里，再倒入加了去壳芸豆的肉汤。若您愿意，还可以放一些猪皮（有些人喜欢这样做），以及一点番茄酱汁或番茄酱，撒盐和胡椒调味。用肉汤煮熟所有食材。最后，加入足量大米以吸收大部分汤汁，起锅之前再撒一撮帕尔玛奶酪末。

须提醒大家的是，这道菜不适合肠胃不好的人食用。

48 | 粗粒小麦粉过孔面

150克粗粒小麦粉

30克磨碎的帕尔玛奶酪

600毫升牛奶

2个全蛋

2个蛋黄

盐、少许肉豆蔻和柠檬皮

把粗粒小麦粉放入牛奶中烹煮。若混合出的面糊太稀，就再加一些小麦粉。煮熟后加盐调味，待面糊冷却后再加入鸡蛋和其他配料。

把面糊装进配有圆形出孔的裱花枪中，始终保持裱花枪垂直于水平面，把面糊呈条状挤入沸腾的肉汤，煮硬后即可捞出食用。

按本食谱做出的粗粒小麦粉过孔面可供六至七人食用。

49 │ 西葫芦煨饭

把与大米重量相同的西葫芦切成榛子大小的小块，用黄油煸炒，撒盐和胡椒粉调味。等到西葫芦块渐呈焦黄但仍未变软之前，把它们扔进煮至半熟的米饭中，一起煨熟。

这道煨饭最好不要带有太多汤汁，西葫芦也应保持未被煮烂的原有形状。可以用水代替肉汤，但这种情况下需加入番茄酱（**食谱125**）调味。如选择这种烹调方式，在米饭半熟时把番茄酱同西葫芦一同放进锅中即可，最后还可以加些帕尔玛奶酪。

50 │ 法式洋葱浓汤

这道汤点可用肉汤或牛奶煮。以下是烹饪五人份法式洋葱浓汤所需的食材：

250克白面包

80克磨碎的格鲁耶尔奶酪

50克黄油

40克磨碎的帕尔玛奶酪

3个打发的鸡蛋

2个白洋葱

1.5 升牛奶或肉汤

把洋葱切成薄片，用黄油煸炒。当洋葱片开始变色时，加肉汤或牛奶（可以根据口味自行选择）烹煮。把洋葱煮软后捞出，碾作泥状，用网筛过滤一道。混合滤得的细洋葱泥和锅里剩下的汤汁。白面包切片或切块烘烤，叠放在汤碗里，倒入打匀的鸡蛋液，再把格鲁耶尔奶酪和帕尔玛奶酪末撒在面包上。最后，将煮沸的肉汤或牛奶倒入汤碗即可食用。若您选择用牛奶做这道菜，最好在鸡蛋液中加一些盐。鉴于汤的洋葱用量较大，肠胃不好者请谨慎食用。

51 │ 博洛尼亚风味蝴蝶面

用面粉、2 个鸡蛋、40 克帕尔玛奶酪末、少许肉豆蔻和一个面团。将面团擀平，但不要擀得太薄，随后用带扇形边缘的糕点轮将其切成约 1 指半宽的条。接着，继续用糕点轮以 1 指半的间距切割面条，得到方形面片。拿起一片面片，用手指分别把方形的上两个顶点和下两个顶点捏在一起，形成两个相连的环。将捏好的蝴蝶面放入肉汤中烹煮片刻即可。用 2 个鸡蛋就足以做出可供五人食用的蝴蝶面。

如果您喜欢这道菜，就去感谢博洛尼亚一位年轻迷人，名叫龙迪内拉的女士吧！是她好心地教会了我这道菜的做法。

52 │ 肉酱汁虾汤

若您要烹饪四人份的肉酱汁虾汤，准备 150 克虾就足够了。把虾清洗干净，加 2 勺肉汤煮熟后捞出沥干。接着，把 30 克用黄油煎过的白面包心浸入剩下的肉汤里。剥去虾壳，将虾肉放入臼中捣碎后过筛。混合浸有肉汤的面包心和虾蓉，把它们一起倒进**食谱 4** 描述的肉酱汁里，充分搅拌混合。若您手头没有现成的肉酱汁，可以用150克牛肉烹制一份。最后，往混合物中倒入肉汤，再将汤汁淋在烤面包片或经猪油或橄榄油煎过的面包块上。

这道汤点可以配上帕尔玛奶酪末一起食用。

53 | 史蒂芬尼的汤

杰出的诗人奥林多·圭里尼是博洛尼亚大学的图书管理员。他对探索求知充满激情，因而常爱深挖古代烹饪大师之遗珠。他从自己的研究中得出的惊人推论能让现代厨师们笑出声来。他热心地向我提供了以下从博洛尼亚人巴托洛米奥·史蒂芬尼的一本名为《优良烹饪的艺术》的书中摘录的食谱。巴托洛米奥·史蒂芬尼是曼图亚公爵的厨子。他生活在十六世纪，那时人们大量使用甚至滥用各种香料和调味品：无论是煮肉汤、炖肉还是烤肉，都要往里放糖和肉桂。我未遵循史蒂芬尼的部分指示，决定只用少量欧芹和罗勒作调味料。若有一日我与这位博洛尼亚大厨在另一个世界相遇，他责备我不遵循其食谱，我会自己辩解说人们的口味早已进步了。然而，在香料的使用上——就像在所有其他事情上那样——我们总是从一个极端走向另一个极端。人们减少香料使用的倾向已变得有些夸张，甚至想把香料从真正需要它们的菜肴中剔除。我还想告诉他，我曾招待过只要看见一点儿肉豆蔻就要惊愕得张大嘴巴的女士。以下是这道汤的食谱（六人份）：

120克小牛脑、羊脑或类似动物的脑子

3个鸡肝

3个鸡蛋

一撮罗勒末

一撮欧芹末

1/4 个柠檬的汁

大脑焯水，去皮，与鸡肝一起用黄油煎一道后捞出，放入肉酱汁中煮熟，撒盐和胡椒粉调味。

把鸡蛋敲进锅里，加入罗勒末、欧芹末、柠檬汁、盐和胡椒粉，搅拌混合所有配料并打发鸡蛋液。一点点地把冷肉汤倒进锅里稀释混合物，再放入切成小块的大脑和肝脏。小火收汁，加热过程中不断地用勺子搅拌汤汁，注意不要让其沸腾。在汤碗里放一些用黄油或橄榄油煎过的面包丁，待汤汁变稠后浇在面包丁上，再撒一把磨碎的帕尔玛奶酪。

此汤营养丰富且清淡易消化。不过，如果您像我一样不怎么喜欢质地柔软的食物，可以用牛胸腺代替大脑。说起这个，我认为某些特定地区的人们由于气候的原因不能随心所欲地饱餐，只好吃那些清淡、柔软、带汤水的菜式。长此以往，他们的肠胃将变得愈发脆弱，以至于无法承受任何不易消化的食物。

54 | 帕尔玛风味小蛋饺

一位我无缘得见，来自帕尔玛的女士从米兰——她和丈夫住在那里——写信给我，信件内容如下："我冒昧地将一道菜的食谱寄给您。在我心爱的出生地帕尔玛，它是重大节日、家庭聚会时的必备菜肴。事实上，我相信在圣诞节和复活节期间，没有哪一家会不做这道传统的小蛋饺。"我得说，我实在欠这位女士一个人情。因为按照她的食谱做出来的汤点不仅使我自己大为满意，还为我博得了宾客和大众的赞誉。做四至五人份的小蛋饺需要如下食材：

500 克无骨瘦牛腿肉
20 克猪油

50 克黄油

1/4 个中等大小的洋葱

　　把猪油涂抹在牛肉上，用盐、胡椒和辛香作料调味。将牛肉、黄油和粗切的洋葱一同放进陶锅或深平底锅里，加黄油煎至焦黄。牛肉变色后，加入 2 大勺肉汤。用几张被红葡萄酒沾湿，紧紧吸附在一个深底碟子上的纸盖住锅口。至于为什么用葡萄酒而不是水，那位女士没有说明，我也无法解释。小火慢煨牛肉 8~9 个小时，您就能得到约 4~5 匙味道鲜美的浓缩酱汁。用网筛过滤酱汁，静置存放 1 天。用以下食材制作小蛋饺的馅料：

100 克烘烤过的陈面包糠

50 克磨碎的帕尔玛奶酪

少许肉豆蔻

1 个鸡蛋

准备好的肉酱汁

　　将上述食材均匀地搅拌在一起。把 3 个鸡蛋摊成质地柔软的薄饼，并按**食谱 162** 中的描述把它们切割成数个小圆盘，填入馅料，对折成半月形。用上述食材可以包出约 100 个小蛋饺。小蛋饺煮熟后可以搭配肉汤食用或像意式饺子一样干吃。两种吃法的味道都很好，不过第二种对肠胃造成的负担更小些。做肉酱汁剩下的牛肉可以直接吃，也可以配上蔬菜，当作炖肉享用。

干拌汤点及素汤 [1]
Minestre asciutte e di magro

———

55 | 意式饺子

200 克乳清奶酪或托斯卡纳鲜奶酪，两者混合亦可

40 克帕尔玛奶酪

1 个全蛋

1 个蛋黄

少许肉豆蔻和香料

一小撮盐

少许欧芹末

意式饺子面皮的制作方法与帽饺一样，只不过需要更大一些，其尺寸可以参考**食谱195**。填好馅料后，您可以把它包成半月形，但最好还是

1　译注：在意大利人的饮食习惯中，素餐或斋餐可指不含兔、牛、羊等红肉的菜肴。

包裹成帽饺的形状。把包好的饺子放进盐水中煮熟后捞出沥干，加奶酪和黄油调味。

用上述食材可以包出24~25个饺子。鉴于它们个头较大，这些数量足够三个人食用。

56 | 素豆泥汤

400克新鲜去壳豌豆

40克肥瘦相间的火腿肉

40克黄油

1个鸡蛋大小的新鲜洋葱

1个小胡萝卜

一小撮欧芹、芹菜和几片罗勒叶

将火腿切碎，和其他调味料一起制成剁料，加黄油、少许盐和一小撮胡椒粉煸炒。当剁料开始变色时，倒入足量水。水沸腾后放入豌豆和2片在黄油中炸过的面包。将所有食材煮熟后用网筛过滤一道。

过滤剩下的豌豆泥足供六人食用，把它们倒在面包上即可。面包的处理方法请参见**食谱35**"豆泥油汤"。

57 | 芸豆浓汤

有人说，芸豆就是穷人的肉，这话不错。每当做苦力的人翻遍口袋也找不出足够的钱来为家人买一块做汤的肉时，他往往会退而求其次，买一些芸豆——堪比肉类健康、营养且便宜的替代品。此外，消化芸豆所需的时间偏久，因而可以维持较长时间的饱腹感。但是……世上万事常常逃不开一个"但是"，此处也一样——想必诸位能明白我的意思。为尽量避免这一后果，请尽量选择皮薄的芸豆，或将芸豆碾成泥并过筛。在所有芸豆品种中，此缺点在黑花芸豆身上体现得最不明显。

为烹饪四至五人份，滋味上佳的芸豆浓汤，您需制作一份炒料：取1/4个洋葱、1瓣大蒜、少量欧芹和1根漂亮的水芹，用弯月刀把它们切成细末，加足量橄榄油煸炒，多撒些胡椒粉调味。当炒料开始变色时，舀2勺芸豆清汤、一点番茄酱汁或番茄酱进锅里，待酱汁沸腾后将其倒入装有芸豆的锅中。

喜欢往汤里放蔬菜的人在烹饪这道菜时可以加一点紫甘蓝。将紫甘蓝洗净，放入上述以炒料调味的汤汁中烹煮即可。最后一步是把约1指厚的烤面包片切块，再将芸豆汤浇在上面。

58 | 托斯卡纳农妇素汤

由于出身寒微，这道菜被冠以"农妇"之名。但我确信，只要烹饪得当，所有人——连同贵族老爷们在内——都会爱上它。

> 400克柔软的黑面包
> 300克白芸豆
> 150克橄榄油
> 2升水
> 半棵中等大小的卷心菜或甘蓝
> 1棵与卷心菜大小相当或略大于它的紫甘蓝
> 一把甜菜
> 少量百里香
> 1个马铃薯
> 一些切成条状的腌五花肉或意大利熏火腿皮

把水、芸豆和火腿皮放进锅里，开火烹煮。如果水全部被芸豆吸收或蒸发，可以再加一些热水。将1/4个大洋葱、2瓣大蒜、2根约手掌长的芹菜茎和一撮欧芹切碎混合，制成剁料，入油煸炒。待剁料开始变色后，把粗切的蔬菜放进锅里：先放入卷心菜和甘蓝，接着放甜菜，最后是切成块状的马铃薯。加盐、胡椒粉、番茄酱汁或番茄酱调味。若觉得蔬菜太干，可以用少许豆汤将其润湿。芸豆煮熟后捞出。把火腿皮和1/4的芸豆放进锅里与蔬菜一起煸炒，剩下的碾成豆泥用网筛过滤一道后重新放进豆汤，再把汤倒入锅中与蔬菜一起烹煮，边煮边搅拌。芸豆汤沸腾后继续加热片刻，随后将所有东西倒进已放有薄面包片的汤碗里，盖上盖子等待20分钟即可食用。

依照本食谱做出的托斯卡纳农妇素汤可供六人食用。不论是热吃还是冷吃，这道菜都极富风味。

59 | 玉米面清汤

这道菜是日常汤点中最好的之一。烹饪四人份玉米面清汤需用适量水烹煮400毫升白芸豆。白芸豆煮熟后捞出，捣成豆泥，用网筛过滤一道。把豆泥放进烹煮它的汤里，搅拌均匀，加入半棵切碎的绿卷心菜或甘蓝，用盐、胡椒和百里香叶调味，烹煮2小时左右。

往煎锅中倒适量橄榄油，再放入2瓣完整的大蒜。蒜瓣被煎成焦黄色后捞出丢弃，向油锅里倒入番茄酱汁或用水稀释过的番茄酱，再撒一撮盐和胡椒粉调味。把煮沸的番茄酱汁倒进蔬菜豆泥汤里。卷心菜煮熟后，一点点地倒入玉米面粉，请边倒边搅拌以防止玉米面形成结块。待混合物的浓稠度达到您想要的程度后（最好略稀一些，保留一定汤汁），继续煮片刻即可食用。

60 | 粗粒小麦粉清汤

严格来说，这道汤不能被称为"清汤"，因为它含有鸡蛋、黄油和帕尔玛奶酪。在没有肉汤时，它能起到很好的替代作用。加水烹煮粗粒小麦粉，把锅从火上移开之前，先放盐，再取一块与粗粒小麦粉质量相当的黄油融进热汤，最后加一点番茄酱汁或番茄酱调味。打2~3个鸡蛋进汤碗，将其与磨碎的帕尔玛奶酪末混合，淋上煮好的粗粒小麦粉清汤。如果只打算做一人份的汤，放1个蛋黄和两汤匙帕尔玛奶酪就足够了。

61 | 小扁豆汤

传说以扫曾为一碟小扁豆出卖了自己与生俱来的长子权力[2]。这一是说明人们把小扁豆作为食物已有了漫长的历史，二是以扫要么嗜小扁豆如命，要么患有贪食症。在我看来，小扁豆确实比一般的豆子更有味道，且它与黑花芸豆类似，人食用它之后释放"炸弹气"的概率比普通豆类小一些。

小扁豆汤的烹饪方法与芸豆浓汤相同。此外，小扁豆和黑花芸豆亦可以同大米一起煮出美味的汤点，准备和烹调的方式也是一样的。不过，若要在汤里加入大米，加水量就得比平时更多，因为米饭会吸收大量汤汁。可以等到米饭煮熟后再加入适量小扁豆泥，这样更容易保证汤汁达到理想的浓度。

62 | 樱蛤汤

按照樱蛤烩饭的做法进行烹饪（**食谱72**）。

2　译注：中文版《圣经》中这个故事中的主角不是小扁豆，而是一碗红豆汤。

烹饪七至八人份樱蛤汤仅需2瓣大蒜和1/4个洋葱就够了。做这道菜无须黄油或帕尔玛奶酪，只要您能调配出一份好剁料，它的味道就一定不差。将适量面包切片，烤熟后再切成丁，放入汤碗。加几片干菇也是不错的选择。

63 | 樱蛤汤意大利面

由于经常听人提起用樱蛤汤煮意大利面，我将在此介绍它的烹饪方法，尽管按照我自己的口味，樱蛤汤配米饭滋味才最佳。如果您想试做这道樱蛤汤意大利面，首先把意大利面切碎，这样食用时便可以直接用汤匙舀起面送进嘴里。接着，请参照**食谱72**把意大利面放进樱蛤汤中烹煮。意面煮熟后沥干水分，拌以酱汁、少许黄油和帕尔玛奶酪食用。

64 | 蛙汤

我不喜欢佛罗伦萨市场的某些习惯。您若不特意关照，他们处理青蛙时就会把卵扔掉，而那正是青蛙身上最好的部分；他们还会将鳗鱼剥皮；整个儿出售羊腿和羊腰。至于猪内脏，佛罗伦萨人只保留肝脏和网膜，其余部分——譬如在其他地区常被用来做炸菜的嫩软猪肺——只好被丢到下水摊去，再被摊主卖给肉汤店老板。或许奶饲乳牛肚也是此等下场，反正我从未在市场上见过它们。但在罗马涅的集市上，这些东西常被当作添头。到了豌豆上市的季节，把它们和里脊肉一起烤熟，那滋味真是棒极了，甚至比里脊肉还要更美味。

在介绍蛙汤的烹饪方法之前，我想先说说这种无尾目两栖动物，它在成长中经历的变态发育过程确实值得注意。在青蛙生命的初期，我们可以看到它在水里游弋，长着像鱼一样的头和尾巴，动物学家称其为蝌蚪。它们像鱼一样用鳃呼吸，这些鳃最初呈羽状长在体表,然后慢慢转化为内鳃。在这一生长阶段，蝌蚪以草为食，像所有食草动物一样，它的肠道比食肉动物的肠道长得多。到了发育的某个阶段，即出生后两个月左右，蝌蚪的尾巴逐渐被自身吸收，体内开始长出肺以代替鳃，四肢也渐渐发育完成。小蝌蚪彻底转变成了一只青蛙。青蛙以其他生物（尤其是昆虫）为食，因此它的肠道会缩短以适应新食物。因此，人们普遍以为的青蛙在五月份较为肥硕是因为吃了谷物，实际是不正确的。

所有两栖动物，包括蟾蜍，都遭到了不公正的对待。事实上，它们在农业和园艺中对我们非常有益，因为它们可以把蠕虫、蜗牛和其他对作物有害的昆虫都消灭掉。蟾蜍和蝾螈的皮肤确实会分泌一种有毒且刺鼻的液体，但它剂量极小，又被与它同时分泌的大量黏液稀释，因此基本无害。事实上，正是因为蝾螈分泌的大量黏液使它能够在短时间内抵御火的热量，这种两栖动物才在各种故事中被塑造成了火烧不坏的形象。

蛙汤具有去火和舒缓的功效，因此常被推荐给患有胸部疾病和慢性肠炎的病人食用。它也适合在所有炎症初愈或大部分需要温和饮食的情况下食用。

青蛙、山羊、羔羊、小鸡、野鸡等白肉纤维素含量低，蛋白质含量丰富，因此特别适合肠胃纤弱、消化能力差的人，以及那些平时无须进行剧烈肌肉活动的人。

现在说说蛙汤：若青蛙个头较大，两打蛙约够四到五个人吃，多准备一些当然更好。

把青蛙腿剁下，放在一旁备用。将2瓣大蒜、欧芹、胡萝卜和芹菜切碎制成剁料，可根据自己的口味加少许罗勒。若您讨厌大蒜，也可以用洋葱代替它。把剁料放进锅里，加盐、胡椒和适量橄榄油煸炒。当大蒜开始变色时，放入青蛙。请时不时翻动青蛙，以免其粘锅。当蛙肉充分吸收了调味汁后，再往锅里加一些切碎的番茄。若手头没有新鲜番茄，则可用水稀释一些番茄酱代替。接着，根据您想要的汤量加水，尽可能多加一些。水沸腾后，继续烹煮一段时间，直到青蛙肉开始从骨头上剥离。关火，把整锅汤用网筛过滤一遍，确保最终留在网筛里的只有骨头。舀少许过滤后的汤，把此前留存的青蛙腿放进去煮熟，去骨，和预先浸泡软的干菇块一起加进汤里。最后，把蛙汤浇在切成大块的烤面包片上即可。

65 | 鲻鱼汤

鲻鱼是最适合做汤的鱼之一。鲻鱼生长在亚得里亚海，每年八月是它最肥美的时候，体重常能达到2千克以上。如果您买不到鲻鱼，可以用荫鱼、鲈鱼或鮟鱇鱼代替。这些鱼的肉质比缩鱼更细腻，更容易消化，能弥补它们做汤味道较差的缺陷。

烹制七至八人份的鱼汤需取1条至少1千克重的鲻鱼［某些沿海地区的方言称其为"巴勒迪加拉"（baldigara）］，去鳃刮鳞，掏空内脏，清洗干净后加适量水烹煮。

把2瓣大蒜、欧芹、胡萝卜和芹菜切碎制成剁料，加盐、胡椒和适量橄榄油煸炒。待剁料变成焦黄色时，加入番茄酱汁炖煮片刻。将制得的调味料倒入鱼汤中。

把鱼汤过滤一道，舀出少许汤汁用于烹煮切碎的芹菜、胡萝卜和干蘑菇，它们能为鱼汤增添风味。

将面包烤熟并切成方块，放进汤碗里。把热鱼汤和其他调味料浇在面包块上，即可配以帕尔玛奶酪端上餐桌。

鲻鱼的胃具有类似于鸟胗的强壮肌肉壁。鮟鱇目也有一种因汤鲜味美而广受赞誉的鱼，名叫钓鮟鱇（Lophius piscatorius），在一些地区的方言中被称为"格拉塔雷"（grattale），它用头上可移动的银色鱼鳍吸引小鱼，然后吞食它们。

66 | 卡尔特会修士汤

用500克鱼块（鱼的品种不限）可以做出四至五人份的卡尔特会修士汤。

用1/4个洋葱、欧芹和芹菜调制一份剁料。把剁料放进锅里，加橄榄油煎至焦黄后倒入鱼块。加少量水、番茄酱汁或番茄酱浸润鱼块，撒适量盐和胡椒粉调味。鱼块煎熟后，加1升左右的水煮汤。将鱼汤放入网筛，充分挤压并过滤。再次煮沸过滤后的鱼汤。往汤碗中打2个鸡蛋，放3勺帕尔玛奶酪末，再慢慢地把鱼汤倒入汤碗。最后，根据您的口味，把烘烤过或用黄油、橄榄油或猪油煎过的面包丁放入汤碗，一道卡尔特会修士汤就做好了。若您不愿见到鸡蛋和帕尔玛奶酪凝成小块，可在鱼汤沸腾时把它们分开加进锅里。

据说托斯卡纳大公第一次吃到卡尔特会修士汤是在一间修道院里。他非常喜欢这道菜，便专门派他的厨师去向修士们学习其烹饪方法。可是，无论那位优秀的厨师如何努力，他做出来的汤总是不如修士们做的美味。这是因为修士们不愿让大公知道他们煮汤时用的是鸡汤而非清水。

67 | 荫鱼汤碎面或天使发丝面

荫鱼是最优质的鱼类之一。哪怕不加任何香料只用清水煮出的荫鱼汤，滋味也丝毫不逊色于肉汤，且十分清淡易消化。

用以下食材做出的荫鱼汤碎面可供三至四人食用：

500克荫鱼

120克碎面或天使发丝面

30克黄油

1升水

把冷水倒进锅里，放入荫鱼，架在火上烹煮，加盐调味。待鱼肉煮熟后，用网筛过滤一道，加番茄酱汁调味以去除鱼腥，再将意大利面煮进鱼汤中。意大利面煮好后，把汤和面一同倒入已事先放有黄油的汤碗中，像食用肉汤时那样加帕尔玛奶酪调味即可。

68 | 豌豆清泥

取500毫升豌豆、2升水煮汤。同时，把半个洋葱、1根胡萝卜、2根手指长的芹菜茎，以及——如果您手头有的话——几根莳萝切碎，用黄油煸炒，烹制一份炒料。豌豆煮至半熟后捞出，沥干水分。当炒料开始呈焦黄色时把豌豆放进锅里，加盐和胡椒调味。让豌豆充分吸收炒料的味道，再倒入番茄酱汁和此前用于煮豌豆的水。豌豆完全变软煮熟后盛出所有食材，用网筛滤除汤汁，保留豆泥。如果觉得豌豆泥太稠，可加少许热水稀释。尝尝味道，如果觉得味道不足，就再加一块黄油。配豌豆泥吃的面包应切成小方块，用黄油煎一下。

若烹饪得当，这道菜的味道就像是用肉汤做出来的一样。

用上述食材做出的豌豆清泥可供十至十二人食用。

69 | 意式火腿宽面

我称这种面为宽面条。由于这种面条需在水中煮好后拌上酱汁干吃，因此须把面皮擀得略厚一些，再切成比意大利扁细面条更宽的条状。若您想做出筋道而美味的意大利面，便应只用面粉和鸡蛋和面，不要掺水。

将1片肥瘦相间的厚火腿肉切丁，芹菜和胡萝卜切成碎末，火腿丁与蔬菜末的体积应当大致相等。用足量黄油煸炒它们。待火腿和蔬菜开始变色时，加番茄酱汁或番茄酱提味，一份拌面酱就做好了。若选择使用番茄酱，需往里加一小勺肉汤，如果没有肉汤则加水稀释。

为保证意大利宽面口感筋道，不要将其煮太久。考虑到拌面酱中有咸火腿，煮面时水里只放一小撮盐即可。把宽面捞出沥干，加拌面酱和帕尔玛奶酪末拌匀。

如果手头有意式香肠，您也可以用它代替火腿。将香肠剁碎并按上述方法准备。

若您喜欢生黄油的味道，炒酱时就只往锅中放一半黄油，剩下的部分直接拌进面里。

用同样的方式烹饪的香肠意大利面也非常美味。

70 | 意式翠宽面

作为拌面，这种面条比纯鸡蛋面更加清淡，更易消化，它呈现的翠绿色是用菠菜染出的。把菠菜煮熟，用弯月刀切碎，捣成泥状。用2个鸡蛋、一把菠菜和足量面粉和面（若面粉太少，和出的面团就会不够结实），不断用手揉搓面团。用擀面杖将面团擀成薄面皮。菠菜易使面团变黏，因此每当感觉面团黏性太大时就撒一点干面粉。拿一块布盖住擀好的面皮，待其变干后切成较宽的条状。请记住，这种面条的美丽之处恰在于它的长度，面条越长，说明烹饪者的技艺越高超。一旦水开始沸腾，就把面条捞出沥干。可以参考**食谱104**、**食谱87**或**食谱69**"意式火腿宽面"中的描述调味，也可以只简单地加一些奶酪和黄油。

依照本食谱做出的式翠宽面可供四至五人食用。

71 | 罗马涅风味宽面条

博洛尼亚人说："账单愈短愈好，宽面条愈长愈好"。他们说得很有道理，因为长长的账单会让可怜的丈夫们闻风丧胆，而短短的宽面条看起来就像残羹剩饭，是烹饪者无能的佐证。因此，我并不赞成时下盛行的风气，即为了满足外国人的口味，把天使细面、扁细面条和其他类似的面食切成细小的碎片，放在汤里食用。这些面条既是意大利特有的，就应保持其原本的特点。

准备好面皮，将其按**食谱69**描述的方式切好，烹煮片刻后捞出，沥干水分。做一份**食谱104**中介绍的酱料。把宽面放入锅中加热片刻，待它充分吸收了酱料后加足量黄油调味，再轻轻翻搅几下面条即可将其盛出。在我看来，这道菜看非常美味。不过想消化宽面条汤，非得有罗马涅地区那样的空气不可。有一次，我与几个去莫迪利亚纳办遗产继承手续的佛罗伦萨人（一个没牙的老头、一个中年人和一个年轻的律师）同行。我们停在一家小邸店歇脚——您一定可以想象四十多年前的小旅馆是个什么样子。旅店老板为我们准备的食物只有宽面和猪肉肠。那东西很硬，简直咬不动，可——读者们！你们真应该看看那老人努力啃咬它的样子。这些食物似乎很符合他和另外两个人的胃口，他们觉得饭菜和其他所有的东西都非常好，简直棒极了。我甚至听见他们数次感叹："哦，要是我们能把这儿的空气带回佛罗伦萨就好了！"

说起佛罗伦萨，请允许我为诸位讲个故事。在弗朗切斯科尼[3]仍在流通的年代，有一位来自罗马涅的伯爵住在佛罗伦萨。这位先生与哥尔多尼笔下的弗林波波利侯爵[4]有异曲同工之妙，他傲慢自大，财产少得可怜，还有一副铁打的肠胃。那时，佛罗伦萨是出了名的物价不高，与其他大城市相比生活成本很低。在许多小餐馆中，一顿包括一道汤点、三道可自选的菜、水果或甜品、面包和葡萄酒的饭售价仅为1托斯卡纳里拉（相当于84分）。虽然每道菜的分量不大，但对那些不像饿狼似的人来说也足够了。连贵族们也经常光顾这些小餐馆，但我们这位伯爵却不肯屈尊纡贵。您猜，他为既维护自己的面子又不多花钱找了什么办法？

3　译注：一种托斯卡纳地区流通过的古银币。
4　译注：哥尔多尼戏剧作品《女店主》中的人物。

每隔一天，他就会去一家高档的饭店吃饭，在那儿，花费半弗朗切斯科尼（约合2.8里拉）就能吃上最奢华的饭菜。他狼吞虎咽地把食物塞进肚子，这些食物够他支撑两天。然后他便回家去，在接下来的时间里靠吃面包、奶酪和冷盘度日。现在，您既听说了这一轶事，也学到了宽面条的食谱。

72 | 樱蛤烩饭

我通常用以下食材烹饪樱蛤烩饭：

> 1350克仍带壳的樱蛤
> 500克大米

为除尽樱蛤中的沙子，请先把它们洗净，放在一个倒扣的盘子上，浸泡在装满盐水（海水更佳）的盆子里至少2个小时。将樱蛤从水中捞出，放进锅里，并加入足够把米饭煮熟的水，开火烹煮。待樱蛤壳张开后，剥出贝肉，外壳弃之不用。滤除煮樱蛤的水中沉淀的泥沙，水保留备用。

用橄榄油、大蒜、少许洋葱、欧芹、1根胡萝卜和芹菜做一份剁料。尽可能地切碎所有食材，入锅煸炒。当剁料彻底变色时，把樱蛤肉、提前用水泡软的干菇、一小撮胡椒和部分保留备用的水放进锅里。几分钟后，加入大米和剩下的水，将米饭彻底煮熟。烩饭出锅前，尝尝看樱蛤本身的盐分和您添加的剁料是否已给这道菜带来了足够的味道。若仍觉得味道不足，可以再加一些番茄酱汁或番茄酱、一块黄油和一小撮帕尔玛奶酪提味。

您也可以像威尼斯人那样用贻贝（亦称海虹、淡菜）代替樱蛤。要是那儿的餐馆烹饪贻贝（当地的一种特产）烩饭时按照我的食谱操作，味道一定比现在更好。若想将贝类多储存一段时间，可把它们放在阴凉处，用袋子或一块布紧紧扎住放置它们的容器。在冬天，我曾用这种方法将新鲜蛤蜊保存了六天。在条件允许的情况下最好不要这样做，因为软体动物一旦变得不新鲜就会非常难以消化。

73 │ 丁鲹烩饭

照我说用丁鲹也能做出美味的汤点，请不要太过吃惊。当然，它身上可能带有一点儿鱼腥味，对脆弱的肠胃而言是个有些沉重的负担。但只要您烹饪得当，不透露您所使用的鱼的种类，它将能满足食客的味蕾，甚至赢得赞誉。

以下烹制6至7人份丁鲹烩饭所需食材：

> 500克大米
>
> 400克左右的丁鲹

将2瓣大蒜、一撮欧芹、几片罗勒叶（如果您喜欢它的味道）、1根大胡萝卜和2根约手掌长的水芹茎制成剁料。刮去丁鲹的鳞片、掏空内脏，连鱼头一起剁成大块。把剁料和丁鲹块放进深平底锅里，用橄榄油煎制，撒盐和胡椒粉调味。烹饪过程中请时不时翻动鱼块，以免其粘在锅底。当丁鲹开始变色时，首先加入番茄酱汁或番茄酱，接着是足量用于煮饭的水。加水时最好速度慢一些，一点点来，因为烹饪这道菜时用水宁少毋多。待鱼肉煮碎后，用网筛过滤鱼汤，以便去除所有鱼骨和鱼刺。用经过滤的鱼汤煮饭，直到米饭被烹熟，且所有汤汁都被其吸收。为丰富这道菜的口感，可以再往里放几块干菇和一小块黄油。最后，您可以根据个人口味选择是否撒一些帕尔玛奶酪末。

豌豆正当季时，用它们做这道菜比用干菇更好。取200克豌豆粒就足够了。用少量橄榄油和少许黄油煸炒1个新鲜洋葱，当洋葱开始变色时放入豌豆，撒盐和胡椒粉调味，最后倒入少量水将豌豆焖熟。洋葱弃置不用，等米饭快要煮熟时把豌豆掺进去即可。

74 | 佛罗伦萨风味墨鱼饭

墨鱼（Sepia officinalis）是属于软体动物门、头足纲的无脊椎动物，在佛罗伦萨被称为"卡拉马伊奥"（calamaio，意为"墨池"）。此名字很可能来源于一种比喻（可爱的托斯卡纳方言的词汇库中总是充满比喻）：这种软体动物的体内有一个小墨囊，里面储存着一种可以用来当墨水的黑色液体，这是大自然赋予它的自卫手段。

托斯卡纳人，特别是佛罗伦萨人，非常爱吃蔬菜，以至于他们烹饪时总想一股脑儿地把所有蔬菜都加进去。因此，他们在这道菜里放了甜菜——在我看来，墨鱼饭中的甜菜就像是信经中的黄油面包糊[5]。恐怕这种对蔬菜的滥用就是造成部分人群体质虚弱的原因之一。他们身体的抵抗力严重不足，一旦遇上某种流行疾病，就会像深秋的树叶一样成群地飘零。

将墨鱼剥皮开膛，去除骨骼、口球、眼睛和消化管等无用的部分，并把墨囊取出放在一边。随后，将墨鱼彻底清洗干净，把它的头和躯干切成小方块，触腕切成小段。

把2个中等大小的洋葱（1个洋葱和2瓣大蒜更佳）切成碎末，加大量质地上乘的橄榄油煎炸。当洋葱变成焦黄色时放入墨鱼，等墨鱼也开始变色后，加入约600克洗净切碎的甜菜。充分搅拌前述食材，加水炖煮约半小时后，把600克大米和先前取出的墨囊放进锅里。待大米充分吸收了调味料和墨鱼汁后，倒入热水将它烹熟。一般而言，米饭不应煮

5　译注：作者戏用了一句托斯卡纳俗语"信经中的彼拉多"，形容两件事非常不搭。

得太久。出锅时，应把干米饭粒堆成一个漂亮的小山包，配上磨碎的帕尔玛奶酪食用。但若您的肠胃较为脆弱，烩饭又是用不易消化的食材制成的（比如这道菜），就不要再加帕尔玛奶酪了。

以下是这道菜的另一种不含甜菜和墨鱼汁的烹饪方法，请根据您自己的口味选择更喜欢的一种。如前所述，当墨鱼开始变色时加入大米、番茄酱汁或番茄酱，用热水将米饭煮熟，再放一小块黄油为这道菜增添色泽和味道。当米饭即将煮熟时，加入帕尔玛奶酪。

若您想进一步改进这道菜，就参照**食谱73**丁鲹烩饭的描述，在米饭快煮熟时加入豌豆。

---

75 | 豌豆烩饭

米饭！这就是土耳其人喂给自己的女人的增肥良品，这样，她们就会像一位杰出的知名教授所说的那样，长出丰满的脂肪垫。

500 克大米

100 克黄油

适量帕尔玛奶酪

1 个中等大小的洋葱

正如我前面所指出的，不必淘洗大米，用一块布包裹住它们，搓去其表面浮灰即可。用弯月刀将洋葱切碎，加50克黄油煸炒。当洋葱变成棕红色时加入大米，边加热边用一把大勺子不断搅拌它，直至其充分吸收所有调味料。接着，一勺一勺地往锅里倒入热水。请注意，煮米饭时不要将其聚成一团，否则容易出现外层的米饭煮得过软，中间部分却仍夹生的情况。加盐调味，待水煮干后放入剩余的黄油。按照**食谱427**的描述准备好豌豆，起锅前将其掺入米饭中，再撒一大把帕尔玛奶酪调味。

依照本食谱做出的豌豆烩饭可供五人食用。

76 | 牛肝菌烩饭

这道烩饭的配料是牛肝菌，它在一些地区被称为"莫雷齐"（morecci）。

取150克牛肝菌，洗净，切成略小于玉米粒的小块。

烹饪3人份的牛肝菌烩饭需用300克大米。将少许洋葱、欧芹、芹菜和胡萝卜切细，加3汤匙橄榄油煸炒。当调味料变成焦黄色时，加番茄酱汁和水焖煮，撒盐和胡椒粉调味。待酱汁沸腾后，把1瓣大蒜放进锅里，继续烹煮片刻后将其捞出丢弃。用网筛滤一道酱汁。将牛肝菌块放进滤得的酱汁里煮熟，放在一旁备用。用少量黄油煸炒生米，接着一勺一勺地往锅里倒入热水烹煮大米。米饭煮至半熟时加入牛肝菌酱汁，搅拌均匀，起锅前再放一些帕尔玛奶酪调味。

哪怕用一把干菇代替新鲜牛肝菌，做出的烩饭味道也极好。

77 | 番茄烩饭

500克大米

100克黄油

适量帕尔玛奶酪

将大米倒进熔化的黄油中。当黄油被完全吸收后，一点点倒入热水。米饭煮至半熟时，加**食谱125**中描述的番茄酱调味。起锅前，撒一把磨碎的帕尔玛奶酪。您若愿意，也可以用腌五花肉代替番茄酱配料中的橄榄油调味。或者，您也可以使用**食谱6**中描述的番茄酱汁。

78 | 米兰风味烩饭（一）

500克大米

80克黄油

少许藏红花，只需能将烩饭染成黄色的量即可

半个中等大小的洋葱

烹饪方法参见**食谱75**。

记住，这种烩饭用肉汤烹调将更加美味且富有营养。

若您手头恰巧有铜臼，可以购买未经处理的藏红花自行捣碎。将藏红花溶解在少许热汤中，再放入米饭。食用烩饭时可搭配帕尔玛奶酪。

藏红花是一种兴奋剂，它能增进食欲，促进消化。用上述食材可做出五人份米兰风味烩饭。

79 | 米兰风味烩饭（二）

比起前者，这种烹饪工序更加复杂，做出来的烩饭相对更难消化，但也更富风味。

以下是烹饪五人份米兰风味烩饭需要的食材：

500克大米

80克黄油

40克牛骨髓

半个洋葱

1杯7分满的优质白葡萄酒

适量藏红花

适量帕尔玛奶酪

将洋葱剁碎，与牛骨髓一起放进锅里，加40克黄油煸炒。当洋葱变成焦黄色时放入大米，几分钟后加入葡萄酒。把米饭捞出，用肉汤煮熟。预备起锅前，放入剩下的40克黄油和帕尔玛奶酪调味。把烩饭端上餐桌，搭配帕尔玛奶酪食用。

80 | 米兰风味烩饭（三）

还有一种选择！本食谱将介绍第三种烹饪米兰风味烩饭的方法。别觉得改变食谱是对米兰厨师们的背叛，在烩饭方面，他们见多识广且非常有创造力。

> 300克大米
>
> 50克黄油
>
> 1/4个中等大小的洋葱
>
> 2指高（盛在普通杯子里）的马沙拉白葡萄酒
>
> 适量藏红花

将洋葱剁碎，用25克黄油煎熟。把大米放进锅里几分钟后倒入马沙拉白葡萄酒。片刻后，把米饭捞出，放入肉汤中煮熟，加剩下的25克黄油和溶于少许肉汤中的藏红花调味，最后撒一把帕尔玛奶酪即可。

用上述食材可做出三人份米兰风味烩饭。

81 | 青蛙烩饭

一位著名的厨师曾经说过，为使青蛙肉质鲜嫩，剥去青蛙皮后须立即将其泡在热水中（但请注意，只能浸泡半分钟，否则会煮熟），然后再浸入冷水。如果用作食材的青蛙个头较大，取12只配以300克大米就够了。把青蛙腿剁下，放在一旁备用。我认为做这道菜最好不要使用鸡蛋。用1/4个大洋葱、1瓣大蒜、胡萝卜、芹菜、欧芹和罗勒做一份剁料。把剁料放入锅中，用橄榄油煎至焦黄，撒盐和胡椒粉调味。待剁料变色后，将青蛙放进锅里翻炒。等青蛙也变成焦黄色时，往锅里放一些番茄块，它们被持续加热后会变得软烂。现在，根据需要倒入热水，小火慢炖青蛙至其彻底熟透。用网筛过滤青蛙汤，过滤时须充分挤压留在网筛里的固体食材。舀少许滤得的蛙汤，将此前留存的青蛙腿煮熟，去骨，再把蛙腿肉放进剩下的蛙汤里。

加热少许黄油，放入大米并搅拌。待大米充分吸收黄油之后，把温热的青蛙汤一勺一勺地舀进锅里，直到米饭煮熟。青蛙烩饭出锅之前，撒一把帕尔玛奶酪调味，再将其端上餐桌。

---

82 | 鲜虾烩饭

有一天，鳌虾女士责备她的女儿说："天呀！你走路怎么七歪八扭的？你就不能走直线吗？""那您呢，妈妈？您是怎么走路的呢？"做女儿的回答说，"我见到的每一只虾都歪歪扭扭地走路，我又怎么走得直呢？"女儿的话很有道理。

用300克虾和700克大米做出的鲜虾烩饭可供八人食用。

将半个洋葱、3瓣大蒜、1根胡萝卜、适量的芹菜和欧芹切碎制成剁料，用橄榄油煸炒。在这个食谱中，大蒜是必要的调味料，它可以调和虾本身的甜味。当剁料开始变色时放入鲜虾，撒盐和胡椒粉调味。时不时翻动鲜虾，待它们全部变红后，用番茄酱汁或番茄酱浸湿它们，再往锅里倒入足以将米饭煮熟的热水。虾熟得很快，因此烹煮片刻后就可以关火，将其捞出。选出1/4个头最大的虾，去壳，放在一旁备用，其余的放入臼中捣碎，再用网筛过滤一道。把滤得的虾蓉重新放进汤里，搅拌均匀。

在深平底锅中加热黄油，随后放入干净的大米（用布搓干净，不要用水洗）并不断搅拌。待黄油被大米充分吸收后，一点点地把肉汤倒进锅里。当米饭煮至半熟时，放入已经去壳的整虾。上菜前撒一把帕尔玛奶酪调味。

可以用牛肉汤烹煮这类本身不含红肉的烩饭，这会使它们口感更好，营养更丰富。

83 | 鱼汤烩饭

当按照**食谱459**中描述的方法烹饪一条肥硕的鲻鱼或其他肉质细腻的鱼时，您可以用其汤汁做意式烩饭或浓汤。把1/4个洋葱、1~2瓣大蒜、欧芹、胡萝卜和芹菜做成剁料。将它放进锅里，用橄榄油煎制，加盐和胡椒粉调味。待剁料变色后，加入番茄酱汁或用一小勺肉汤稀释过的番茄酱。酱汁沸腾片刻后，把大米放进锅里，再一点一点地倒入鱼汤。米饭煮至半熟时加一小块黄油调味，完全煮熟后再撒一小撮帕尔玛奶酪。若想做鱼汁浓汤，就加一把干菇块，再搭配帕尔玛奶酪食用。

84 | 法式通心粉

这道菜的做法是我在一本法国食谱中找到的，因而我称之为"法式通心粉"。但那本食谱——正如许多已经出版的食谱那样——与实际操作情况并不相符，所以我不得不对食材用量比例做如下修改：

300克那不勒斯长通心粉

70克黄油

70克格鲁耶尔奶酪

40克帕尔玛奶酪末

1 小锅肉汤

用盐度适中的水将通心粉煮至七成熟。加热肉汤，待其沸腾后放入磨碎的格鲁耶尔奶酪和黄油，用勺子搅拌它们以使其完全熔化，随后立即将汤汁浇在已捞出沥干的通心粉上。这一步骤须迅速完成，否则格鲁耶尔奶酪很容易沉淀并凝结在锅底。继续烹煮通心粉，直到它完全煮熟且锅中仅有少量汤汁留存。盛出通心粉，撒一把帕尔玛奶酪末调味。偏好浓郁滋味，觉得法式通心粉的味道稍嫌不足的人，在食用它时可以再搭配一块帕尔玛奶酪。

这道菜和博洛尼亚风味通心粉一样，是一道十分便于烹饪的家常面点：使用前一天剩下的 1 小锅肉汤烹饪通心粉，可以省下制作新鲜肉汤的时间和费用。若您想做一道全素的法式通心粉，可以用牛奶代替肉汤。

格鲁耶尔奶酪，又称艾门塔尔奶酪（Emmenthal），形状就像一个非常大的圆轮。它是一种黄色奶酪，质地柔软，身上布满孔洞。有的人不喜欢它独特的浓郁气味。不过在寒冷的季节，这种气味相当微弱，放进法式通心粉后更是几乎感觉不到。

85 | 那不勒斯风味通心粉（一）

我保证这道菜是正宗的、经过了检验的，因为它的食谱是我从圣马里亚卡普阿韦泰雷（Santa Maria Capua Vetere）的一户人家那儿得到的。我得承认，在很长一段时间里，我对是否要尝试这道菜犹豫不决，它那大杂烩式的配料表令人望而却步。事实上，这道菜的味道一点儿也不差，它可能会非常受那些不满足于清淡简单之味的人的欢迎。

把肥瘦相间的火腿片、泽比波葡萄干、松子和用猪油、大蒜、欧芹、盐和胡椒制成的调味料嵌进牛腿肉中。用绳子将肉捆扎起来，放进锅里，与培根和切碎的洋葱一起煸炒。时不时翻动肉块，并用肉皮针戳它。等牛肉充分吸收调味料并变成了棕色，就往锅里加3~4块去皮的番茄。煮至番茄软烂时，一点点倒入经过滤的番茄酱汁，待酱汁接近蒸干后，倒入足够没过牛肉的水。以小火慢炖牛肉，撒盐和胡椒粉调味。如果您手头没有新鲜的番茄，可以使用番茄酱代替。牛肉煮熟后将其捞出，按那不勒斯地区的习惯加气味辛辣的奶酪为剩下的汤汁调味，拌通心粉的酱汁就做好了。捞出的牛肉可以就面包吃。

至于通心粉本身，那不勒斯人建议把它放在一个大锅里，加大量水烹煮，但不要煮得太软。

86 | 那不勒斯风味通心粉（二）

这种烹饪那不勒斯风味通心粉的方法比前一种更简单，但它非常美味，很值得一试。

300克长通心粉足够三个人吃。把2片肥厚的洋葱放入煎锅或深平底锅中，加30克黄油和两汤匙橄榄油煎制。当洋葱变软且彻底变成焦黄色时，用长柄勺使劲挤压它，保留挤压出的汁液，将洋葱捞出丢弃。待油汁沸腾后，往锅里加入500克番茄和一大把粗切的罗勒，撒盐和胡椒粉调味。番茄应提前处理好：去皮切块，并尽量把里面的籽剔干净。不过，即使您保留了番茄籽，也不会影响这道菜的口感。

用前述冷却后的酱汁、50克生黄油和帕尔玛奶酪为通心粉调味，端菜上桌即可。恨不得在番茄酱汁中游泳的人会尤其喜欢这道菜。

您也可以用尖管通心粉代替长通心粉。事实上，它能比后者更好地吸收酱料的味道。

87 | 博洛尼亚风味通心粉

博洛尼亚人用中等大小的"马齿通心粉"（denti di cavallo）烹饪这

道菜，我也认为它的形状最为合适。但在制作这种通心粉时，一定要把面皮擀得厚一些，这样它才不会被煮碎。托斯卡纳人并不怎么关心这一点。因为那里的人们偏爱清淡的饮食，所以他们发明了号称柔软的意大利面，它们孔大皮薄，经不得煮，一煮就变得稀碎，叫人看着恶心，更别说吃它们了。

众所周知，最好的意面是用硬粒小麦加工出来的。这些面条天然呈现蜂蜡的颜色，因此很容易辨别。尽量别吃那些黄色的意面，它们由普通小麦制成，又被染色以掩盖其低质量。以前用来给这些意面染色的东西至少是无害的，如藏红花和番红花，如今则多用人工染料。

以下食材大约够做500克通心粉酱汁：

150克小牛瘦肉（菲力肉最好）

50克腌五花肉

40克黄油

1/4个洋葱

半根胡萝卜

2根约手掌长的水芹茎，或绿芹的嫩叶部分

一小撮面粉

1小锅肉汤

极少量盐或干脆不加盐，因为腌五花肉和肉汤中已有足够的盐分

胡椒粉，若喜欢肉豆蔻也可以加一些

牛肉切丁，并用弯月刀把腌五花肉、洋葱和其他调味蔬菜切成细末。将这些食材与黄油一起放进锅里煸炒。待牛肉变色后，加一小撮面粉，接着倒入肉汤，将所有食材煮熟。

通心粉煮好后，把水沥干，用前述酱汁和帕尔玛奶酪调味。为使酱

汁味道更好，可以往里放几块干菇、几片松露，或与牛肉一起煮熟并切成小块的鸡肝。若酱汁烹饪完成后再加半杯奶油，它将更加美味。这种通心粉不宜做得太干，应充分浸润在酱汁之中。

说到干拌意面，我有几句话想说。干拌意面中的面不应煮得过熟；我们得注意把握一个度[6]。筋道弹牙的意大利面口感更好，也更易消化。这似乎有悖常理，但事实就是如此。因为我们吃弹牙的意大利面时会认真咀嚼，而吃煮得软烂的面时则不会。若意大利面没有被充分咀嚼，它就会凝成一团，沉甸甸地坠在胃里。咀嚼产生的唾液中含有一种名叫唾液淀粉酶的物质，它有助于分解淀粉，将其转化成糖和糊精。

唾液具有非常重要的生理功能，不仅因为它有助于软化和分解食物，使其便于吞咽，还因为碱性的唾液能促进消化液的分泌。由于这个原因，保姆们预先替小婴儿咀嚼食物的恶心行为其实是正确的。

据说那不勒斯人是干拌意面的忠实消费者，且他们总在吃面时喝水以帮助消化。我不知道水在这种情况下是否起到了溶剂的作用，也不确定它是否真的有助于消化，因为比起葡萄酒或其他饮料，水给肠胃造成的负担本就更小。

比本食谱提到的马齿通心粉更粗、更长的通心粉在托斯卡纳被称为"卡内罗尼"（cannelloni），在意大利其他地方被称为"布科诺蒂"（buconotti）或"斯特罗扎普雷第"（strozzapreti）[7]。

---

88 | 西西里风味沙丁鱼通心粉

多亏了一位非常聪明的寡妇，我才得以学会这道菜的烹饪方法。她的丈夫是西西里人，常以烹饪自己家乡的菜肴自娱，包括巴勒莫风味鳕鱼和水煮鱼片。

6　译注：原文为拉丁语。
7　译注：大意分别为"大管子""深洞"和"扼杀教士"。

500 克那不勒斯长通心粉

500 克新鲜沙丁鱼

6 条腌鳀鱼

300 克野茴香，亦称时鲜茴香

适量橄榄油

沙丁鱼洗净，剁去头尾，剔除脊柱并剖成两半，裹上面粉炸熟，加盐调味后放在一旁备用。

茴香煮熟后捞出沥干，剁碎，放在一旁备用。

同样地，把通心粉放进盐水中煮熟后捞出，沥干水分，放在一边备用。将鳀鱼清洗干净，剔除鱼刺，放入煎锅中。用适量橄榄油煎鱼肉，直至其软化碎裂。用番茄酱汁或加水稀释的番茄酱浸润鱼肉，把茴香放入酱汁中，撒盐和胡椒粉调味，烹煮 10 分钟。一切准备就绪后，取一个防火的盘子或饼铛，分层交叠摆放通心粉、沙丁鱼和茴香鳀鱼酱，直到填满整个盘子。用上下都有热源的烤箱均匀烘烤通心粉，烤至其呈焦黄色时趁热端上餐桌。

依照本食谱做出的西西里风味沙丁鱼通心粉可供六至七人食用。

89 | 马铃薯面团

面团家族有无数成员。我已经在**食谱14**中讲过肉汤面团，在本食谱和之后的食谱中还将向大家介绍马铃薯面团、玉米面团、粗粒小麦粉面块、可作主菜或配菜的罗马风味面团和甜点牛奶面块。

400 克黄马铃薯

150 克小麦粉

我注明了做面团所需的面粉量,这样您就不会重蹈一位女士的覆辙:我亲眼所见,她刚把长柄勺放入热水中搅拌了两下,面团就消失了。为博另一位女士一笑,我把这个故事讲给她听。"可面团去哪儿了呢?"她按捺不住好奇问道,也许她认为是某个淘气的小精灵把面团带走的。

"我亲爱的女士,您不必把眉毛扬得这么高,"我回答,"此事虽奇,却完全是一种自然现象:由于面粉放得太少,小团子一碰到沸水就化开了。"

将马铃薯放进水中煮熟(蒸熟更佳),趁热去皮,碾成马铃薯泥并用网筛筛一道。混合马铃薯泥与面粉,揉成面团,再将其擀成细长的圆柱体,切成约3厘米长的小块。往面团上撒一点干面粉,再把它们放在奶酪擦床的背面,用拇指逐个按压。将面团放进盐水中煮10分钟,捞出沥干,按照自己的口味加奶酪、黄油和番茄酱汁调味。

另一种更加清淡易消化的烹饪方法是用牛奶煮面团,且煮熟后不用把牛奶沥干。只要牛奶品质好,除了盐——最多再撒一小撮帕尔玛奶酪——无须再添加任何其他调味品。

---

90 │ 玉米面团

玉米面团是一道清淡养胃的菜肴,非常适合在大吃大喝后为腹胀感所苦时食用。它本就富含营养,若再搭配一道容易消化的鱼,那就更了不得了。

做这道菜最好用粗粮面粉,玉米面粉尤佳,您可以在市场上买到这种面粉。首先往水里加盐,当盐水沸腾时,用左手一点点把玉米面粉倒进锅里,右手持长柄勺不断搅拌。玉米面粉需煮得久一些,直到它凝成能使长柄勺垂直立在当中的玉米面糊为止。用餐刀把面糊分割成小块面团,并将它们放在餐盘中,加奶酪、黄油和番茄酱汁或经水稀释的番茄酱调味。把小面团垒成一个可爱的小山包,趁热端上餐桌食用。

如果您想为这道菜增添更多味道，可以参考**食谱232**"香肠玉米面团"或**食谱87**"博洛尼亚风味通心粉"的调味方式。

91 | 阿雷佐风味特宽缎带面

这并不是一道追求精巧雅致的菜，而是一道家常菜。

取1只家养鸭子，清洗处理后将其放入锅中，加少许黄油一起煸炒，撒盐和胡椒粉调味。用火腿、洋葱、芹菜和胡萝卜制成剁料，当鸭肉开始变色时，把调味料放在鸭子下方，继续加热以使鸭肉充分吸收其味道。烹饪过程中应时不时翻动鸭肉。撇除大部分油脂，否则这道菜会过于沉重。一点点倒入肉汤和水烹煮鸭肉，直到产生的酱汁足够为宽面调味为止。

取一块小母牛或公牛脾，把它切开，用刀将内部污物刮干净。同样把它放在鸭子下方烹煮。牛脾能丰富酱汁口感，加少许番茄和肉豆蔻调味效果更佳。用面粉和鸡蛋和面团，将其擀成与宽面条厚度相当的面片，再拿一个带边饰的糕点轮将面片切成比手指略宽的条状。把面条煮熟（不要煮得太久），用前述酱汁、切成小块的鸭肝和帕尔玛奶酪调味，必要时还可添加少许黄油。用餐时，以阿雷佐风味特宽缎带面为主食，煮酱汁用的鸭肉则可作为第二道菜。

92 | 猎面

猎面是托斯卡纳人对一种配绿翅鸭肉酱食用的干拌面的称呼（类似的名字还有"小坚果面""念珠面""斜管面"等）。绿翅鸭生活在沼泽中，蹼足、扁喙，长相与普通鸭子极为相像，但体型比它们小得多。野生绿翅鸭的重量一般在250~300克。2只绿翅鸭就足够做出400克意大利面（即大约四人份）所需的酱汁。

弃除绿翅鸭的头、爪、尾部油腺和肠子。往锅里倒入煮猎面所需盐水量，加用芹菜、胡萝卜和欧芹茎组成的香草束调味，把绿翅鸭放进锅中烹煮。绿翅鸭煮熟后，将其去骨，与鸭肝和洗净掏空的鸭胗一起用弯月刀切碎。把意大利面放进鸭汤中煮熟，捞出沥干，用比例恰当的鸭肉末、黄油和帕尔玛奶酪调味。

这样做出来的猎面不仅美味，还易于消化。

93 | 绿翅鸭酱意面

前文所述的猎面让我想到了下面这道菜，它的味道与前者相比丝毫不逊色。取1只绿翅鸭，按前面食谱中的描述将其洗净并处理好。用1/4个洋葱（如果洋葱个头太小，就取半个）、1根芹菜、半根胡萝卜、40克肥瘦相间的意大利火腿和少许黄油制成剁料，与鸭肉一同煸炒，撒盐和胡椒粉调味。一旦鸭子变色，就将其放入肉汤中烹煮，再往汤里加几片干菇、少许番茄酱汁或番茄酱。接着把绿翅鸭捞出，去骨，与干菇一同切碎。再次把鸭肉末和干菇丁放进肉汤中烹煮，加少量香叶或肉豆蔻调味。为使酱汁更加浓稠，需把一块黄油、少许面粉倒入锅中，充分搅拌混合。然后将350克意大利面——品种不计，通心粉、带面、马齿面或其他类似的意面都行——与前述酱汁和帕尔玛奶酪充分搅拌后即可食用。

若食客中没有胃口特别大者，上述食材可供五人食用。

把50克菲力牛肉掺进鸭肉里做出的酱汁营养更加丰富。

94 | 兔肉酱汁特宽缎带面

把兔肉洗净、切块，用水焯一道后捞出沥干。烹饪这道菜须把兔肉切成比炸兔肉更大的块。往深平底锅里放入一小块黄油、少许橄榄油、添加了切碎的兔肝制成的剁料、腌五花肉和调味香料，即洋葱、芹菜、胡萝卜和欧芹，撒盐和胡椒粉调味。把兔肉放进锅里，时不时翻动它，待其变色后，加水和番茄酱汁或番茄酱烹煮，最后再往酱汁里放一小块黄油。

用酱汁和帕尔玛奶酪为特宽缎带面或带面调味，佐以少许肉汁的兔肉则可单独作为第二道菜端上餐桌。

若您觉得酱汁的味道有些偏重，烹饪时可以不放腌五花肉。

95 │ 野兔肉酱特宽缎带面（一）

野兔肉偏硬，味道也一般。因此，为使做出的特宽缎带面质优味美，我们需要添加营养丰富的肉酱汁。以下是五人份野兔肉特宽缎带面所需食材。我认为用3个鸡蛋和成面团就够了。把面团擀薄，拿一个带边饰的糕点轮将面片切成宽约1指的条状。您也可以直接从商店购买500~600克带面。

> 2片野兔脊肉，总重量在180~200克，包含兔腰
>
> 50克黄油
>
> 40克腌五花肉
>
> 半个中等大小的洋葱
>
> 半根胡萝卜
>
> 1根手掌长的芹菜茎
>
> 少许肉豆蔻
>
> 适量帕尔玛奶酪
>
> 一汤匙面粉
>
> 600毫升肉酱汁

剥去兔肉表层薄膜，切丁。用弯月刀将腌五花肉、洋葱、芹菜和胡

萝卜一起切碎，做成剁料。把剁料、17克黄油和野兔肉丁放进锅中煸炒，加盐和胡椒粉调味。当肉丁变成焦黄色时，往上面撒一层面粉，等待片刻后将肉酱汁倒入锅里烹煮。待兔肉熟透后，加入剩余的黄油和肉豆蔻调味，野兔肉酱便制备完成了。

用盐水将特宽缎带面或带面煮熟，捞出沥干，然后与野兔肉酱和帕尔玛奶酪一起拌匀。

如果找不到野兔脊肉，可以用兔腿肉代替。

96 | 野兔肉酱特宽缎带面（二）

本食谱将介绍另一种更简单的烹饪野兔肉酱特宽缎带面的方式，所需意大利面和野兔肉的数量与前文相同。

用50克偏肥的火腿肉、1/4个洋葱、芹菜、胡萝卜和极少量欧芹做一份剁料。用40克黄油煸炒剁料，当它转为焦黄色时，放入野兔肉丁，撒盐和胡椒粉调味。待兔肉丁也变色后，一点一点地倒入肉汤和番茄酱汁或番茄酱，这样做出来的肉酱便会带有充沛的酱汁。把煮熟的兔肉从酱汁中取出，沥干，用弯月刀切块（不要切得太碎）。

用30克黄油和一汤匙面粉调一份法国人所说的"粉糊"——我更愿意称其为面糊。加热面糊至其变成金黄色，把它和兔肉块一起放进酱汁中，再加30克黄油和少许肉豆蔻调味。用做好的兔肉酱和帕尔玛奶酪为特宽缎带面调味即可。请别怪我总爱加肉豆蔻，在我看来，它的味道与菜肴很是相配。不过，若您不喜欢它，您也知道该怎么做。

97 | 意式圆子 [8]

300 克乳清鲜奶酪

50 克磨碎的帕尔玛奶酪

2 个鸡蛋

一大把煮熟的甜菜

少许肉豆蔻及常规香料

适量盐

用网筛过滤乳清鲜奶酪。若奶酪太稀，就先用一块厨用毛巾挤干其中的水分。去掉甜菜茎，把叶片放进锅里，不加水直接煮熟，接着用力挤出菜汁，拿弯月刀将其切碎。充分搅拌混合所有食材。在面板上铺一层面粉，用汤匙舀一勺混合物，把它放在面粉中来回滚动，使其表面裹上一层面粉，呈与炸丸子相似的长条圆柱状。上述食材大约够做 20 个意式圆子。用不加盐的清水烹煮意式圆子。煮熟后，用漏勺将它们捞出，沥干水分，加酱汁或奶酪和黄油调味。意式圆子可作为主食或炖肉的配菜食用。

意式圆子变硬即可食用，因而很快就能煮熟。一次不要煮太多圆子，这样它们才不易散开。

98 | 罗马涅风味圆子

罗马涅地区的气候使得当地人需要极富营养的膳食。出于这个原因，或许也因为他们长期以来已经习惯于大鱼大肉的饮食，罗马涅人几乎将清煮蔬菜视为眼中之钉。事实上，我经常听见有人在餐馆里喊："侍

8　译注：**食谱 97、98、99** 中，阿尔图西使用的名词虽是 ravioli（一般为意式饺子），但他所指的面点并不是通常意义上的意饺，故此处译为意式圆子。

应生，一份水煮肉，注意别放菠菜！"，或指着菠菜说："把那玩意儿当膏药敷在你的屁股上吧！"因此，以下是不含甜菜和菠菜的罗马涅风味圆子的食谱：

150 克乳清鲜奶酪

50 克面粉

40 克磨碎的帕尔玛奶酪

1 个鸡蛋

1 个蛋黄

适量盐

把上述所有食材和成面团，放在铺有干面粉的面板上，揉搓成 1 个长圆柱形的面团。将面团切成 14~15 个大小相同的剂子，参照上文方法把它们揉成面团。接着，把面团放进不加盐的清水中烹煮 2~3 分钟，用奶酪和肉酱汁调味。罗马涅风味圆子可作焖肉或炖小牛肉的配菜。

99 | 热那亚风味圆子

事实上，这道菜不该被称为圆子，因为真正的圆子不是用肉做的，也不应被包裹在面皮中。

半块阉公鸡或小母鸡的鸡胸肉

1 个羊脑

几块羊胸腺

1 个鸡肝

用一块黄油煎炸所有食材，当它们开始变色时倒入肉酱汁烹煮。煮熟后，将它们从肉酱汁中捞出沥干，与肥瘦相间的火腿肉一起用弯月刀切碎。接着，往肉末中加入少许煮熟并用网筛筛过的菠菜泥、磨碎的帕尔玛奶酪、肉豆蔻和2个蛋黄，搅拌均匀。您可以参照**食谱7**"罗马涅风味帽饺"中的描述制作包裹馅料的面皮，也可以采用更简单的方式。上述食材大约够做60个圆子。

热那亚风味圆子可以煮在肉汤中作为汤点食用，可以加奶酪和黄油干吃，还可以拌上番茄酱食用。

100 | 鳀鱼意大利面

这是一道十分开胃的清淡菜肴。烹饪鳀鱼意大利面最好使用中等粗细的面条，它比低音大提琴弦面要好，尤其适合伐木工人的肠胃。350克意大利面和5条鳀鱼足以填饱四个食量普通之人的肚子。

将鳀鱼刮鳞、洗净，剔除骨头和鱼刺，用弯月刀切碎。接着，把碎鱼肉放进锅里，倒入适量精制橄榄油和一撮胡椒粉并加热。不必等到橄榄油沸腾，一旦鳀鱼开始变热，就再放入50克黄油、少量番茄酱汁或番茄酱。用淡盐水煮意大利面，尽量保证其口感筋道弹牙。把鳀鱼酱同煮好的意大利面拌在一起即可。

101 | 狗鳕意大利面

500克意大利面

300克狗鳕（或鳕鱼）

60克黄油

4汤匙橄榄油

4汤匙马沙拉白葡萄酒

少许肉豆蔻

将1个中等大小的洋葱切碎，用手攥出洋葱汁，这样可以减轻其辛辣程度。用橄榄油煎洋葱末，当它开始呈现焦黄色时，把切成大块的狗鳕扔进锅里，撒盐和胡椒粉调味。待鱼肉变色后，倒入一些番茄酱汁或用水稀释过的番茄酱烹煮。鱼肉煮熟后捞出，用铁丝网筛过滤，必要时用少量热水浸润鱼块，保证所有鱼肉都能通过滤网。重新把碎鱼肉与黄油、马沙拉白葡萄酒和少许肉豆蔻一起放进锅里加热。除非酱汁太稀需要久炖收汁，否则一旦它开始沸腾，就将其浇在用盐水煮熟的意大利面上，加帕尔玛奶酪搅拌调味。

这道菜表面看起来像随意的杂烩，实际却并非如此。它可供五人食用，且一定能让他们都感到满意。

102 | 墨鱼酱汁意大利面

以下是制作五人份墨鱼酱汁意大利面所需的食材。

取3只中等大小，总重量在650~700克的墨鱼。将墨鱼剥皮、剔骨，去除口、眼、消化管和墨囊。有些厨师会留下墨囊，但我决定在烹饪这道菜时将其去除，因为它会给意大利面染上难看的颜色。用100克面包心、一小撮欧芹和1瓣大蒜做一份剁料。将墨鱼的长触腕（每只墨鱼有两条）切碎，用橄榄油以及适量盐和胡椒粉调味，与剁料混合在一起。把混合物塞进墨鱼腹中，并把它的嘴缝合起来。将1个中等大小的洋葱切碎，挤出辛辣的洋葱汁。用少许橄榄油煎洋葱末，待它变色后把墨鱼扔进锅里，撒盐和胡椒粉调味。等墨鱼也呈现焦黄色时，慢慢地往锅里倒水并加入大量番茄酱汁或番茄酱，开小火慢炖3个小时。不过，别将汤煮得太干，确保酱汁的量足以为500克意大利面调味。食用前加一点帕尔玛奶酪，您会发现用这种酱汁做出的意大利面非常美味。

以上述方式烹制的墨鱼肉质软嫩，易于消化，可以将其从酱汁中捞出，单独作为一道炖海鲜端上餐桌。

103 | 四旬斋意大利面

许多读到此食谱的人都会大叫："哈！多可笑的一道菜！"可我却挺喜欢它。这道菜在罗马涅地区很常见，您若将它端给年轻人，我敢肯定他们也都会喜欢的。

把核桃仁捣碎，与面包糠、糖和调味粉混合在一起。意大利面煮熟后捞出沥干，先用橄榄油和胡椒粉调味，再加入适量前述混合物。

烹饪五人份四旬斋意大利面需要：

400 克意大利面

60 克去壳核桃仁

60 克面包屑

30 克白糖

1 满茶匙调味粉

104 | 乡村风味意大利面

古罗马人认为大蒜是下等人的食物。卡斯蒂利亚国王阿方索非常讨厌大蒜，进入其王宫的人哪怕呼吸中带有一丝大蒜的味道，都会受到惩罚。古埃及人就聪明多了。他们把大蒜当作神来崇拜，也许是因为他们对大蒜的药用价值深有体会。事实上，大蒜对歇斯底里症有一定治疗作用，兼有利尿、增强肠胃功能、促进消化的功效。同时，大蒜也是一种驱虫剂，还能保护人体免受流行病和瘟疫的侵害。然而，烹饪大蒜时须注意不要把它炒得太熟，否则就会产生一种令人不快的味道。许多人不了解大蒜的烹调之法，仅因他们能从那些生吃大蒜或吃烹饪不当的大蒜的人口中闻到臭味，就对大蒜产生了恐惧。他们因此严令禁止这种平民的调味品进入自己的厨房。然而，这种固执害得他们与不少健康而美味的菜肴失之交臂，比如我下面将要介绍的这道菜。在我肠胃不适时，它常能起到缓解作用。用2瓣大蒜和几根欧芹调制剁料，若您喜欢罗勒叶的味道，也可以加一些进去。将剁料放入适量橄榄油中煸炒，一旦大蒜开始变成焦黄色，就把6~7个切碎的番茄倒进锅里，撒盐和胡椒粉调味。当番茄化成泥状之后，用网筛过滤所有食材。滤得的酱料足供四至五人食用。把它浇在意大利面或细面条上，佐以磨碎的帕尔玛奶酪即可。请记住，意大利面只需在足量水中烹煮片刻，拌好酱料后立即端上餐桌，这样它就没有时间吸收太多水分，从而能够保持良好的口感。

上述酱料佐以宽面条也十分美味。

105 | 豌豆意大利面

这是一道家常菜，但如精心烹饪，亦不失为一道珍馐美馔。此外，它还可以作为那一成不变、常常干柴难啃、淡而无味的清炖肉的替代品。

> 500 克意大利面
> 500 克去壳豌豆
> 70 克腌五花肉

用腌五花肉、1个时鲜洋葱、1头鲜大蒜、少许芹菜茎和欧芹做一份剁料，加橄榄油煸炒。当剁料开始变色时，把豌豆和几根切碎的莳萝（如果您手头有的话）放进锅里，撒盐和胡椒粉调味。

用手把意大利面掰成短于半个手指的小段，放入盐水中煮熟后捞出沥干，与豌豆充分搅拌混合，配上帕尔玛奶酪即可食用。

依照本食谱做出的意大利面可供六至七人食用。

106 | 贝夏美酱意大利面

将300克意大利面煮熟后沥干，加常量黄油和帕尔玛奶酪调味，并浇上用以下材料制成的贝夏美酱：

300毫升优质牛奶

20克黄油

半汤匙面粉，重约5克

依照本食谱做出的贝夏美酱意大利面可供四人食用。

107 | 蔬泥汤

取1捆甜菜、1捆菠菜、1棵生菜和1叶卷心菜，去除较为粗大的甜菜叶脉，然后将所有蔬菜粗切，用冷水浸泡几个小时。

用1/4个洋葱和常用调味品——欧芹、芹菜、胡萝卜和几片罗勒叶或几根莳萝——制作一份剁料，放入黄油中煸炒。当剁料变为焦黄色时，把在水中浸泡过的蔬菜、一些切碎的番茄和1个切成片的马铃薯放进锅里，撒盐和胡椒调味。时不时翻动这些食材，待其中的水分被煸干后，倒入冷水烹煮它们。待蔬菜煮至泥状后，用网筛过滤蔬泥汤以去除硬皮和菜筋。经过滤的汤汁可以用于煮饭或烹饪浓汤。不过，记得先尝一尝味道，看看是否还需要添加一些调味品，譬如黄油——它几乎是烹饪所有菜肴的必备调料。

食用这道汤点时可以加一些帕尔玛奶酪。但我得提醒您不要把汤调得太浓，否则它看起来会像一剂膏药似的。

头盘
PRINCIPII

———

　　头盘，亦称前菜，指的是那些开胃小菜。头盘可以按托斯卡纳地区的风俗留待汤点之后食用——我个人认为这样更合理，也可以像意大利其他地方那样先吃。用于烹饪头盘的常见食材有牡蛎，熏火腿、萨拉米香肠、摩泰台拉香肠和口条等猪肉制品，以及鳗鱼、沙丁鱼、鱼子酱、莫夏美（即用盐腌制的金枪鱼脊肉）等海产。头盘可单吃或与黄油搭配食用。此外，我将在下文中介绍的煎、烤面包片也是一种很好的开胃菜。

108 | 刺山柑煎面包片

50克腌制刺山柑

50克糖粉

30克葡萄干

20克松子

20克糖渍水果

　　将刺山柑切成大块，葡萄干洗净并去除残留的茎，松子横向切成3段，熏火腿切成细丁，糖渍水果切成小块。把糖粉和1满勺面粉放入一口小锅中加热，待混合物变成棕色后，倒入半杯掺了几滴醋的水。持续加热至前述混合物完全溶解在水中，再将所有食材一起放进锅里，烹煮10分钟。烹饪过程中请时不时尝尝味道，确保酱汁的甜味和浓味都恰到好处。我没有具体说明需要放多少醋，因为不同种类的醋酸度不一。趁热把刺山柑酱涂在用品质上乘的橄榄油煎过或烤过的面包片上。您可以将煎面包片放凉，在用餐中途将其端上餐桌，使食客们胃口大开。做煎面包片最理想的原料是英式面包。

109 | 松露烤面包片

烹饪这道菜最好选用面包棍，沿斜线将其切开。若您没有面包棍，就把面包切成形状优美的薄片，稍稍烘烤几分钟并趁热涂上一层黄油。按食谱269中描述的方法制备松露酱，将其抹在面包片上，浇上剩余的酱汁。

110 | 鸡肝煎面包片

如您所知，取鸡肝时得完整地摘除胆囊，这一过程最好在一小盆水中进行。

把鸡肝和用薤白、一小块肥火腿肉、几片欧芹叶、芹菜和胡萝卜做成的剁料一起放进锅里，加橄榄油和黄油煸炒，撒盐和胡椒粉调味。若没有胡葱，就用1瓣白洋葱代替。请留意调味料的用量比例，以免油太重或味道过于辛辣。将鸡肝炒至半熟后取出，与2~3块提前在水里泡软的干菇一起用弯月刀切碎。把鸡肝和干菇重新放回锅中，加少许肉汤煮熟。最后，往汤里撒一撮细面包糠，再加一点柠檬汁。

我想提醒您的是，用于做这道菜的煎面包片质地应较为柔软，酱汁不应太浓稠。您可以在酱汁一做好后就将面包片浸在里面。

111 | 鼠尾草鸡肝煎面包片

将极少量洋葱和肥瘦相间的火腿肉切碎，做成剁料，加黄油煸炒。

待剁料彻底变成焦黄色后，加入被剁碎的鸡肝和几片鼠尾草叶（3个鸡肝配4~5片鼠尾草叶就够了），撒盐和胡椒粉调味。等鸡肝和鼠尾草中的水分被炒干之后，再往锅里放入少许黄油和一汤匙面粉，并倒入肉汤烹煮。预备起锅前，加3~4茶匙磨碎的帕尔玛奶酪调味，尝尝味道是否还需调整。

取一块陈面包，去皮，切成略薄于1厘米的面包片。把前述鼠尾草鸡肝酱放凉后单面厚涂在面包上，静置几个小时。将1个鸡蛋打发，加少量水搅拌混合。逐个拿起面包片，往抹有酱料的那一面裹上面粉，再在鸡蛋液中浸一道。把面包片涂有酱料的一面冲下放进平底锅中煎熟。做好的面包片可以单独食用，也可以作为烤肉的配菜。

112 | 丘鹬烤面包片

将丘鹬开膛，取出内脏，丢弃靠近排泄口的那部分肠子。把其余内脏（胗不用掏空）同少许欧芹叶和鳀鱼肉混合。每3套丘鹬下水需配以2条鳀鱼。用弯月刀切碎混合物，加少许黄油、一小撮胡椒和肉酱汁烹煮，无须加盐。

把煮好的混合物抹在刚刚烤好，形状美观的面包片上。在丘鹬表面薄涂一层猪油，与几束鼠尾草一同烤熟，搭配做好的烤面包片食用。

113 | 多种煎面包片

最适合制作煎、烤面包片的是在模具中烘焙的上等英式白面包。若找不到这种面包，就取前一日留下的皮薄心厚的陈面包，将其切成1厘米见方的小块，并在上面涂抹以下混合物。混合物的浓稠度应当同软膏大致相当。

·鱼子酱煎面包片

混合等量鱼子酱和黄油，一边以适中的温度加热混合物，一边不断用长柄勺搅拌它。如果鱼子酱较为坚硬，可提前加热以使其稍稍软化。

若您想用橄榄油代替黄油，就再加入几滴柠檬汁，充分搅拌混合三种食材。

·鳀鱼煎面包片

鳀鱼洗净，剔除鱼刺和鱼骨，用弯月刀将其切成碎末。往鳀鱼肉末中加入适量黄油，用餐刀反复挤压、搅拌混合物，直至其变成匀质糊状物。

·鱼子酱、鳀鱼、黄油煎面包片

我惯于使用以下食材，不过您可以根据自己的口味调整用量。

> 60克黄油
>
> 40克鱼子酱
>
> 20克鳀鱼

将上述食材和在一起，调成质地均匀细腻的混合物。

114 | 三明治

三明治可当开胃菜食用，也可以作为喝茶时的点心。取一块细质陈面包或黑麦面包，去除面包皮，将其切成数个约0.5厘米厚、6厘米长、4厘米宽的薄片。把新鲜黄油单面涂抹在薄面包片上，再放1薄片肥瘦相间的熟火腿肉或盐渍口条，最后将另一片面包片盖在最上层。

115 | 鸡肝鳗鱼煎面包片

    2 个鸡肝

    1 条鳗鱼

    用黄油煎鸡肝，待后者充分吸收黄油之后，往锅里倒入肉汤，撒一小撮胡椒粉调味，无须加盐。鸡肝煮熟后捞出，同已洗净去骨的鳗鱼肉一起切碎。接着，把两者重新放进煎锅里，再加少许黄油，文火加热混合物，不要令其沸腾。把鸡肝鳗鱼酱汁涂抹在去皮的新鲜面包片上即可食用。

116 | 羊脾烤面包片

    120 克羊脾

    2 条鳗鱼

    剥除羊脾表皮，把它们放入肉酱汁中，加黄油烹煮。如果没有肉酱汁，则可用橄榄油、黄油、少许洋葱、盐、胡椒和其他香料调配一份剁料为羊脾调味，再加水烹煮。羊脾煮好后捞出，与鳗鱼肉一起切成细末。把羊脾和鳗鱼肉重新放入肉酱汁，再加一茶匙面包糠以增加酱汁稠度。用文火炖煮酱汁，不要让其沸腾。把面包片烤干（不必烤至焦黄），抹上前述酱汁，再涂一层黄油。

117 | 精美煎面包片

这道菜简单易做、外表精致且相当美味。

取一块质地细腻的面包，去皮，切成厚约 1 厘米的菱形或方形面包片。给面包片抹上新鲜的黄油，黄油上再放2~3片欧芹叶，最后将鳗鱼肉切成长条，像小蛇一样装点在旁边。

118 | 白峰腌鳕鱼

菜肴的命名规则是多么奇怪呵！为什么要给这道菜起名叫"白峰"，而不是像最后呈现出的颜色那样，叫它"黄峰"呢？法国人又是怎样按照他们勇于使用比喻修辞的习惯，给这道菜起了"Brandade de morue"[1]这样一个名字的呢？据说Brandade一词来源于brandir，意即移动，打击，挥舞剑、戟、长矛等类似武器。可做腌鳕鱼时能挥舞什么呢？一把可怜兮兮的木勺而已。不得不承认，法国人不管做什么事儿都很有一套！

总之，这是一道值得您全心对待的菜，因为这种烹饪方式能掩盖腌鳕鱼粗庸的本质，使它变得非常精致。无论作为开胃菜还是配菜，它都能为最优雅的餐桌增光添彩。

> 500克肉质肥厚的腌鳕鱼，泡软
> 200克上等橄榄油
> 100毫升奶油或优质牛奶

去除腌鳕鱼的鱼刺、鳞片、鱼皮和鱼筋（它看起来就像一条线）。这样处理过后，还将剩下大约340克鱼肉。

将鱼肉放进臼中捣碎，再把碎鱼肉与奶油一起放进锅里，以中火加热并不断搅拌。待奶油或牛奶被鳕鱼肉充分吸收后，像制作蛋黄酱时那样，把橄榄油一点一点滴进锅里，同时不断地挥舞你的武器——木勺——搅拌混合物，使其质地更加均匀细腻。当鳕鱼酱看起来完全熟透后将火

1　译注：法语词，意即奶油鳕鱼酪。

关掉，静置冷却。冷鳕鱼酱可搭配被片成薄片的生松露、油煎面包片或本章中介绍的鱼子酱煎面包片食用。只要烹饪得当，它丝毫不会令人觉得油腻。

依照本食谱做出的白峰腌鳕鱼可供八人食用。

酱

SALSE

———

一个人能为自己的客人提供的最佳酱料就是笑容和诚挚的热情。布里亚·萨瓦兰曾说过："邀请某人意味着，只要他还待在你的屋檐下，你就得负责让他开心满意。"

您本想用于给宾客带来欢乐的几个小时，如今早在开始之前就会被某些令人讨厌的风俗影响。这些恶习正逐渐进入我们的生活，甚至准备在此生根发芽。我指的是应邀到别人家中用餐后，需在八天内进行的所谓"消化访问"[1]，以及需支付小费给主人家的佣人的习俗。当您必须为一顿饭付钱时，最好是付给餐馆老板，因为这样就不会欠下任何人情。而那必须在规定时间内进行的回访只是强制性的礼节，并非发自真心，实乃蠢事一件。

———

1 译注：意大利旧习，指应邀做客后需在自己家中回请对方。若实在没有条件在家中设
   宴，则可邀请对方去餐厅、剧院等以示回礼。

119 | 青酱

将腌刺山柑捞出沥干，与1条鳀鱼、少许洋葱和极少量大蒜混在一起，用弯月刀切细。拿一把刀，用刀面将前述混合物进一步拍碎，放进盛酱料的沙司盅里。接着，放入数量可观的欧芹末和碎罗勒叶，再倒入优质橄榄油和柠檬汁，充分搅拌混合所有调味料。青酱可以与煮鸡肉、鱼肉冷盘、熟鸡蛋或水煮荷包蛋搭配食用。

如果找不到刺山柑，可以用辣椒代替它。

120 | 被法国人称为"酸辣酱"的青酱

这种酱料值得被视作意式烹饪的组成部分，因为它与水煮鱼、水煮荷包蛋和类似的食物搭配口味极佳。

它的配料主要为欧芹、罗勒、雪维菜、茴芹（别称"萨维斯特雷拉"）、少许芹菜叶和2~3根薤白。如果找不到薤白，可以用1个洋葱代替。此外，还需要1条鳀鱼（如果鱼的个头偏小，则要2条）和糖渍刺山柑。将前述食材剁碎或放入臼中捣碎，过筛，放进沙司盅里，再加1个生蛋黄，用橄榄油、醋、盐和胡椒粉调味，搅拌均匀即可。我每次都固定用20克刺山柑和1个蛋黄调配这种酱料，其他配料的用量可以酌情调整。

121 │ 刺山柑鳀鱼酱

这种酱料常被用于给牛排调味，不过，它不适合肠胃脆弱的人。取一撮糖渍刺山柑，沥干汁水，将其与去除鳞片和鱼刺的鳀鱼混合，用弯月刀切碎。在橄榄油中加热混合物，一旦牛排烤好，就立即将做好的刺山柑鳀鱼酱浇在上面，加盐、胡椒和黄油调味。不过，黄油不要放得太多，因为它容易在胃里与刺山柑发生反应。

122 │ 素拌面酱

若将视觉和味觉联系起来做个比喻，我会说这种酱料就像一位年轻女士的面庞——也许它乍看起来并不十分惊艳，但若您仔细观察，便会被那精巧秀美的脸部线条深深吸引。

> 500克意大利面
>
> 100克新鲜蘑菇
>
> 70克黄油
>
> 60克松子
>
> 6条腌鳀鱼
>
> 7~8个番茄

1/4 个大洋葱

一茶匙面粉

加热 35 克黄油，将松子放入其中，煎至焦黄色后捞出。接着，把松子放进臼中磨碎，加面粉和少量水搅拌成面糊。将洋葱切成细末，放进煎松子剩下的黄油中煸炒。待洋葱变色时，往锅里加入切碎的番茄，撒盐和胡椒粉调味。番茄做好后，将其捣碎，过筛。把新鲜蘑菇切成比南瓜子略小的小块，与过滤后的番茄酱、松子面糊和剩下的 35 克黄油一起放进锅里，加水烹煮半小时，保证煮出的酱汁具有良好的流动性。单独舀出少量酱汁，文火炖煮腌鳗鱼，在不使酱汁沸腾的情况下把鳗鱼肉煮碎，再将鳗鱼肉酱汁与此前做好的酱汁混合。

意大利面煮熟后捞出沥干，拌酱汁食用。如果您还想进一步改善这道菜的口味，可以加一些帕尔玛奶酪。

依照本食谱做出的拌面酱可供五人食用。

123 | 领班酱

对于普普通通的酱料而言，这名字也太浮夸了！

然而法国人声称他们对此——就像对所有其他事情一样——有决定权。如今法式烹饪大行其道，我们便不得不遵循他们的规则。这也是一种适合与牛排搭配的酱汁。首先，取少量欧芹切碎。有人建议把欧芹末包裹在餐巾里，放入冷水中轻轻挤压，这样就能去除酸味欧芹汁。接着，把欧芹末、黄油、盐、胡椒和柠檬汁搅拌均匀，放进平底锅或烤盘中，文火加热，不要将其煮沸。把领班酱淋在烤好的牛排或炸肉排上即可。

124 | 白酱

此酱汁应与煮芦笋或花椰菜搭配食用。

100克黄油

一汤匙面粉

一汤匙醋

1个蛋黄

盐和胡椒粉

适量肉汤或水

把面粉和50克黄油放进锅里加热。等混合物变成类似榛子的棕褐色时，慢慢倒入肉汤或水，一边加热一边不断搅拌。火不宜太大，以免酱汁剧烈沸腾。接着，加入剩下的50克黄油和醋，关火。把蛋黄放入酱汁中搅拌均匀并端上餐桌。白酱的浓稠度应与不加面粉的奶油大致相当。若要烹制与1捆中等大小的芦笋搭配的白酱，那么用70克黄油就足够了，面粉和醋的用量也参照黄油等比例缩减。

125 | 番茄酱

在罗马涅地区的一座小城里，曾有过一位好管闲事、爱掺和旁人家事、事无巨细地插手他人私事的牧师。不过，这位牧师是个诚实的人，他的热心肠为大家带来的好处也多于坏处，人们便由着他行事，还诙谐地给他起了个"唐·波莫多罗"（Don Pomodoro，即番茄神父）的诨名，因为他就像番茄一样无处不在。因此，学会制备美味的番茄酱是非常有用的。

将1/4个洋葱、1瓣大蒜、1根手指长的芹菜茎、几片罗勒叶和足量欧芹切碎，制成剁料，加少量橄榄油、盐和胡椒粉调味。把7~8个番茄切碎或捣碎，与剁料一起放入锅中加热。时不时翻动一下番茄和剁料。待番茄酱的浓度变得与液态奶油相似时关火，用网筛过滤一道。

番茄酱的用途非常广泛，当烹饪中需要它时，我会向您指出。番茄酱佐清炖肉很好吃，它与奶酪和黄油一起搭配意大利面食用更是一绝，拿来烹饪**食谱77**描述的番茄烩饭也同样美味。

---

126 | 蛋黄酱

这是最好的酱汁之一，尤适合搭配煮鱼食用。将2个新鲜鸡蛋的蛋黄单独打进一只碗里，稍稍搅拌后，慢慢倒入6~7汤匙橄榄油，再挤1个柠檬的汁液。开始倒橄榄油时速度应尤其慢，最好将其一滴一滴地滴进碗里。若鸡蛋黄能将6~7汤匙橄榄油完全吸收，还可以再多加一些。调制好的蛋黄酱看起来应当像浓稠的奶油。为达到这种稠度，须将蛋液搅打20分钟以上。

最后，撒一小撮盐和适量白胡椒粉调味。

往生蛋黄液中加1个煮熟的蛋黄，可以更容易地做出蛋黄酱。

---

127 | 辛辣酱（一）

取两匙腌刺山柑、两条鳀鱼和一小撮欧芹。把所有食材剁成碎末，放进沙司盅里，加一大把胡椒和大量橄榄油，搅拌均匀。若嫌酸味不足，可以放一些醋或柠檬汁。这种辛辣酱可以搭配水煮鱼食用。

---

128 | 辛辣酱（二）

把1个小洋葱、欧芹、几片罗勒叶和瘦火腿肉切碎，腌刺山柑捞出沥干。将前述食材放进锅里，倒入上等橄榄油，开小火加热。当洋葱将要变色时，倒少许肉汤进锅里。酱汁沸腾后继续烹煮片刻，然后把锅从火上端开，加入1~2条切碎的鳀鱼和柠檬汁。

辛辣酱可搭配水煮荷包蛋、牛排（在这种情况下无须加盐）或炸肉排食用。

129 | 配煮鱼肉吃的黄酱

用以下食材烹制的黄酱足以为300~400克煮全鱼或鱼片调味。

往一口小锅中放入20克黄油和满满一匙面粉。当二者的混合物开始呈现近似榛子的棕色时，慢慢地把2勺煮鱼肉留下的鱼汤浇在上面。待鱼汤中的面粉不继续胀大后，把锅从火上移开，放入两汤匙橄榄油和1个蛋黄，搅拌均匀。最后，加入半个柠檬的汁液，撒适量盐和胡椒粉调味。将黄酱放置冷却后淋在鱼肉上，并用不加调料的欧芹作煮鱼的配菜。

黄酱的浓稠度应当与流动性较差的浓奶油类似，这样它才不会从鱼肉上淌下来。它是一种清淡易消化，口感极好的酱料。若您不喜欢吃冷鱼肉，可以趁热配上黄酱食用。

130 | 荷兰风味酱

70克黄油

2个蛋黄

一汤匙柠檬汁

半鸡蛋壳水

盐和胡椒粉

稍稍加热并熔化黄油，但不要使其过热。

把蛋黄和水放入一个大碗中。将碗放在火炉旁边或架在小火上，用打蛋器搅拌蛋液。接着，把熔化的黄油一点点倒进打好的鸡蛋液里。待混合物变稠后，加入柠檬汁，撒盐和胡椒粉调味。

用餐前应先制备好这种酱料。它口感清淡，可以搭配煮鱼肉或类似菜肴食用。依照本食谱做出的荷兰风味酱足以为500克鱼肉调味。

131 | 烤鱼酱

烤鱼酱制作简便且美味健康，原料是蛋黄、腌鳀鱼、优质橄榄油和柠檬汁。将鸡蛋带壳烹煮10分钟，随后剥皮并取出蛋黄。每个熟蛋黄需配以1条大腌鳀鱼或2条小鱼。把腌鳀鱼洗净，剔除鱼刺，与蛋黄一起捣碎，过筛。接着，加入橄榄油和柠檬汁稀释前述混合物并不断搅拌，直至其呈现近似奶油的质地。请把这种酱料淋在铁篦烤鱼上端上餐桌，或将其倒进沙司盅里，配在烤鱼旁边。

132 | 刺山柑煮鱼肉酱

50克黄油

50克腌刺山柑，沥干

1满勺面粉

盐、胡椒粉和醋

用上述食材做出的酱料足以为重约500克的鱼调味。就其本质而言，黄油是脂肪类物质，并非每个人都能轻易消化它，尤其当它被煎炸过后。黄油与醋或类似的物质结合时，情况就更糟糕了，有时连最强大的肠胃也招架不住。

鱼肉煮熟后继续将其泡在汤汁中保温，同时开始准备酱料。把面粉和25克黄油一起放进深平底锅里，边加热边搅拌，当混合物开始变色时，加入剩余黄油。

片刻后，舀一勺鱼汤进黄油面糊中，加大量盐和胡椒调味，随后将锅从火上端开。把腌刺山柑分成两份，一半切碎，一半保持原状，一起放入酱汁中，再往里滴1滴醋。尝尝看酱汁的味道是否合适，检查其质地是否已近似于液态奶油。

将鱼肉盛出沥干，趁热放进托盘里，再把同样温热的酱汁淋在上面。最后，放几枝欧芹在旁边作配菜，即可端菜上桌。

133 | 金枪鱼酱

金枪鱼酱既可以搭配煮鱼，也可以搭配煮牛肉食用。

> 50克油浸金枪鱼
>
> 50克腌刺山柑，沥干
>
> 2条鳀鱼
>
> 2个煮熟的蛋黄
>
> 一小撮欧芹
>
> 半个柠檬的汁液
>
> 一小撮胡椒粉
>
> 适量橄榄油

将鳀鱼洗净，与金枪鱼、腌刺山柑和欧芹一起用弯月刀切碎。接着，把蛋黄和前述食材放入臼中捣碎，加少许橄榄油软化混合物，然后用网筛将其过滤一道。往滤得的混合物里倒入柠檬汁和足量橄榄油，搅拌至金枪鱼酱呈现与液态奶油类似的质地。

134 | 搭配煮鱼的热那亚风味酱

40 克松子

15 克腌刺山柑，沥干

1 条腌鳀鱼

1 个煮熟的蛋黄

3 个盐水橄榄，去核

半瓣大蒜

几根带茎的欧芹

在醋中浸泡过的无皮软面包，约鸡蛋大小

一小撮盐

一小撮胡椒粉

用弯月刀将欧芹和大蒜切细，与其他所有食材一起放入臼中捣碎，再用网筛过滤一道。加 60 克橄榄油和 1 滴醋稀释过滤后的混合物。品尝一下酱料，看看各种调味品的比例是否合适。用上述食材烹制的热那亚风味酱口味极佳，足以为 600 克鱼肉调味。

135 | 教皇酱

不要因为这种酱料的名字来源于梵蒂冈的教皇，就认为它是一道奢侈的肴馔。不过，它搭配炸肉排食用确实非常美味。

取一把腌刺山柑，沥干水分，再取等量糖渍橄榄，剔除果核。将刺山柑和橄榄混在一起，用弯月刀切碎。把用洋葱末制成的剁料放入黄油中加热。当洋葱开始变色时，一点一点地倒水浸没它。接着，放入刺山柑和橄榄，烹煮一段时间，再加 1 滴醋、一撮面粉和少许黄油调味。最后，把 1 条切碎的鳀鱼放进酱料中稍稍搅拌即可起锅，无须进一步烹煮。

136 | 松露酱

用一小块核桃大小的洋葱、半瓣大蒜和少量欧芹制备一份剁料，加20克黄油煸炒。把满满一匙面粉溶解在少许马沙拉或其他种类的白葡萄酒中，当洋葱变色后将它倒进锅里。加一小撮盐、胡椒和常用香料为酱汁调味，同时用木勺不断搅拌它。

待面粉充分融入酱汁使后者变得浓稠后，倒入少许肉汤。最后，把切得极薄的松露片放进酱料中，烹煮片刻即可。松露酱可以为炸小母牛肉排、牛排或其他烤肉调味。

我须得警告您，作为调味品的葡萄酒对部分人的肠胃而言是个沉重的负担。

137 | 贝夏美酱

这种酱料是法式贝夏美沙司的精简版。

将一匙面粉和一块鸡蛋大小的黄油放进深平底锅里加热，用勺子搅拌混合两种食材。当混合物变为近似榛子的棕色时，慢慢倒入500毫升优质牛奶并不断搅拌，直到酱料变得浓稠，颜色转白，呈现类似奶油的质地。这样，一份贝夏美酱就做好了。如果做出的酱料太过浓稠，就往里倒一些牛奶；如果太稀，就再添加一点儿黄油和面粉的混合物，继续搅拌加热。按本食谱提供的配料比例操作，可以调配出很好的贝夏美酱，不过您也可以根据自己的需求修改用量。

美味的贝夏美酱和肉酱汁就是美食烹饪的基础和秘诀。

138 | 柿子椒酱

选用肉质肥厚的柿子椒，将它们剖开，去除里面的种子，再把每个柿子椒纵向切成4~5块。往平底锅中倒入少量橄榄油，把柿子椒块放进去煎一下，这样可以更容易地剥去其外皮。将1瓣大蒜剁碎，与橄榄油和黄油一起煸炒。当大蒜变成焦黄色时，放入去了皮的柿子椒，加盐调味。待柿子椒充分吸收调味料后，往锅里倒入番茄酱汁。

柿子椒不能煮得太久，否则便会失去使其原有的辣味，使酱料的味道大打折扣。柿子椒酱做好后可搭配炖肉或煮肉食用。

蛋
UOVA

———

鸡蛋的营养价值仅次于肉类，在各种食物中名列前茅。德国著名生理学家莫里茨·斯基夫（Moritz Schiff）在佛罗伦萨大学任职期间曾论证称，蛋白比由脂肪物质组成的蛋黄更有营养。生的或半熟的鸡蛋比熟鸡蛋更难消化，因为胃在消化它们时不得不进行两次操作：先把液态的鸡蛋凝结起来，再分解吸收。因此，烹饪鸡蛋时最好遵循中庸路线：既不能煮得太过，也不能太生。

春天的鸡蛋味道最好。人们常做溏心蛋给产妇吃，它也被视为适合赠予新婚夫妇的食物。

我认识一位旅店老板的儿子，一个高大魁梧的年轻傻瓜。有一次，他因为自己的不良生活习惯病倒了，便去看医生。医生开出的处方是每天早上吃两个新鲜的溏心蛋。不幸中的万幸，旅店里有一个大鸡舍，因此母鸡一下蛋，他就去把新鲜的鸡蛋吃掉。可遵医嘱吃了几天溏心蛋后，这个傻瓜开始琢磨："既然吃两个鸡蛋有身体好处，那四个岂不是更好？"于是他吃掉了四个溏心蛋。过了几天他又想："若说四个鸡蛋好，六个一定还更好。"此后他便吃六个溏心蛋。这样折腾到最后，他每天竟要吃掉十二到十四个鸡蛋。终于，他被噎住了，剧烈的胃痛令他倒在床上动弹不得。我不知道他具体躺了多久，但那时间一定够他把吃下去的所有鸡蛋都孵出来了。

139 | 溏心蛋和水煮蛋

从把鸡蛋浸入沸水的那一刻算起，做溏心蛋应煮2分钟，水煮蛋应煮10分钟。如果你喜欢口感偏嫩的鸡蛋，煮6~7分钟就足够了。无论您要做哪种，一旦把鸡蛋从沸水中取出，就要立刻将其浸入冷水中。

140 | 水煮荷包蛋

将水煮沸。把鸡蛋从离沸水很近的高度直接敲进水里。当蛋清凝固、蛋黄停止颤动时，用漏勺盛出鸡蛋，加盐、胡椒、奶酪和黄油调味。若您吃水煮荷包蛋时喜欢搭配酱料，可以选用番茄酱、**食谱119**中描述的青酱或**127**中描述的辛辣酱。您也可以将鳀鱼放入热黄油中煎碎，再加入粗切的腌刺山柑烹制酱料，但它并不适合所有人的肠胃。

我曾见过把水煮荷包蛋放在约1指高的马铃薯泥上吃的人，也见过将荷包蛋与黄油煎菠菜配在一起吃的人。

141 | 碎煎鸡蛋

这道菜可以作为配菜或午餐时的开胃菜。用以下食材做出的碎煎鸡蛋可供三人食用。

4个鸡蛋

40克黄油

100毫升奶油

加热黄油，当它开始噬噬作响时，倒入打匀的鸡蛋液，撒盐和胡椒粉调味。一点点地把奶油加进锅里并不断搅拌。取3块约1指厚的烤面包片，切除面包皮并趁热抹一层黄油，再将它们放进托盘里。把做好的碎煎鸡蛋盛出，分成3份盖在面包片上。

最后撒一层帕尔玛奶酪末即可端菜上桌。

142 | 蛋黄面包片 [1]

用这些愚蠢甚至可笑的名字称呼佳肴美馔是多么令人厌恶啊！但为了让别人明白我的意思，我不得不遵循这些惯例。

这是一道可以作为午餐开胃菜的菜肴。依照本食谱做出的蛋黄面包片应足够五人食用。取5片约手掌宽，1指厚的面包片，切除外皮，并在每片面包的中心位置压出一块凹坑。注意别将面包捅穿。用黄油煎面包片，随后把它们摆放在烤盘上。往每片面包的凹陷处放1个生鸡蛋黄。接

---

1 译注：原文的canapè一词为法语，意为夹鱼子或小鱼的烤面包。

着，用将近300毫升牛奶、40克面粉和40克黄油烹制一份贝夏美酱。酱料出锅后，加3勺磨碎的帕尔玛奶酪、盐和少许肉桂或肉豆蔻调味。待贝夏美酱冷却后，将其浇在蛋黄和面包片上。把面包片放进乡村烤炉中稍稍烤一会儿，不要将蛋黄烤得太老。趁热把蛋黄面包片端上餐桌食用。

在特定模具中烘焙的英式面包是做这道菜的最佳原料。

143 | 填馅鸡蛋（一）

按**食谱139**中描述的方法煮熟鸡蛋，将它纵向切成两半，掏出蛋黄。把鳗鱼洗净，剔除鱼刺，与少许欧芹和极少量洋葱混合在一起剁碎。鳗鱼的数量应为鸡蛋个数的一半。往前述混合物中加入蛋黄和尽可能多的黄油，用刀刃搅拌混合所有食材，使之成为匀质糊状物。用这种糊状物填满蛋黄留下的空隙，并将鸡蛋整齐地排列在托盘上。最后，把**食谱126**介绍的蛋黄酱淋在鸡蛋上调味。

您也可以简单地用盐、胡椒、橄榄油和醋为鸡蛋调味。采取这种简便的方法不仅无可厚非，还不会给肠胃造成负担。

144 | 填馅鸡蛋（二）

这道菜可以作午餐的头盘。以下是烹饪六人份填馅鸡蛋所需食材：

6个鸡蛋

30克黄油

20克面包心

2满勺帕尔玛奶酪末

一小撮干菇

少许欧芹叶

适量盐

鸡蛋煮熟并沿纵向切开，蛋黄取出备用。

面包心在牛奶中充分浸泡后捞出沥干。

干菇放入温水中泡软。

把所有食材尽可能地切碎，填进鸡蛋中。**按食谱443**的描述准备好马铃薯泥（做这道菜只需要350克马铃薯），将它铺在烤盘里，然后把12瓣鸡蛋摆在马铃薯泥上面。您也可以用菠菜泥、豌豆或其他豆泥代替马铃薯泥。上菜前，将烤盘放在乡村烤炉的铁皮罩[2]上烘烤加热即可。

---

145 | 各色煎蛋

难道有人不知道怎么做煎蛋吗？这世上有谁一辈子没做过煎蛋？尽管如此，简单地谈谈煎蛋也不完全是浪费时间。

制作煎蛋时，搅打鸡蛋液的时间不宜太长。把鸡蛋敲进碗里，用叉子搅动它，当蛋黄碎裂并与蛋白融合时就停止。煎蛋有两种：简单的、只有鸡蛋一种原材料的煎蛋，以及添加了其他食材做成的煎蛋。简单煎蛋的代表是薄得像纸一般的佛罗伦萨摊鸡蛋。曾经有人用叉子卷起整张摊鸡蛋，将它一口吃了下去，后来人们传言他能吃掉整整一令摊鸡蛋。用上好的托斯卡纳橄榄油烹制的佛罗伦萨摊鸡蛋非常美味。这也是因为人们烹饪它时只煎一面——单面煎蛋几乎总是比双面煎蛋更好吃些。当煎蛋底部变硬时，翻转平底锅，把煎蛋倒进盘子里，即可端上餐桌食用。

煮熟或在黄油中煎熟的各种蔬菜都可以用于制作煎蛋。煎蛋做好后，还可以撒一把帕尔玛奶酪末或其与欧芹末的混合物调味。煎蛋搭配洋葱也十分美味，只是有些难以消化。在我看来，最适合用于烹饪煎蛋

2　译注：带把手的凹形铁罩，一种以木炭烧烤食物时常用的传统炊具，意式乡村烤炉的组成部分。它可以把食物罩住，放进火炉里烧烤，也可以倒过来盛放食物。

的蔬菜当属芦笋和西葫芦。烹饪芦笋煎蛋时，先把芦笋煮熟，再将其绿色部分放入少许黄油中煸炒增味，同时往鸡蛋液里撒一撮帕尔玛奶酪末，搅拌均匀。若要用西葫芦做煎蛋，最好挑选细而长者，切成薄薄的圆片。在西葫芦片上裹一层面粉，放入猪油或橄榄油中煸炒，待其水分被煸干后加盐调味。西葫芦片变成黄棕色后，把它们倒进鸡蛋液里。把**食谱427**描述的豌豆与鸡蛋液混合均匀，可以做出一流的煎蛋。

蜜饯煎蛋也是一种可选的烹饪方法。煎蛋做好后，把任意水果蜜饯点缀在上面即可。甜煎蛋或许也非常美味，只是实在不合我的胃口。我必须承认，每当发现某家餐厅只有甜煎蛋这一种甜点时，我便免不了对那地方产生负面印象。

146 | 木屐煎蛋

这种煎蛋很值得一提，因为它的烹饪方法十分独特。

取一些肥瘦相间的薄火腿片，将它们切成与十分硬币一样宽的小块，放入平底锅中用黄油煸炒片刻，随后放入鸡蛋，加少量盐调味。当蛋液开始凝固时，将其对折。煎蛋对折后的形状能很好地解释为什么它还有"蛋鱼"这样一个更恰当的名字。接着，再往锅里放入一块黄油，把鸡蛋彻底煎熟。

147 | 洋葱煎蛋

做这道菜最好选用肥厚的白洋葱。把洋葱瓣切成宽约半指的条状，放入冷水中浸泡至少1小时，然后用干净的厨用毛巾擦干水分。把洋葱条放进盛有猪油或橄榄油的平底锅中煸炒，当它开始变成焦黄色时加盐调味。请提前在鸡蛋液中撒盐，再将其倒进锅里，与洋葱一起油煎。请注意，洋葱不能煎太久，否则会变得焦黑。

148 | 菠菜煎蛋

将菠菜煮熟后捞出。立即把湿淋淋、还在滴水的菠菜放进冷水里浸泡一会儿。接着，把菠菜汁挤干，茎叶切成大块放入平底锅中，加少许黄油翻炒，撒盐和胡椒粉调味。待菠菜充分吸收了黄油之后，倒入已经搅匀并加了盐的鸡蛋液。等煎鸡蛋单面变色后，借助盘子将其翻面放回锅里，再加一小块黄油煎另一面。如果需要，您可以往鸡蛋液中放一点儿帕尔玛奶酪末。

以下是在我看来最理想的食材用量：

200 克新鲜菠菜

40 克黄油，分成两拨加进锅里

4 个鸡蛋

149 | 嫩芸豆煎蛋

用盐水将芸豆煮熟，切成 2~3 段，放入平底锅中，加黄油和橄榄油煸炒，撒盐和胡椒粉调味。把鸡蛋打进碗里，加一撮帕尔玛奶酪末和少量盐，搅拌均匀。当芸豆干瘪起皱时，把调好的鸡蛋液倒在上面。

150 | 花椰菜煎蛋

为保证您能用花椰菜这种最平淡无味的蔬菜做出美味的煎蛋，我将列出每一种食材的准确用量。

300 克煮熟的花椰菜，不要菜叶和茎干

60 克黄油

2满勺磨碎的帕尔玛奶酪

一汤匙橄榄油

6个鸡蛋

把花椰菜切碎，与黄油和橄榄油一起放进平底锅里加热，撒盐和胡椒粉调味。待花椰菜充分吸收调味料后，倒入加了盐和帕尔玛奶酪末的鸡蛋液。

尽量把煎蛋摊得薄一些，这样就不必翻动它。若您的锅较小，可以分两次煎蛋。

151 | 作为配菜的煎鸡蛋卷

将1捆菠菜煮熟，剁成泥，用网筛过滤一道。

打2个鸡蛋进碗里，搅匀，撒盐和胡椒粉调味。把菠菜泥加入鸡蛋液中，使其变成绿色。将平底锅架在火上，滴少量橄榄油，能润湿锅底即可。油热后，倒入一小部分鸡蛋液，向各个方向倾斜平底锅，使鸡蛋液均匀地摊在锅底，这样煎出来的鸡蛋饼就会像纸一样薄。当流动的鸡蛋液彻底变成固体煎蛋后盛出，如有必要，可以将其翻面。根据碗里剩余鸡蛋液的数量将这一操作重复进行2~3次。把煎好的鸡蛋饼卷成蛋卷，再把蛋卷切成薄片，散开后便会得到类似于扁细面条的煎蛋条。把这些细条放入黄油中煎一煎，加帕尔玛奶酪调味即可。它可以作为炖小牛肉或其他类似菜肴的配菜食用。就算不放菠菜，这道煎蛋的味道也不会差。不过，加菠菜不仅能让它的外表看起来美观，还能诱使与您同桌的食客绞尽脑汁地思考它究竟是由什么做成的。

152 | 奶饲乳牛肾煎蛋

取1颗奶饲乳牛的肾，纵向剖开，保留上面的脂肪。用橄榄油、盐和胡椒粉为牛肾调味，将其架在烤架上烤熟，再横切成薄薄的小块。把鸡蛋打进碗里，加盐和胡椒粉调味，再放一小撮欧芹和帕尔玛奶酪末。鸡蛋的数量根据牛肾的大小决定。

将牛肾块放进鸡蛋液里，搅拌均匀。用黄油煎鸡蛋。当煎蛋底部开始变硬后将其对折，使中间部分保持柔软。

面团和面糊

PASTE E PASTELLE

———

153 │ 疯面团

这种面团之所以叫"疯"，并不是因为它会做出什么疯事来，而是因为它制备简单，又是制作许多菜肴不可或缺的材料。按适当比例往面粉中加入水和盐，和成面团即可。您可以用擀面杖把疯面团擀成极薄的面皮。

154 │ 酥皮面团

如果最后烤好的酥皮能达到像纸一样薄、羽毛一样轻的程度，就说明酥皮面团制作得很成功。对于那些没有太多实践经验的人来说，制备这种面团实在是一件难事，最好能亲眼看到一位大师操作。不过，我将竭尽所能地为您讲解其制作过程。

200克细面粉或匈牙利面粉

150克黄油

或者

300克面粉

200克黄油

在冬天，将比沸水温度低一些的热水掺进面粉里，加适量盐和一汤匙白兰地，再从准备好的食材中取一块核桃大小的黄油。

把前述食材和成软硬适中的面团，先用手揉，然后把它放在面板上用力敲打，揉面过程需持续半个小时以上。把面团捏成长方形，用一块厨用毛巾包起来，放在一旁饧一会儿。与此同时处理黄油。如果黄油较硬，就在水中浸湿手，把它放在面板上用手揉搓。等黄油变得像面团似的柔软黏糊时，把它泡进一盆冷水里。面团饧好后，把黄油从水中捞出，用一块毛巾吸干它表面的水，再裹上一层干面粉。

用擀面杖将面团擀成大小足以包裹黄油块的面饼。把黄油块放入面饼中，用手指捏拢面饼边缘。注意确保黄油块的每一面都紧紧地贴在面饼上，没有留下一丝缝隙。接着开始擀面皮。请先用手压扁裹着黄油的面团，再用擀面杖将其擀平。做酥皮须把面团反复擀许多次，第一次擀得越薄越好，但不能让里面的黄油漏出来。若发生了这种情况，就立即在黄油漏出的地方撒一些面粉，把它盖住。提前在面板和擀面杖上撒一层干面，这样面团就不会粘连，可以均匀地在面板上摊开。面皮擀好后，将其折2道，叠成一张有足3层的面饼，再次用擀面杖把它擀成厚度适宜的面皮。这一过程需重复6次，每次间隔10分钟以留出饧面的时间。最后一次，即第7次擀好面皮后，将其对折，擀成略薄于1厘米的面片。除最后折叠而成的面片外，每次擀面时面饼都应呈长宽之比为3∶1的长方形。若有空气进入面饼中形成了小气泡，就用针把它们刺破。

最好用大理石桌面的桌子代替普通面板，因为它更凉爽，更光滑。在炎热的夏天，您做酥皮面团时需要准备一些冰块，一是为了防止黄油提前熔化，二是为了能更好地擀开面团。必要时，把冰块放在用厚布包裹住的面团上方，或最好将面团放在两个盛有冰块的盘子之间。

如您所知，酥皮面团可用于制作酥皮馅饼[1]、果酱或蜜饯馅饼以及杏仁酥填馅馅饼。若想烹饪作为主菜食用的酥皮馅饼，可以往里填入由肉、鸡肝和牛胸腺混合而成的美味馅料。无论烹饪哪一种，都应在酥皮面团表面刷一层蛋黄，但不要抹在边缘面皮折叠处，因为这会妨碍酥皮发酵膨胀。

若用酥皮制作甜点，应趁热在上面撒一层糖粉。

---

155 | 半酥皮面团

和面时，所放黄油的重量应为面粉重量的一半。再往和好的面团内放一小块黄油。其他烹饪步骤请参见上一条食谱。

---

156 | 炸面糊

100 克面粉

一汤匙优质橄榄油

一汤匙白兰地

1 个鸡蛋

适量盐

适量冷水

1　原文为法语。

分离蛋黄与蛋清。将蛋清打发，蛋黄与其他配料一起放入面粉中。一点点地往面粉里倒水，用勺子充分搅拌均匀，注意不要将面糊调得太稀。静置做好的面糊数小时，预备使用它之前，倒入打发的蛋清。这种面糊可用于烹饪许多油炸菜肴，特别是炸水果和蔬菜。

157 │ 用于炸肉的面糊

将3茶匙面粉溶于两茶匙橄榄油中，再加2个鸡蛋和一撮盐，搅拌均匀。

用于炸肉的面糊看起来就像顺滑的奶油，可用于炸脑、牛脊髓、胰脏、睾丸、羊头、奶饲乳牛头等类似食物。烹饪之前，将肉类食材用盐水焯一道后捞出，撒少量盐和一把胡椒粉调味。肉的种类不同，焯水时间也不一致，譬如脑和牛脊髓的焯水时间需持续到它们被煮硬为止。把睾丸沿纵向切片，牛脊髓切成半指长的条，羊胰脏保持完整即可，大脑切成核桃大小的小块，牛、羊头切大块。在这些食材外面裹上一层面糊，放入猪油或橄榄油中煎炸。

这些炸白肉[2]通常会搭配肝脏或奶饲乳牛肉排一起食用。请将肝脏切成薄片，用刀背敲碎肉排，或直接拿弯月刀剁碎肝脏和肉排，之后再将肉末捏合成更美观的形状。撒盐和胡椒粉为肝脏和肉排调味，将它们放入已搅匀的鸡蛋液中浸泡几个小时，油炸前再裹一层细面包糠。如有必要，可将上述程序重复2次。炸肉一定要搭配柠檬片食用。

---

2 译注：白肉（carni bianche）在意大利语中指鸡或鱼肉等。

158 | 冷肉馅饼面团

250 克面粉

70 克黄油

一大撮盐

适量牛奶，根据所需面团的软硬程度增减

将上述食材和成面团。没有必要过多地揉搓面团，把它包裹在撒有面粉的湿布中，静置半小时左右。

用此面团能做出比**食谱370**描述的野味冷馅饼更大的馅饼。

159 | 野味馅饼面团

这种面团的详细制备方法请参见**食谱372**中描述的野兔肉馅饼。

馅料

RIPIENI

———

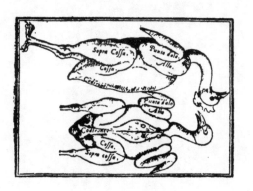

160 | 鸡肉填馅

取大约100克奶饲乳牛瘦肉、一小块奶牛乳房、鸡冠及鸡内脏。您也可以用瘦猪肉、火鸡胸肉或普通小牛肉代替奶饲乳牛瘦肉和牛乳房。

将上述肉食和用薤白或洋葱、欧芹、芹菜、胡萝卜制成的剁料一起放进锅里，用黄油煸炒，加盐、胡椒以及常用香料调味，倒入肉汤将它们烹熟。将肉捞出沥干，切掉鸡肫上的软骨，并用弯月刀把这些肉、一把泡软的干菇块和1小片肥瘦相间的火腿肉一起切碎。把一勺面包心放进煮肉留下的汤汁中，煮成面糊。

将面糊与碎肉末等食材混合，加一撮磨碎的帕尔玛奶酪和2个鸡蛋，搅拌均匀。把混合物填入鸡腹，再缝合起来。接着，或煮或用调味汁炖鸡。若您选择煮鸡，便会发现鸡汤非常美味。切鸡肉时，先将馅料整块取出，再切成片。

关于另一种填在鸡肉中的馅料，请参见**食谱539**描述的填馅烤鸡。

161 | 做酥皮点心的肉馅

您可以选用炖奶饲乳牛肉、鸡肝或牛胸腺准备这种馅料。我个人偏爱牛胸腺，因为它比其他几种选择更清淡。松露正当季时，无论您选择哪一种肉，都可以在馅料中加入少许松露。若您决定用牛胸腺，请先把它放进锅里，加少许黄油煸炒，再撒盐和胡椒粉调味。当牛胸腺开始变色时，倒入**食谱4**描述的肉酱汁将其煮熟后捞出，切成鹰嘴豆大小或更小的块状。往牛胸腺块中加入1~两汤匙贝夏美酱（参见**食谱137**）、一点切丁的盐渍口条或肥瘦相间的火腿肉、一撮帕尔玛奶酪和少许肉豆蔻。确保每一种配料比例适当，这样调配出的馅料口感才好。为方便后续操作，将馅料静置一会儿，使其冷凝。

有两种方法可以将馅料包裹在**食谱154**描述的酥皮中。您可以使用**食谱614**中提到的模具或一个普通的椭圆形模具。第一种方法是把馅料和面皮一起烤熟；第二种方法是先烤面皮，再填入馅料。若选用第一种方法，就将馅料放在面皮正中间，用湿手指沾湿面皮边缘，拿另一张同样的面皮盖住馅料，再进行烹饪。对于那些得准备一整顿饭的人来说，第二种方法其实更方便，因为他们可以提前一天准备好面皮。把两张面皮扣在一起，不要往里放入馅料。在捏合面皮之前，先用一个锡罐的拉环在上层面皮中心割开一个与10分硬币大小相当的圆形切口。酥皮在烤制过程中会自然而然地鼓起，两层面皮之间便会出现一块中空。此前切出的圆形切口现在看起来就像一个小盖子，可以用刀尖将其割下。若您愿意，也可以在填馅之前进一步扩大酥皮顶部的圆形孔洞。填入馅料，再将此前割下的小盖子盖在上面。这样一来，您只需在把酥皮点心送上餐桌之前将其加热即可。请记住，烘烤酥皮前应在其表面刷一层蛋黄。

如果您想烹饪法式酥盒，就把鸡杂和牛胸腺粗切成大块，做成馅料。

煎炸类食品

FRITTI

———

162 | 炸填馅面团

选用**食谱212**描述的面团或**食谱154**中的酥皮面团，将其擀成与斯库多硬币厚度相仿的面片，并用带扇形边缘，大小如下图所示的模具把面片分割成小圆面盘。根据**食谱161**的描述调制馅料，把它放在一张圆面盘的中心，再用另一张面盘盖住。沾湿圆面盘边缘以使其更好地黏合。最后，把做好的填馅面团炸熟，趁热食用。

163 | 炸乳清奶酪

200 克乳清奶酪

40 克面粉

2 个鸡蛋

两小匙糖

少许柠檬皮

一小撮盐

两汤匙白兰地

只要气味还没有变得浓烈刺鼻，各品种的乳清奶酪都可以用来做这道菜。不过，罗马和马雷玛出产的乳清奶酪是品质最上乘的。若选这两种奶酪作这道菜的原料，成品一定会大受赞誉。

将上述食材混合在一起，静置几个小时。混合物的质地会有些偏硬，但这将更有利于为炸奶酪塑形。把炸奶酪做成核桃大小的球体，往上面撒一层糖粉，趁热端上桌，作为炸肉的配菜食用。如您所见，混合物原料含糖量极低，因为糖很容易烧焦，那样炸乳清奶酪就无法呈现漂亮的金黄色了。

把炸乳清奶酪或类似食物塑造成近似球体的方法是用涂有热油的勺子舀起混合物，然后用同样蘸有热油的餐刀刀尖削去突出的边棱尖角。

164 | 炸芥子水果蜜饯填馅点心

您可以在罗马涅见到这道菜。冬天，罗马涅市集会售卖萨维尼亚诺芥子蜜饯或带有当地风格的类似酱料。这些蜜饯曾一度大受欢迎，但我不敢肯定现在是否依然如此。

如果您没有芥子水果蜜饯，可以用**食谱788**中描述的自制托斯卡纳风味芥子水果蜜饯代替。

使用以下食材和1个相当柔软的面团，把它放在面板上，用手揉搓。

220克面粉

30克黄油

一小撮盐

适量牛奶

面团静置半小时，然后用擀面杖将面团擀成约薄于斯库多硬币的面片。

把面片切成80张如**食谱162**所示的小面皮。在其中40张面皮上涂抹芥子水果蜜饯，再用另外40张面皮覆盖它们。用湿手润湿面片边缘以使其黏合在一起。

芥子水果蜜饯炸好后，往上面撒一层糖，即可端上餐桌。

165 | 炸苹果

选取质量好、尚未熟过的大苹果，用锡制去核器去掉果核，在苹果中间留下一个洞。将苹果去皮，切成略薄于1厘米的片。把苹果片放入**食谱156**描述的面糊中浸一道，再入锅油炸。若您喜欢，可以加一小撮茴芹，它的味道与炸苹果非常相配。

往炸苹果上撒一层糖粉，趁热食用。

166 | 炸刺苞洋蓟

去除刺苞洋蓟外层的硬质纤维，将其放入盐水中焯一道，切成小块。用黄油煎熟刺苞洋蓟，加少许盐调味。往刺苞洋蓟上撒一层面粉，把它放进**食谱156**描述的面糊里浸一道，再入锅油炸。炸刺苞洋蓟非常适合用作炸肉或炖肉的配菜。

167 | 炸球茎茴香

将球茎茴香切片，去掉较硬的叶子，放入盐水中煮熟。把茴香片捞出沥干，撒一层面粉，在**食谱156**描述的面糊中浸一道。

168 | 炸胡萝卜

在手头没有西葫芦的时候，胡萝卜可以作为炸肉或炸鱼的配菜食用。

不用去皮，直接将胡萝卜切成手指长的薄片，加盐，静置几个小时。当胡萝卜表面变得湿润时，将其放入面粉中来回滚动。接着，抖掉多余的面粉，在胡萝卜片两面裹上鸡蛋液，再用手把它们逐一扔进炸锅里。

169 | 炸桃子

选取尚未熟透的黄桃，将其切成中等大小的块状。像炸苹果和茴香时那样，把桃块放入**食谱156**描述的面糊中浸一道。炸桃子做好后，在上面撒一层糖粉。桃子无须剥皮。

170 | 炸粗粒小麦粉面糊

70~80克磨细的粗粒小麦粉

300毫升牛奶

1个鸡蛋

3茶匙糖

一块核桃大小的黄油

一小撮盐

一小撮柠檬皮

把牛奶、黄油和糖放进锅里加热，当混合物开始沸腾时，一点点倒入粗粒小麦粉，边倒边不断地搅拌。接着，加入盐和鸡蛋，持续搅拌至鸡蛋与面糊彻底融合后把锅从火上端开。将粗粒小麦粉面糊倒在涂有黄油的托盘里或撒有面粉的面板上，面糊摊开的厚度应为1指。面糊冷却后，把它切成菱形小块，裹上打匀的鸡蛋液和细面包糠，入锅油炸。若您想让这道菜更甜，可以撒一层糖粉。炸粗粒小麦面糊可以单独吃，作为炸肉的配菜食用更佳。

171 | 炸粗粒小麦粉面球

我认为这道炸点非常美味，为它付出研磨食材的辛劳是完全值得的。

120克粗粒小麦粉

15克黄油

1大匙马铃薯面粉，约为25克

1个全蛋

2个蛋黄

一匙糖

少许柠檬皮

400毫升牛奶

把粗粒小麦粉放入牛奶中，加糖烹煮。煮熟后，加黄油、柠檬皮和一小撮盐，搅拌均匀。等面糊冷凝后，把它和鸡蛋一起放进臼里：先逐个放入蛋黄，再放入全蛋。最后，倒入马铃薯面粉，用杵充分研磨所有食材。将混合物倒在盘子里，每次用勺子舀起一勺，做成比核桃略大的面球，放进锅里油炸。待炸面球稍稍冷却后，撒上一层糖粉即可食用。

这道油炸点心清淡易消化且外形令人赏心悦目。

172 │ 洛迪省炸玉米面饼

> 500毫升牛奶
> 100克玉米粉

用上述食材烹制一份玉米面糊，起锅前按自己的口味加盐。趁热把玉米面糊倒在面板上，用蘸了水的餐刀将其摊平，摊开后厚度不应超过半指。玉米面糊冷却后，请用**食谱182**中描述的模具或类似的工具把它切成小圆饼。如果您把剩余的边角料也收集起来，重新摊开切割，应一共可以做出30~32个圆饼。将这些小圆饼一一配对，在每对圆饼之间放1片厚厚的格鲁耶尔奶酪。这样，您便可以做出15~16个玉米面饼。

把2个鸡蛋打匀。将玉米面饼放进鸡蛋液里浸一道，裹上面包糠，再放入猪油或橄榄油中煎炸。

趁热把洛迪省炸玉米面饼端上桌，作为烤肉的配菜食用。

173 │ 炸猪肝

高等动物的肝脏和脾脏之间都有一个带白色的腺体（胰腺），它分泌的液体通过自己的排泄管道进入十二指肠。胰腺分泌液是天然的碱性物质，质地像蛋白质一样黏稠，能够与胆汁一起帮助我们分解食物。不过，它更主要的作用是分解脂肪，使其更容易消化。这种分泌液与胃液和唾液共同作用，确保了完美的消化过程。由于胰腺与唾液腺（常见腺体）相似，而且味道清淡，它又被许多人称为"肝脏腺"。托斯卡纳人还管猪胰腺叫"小胃"。

在我看来，要想品尝猪肝真正的风味，须将其切成薄片，与切成小块的"小胃"一起用猪油炸熟，除此之外不添加任何调料。以这种方式做好后，将猪肝、猪胰和一点儿油脂从平底锅中盛出，撒盐和胡椒粉调味，趁热把1个柠檬的汁水挤在上面——柠檬汁的酸度会略微中和这道菜的油腻感。入锅油炸之前，可以在猪肝片外裹一层面粉。

174 | 炸羊宝

我听说，根据马雷马地区的习俗，人们会在家里的小马驹被阉割的那一天邀请自己的朋友一同吃饭，且其中最重要的菜肴就是美味的炸马睾丸。我从未亲口尝过那道菜，不知其口感究竟如何。尽管我和诸位说不定已经吃了无数次马甚至驴的睾丸而不自知。

不过，我想与您讨论的是同样美味的羊宝。它的味道很像羊胰，但要更柔软。

用盐水烹煮羊宝，并在其表面割开一条纵向的口子以剥去外膜，即生理学家口中的鞘膜和附睾。

把羊宝切成薄片，撒少量盐调味，再在其表面裹一层面粉，放进搅拌均匀的鸡蛋液中浸一道，入锅油炸。

175 | 博洛尼亚风味混合炸物

更适合这种油炸食品的名字应当是"精细的炸肉丸"。取一块炖得软烂的奶饲乳牛瘦肉、1小个在酱汁中煮熟或炖熟的大脑和1小片肥瘦相间的火腿肉，用弯月刀切碎所有食材，再将它们放入臼中进一步捣碎。接着，根据肉的数量放入1个蛋黄或全蛋，再加少许贝夏美酱，充分混合所有食材。把混合物放进锅里，边加热边不断搅拌，直到鸡蛋变熟。

最后，放入磨碎的帕尔玛奶酪、少许肉豆蔻和切得极细的松露。把混合物倒进盘子里，静置冷却后将其揉成数个约小核桃大小的圆球。往小圆球表面裹一层面粉，放入已搅拌均匀的鸡蛋液中浸一浸，再裹上一层面包糠。重复前述步骤两次后，把小圆球放入锅中油炸。

176 | 罗马风味炸点（一）

用洋葱做一份剁料，加黄油煸炒。当洋葱呈现焦黄色时，往锅里放入一块奶饲乳牛瘦肉，撒盐和胡椒粉调味。待牛肉也变色后，倒马沙拉白葡萄酒浸没牛肉并将其烹熟。把煮好的牛肉放入臼中捣碎。用锅里剩余的汤汁浸润碎牛肉，若汤汁不足，可以加少许肉汤。最后，放入1个蛋黄并搅拌均匀。请记住，这种混合物的质地应较为坚实。

取一些薄饼（但也不宜过薄），譬如圣餐麦面饼，把它们切成大小与药剂师常用的隔热小方垫相仿的方块。

将1个鸡蛋和前述烹饪步骤剩下的蛋清打匀。用手拿起一块小方饼，将它放入鸡蛋液中浸一道，随后裹上一层面包糠，把一块核桃大小的混合物放在上面。接着，再将一块小方饼浸入鸡蛋液，往一面上抹一层面包糠，另一面翻过来盖在盛有混合物的小方饼上。如有必要，可在做好的夹心方饼外再裹一层面包糠。把做好的夹心方饼放在一边。重复前述过程，直到用完所有食材。

用橄榄油或猪油炸熟方饼，端上餐桌作为配菜食用。用200克无骨牛肉能做出约20个罗马风味炸点。

177 | 罗马风味炸点（二）

若您手头正好有烤鸡胸肉，可以用它做罗马风味炸点。烹饪与**食谱16**数量相当的炸点需要以下食材：

50克鸡胸肉

40克盐渍口条

30克肥瘦相间的火腿肉

一汤匙磨碎的帕尔玛奶酪

一小块松露，如果没有则用少许肉豆蔻代替

鸡胸肉去皮并切碎，用同样的方法处理盐渍口条和火腿肉。松露切片。

用以下食材烹制贝夏美酱：

200毫升牛奶

30克黄油

30克面粉

搅拌混合贝夏美酱与其他食材。静置得到的混合物冷凝后，按**食谱176**的描述将其包裹在薄饼中炸食。

178 | 炸米糕（一）

500毫升牛奶

100克大米

100克面粉

50克无核葡萄干

15克切成米粒大小的松子

3个蛋黄

1个蛋清

一块核桃大小的黄油

两小匙糖

一汤匙朗姆酒

少量柠檬皮

30克啤酒酵母

一小撮盐

参照**食谱182**克拉芬中的描述处理啤酒酵母，将其与40克面粉混合在一起。

用牛奶将大米煮熟。但不要一次性倒入所有牛奶，留一些备用。为防止米饭粘锅，请时不时搅拌翻动它。接着，把深平底锅挪到炉灶角落位置。

米饭煮好后，把锅从火上移开散热。当米饭呈温热状态时，加入已经发酵的啤酒酵母、鸡蛋、剩余的60克面粉、松子和朗姆酒，如有需要，可再倒入一点牛奶。将前述食材充分搅拌混合并加入葡萄干。重新把锅放在火焰边，使混合物在适中热量的作用下发酵。待混合物充分膨大后，一勺一勺地把它舀入平底锅中炸熟，大而轻的炸米糕就做好了。炸米糕稍稍冷却后，往上面撒一层糖粉，趁热食用。

179 | 炸米糕（二）

炸米糕的这种做法比前一种更简单，但同样可口易消化。

将100克大米放入500毫升牛奶中烹煮，煮的时间越长越好。加一块核桃大小的黄油、少量盐、一小勺糖和少许柠檬皮调味。待米饭煮好并彻底冷却后，放入一汤匙朗姆酒、3个蛋黄和50克面粉。将混合物搅拌均匀并静置几个小时。尽量把蛋清打发，慢慢地倒进混合物中，边倒边搅拌。最后，将混合物一勺一勺地舀入平底锅中煎炸。炸米糕做好后，撒一层糖粉，趁热食用。

180 | 粗粒小麦粉炸糕

500毫升牛奶

130克面粉

一块核桃大小的黄油

一汤匙朗姆酒

少许柠檬皮

适量盐

3个鸡蛋

把粗粒小麦粉放入牛奶中煮熟，加盐调味。待其冷却后，加入鸡蛋和朗姆酒。把混合物放入橄榄油或猪油煎炸，撒上糖粉即可食用。

依照本食谱做出的粗粒小麦粉炸糕可供四至五人食用。

181 | 东多内炸糕

若您不知道"东多内炸糕"是什么，可以问问斯坦特雷罗。他经常吃这道菜，而且非常喜欢它。

250克面粉

6个鸡蛋

300毫升水

一小撮盐

少许柠檬皮

一点点地把水倒入面粉中，加盐调味。将混合物放入平底锅，用黄油、橄榄油或猪油煎炸，不加其他调味品。当其底部变硬时，借助一个盘子将它翻面，这样，你就得到了1个大大的油炸圆面盘[1]。

把柠檬皮和圆面盘放入臼中捣碎，加鸡蛋浸润捣碎的混合物：先一次打入2个鸡蛋，然后将剩下四个鸡蛋的蛋黄和蛋清分开，把蛋黄一个一个分开加进混合物中，再将蛋清打发后倒入。过程中不断地搅拌、揉搓混合物。将混合物一勺一勺地舀入平底锅中油炸，它会迅速膨大鼓成一个个小球。炸糕出锅后撒一层糖粉即可食用。

若您喜欢，可以在混合物中加入100克马拉加葡萄干。不过，须提前把葡萄干浸泡在水中24小时并去除其杂质。依照本食谱做出的东多内炸糕可供六人食用。若您想烹饪四人份炸糕，请将食材用量减半。

182 │ 克拉芬（一）

让我们试着用个带有德国风情的名字描述此菜，让我们去寻找美味与美好，不论它们在哪儿。但是，为了我们自己和意大利的荣誉，永远也别因崇洋媚外而盲目地模仿其他国家。

150克匈牙利面粉

40克黄油

一块大核桃大小的啤酒酵母

1个全蛋

1个蛋黄

一茶匙糖

一小撮盐

从150克面粉中抓出一把，堆在面板上。在小面粉堆中间按出一处

1　译注：东多内（Tondone）的字面意思是圆形、大圆盘。

凹陷，放入温牛奶和啤酒酵母，将这些食材和成1个软硬适中的面团，并在面团表面割开一个十字形的切口，它有助于您判断面团是否已经发酵膨大。在平底煎锅或炖锅底部薄薄地涂一层牛奶，把面团放入锅中，盖上锅盖，再把锅放在火焰边，使面团能在适当热量的作用下持续发酵膨胀。这一过程大约需要20分钟。面发好后，往里加入剩下的面粉、鸡蛋、熔化的黄油、糖和盐，和1个新面团。如果做出的大面团太软，就再添加适量面粉，直到您能用擀面杖把它擀成约半指厚的面饼。用一个环形锡制模具将面饼切成24个大小如图所示的面盘。

外皮大小

　　拿起1个鸡蛋（或形状类似的其他物体），用其尖头在每个面盘的中心按出一处凹陷。把鸡肝、牛胸腺、火腿、腌制口条和松露或香菇切碎，加肉酱汁和贝夏美酱做成馅料。接着，往12个面盘的凹陷处各填入一汤匙馅料。

　　手指蘸水，润湿面盘边缘，然后将剩下12个面盘一一覆盖在盛有馅料的面盘上。当所有面盘两两贴合后，用另一个白皮铁环在其顶部割出一个如下页图所示大小的圆形切口。

切口大小

现在，您需要让已经做好的 12 个填馅面点进一步膨大。为保证面皮能在适宜的温度环境中发酵，可以把填馅面点放在火边或暖炉里。面发好后，将其放入猪油或橄榄油中煎炸。趁热把这道菜端上餐桌，作为主菜或油炸点心食用。克拉芬美观且美味，常被认作是一道高端菜肴。

若您想把克拉芬当甜点吃，就用浓稠的奶油或果酱作馅料，出锅后再撒一层糖粉。

另一种克拉芬的烹饪方式请参见**食谱562**。

---

183 | 管状和球形炸糕

参照本食谱可做出管状和球形两种炸糕。烹饪操作本身并不困难，但步骤有些烦琐。

150 克水

100 克匈牙利面粉或其他非常精细的面粉

一块核桃大小的黄油

一小撮盐

少许柠檬皮

2 个全蛋

1 个蛋黄

加热黄油、水和盐。当水沸腾时，一次性倒入所有面粉并大力搅拌。继续加热面糊至其完全煮熟（约需10分钟），过程中请不断地搅拌它。将面糊从锅里倒出来，摊开呈1指厚，静置冷却。

接着，把1个蛋黄加进面糊中，用长柄勺搅拌。待蛋黄与面糊充分相融后，加入1个已经打发的蛋清。继续按照前述步骤放入剩下的蛋黄和打发的蛋清，持续搅拌。若其他食材的用量增加了两到三倍，就根据需要多次重复此操作。这样做出的面糊质地细腻如软膏。如果您想做球形炸糕，就用汤匙一勺一勺地将面糊舀进锅里。若想做管状炸糕，就用末端有星形开口（如下图所示）的裱花枪把面糊挤进锅里，每隔9~10厘米分一次段。待炸糕稍稍冷却后，撒上糖粉食用。将上述食材量加倍，您就能做出八至十人份的炸糕。

裱花枪末端开口

填馅球形炸糕也是一种选择。球形炸糕做好后，在其上开一道口子，填塞一点儿易消化的肉馅进去。不过，若烹饪肉馅炸糕，就不宜再撒糖粉了。

184 | 混合炸糕

鉴于这种炸糕的配料表中有奶酪和摩泰台拉香肠，我猜它最早应是在博洛尼亚横空炸响的[2]。不论它起源于何处，都请尽情享用它，这才是向其发明者致敬的正确方式。

180 克水

120 克面粉

30 克格鲁耶尔奶酪

一块核桃大小的黄油

30 克博洛尼亚摩泰台拉香肠

3 个鸡蛋

一小撮盐

加热盐、水和黄油。当水开始沸腾时，把切成小块的奶酪和面粉一次性放进锅里，用力搅拌。持续加热并搅拌面糊10分钟，接着关火，令其自然冷却。把蛋黄一个一个地放进锅里，再倒入已经打发的蛋清，同时尽可能地用木勺反复翻搅面糊。最后，将摩泰台拉香肠切成1厘米见方的小丁，掺进面糊中，入锅煎炸。如果面粉种类或鸡蛋个头过小导致混合物质地过于坚实，就再往里加1个鸡蛋。用前述食材足以做出六人份炸糕。若前期准备得当，做好的炸糕会膨大并呈空心状态。这很考验烹饪者的能力。

混合炸糕可以作炸肉及炸肝的配菜，也可以与其他油炸食品一起食用。

2　译注：圆炸糕（bomba）一词也有炸弹的意思。

185 | 粗粒小麦粉圆炸糕

300毫升牛奶，约300克

130克粗粒小麦粉

一块核桃大小的黄油

一茶匙糖

适量盐

少许柠檬皮

3个鸡蛋

加热牛奶、糖和黄油。当混合物开始沸腾时，一点点地慢慢加入粗粒小麦粉，以防它凝结成块。加热面糊至其变得足够浓稠，过程中不断搅拌以免粘锅。接着，把锅从火上移开，加盐调味，迅速打入1个鸡蛋。将另外2个鸡蛋的蛋黄与蛋清分离，把蛋黄逐个放入混合物中，再倒入打发的蛋清。与此同时，持续用勺子搅拌混合物。将混合物捏成小球，放入油锅煎炸。待它们膨胀变轻后捞出，稍稍放置冷却并撒上一层糖粉。这道菜的热量很高。烹饪炸糕时应用小火，并不断摇动炸锅。

186 | 炸洋蓟

这是一种非常基础的油炸食品，奇怪的是，并非每个人都知道该如何烹饪它。某些地区的人们会在炸洋蓟之前先将其煮熟，这可不是个好主意。还有些地区的习惯是在炸洋蓟时裹一层面糊。这一程序不仅全无必要，还会掩盖洋蓟本身的风味。以下是托斯卡纳地区常用的烹饪炸洋蓟的方法，我认为它是最好的一种。托斯卡纳人做菜时总是大量使用甚至滥用蔬菜，这也使得他们成为烹饪蔬菜的专家。

取2棵洋蓟，去除外层坚硬的叶子，切去茎和尖端，再将其切成两半。接着，把每棵洋蓟切成8~10块——更准确地说，8~10片，因为它们不会太厚。切好后，把洋蓟片放进冷水中浸泡一会儿。待洋蓟变得凉爽清新后，将它们从水中取出，大致擦干或甩干表层水分，再裹上一层面粉。洋蓟表皮湿润时，干面粉较易附着。

2棵洋蓟搭配1个鸡蛋就够了。把蛋清打至半发，与蛋黄和盐混合。借助网筛滤除洋蓟片表面多余的面粉，再把它们放进鸡蛋液中搅拌并浸泡一段时间。待洋蓟片充分吸收鸡蛋液后，将其逐片放进锅里，炸至金黄色后捞出，搭配柠檬片食用。众所周知，洒有柠檬汁的油炸食品（甜食除外）风味更佳，且与美酒十分相配。

若您希望洋蓟一直保持白色，就往浸泡它的水中挤半个柠檬的汁，且油炸时最好选用橄榄油。

---

187 | 油炸洋蓟片

曾有女士抱怨说她们在我的书里找不到这道菜的食谱。现在她们应当感到满意了。

取2大棵洋蓟，去掉外层坚硬的叶子，切除大部分茎，放进锅里烹煮。煮洋蓟的时间不宜太长。趁热把每棵洋蓟切成5片，撒盐和胡椒粉调味。

用以下食材烹制一份贝夏美酱：

> 30克面粉
> 30克黄油
> 20克磨碎的帕尔玛奶酪
> 200毫升牛奶

趁热把做好的贝夏美酱与1个蛋黄、帕尔玛奶酪和一小撮盐混合在一起。捏住洋蓟片的茎部，把它们在贝夏美酱中浸一道，一字排开放在盘子里。舀起剩余的贝夏美酱，浇在洋蓟片上，静置几个小时。待贝夏美酱冷却后，把打发的鸡蛋液涂在洋蓟片上，再裹一层面包糠，将其放入橄榄油或猪油中炸熟。

188 | 炸西葫芦（一）

人人都爱炸西葫芦。它们能很好地点缀或搭配其他任何油炸食品。

取1长条形西葫芦，洗净，沿纵向切成约1厘米厚、1指长的条状，去籽，在其表面撒少量盐。静置2小时后，滗掉西葫芦被食盐腌出的水分，将其放入面粉中来回滚动。接着，借助网筛滤除西葫芦条上多余的面粉。往炸锅里倒入大量猪油或橄榄油，等油滚沸后，放入西葫芦条。这种蔬菜刚进锅时柔软易碎，因此要待其变硬后再用漏勺翻动它们。将西葫芦炸至焦黄即可捞出。

您也可以参照**食谱246**中的描述制作煎锅西葫芦。若选择该烹饪方式，就把西葫芦切成厚圆片，其余烹饪步骤与煎锅洋蓟一致。

189 | 炸西葫芦（二）

用这种方法烹饪出的炸西葫芦味道比前一种更好，更令人印象深刻。选用无法单手环握的大西葫芦，将其去皮——这样炸出来会更美观，沿纵向劈成两半，剔籽，切成约1指宽的长形薄片。往西葫芦片上撒盐，静置几个小时。食盐能将蔬菜里的水分杀出。双手抓起西葫芦用力挤压，攥出其中的水分。把西葫芦片分开放进面粉中来回滚动，接着将其过筛，滤除多余的面粉。最后，把西葫芦片扔进盛有大量滚油的炸锅里。

这也是一道若未曾目睹烹饪过程，就很难掌握诀窍的菜肴。我将尽力为诸位描述其制作方法，可我不敢保证能让每个人都彻底理解。最早教我做这道菜的人称其为"贝奈特"[3]，但从它的形状来看，"面环"才是最适合的称呼，因此我给它改了现在这个名字。

把180克水、一块核桃大小的黄油、两茶匙糖和一小撮盐放进锅里加热。当水开始沸腾时，一次性倒入120克面粉并立即用长柄勺搅拌混合物，以免面粉凝成结块。关火，趁面糊还在冒热气时往里敲1个鸡蛋，用力搅拌以使鸡蛋与面糊彻底融合。待混合物冷却后，再加入2个鸡蛋，持续用长柄勺搅拌混合物直至其成为顺滑匀质的糊状。您可以通过搅拌动作本身判断自己是否已经达成了目标，因为长柄勺搅动匀质面糊留下的缝隙会很快被一层薄膜覆盖。往面糊中加入少许香草。在面板上铺一层面粉，把面糊倒在上面，用同样抹有干面粉的手揉搓它，使其与适量面粉混合，和成一团柔软易操作的面团。

把面团分成16~18个比核桃略大的小面球。保持手指与面板垂直，戳穿小面球，并围绕手指旋转面球。接着，将小面球翻转过来，在另一面重复前述操作，使中间打开的洞变得足够宽阔美观。这样一来，面球就成了面环。在宽口锅里盛满水，加热，当水还未达到沸点但已相当烫时，把面环3~4个一组扔进锅里。若面环粘在锅底，就用漏勺轻轻将它们舀起来。待面环浮起后，把它们捞出沥干，铺在一块厨用毛巾上。用刀尖在每个面环的里外两面各划一两道口子，这将更有利于它们发酵膨大。

若您愿意，可以将面环静置几个小时，留出饧面的时间。开小火，用大量猪油或橄榄油炸面环，烹饪时不断摇晃平底锅。面环充分膨胀后捞出，沥干油脂，待它们不再冒热气但仍处温热状态时，撒上一层糖粉

3　译注：贝奈特（beignet）为法语词。

即可食用。祝愿诸位做出的甜面环都美观且美味，能赢得口味挑剔的绅士和年轻美丽的女士的喜爱。

191 | 豆蔻少女

100 克面粉

一块核桃大小的黄油

适量牛奶

一小撮盐

用上述食材和 1 个软硬适中的面团，把它放在面板上用手充分揉匀，将其擀成与斯库多硬币厚度相仿的面片。将面片切成小菱形，放入猪油或橄榄油中煎炸。面片经油炸后会膨大起来，变成柔软美味的点心。

待这道豆蔻少女出锅并稍稍冷却后，撒上一层糖粉即可食用。

192 | 炸新月酥饼

这种油炸食品单拎出来稍嫌分量不足，但它可以代替面包做炸肉的配菜。

2 个新月形状的酥饼

200 毫升牛奶

20 克糖

将新月酥饼的尖端去掉，切成 1 厘米厚的小圆片，铺开放在一只托盘上。加热牛奶和糖，当牛奶开始沸腾时，把它倒在新月酥饼片上浸润它们。将 2 个鸡蛋打发。待新月酥饼冷却后，将其放进打发的鸡蛋液中浸一道，裹上一层面包糠，入锅油炸。对于那些并不挑剔的女士来说，这道菜也可以作为甜点食用，您只需在烹饪时加少许香草调味，并在做好后撒一层糖粉即可。

193 | 炸蛋白杏仁饼干

取20个小蛋白杏仁饼干，放入朗姆酒或白兰地中短暂浸泡一会儿，但不要把它们泡得太软。把蛋白杏仁饼干在**食谱156**所描述的面糊里浸一道，再放入猪油、黄油或橄榄油中煎炸。最后，往小饼干上撒一层糖粉，趁热食用。

这算不上一道令人欲罢不能的炸点，但若找准时机，也能使食客喜笑颜开。

194 | 猪油炸面饼

博学的博洛尼亚使用的语言是多么奇怪呵！

他们把地毯（tappeti）说成呢布（panni），把长颈酒瓶（fiaschi）叫作小酒壶（fiaschetti di vino），管南瓜（zucche）叫小黄瓜（zucchette），称牛胸腺（animelle）为牛奶（latti），不说哭泣（piangere）而说兔鸣（zigàre）。我们用"calia"或"scamonea"代指丑陋、病恹恹、阴沉着脸的女人，博洛尼亚人则称这样的人为"sagoma"。在博洛尼亚的餐馆里，你会找到诸如块菰（trifola）、佛罗伦萨牛扒（costata）等稀奇古怪的东西。我想，正是那儿的人们发明了用"batterie"表示双轮车或双轮马车赛（corse di gara a baroccino o a sediolo）的说法，也是他们使用"zona"一词指代电车轨道。首次听到"crescente"这个词时，我还以为他们在谈论月亮，实际上，他们想表达的词是"schiacciata"或"focaccia"，即常见的炸面饼。人人都知道炸面饼，也知道其烹饪方式。唯一的区别是，博洛尼亚人为使炸面饼更柔软、更易消化，在用面粉、凉水和盐和面时额外加了一点猪油。

用外焰将油加热至滚沸再放入面饼有助于使后者更好地膨胀。

总而言之，博洛尼亚人积极、勤奋、友善且真诚。您可以尽情地与这儿的男人或女人交流，因为他们直率的谈话方式非常吸引人。要我说，这是一个地区的人民真正有教养、讲文明的标志。在某些城市，人们可能会遇到相反的情况，因为那些地方的居民具有与博洛尼亚人完全不同的性格。

薄伽丘在《十日谈》中提到博洛尼亚人时感叹道："啊，波洛尼亚的血液洋溢着多么奇特的柔情蜜意，在这种场合下多么值得赞扬！你对眼泪和叹息总是那么敏感，你总是顺从恳切的请求和爱的欲望。如果我有幸颂扬你，我的声音将永远不会疲倦。"[4]

---

195 | 克莱西奥尼

我不知道为什么这道菜被称为"克莱西奥尼"而非菠菜煎饼。但我知道烹饪它时应先将菠菜煮熟，捞出沥干，再用力攥出菠菜汁。把菠菜切成大块，用由橄榄油、大蒜、欧芹、盐和胡椒制成的炒料调味，再加一点浓缩葡萄汁和去籽葡萄干，搅拌均匀。若您找不到葡萄汁和葡萄干，可以用糖及蜜饯葡萄代替。

按**食谱153**的描述准备一个面团。滴几滴橄榄油浸润面团，把它擀成数个大小如下页图所示的圆面皮，用以包裹菠菜馅料。将圆面皮一折为二，使之呈半月形。捏紧面皮交叠处，然后把做好的小饼放入橄榄油中煎炸。克莱西奥尼可作为主菜食用。

4　译注：原文为《十日谈》第七日故事七的内容，此处引用王永年（人民教育出版社，2003年版）的译文。

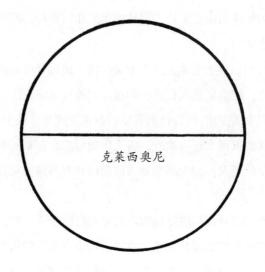

克莱西奥尼

196 | 炸肉团

各种剩肉都能用来做炸肉团,其制作方法与**食谱314**中描述的肉丸一样,只是不放葡萄干和松子。不过,若您喜欢,可以加一点大蒜和欧芹叶。把肉团搓成柱状比揉成球形更好。这种肉团通常只适合炸食。

197 | 炸牛胸腺肉柱

取150克牛胸腺,将其在肉酱汁中煮熟或与由洋葱和黄油制成的剁料一起煸炒,撒盐、胡椒和少许肉豆蔻调味。接着,把牛胸腺切碎,加2勺浓稠的贝夏美酱、1个蛋黄和一撮帕尔玛奶酪末,搅拌均匀。每次舀起一小勺混合物,将其放入面包糠中滚动,搓成状如卷轴的长条形肉棒。把肉棒放进鸡蛋液中浸一道,再裹一层面包糠,入锅油炸。若您在混合物中加入肥瘦相间的火腿肉和切成丁的腌制口条,这道菜的味道还会更好。用几片松露代替肉豆蔻调味也能起到增添风味的效果。

用150克牛胸腺可以做出10~12个炸肉棒。您可以把它们与其他油炸食品结合起来，做成一份炸物拼盘。

198 | 纯炸米丸

500毫升牛奶

100克大米

20克黄油

20克磨碎的帕尔玛奶酪

2个鸡蛋

用牛奶烹煮大米。米饭半熟时加黄油和盐调味。

米饭被彻底煮熟后关火，加入帕尔玛奶酪末。趁热往米饭中打1个鸡蛋并搅拌，使两者充分融合。待混合物冷却后，每次用汤匙舀起一小勺，将其放入面包糠中来回滚动，搓成圆柱状。用以上食材可以做出12个长形丸子。把剩余的1个鸡蛋打匀，将丸子放进鸡蛋液中浸一道，再裹一层面包糠，入锅油炸。

这道菜可以单独食用，但最好与其他油炸食品放在一起吃。

199 | 混合炸米丸

参照前一条食谱将米饭煮熟并调味。用肉酱汁和黄油烹煮鸡杂，若手头没有这两样东西，就把鸡杂和洋葱剁料一起放进锅里煸炒。混合鸡杂和米饭并搅拌均匀。

鸡杂一煮熟，就将其切成鹰嘴豆大小的碎块。

200 | 炸马铃薯丸

300克马铃薯

30克黄油

20克磨碎的帕尔玛奶酪

2个蛋黄

两汤匙糖

少许肉豆蔻

马铃薯去皮，放入盐水中烹煮。如果马铃薯个头较大，就先把它切成4块。马铃薯煮熟后，趁热将其捞出沥干，捣成泥状并过筛。加入黄油和其余配料，搅拌均匀。冬天时请先加热熔化黄油，再把它倒进马铃薯泥中。

待混合物冷却后，将其分成10~12小份，分开放在一层薄薄的面粉上，搓成状似卷轴的长条形丸子。将马铃薯丸放进打匀的鸡蛋液中浸一道，再裹一层面包糠，用橄榄油或猪油煎炸。炸马铃薯丸可以作为炸肉或烤肉的配菜食用。

201 | 炸填馅马铃薯面球

300克马铃薯

2满勺磨碎的帕尔玛奶酪

2个鸡蛋

少许肉豆蔻

适量面粉

将马铃薯煮熟，去皮，趁热捣成泥状并过筛，堆在铺有一层面粉的面板上。在马铃薯泥堆上按出一处凹陷，往里放入盐、肉豆蔻、鸡蛋和帕尔玛奶酪。用尽可能少的面粉把所有食材和成1个长条形软面团。将面团分成18块，用沾有面粉的手指把小面块压扁，再按出一个坑，将肉馅填在里面。接着，聚拢面片包裹住肉馅，轻轻将其揉成圆球，放入猪油或橄榄油中炸熟。炸填馅马铃薯面球可作为炸肉的配菜食用。

这是一道令人印象深刻的菜肴，因为它味道鲜美且成本低廉。可以用鸡杂制作这道菜的填馅。若您手头正好有1只母鸡，就将煮熟的鸡肫、鸡冠和未成熟的鸡蛋放进锅里，加黄油、肥瘦相间的火腿肉和由洋葱末制成的剁料煸炒，再把所有食材切成碎末。

如果没有母鸡，可以用其他方式调配馅料。

202 | 炸梨形饭团

100克大米

500毫升牛奶

一块略大于核桃的黄油

一小撮磨碎的帕尔玛奶酪

1个鸡蛋

把大米和黄油放入牛奶中煮熟，撒盐调味。待米饭稍稍冷却后，加入鸡蛋和帕尔玛奶酪末。炖煮2个鸡肝和2块羊胸腺，加少许肉豆蔻调味，制成一份美味的炖肉。接着，将鸡肝和羊胸腺捞出，切成比榛子略小的块状，与火腿丁、松露或蘑菇块混合在一起，后2种食材能够为炖肉增添风味。

为使做好的填馅米饭外形看起来像小梨子，我们需要用到一个锡皮小漏斗。由于画功有限，我无法向诸位展示漏斗的外形和大小。漏斗顶部开口部分的形状如下页图所示，它的底部则是一根约2厘米长的细空心管。将熔化的黄油涂抹在漏斗内壁上，再撒一层面包糠。堵住漏斗的底部出口，用米饭填满其一半空间，放入几块炖肉丁，再加更多米饭塞满整个漏斗。现在，把漏斗倒过来，对着细空心管吹气，使被漏斗塑造成梨子状的饭团完整地掉落出来。重复这一操作，直到所有米饭都用完为止。当然，在煎炸这些梨形饭团之前，需要将它们在鸡蛋液中浸一道，再裹上一层面包糠。

漏斗顶部开口

203 | 炸牙签串

　　2大块鸡肝

　　40克腌制口条

　　40克格鲁耶尔奶酪

　　用黄油煸炒鸡肝，撒盐和胡椒粉调味。把鸡肝、格鲁耶尔奶酪和腌制口条各切成12块，再拿12根牙签把前述36块食材串起来：先往每根牙签上串一块腌制口条，再接一块格鲁耶尔奶酪，最后放一块鸡肝，每块食材之间留出一点空隙。接着，把**食谱220**中描述的贝夏美酱涂抹在食材块上，充分覆盖它们。最后把牙签串放进鸡蛋液中浸一道，裹上一层面包糠，入锅油炸。

若您喜欢，还可以添加一些牛胸腺和切成小块的生松露，前者的烹饪方法与鸡肝相同。

---

204 | 羊肉煎蛋

羊腰部的肉最适合拿来做这道菜。用猪油煎羊肉。由于羊腰肉本身较肥，只放一点点猪油就够了。煎至半熟时，撒盐和胡椒粉调味。打4~5个鸡蛋，搅匀鸡蛋液，同样撒少许盐和胡椒粉调味。待羊腰肉完全熟透后，把鸡蛋液倒进锅里并充分搅拌。不要将鸡蛋煎得太老。

---

205 | 金鸡（一）

取1只小公鸡，剔除内脏，剁去头爪，洗净后放入沸水中烹煮1分钟。沿着关节把鸡肉切成大块，裹上一层面粉，撒盐和胡椒调味，并将2个鸡蛋打发，淋在鸡肉上。静置鸡肉块至少半小时后，将其放入面包糠来回滚动。如有必要，再重复此步骤两次。在火炭上架一口炸锅或一口涂锡铜锅，往锅里倒一些橄榄油，猪油更佳。当油开始嗞嗞作响时放入鸡块，保持适当的火候，将鸡肉煎至两面金黄。这样，我们便能确保它们已经熟透了。趁热把鸡块端上餐桌，搭配柠檬片食用。翅膀是火鸡身上肉质最细嫩的部分，煮熟后可以代替小公鸡肉。它们也应该被切成小块并按照同样的方式烹饪。

胸部的羽毛和爪子能在一定程度上显示出鸡肉的柔嫩程度（火鸡也是如此），因为鸡胸部的羽毛会随着它日渐老去而变硬，即使用手指按压也不会弯折，爪子则会慢慢从黑色变成淡黄色。

206 | 金鸡（二）

按照前述食谱处理好公鸡后，将其切成小块，裹上面粉，浸泡在打发的鸡蛋液里，撒盐调味。把鸡块放入平底锅中煎炸，再次加少量盐和胡椒粉调味，出锅后配以柠檬片食用。

207 | 猩红舌酱佐鸡胸肉

选用1只阉公鸡或肥硕小母鸡的鸡胸肉，将其切成6片，这将能满足四到五个人的需要。把鸡胸肉放入黄油中煸炒，撒盐和胡椒粉调味。

用20克黄油、40克面粉和200毫升牛奶烹制一份贝夏美酱。

用弯月刀把50克腌制猩红舌切碎，加入刚做好的贝夏美酱中。待酱料冷却后，将其均匀地厚涂在每1片鸡胸肉上。将1个鸡蛋打发，并把肉片浸入蛋液中，再裹上一层面包糠。最后，把鸡胸肉放入盛有黄油或猪油的炸锅里，炸至两面金黄即可出锅，搭配柠檬片食用。

208 | 猎手风味鸡肉

将1个大洋葱切片，在冷水中浸泡半小时以上。接着，把洋葱捞出沥干，放入盛有猪油或橄榄油的平底锅中煎熟后盛出，放在一旁备用。取1只小公鸡，处理好并切块，放进煎洋葱剩下的油里煎炸，待鸡肉变成焦黄色后加入洋葱，撒盐和胡椒调味。往锅里倒少许番茄酱汁和半杯桑娇维塞或其他上等红葡萄酒，再炖煮5分钟即可。我得警告您，这道菜不适合肠胃不好的人。

209 | 番茄煎鸡

各地区的人们在做煎炸类食物时，总倾向于使用当地出产的最好的油。托斯卡纳人喜欢用植物油，伦巴第人惯用黄油，而艾米利亚人则用猪油。艾米利亚人知道如何制备品质上乘的猪油，它色泽洁白，质地坚实，带有月桂叶的香气，闻起来非常舒服。这也解释了为什么在艾米利亚地区数量惊人的家禽被宰杀后放入猪油中，与番茄一起煎炸。

我更偏爱用猪油炸出来的食物，因为比起橄榄油，它更能带给食物以香气和滋味。把鸡肉切成小块，放进平底锅中，用适量猪油煎炸。除盐和胡椒粉外，这道菜无须任何调味料。鸡肉煎熟后，排掉多余的猪油，把切成小块的去籽番茄放进锅里，继续加热并不断搅拌至番茄呈软泥状即可。

210 | 白葡萄酒煎肝

作为调味品的葡萄酒并不是我的最爱，除非我们谈论的是瓶装葡萄酒或某些对它有特殊需求的菜肴。不过，正如甲之蜜糖，乙之砒霜，各人的口味都不尽相同。因此，我要向诸位介绍一道用葡萄酒做的菜。

把肝脏切成薄片放入平底锅中，用橄榄油和黄油煎，不加任何其他香料。将一茶匙面粉和上等干白葡萄酒倒进一口小锅里，搅拌均匀，调成一种流动性极佳的酱汁。当肝脏被煎至七成熟时加入酱汁。白葡萄酒煎肝做好后，撒盐和胡椒粉调味即可。

211 | 猎手风味肝

准备大约300克肝脏，并将3个大洋葱切片，在冷水中浸泡1~2小时。把洋葱捞出，直接放入平底锅中加热。待洋葱的水分被烤干后加猪油煸炒。待洋葱变成黄棕色时，放入切成薄片的肝脏，将两者一同翻炒片刻。接着，往锅里倒入小半杯上等红酒，继续翻动洋葱和肝脏，5分钟后撒盐和胡椒粉调味即可。这道菜不适合肠胃脆弱的人。

212 | 炸栗子形面团（一）

这种油炸点心是罗马涅特有的，也是当地狂欢节的一道特色菜。说实话，它并不是一道非常精致的餐点，但味道很好。

用面粉、2个鸡蛋、一匙茴芹酒、少许柠檬皮和适量盐和1个坚实的面团。像制作普通面包那样，使力用手揉搓面团。把一汤匙优质橄榄油慢慢倒进面团中，边倒边揉面，直至橄榄油被完全吸收。将面团搓成细圆柱形，再分成数个核桃大小的面球。紧接着，把小面球扔进锅里，开小火油炸，过程中不断摇晃煎锅。炸好的小面球形似栗子。在它们上面撒一层糖粉，放凉后端上餐桌即可。这种点心冷却后味道更佳。

需要提醒诸位，虽然白兰地或烧酒看起来与茴芹酒相似，但用它们做这道菜效果不如后者，面团也无法充分膨大。

213 | 炸栗子形面团（二）

这是炸栗子形面团的另一种做法。您可以都尝试一下，选出自己更喜欢的一种。

2个鸡蛋

两匙水

两匙茴芹酒

20克黄油

20克糖

一小撮盐

分离鸡蛋的蛋黄和蛋清。把蛋清打发，蛋黄放进碗里，加糖、茴芹酒、水和盐，搅拌均匀。将前述食材倒在面板上，加黄油和足量面粉和成面团。用力揉搓面团，直到它变得光滑漂亮，再将其分成数个核桃大小的面球。参照前一条食谱，把小面球放进锅里，开小火，用大量油将其炸熟。

214 | 炸奶油（一）

100克淀粉

30克糖

20克黄油

400毫升牛奶

2个全蛋

少许柠檬皮

一小撮盐

将加了糖的鸡蛋液打发，放入淀粉、磨碎的柠檬皮和黄油，再一点点地倒入牛奶。加热混合物，像制作普通奶油那样不断地搅拌它。当混合物变得足够浓稠时，加一小撮盐。接着，把混合物倒进托盘里或放在木板上，摊开约1指厚。

待混合物冷却后，把它切成菱形小块，刷一层鸡蛋液并裹上面包糠，放入猪油或橄榄油中炸熟，趁热食用。炸奶油可以作其他油炸类菜肴的配菜。

215 | 炸奶油（二）

100克面粉

20克糖

2个全蛋

500毫升牛奶

少许香草或柠檬皮

一直加热混合物至面粉被彻底煮熟。其余步骤请参见上一条食谱。烹饪分量约为本食谱的一半的炸奶油，将它与其他油炸食品混合在一起，就能满足四至五个人的需求。

216 | 炸羊头

我只能为不喜欢吃煮羊头的人提供另外两种烹饪方法：炸或炖（**见食谱321**）。至于炸羊头，无论您想单独烹饪还是搭配炸羊脑，都请参见**食谱157**"用于炸肉的面糊"。

217 | 博洛尼亚风味羊杂

将肝脏切成小片，其余内脏切丁，放入平底煎锅中，只用猪油煎炸，不加其他任何香料。待羊杂快要被煎熟时，滗掉所有猪油，重新往锅里放一小块黄油。继续用黄油煎炸片刻，倒入番茄酱汁或加水稀释过的番茄酱，撒盐和胡椒粉调味。把羊杂连同其酱汁一起端上餐桌，一定能博得一片赞誉。

218 | 博洛尼亚风味炸羊肉

羊腰肉最适合用来做这道菜，不过您也可以选用羊背部或颈部的肉。把羊肉切成块，按前一条食谱所述方法油炸。

219 | 炸兔肉

许多意大利人对兔子（Lepus cuniculus）的厌恶在我看来是毫无道理的。虽然兔肉营养价值一般，味道也淡，但这一点可以通过添加香料来弥补。在其他方面，兔肉无可挑剔，而且它没有一点儿难闻的腥膻气。实际上，它是一种很健康的食物，而且容易消化，这一点与羊肉不同。对于那些买不起牛肉，不得不靠蔬菜和豆类度日的人而言，兔肉是一种很好的选择。烹饪兔肉的最佳方式是按**食谱217**中的描述煎炸。

有人说，烹煮兔肉能得到一流的肉汤。

兔子的驯化可以追溯到很久之前。早在基督教诞生前五百年，孔子就已经提及这种动物可以被进献给神灵，还讨论了它们的生殖能力。

220 | 炸夹心肉排

取奶饲乳牛肉或鸡胸肉和火鸡胸肉，切成薄片。如果您希望肉排的外形更好看，可以把肉剁碎，再按自己的心意把肉末捏成想要的形状。若选择奶饲乳牛肉，170克无骨瘦肉就足以做出6~7块肉排。用黄油煎牛肉，除盐之外无须再添加任何调味料，煎熟后取出放在一边。

用70克面粉、20克黄油和200毫升牛奶烹饪一份贝夏美酱。一关火，就往贝夏美酱中加入盐、一匙帕尔玛奶酪末和1个蛋黄，搅拌均匀。把冷却下来的贝夏美酱厚厚地抹在肉排两面，借助涂有橄榄油的餐刀将其抹匀。接着，往肉排上裹一层鸡蛋液和面包糠，用橄榄油或猪油煎至金黄色。

把炸肉排端上桌，搭配柠檬片食用。

221 | 煎小鸟式奶饲乳牛肉 [5]

取一块奶饲乳牛瘦肉，把它切成薄片，用刀背敲松肉质。把一口平底锅或煎锅架在火上，加入等量橄榄油和黄油以及几片完整的鼠尾草叶。鼠尾草炸出香气后，立即放入牛肉，撒盐和胡椒粉调味。用大火将牛肉煎5~6分钟后出锅，挤上柠檬汁即可。

这道菜可以在午餐时食用。

222 | 罗马风味鼠尾草火腿裹牛肉

我在罗马的"Le Venete"餐馆吃过此菜，因此可以准确地将其描述出来。

做这道菜需要用到奶饲乳牛肉片，撒少许盐和胡椒粉调味。先往每块牛肉上放半片鼠尾草叶（一整片就太多了），再铺1片肥瘦相间的火腿肉。用一根牙签把这3种食材串在一起，好将它们固定住。接着，将其放入煎锅中，用黄油煎熟。不要把带火腿的那一面煎得太久，以免它变得干硬。如您所见，这是一道简单易做且十分健康的菜肴。

300克瘦奶饲乳牛肉大致可以被切成11~12块，足供三至四人食用。

牛肉片的厚度应在半指左右。烹饪之前，先将它们冲洗干净并压平。

您可以任选配菜搭配这道罗马风味鼠尾草火腿裹牛肉。

---

5 译注：菜名的"小鸟式"来源于配料中的鼠尾草。鼠尾草是烹饪小型野生鸟类的常用调料。

如果我保留这道菜的法语名字并遵循法语的浮夸风格，就应当称其为"bouchées de dames"。比起现在这个朴实谦虚的名字，法语名无疑会博得更多赞誉。

取1~2块鸡肝和少许牛胸腺。如果有鸡胗或火鸡胗也可以加一块，这一选择永远不会出错。不过，由于火鸡胗较为坚硬，烹饪前需要先焯水并剔除其软骨。用弯月刀切碎所有食材，把它们放进锅里，与由洋葱制成的剁料、火腿和黄油一起煸炒，加盐、胡椒粉、少许肉豆蔻或其他香料调味。当前述食材在锅里噼啪作响时，加一小勺面粉，充分搅拌至其被完全吸收，再倒入肉酱汁或肉汤并煮沸。将1个鸡蛋打发，一点点倒进锅里，边倒边不断搅拌，使混合物逐渐变得浓稠。关火，最后加入一撮帕尔玛干酪末，把混合物倒进盘子里。

将陈面包切成1厘米厚的面包片。去掉面包片的外皮，再把它切成宽度与十分硬币相当的小方块。把前述混合物厚厚地涂在这些小方块的一面上。预备将面包块放进锅里油炸的半小时之前，给它们裹一层面粉，一字排开地放在盘子上。将足量打发的鸡蛋液浇在面包块上浸润它们，这样面包块经油炸后就会变成漂亮的金黄色。拿起面包块，保持涂有混合物的一面朝下，将其放入平底锅中。

我敢保证，这道菜一定会给人留下很深刻的印象。用前述鸡杂和2~3块牛胸腺可以做出二十几个炸面包块。它们很适合与炸牛脑或类似的油炸食物混合食用。您也可以选择不放牛胸腺。若您手头有松露就加一些，它会使这道菜变得更加美味。

224 | 加里森达塔风味炸点 [6]

喜好烹饪的女士们可不能忘了这道菜，因为你们的丈夫一定会很喜欢它。此外，考虑到这道菜的原料，你们的辛勤付出很可能会得到回报。选取质地紧实的陈面包，去掉外皮，切成4厘米见方的正方形或菱形小块。往面包上放1片肥瘦相间的意大利火腿、几块松露丁和1片格鲁耶尔奶酪，再用另一块面包盖住它们。用力按压，尽量使上下两片面包紧紧粘在一起。请把所有食材都切得很细，这样做出来的夹馅面包才不会太过鼓胀。

接着，把夹馅面包轻轻浸入冷牛奶中。待面包充分吸收了牛奶后，将它放入打发的鸡蛋液中浸一道，再裹上一层面包糠。重复上述步骤两次，以便蛋液和面包糠能把夹馅面包完全包裹起来，再将其放入猪油或橄榄中煎炸。这道菜可以单独食用，也可以与其他油炸食品混合在一起享用。

225 | 炸脑、胸腺、头、里脊等

这些炸肉的烹饪方法请参见**食谱157**"用于炸肉的面糊"。

6　译注：加里森达塔，博洛尼亚双塔之一。

清水煮肉
LESSO

——

226 | 清煮鸡

　　用清水烹煮家禽——特别是阉公鸡和正在长膘的小母鸡——时，如果把它们包裹在一块厨用纱布里，肉质就会变得更加干净洁白，而且丝毫不会影响肉汤的味道。

　　关于清水煮肉的不同烹饪方法，请参见**食谱355、356和357**。

配菜

TRAMESSI

———

这是正菜间隙端上桌食用的小菜，在法语中叫"附加菜"（Entremets）。

227 | 蒜香面包

人们普遍认为大蒜有驱虫的功效。若当真如此，那这就是一道简单开胃，适宜孩子食用的菜肴。将面包片两面煎熟后，趁热用蒜瓣擦拭面包，再加盐、橄榄油、醋和糖调味。

228 | 腌鳀鱼填馅豆蔻少女

220 克面粉

30 克黄油

适量牛奶

一小撮盐

4 条腌鳀鱼

把面粉、黄油、牛奶和盐混合起来，和成1个软硬适中的面团。用力地充分揉搓面团，这样它在入锅煎炸时才能膨胀起来。

静置饧面片刻，然后将面团切成两半，稍稍擀平一些。

腌鳗鱼洗净，沿纵向剖开，接着剔除鱼刺，再把剩下的鱼肉切成碎块。将碎鱼肉放在其中一个面团上，再把另一个面团盖在上面。紧紧地黏合两团面，用擀面杖将它们擀成薄饼，再切成菱形，放入橄榄油中炸熟。用以上食材能做出六人份腌鳗鱼填馅豆蔻少女。这道菜可以作午餐的开胃菜，也可作炸鱼的配菜。

229 | 香叶豆蔻少女

约180克面粉

两匙橄榄油

两匙白葡萄酒或马沙拉葡萄酒

5或6片鼠尾草叶

1个鸡蛋

适量盐

用弯月刀将鼠尾草切成细丝。把面粉同其他所有食材混合在一起，和成1个柔软的面团并充分揉搓。用擀面杖将面团擀成厚度与斯库多硬币相当的薄面饼，如果面团过黏，就撒一把干面。把薄面饼切成菱形小块，放入橄榄油或猪油中煎炸。我听说有人会将这道菜同无花果和火腿配在一起吃。

依照本食谱做出的香叶豆蔻少女足供四人食用。

230 | 粗粒小麦粉面块

400 毫升牛奶

120 克粗粒小麦粉

50 克黄油

40 克磨碎的帕尔玛奶酪

2 个鸡蛋

适量盐

把粗粒小麦粉放入牛奶中烹煮。将锅从火上移开前，加盐、25 克黄油和 20 克帕尔玛奶酪调味。趁热把鸡蛋打进面糊中并搅拌。接着，把混合物倒在面板上，摊开约 1 指半厚，放置冷却后切成杏仁形小块。将剩下的黄油也切成小块。现在把小面块和黄油块交替堆叠在一个大小适当的盘子里，并往每一层上都撒些帕尔玛奶酪末，最顶上的一层除外。最后，把面块放入烤炉中烤至焦黄色。这道菜可以单独食用，也可以作炖肉或其他肉类菜肴的配菜。

231 | 罗马风味面团

我对罗马风味面团的食材用量配比作了如下修改。我宴请宾客时曾做过这道菜，现在也衷心希望您能像我的客人们一样喜欢它。倘若您发现自己确实喜欢这道菜，而那时我还活着，请为我的健康干杯。若我已经化为白菜的肥料，就请对我说一声"安息吧"！

150 克面粉

50 克黄油

40 克格鲁耶尔奶酪

20克磨碎的帕尔玛奶酪

500毫升牛奶

2个鸡蛋

人们常说，坐在餐桌前的人数应既不少于美惠三女神，也不多于缪斯女神的数量[1]。如果用餐人数接近缪斯女神数，烹饪时就把食材数量翻一番。

把面粉、鸡蛋和牛奶混合在一起，慢慢倒进深平底锅里。往面糊中放入切成小块的格鲁耶尔奶酪，加热并不断搅拌。当面糊变稠时，加盐和25克黄油调味。关火，静置面糊至其冷凝，然后参照玉米面团的烹饪方式把它分成小块。将小面团放进一个耐热的盘子里堆叠起来，把剩下的黄油切成小块放入其中，再加帕尔玛奶酪末调味。不要把奶酪末撒在最上层的面团上，因为靠近火源的地方温度过高，奶酪受热容易发苦。把面团放进烤箱中或放在铁皮罩下烤熟，趁热食用。

232 | 香肠玉米面团

用玉米面粉和1个相当柔软的面团。把面团放在面板上，擀成约1指厚的面饼，切成杏仁形状的小块。

把几根完整的香肠放进长柄平底锅里，倒少量水烹煮。香肠煮熟后去皮切碎，加入番茄酱汁或番茄酱，搅拌均匀。将玉米面块分层摆放在烤盘或耐火的盘子上，每叠一层就撒上帕尔玛奶酪末、香肠和切碎的黄油调味。接着，用上下火烘烤玉米面团，烤熟后趁热端上桌。这道菜非常适合作为一顿丰盛午餐的第一道菜食用。您也可以做1个硬实的玉米面团，再将其切片。

1　译注：即九人。

233 | 玉米粥焙盘

用适量牛奶和玉米面熬一份浓稠的玉米粥，把锅从火上移开前加盐调味。把玉米粥倒在面板上，摊开呈2指厚。玉米粥冷却后，将其切成半厘米宽的杏仁形，在耐高温的金属或瓷盘中按后述方式摆放。参照**食谱87**准备一份博洛尼亚风味通心粉调味酱，再按**食谱137**的描述烹制一份贝夏美酱。在烤盘底部撒一层帕尔玛奶酪末，其上铺一层玉米粥块，再加帕尔玛奶酪末、通心粉调味酱和贝夏美酱调味。继续按此步骤铺第二层玉米粥块并调味，重复操作直至用完所有食材。时不时点缀几小块黄油丁也是不错的选择，不过，若您不希望这道菜因加了太多调味品而变得过于沉重，就别放太多。

按前文所述铺叠好玉米粥后，把它放进烤箱里烤至棕黄色，趁热端上餐桌。在秋冬两季，这道菜可以作为正餐的配菜食用。只要烹饪得当，它就会因其美味而广受称赞。到了狩猎时节，有经验的厨师可在把玉米粥放入烤盘时加上炖好的野禽肉。

234 | 贝夏美酱通心粉

选用长条那不勒斯通心粉，用盐水煮至七成熟，捞出沥干。把通心粉重新放进锅里，加一小块黄油一同烹饪。待黄油被通心粉充分吸收后，加入足量牛奶，开中火将通心粉煮熟。同时，参照**食谱137**烹饪一份贝夏美酱，当它不再沸腾后，往里放入1个蛋黄并搅拌均匀。蛋黄能使贝夏美酱变得更加黏稠。把酱料浇在通心粉上，再撒一把帕尔玛奶酪末。以这种方式烹饪的通心粉是焖肉或炖奶饲乳牛肉的绝佳配菜。现在，取一个耐火的托盘，摆一个锡制模具在里面，并把通心粉围放在它旁边。

将托盘放入火源在上方的乡村式烤炉中或铁皮罩下烘烤至通心粉变色。将锡制模具取出，把肉摆在空出来的位置上。当然，您也可以把通心粉和肉分开端上餐桌。不过，上桌前应把肉也微微烤黄，以保证其美观性。注意不要将肉和通心粉烤得太干。

235 | 面包糠通心粉

大仲马曾说，英国人以烤牛肉和布丁为生；荷兰人以烤肉、马铃薯和奶酪为生；德国人以酸菜和熏肉为生；西班牙人以鹰嘴豆、巧克力和臭烘烘的腌肉为生；意大利人则以通心粉为生。若他说得没错，那么，见我一次次地念叨通心粉，请不要太过惊讶，毕竟我一直喜欢这种面食。实际上，我曾获得过"通心粉食客"的称号，我这就告诉您这名头是怎么来的。

1850年的一天，我在博洛尼亚的三王（Tre Re）餐厅里和几个学生一起吃饭。费利切·奥尔西尼（Felice Orsini）也在，他是其中一个学生的朋友。当时正是罗马涅政治动荡，阴谋层出不穷的时候，奥尔西尼似乎正是为此而生的。他热切地谈论着这些话题，带着满腔激情不知疲倦地对我们说一场起义近在眼前，他和他提到的另一个人将领导这场起义，他们将带领一队武装支持者攻占博洛尼亚。我听着他鲁莽地在公共场所讨论如此危险的话题和那项在我看来完全是疯狂之举的事业，对他的演说充耳不闻，只平静地继续吃摆在自己面前的那盘通心粉。我的举止刺痛了奥尔西尼那满怀热情的心。由于当日之辱，此后每当他想起我时，就会问他的朋友："那个通心粉食客怎么样了？"

我现在仍能在脑海中描绘出那个慷慨激昂的年轻人的样子：中等身高，瘦削的身材，苍白的圆脸，精致的五官。他的眼睛很黑，头发卷曲，说话时有些口齿不清。许多年后，我又在梅尔多拉的一家咖啡馆里碰见过他一次，当时他正因一个人滥用了他的信任，侵犯了他的尊严而大动肝火。他要求一个年轻人跟他去佛罗伦萨，帮他——按他的说法——进行一次光荣的复仇。

一系列情况和事件一个比一个离奇,最终导致了他的悲惨结局。我们都知道那件事并为之惋惜,很可能正是它最终使拿破仑三世决心干预意大利事务[2]。

让我们言归正传。

300 克耐煮的长通心粉

15 克面粉

60 克黄油

60 克格鲁耶尔奶酪

40 克帕尔玛奶酪

600 毫升牛奶

适量面包糠

若您希望做出来的通心粉味道浓郁一些,可以增加调味品的用量。

将通心粉煮至半熟,加盐调味,用滤网把水沥干。加热面粉和30克黄油并不断搅拌。当面粉开始变色时,一点点地倒入牛奶,沸腾后继续烹煮约10分钟,一份贝夏美酱就做好了。把通心粉和磨碎或切成小块的格鲁耶尔奶酪放进贝夏美酱中,将深平底锅移到火焰边缘,这样通心粉就会被慢慢煮熟,并充分吸收所有牛奶。接着,加入剩下的黄油和帕尔玛奶酪末。最后,把所有食材倒进耐火的托盘里,在上面撒一层面包糠。

完成前述步骤后,将通心粉放入乡村式烤炉中或火源在上方的铁皮罩下烤熟,趁热食用。这道面包糠通心粉作为肉类的配菜食用最为合适。

---

2 译注:奥尔西尼是1858年1月14日企图刺杀拿破仑三世的意大利爱国者之一。他最终被抓获并处决。

236 | 炸包羊肋排

取肉质细腻的羊肋排，去除附着在长骨上的肉筋，并将羊肉敲松、碾平，放入煎锅中加少量黄油煎炸，除盐和胡椒粉外无须添加任何香料。羊排煎好后盛出，放在一边备用。

烹饪一份质地浓稠的贝夏美酱，往里加入切成碎末的火腿和盐渍口条、磨碎的帕尔玛奶酪、少许肉豆蔻、松露片或在水中泡软的干菇块。静置混合物至其完全冷却。

制作足量酥皮（参见**食谱154**）包裹每块肉排。在羊排的两面都涂上准备好的贝夏美酱，再用酥皮裹住它，不过要将骨头露出来。包好后，在酥皮外刷一层蛋黄，然后将羊排贴着烤盘边缘直立放置。把羊排放进乡村式烤炉中烤熟，趁热食用。这道菜广受赞誉，人们普遍认为它是一道精致的菜肴。

您可以借助模型切割酥皮，这样做出来的酥皮形状和大小都会更加精确。为使这道菜的外观更加整洁优雅，在将其端上餐桌之前，用白纸在排骨的末端缠绕一圈做装饰。

237 | 纸包牛肋排

法国人把这种牛肋排称为 "côtelettes en papillote"。以下是这道菜最简单的一种烹饪方法，请不要嘲笑它。选用奶饲乳牛肋排，去除附着在长骨上的肉筋以使骨头彻底裸露出来。用黄油煎炸奶饲乳牛肋排，撒盐和胡椒粉调味。将适量肥瘦相间的火腿肉和欧芹切碎，混合在一起，用黄油和碎面包心把它们黏合起来。在牛肋排的两面都抹上这种混合物，并缀以少许生松露屑。取一张厚白纸，有几块肋排就借助模具将其剪成几块。在纸的两面涂上黄油或橄榄油，把肉紧紧包裹在里面，露出骨头。接着，把肋排放在烤架上，用微火烘烤以确保白纸不会被点着，烤好后端菜上桌。为使做好的肋排更加整洁优雅，可用白纸在露出骨头的末端缠绕一圈做装饰。大块的羊肋排也能用来做这道菜。

238 | 费拉拉风味肉汁香肠

这种香肠是费拉拉当地特色。它们的形状类似邦迪奥拉香肠（Bondiola）[3]，重约500克，味道辛辣鲜美。与其他类型的猪肉制品不同，费拉拉香肠存放的时间越久就越入味，当地人通常会将其放置至味道正佳时再食用。准备烹饪费拉拉香肠前，把它放进温水中清洗若干次，去除覆盖在表面的油污。接着，将香肠放进锅里，加适量冷水小火慢煮一个半小时。烹煮时用一块布包裹住香肠，以免其外皮破裂。趁热把费拉拉香肠端上餐桌，它可以像意式煮腊肠一样作为配菜食用。虽然费拉拉香肠以其肉汁闻名，但以这种方式烹饪的费拉拉香肠不一定都带有肉汁，即便有，数量也很稀少。

239 | 填馅圆面包

生活在大城市的优秀厨师——请允许我打一个不太恰当的比方——就像一个驻扎在固若金汤的堡垒，麾下有无数骁勇善战的军团，因而能充分展示其军事才能的将军。此外，大城市不仅有得天独厚的条件，还住着许多能提供各式各样的小工具的人。尽管这些东西本身并不重要，但它们对改进烹饪的多样性、优雅性和精确性有很大帮助。譬如，您在大城市可以找到切成片就能与野鸟一起串在烤扦上烘烤的细面包棍，以及约苹果大小，可以往里填入馅料的小圆面包。

用擦床轻轻刮掉小圆面包的表皮，并从面包皮上取下一块与10分硬

3　译注：Bondiola，一种近似球形的猪肉香肠。

币大小相当的圆片。继续在面包内部掏出一个空洞，但要注意保留一定厚度的面包壁。将面包浸泡在煮沸的牛奶中，待它们充分吸收牛奶后取出，用小圆盘盖住面包被掏空的洞口。接着，往面包上裹一层鸡蛋液，用猪油或橄榄油将其炸熟。把面包放进平底锅时，请令盖有小圆片的洞口朝下，这样它就能保持封闭。面包炸好后，用刀尖将洞口再次挑开，填入尚温热的精细肉馅。重新把圆面包封起来，端上餐桌。只要您烹饪得当，这道菜在任何一张餐桌上都能博得赞扬。

肉馅最好用鸡肝、鸡胸肉、牛胸腺等类似食材制作。把它们切成鹰嘴豆大小的小块，用肉酱汁烹煮，再加入少量面粉，搅拌均匀。为保证肉馅的美味，松露是一味不可或缺的食材。

240 | 俗称"栗子糕"的甜糕

话至此处，我情不自禁地想抨击我们意大利人对工商业不屑一顾的态度。在意大利的一些省份，栗子粉不为人所知，我想甚至没有人试图引进它。然而，对不怕肠胃气胀的普通人来说，它是一种廉价、健康且有营养的食品。就这个问题，我询问了罗马涅的一位街头小贩。我向她描述了栗子甜糕，并问她为什么不试着贩卖它，也好多赚几文钱。"怎么跟您说呢，"她回答道，"它太甜了，没人会想吃它的。""但您卖的那些'科塔罗内'不也很甜吗？人们也愿意买呀。为什么不试试栗子糕呢？"我又补充道，"您可以先把栗子糕免费分发给孩子们。送每人一块做礼物，看看他们会不会喜欢上这种味道。也许之后大人们也会跟着孩子们来买的。"事实证明我根本是在对牛弹琴，还不如对着一堵石墙说话呢。

也许您没听说过科塔罗内，它是指把完全熟透的苹果和梨放进一口小锅里，加少量水，用一块湿毛巾盖住锅口，然后放进烤箱烘焙而成的食物。不过，还是让我们来谈谈制作栗子糕的简便方法吧。

取500克栗子面粉，放进碗里，加一小撮盐调味。由于栗子粉容易结块，所以在烹饪前需先用网筛过滤一道，使其变得松软。接着，把800毫升凉水一点点倒进碗里，直到栗子粉成为流质面糊，再抓一把松子扔进去。有人用核桃碎代替松子，还有人会放一点葡萄干和几片迷迭香叶。

取一个烤盘，往其底部倒一层薄薄的橄榄油。接着，把栗子面糊倒进烤盘里，再在最上层浇两汤匙橄榄油。面糊高度应为1指半左右。把栗子糕放进烤炉或上下层都有热源的烤箱里烤熟，趁热食用。

栗子面糊也可以用来烹饪油炸食品。

241 | 玉米面蛋糕（一）

这是一道非常普通的菜，但喜欢玉米面粉的人一定会很喜欢它，且食用它之后也不会出现胃反酸的现象。冬天里，每次妈妈端出热腾腾的玉米面蛋糕做早餐时，小孩子们都会高兴得跳起来。

粗磨玉米粉总是最好的选择。

根据需要在容器中放入适量玉米面粉，撒盐并加开水搅拌，形成质地浓稠的面糊。当容器底部不再有干面粉时，加入比例适当的葡萄干或麝香葡萄干。本地产的葡萄干有时要比甜麝香葡萄干更受欢迎，因为它能令做出来的玉米面蛋糕带有一点令人愉快的微酸味。往铜制饼铛里加入足量优质猪油并加热，当猪油开始咝咝作响时，倒入面糊。若面糊太稠，就用一把长柄勺将其摊匀。在铺好的面糊的顶部再涂上一点猪油，点缀一枝新鲜的迷迭香做装饰。把面糊放进烤炉或带上下火的烤箱里烤熟，趁热食用。玉米面糊也可以炸着吃，但油炸时不要放迷迭香。据我所知，阿雷佐地区的玉米面蛋糕是最好吃的，当地人会精心调制玉米面糊，然后将其放入烤炉烘烤。

242 | 玉米面蛋糕（二）

这种做法比前一种更高级。

300 克玉米面粉

100 克麝香或其他种类的葡萄干

40 克猪油

30 克松子

3 匙糖

剔除葡萄籽，把松子沿纵向切成两半。在饼铛中涂上猪油后再撒一层面粉，其他步骤参照前一条食谱进行。

243 | 鸡蛋香肠

鸡蛋和香肠是一对不错的搭配，鸡蛋与腌五花肉丁也是如此。鸡蛋本身的味道偏寡淡，香肠和腌五花肉则味道浓郁，因此，它们的结合能产生一种令许多人愉悦的美味。不过我们此处讨论的是一般菜肴。

如果选用新鲜的香肠，就将其纵向切成两段，放进未涂油的平底锅中加热。香肠本身味道就很足，因此无须任何调料。若是已经风干的香肠，就将其去皮并切成片状。香肠烤熟后，往锅里打入鸡蛋，待鸡蛋也变熟后即可食用。每根中等大小的香肠配 1~2 个鸡蛋就够了。

如果香肠的肥肉含量太少，可往锅里放一点黄油或猪油。若您用腌五花肉代替香肠，可以先加一小块黄油，再倒入搅拌均匀的鸡蛋液。

244 | 葡萄香肠

这是一道不起眼的普通菜肴，我提到它是因为香肠与酸甜的葡萄相结合可能会产生一种能满足部分人味蕾的特别滋味。

用叉子的尖头叉起香肠，把它们整根放进盛有少量猪油或黄油的平底锅里。香肠熟透后，加入适量颗粒饱满的葡萄，继续加热至葡萄的体积缩小为原来的一半。您也可以把香肠串在铁扦上烤熟或加水煮熟后单独食用。

245 | 作为配菜的米饭

您吃煮公鸡或小母鸡时可以用米饭做配菜，它们的味道很相配。为避免消耗过多肉汤，先将米饭在水中焯一下，再放入鸡肉汤里煮熟。尽量把汤汁煮干，出锅前加黄油和少量帕尔玛奶酪调味。若您烹饪200克大米，那么关火后加1个鸡蛋——2个蛋黄更佳，把米饭黏合起来。

如果想把米饭当作炖奶饲乳牛肉或牛肉卷而非煮鸡肉的配菜，除上述食材外，还可以放入2~3匙煮熟并过筛的菠菜泥。这样做出的米饭就会是绿色的，且风味更佳。

若您希望这道配菜的外观更加优美，可以先把大米放入模具中，再在蒸锅里蒸熟。请注意不要将米饭蒸得太硬，因为那将是一个严重的缺陷。

246 | 煎锅洋蓟

这是另一道家常菜式。它诞生于托斯卡纳，价格低廉，味道也还不错，可作午餐时的开胃菜或家庭晚餐的配菜食用。我不知道为什么它在意大利其他地方不受欢迎。

先按照**食谱186**中描述的方法处理洋蓟。抖掉洋蓟片表面多余的面粉后，把它们放进一个盛有足量已经开始嗞嗞作响的上好橄榄油的煎锅里。待洋蓟片两面都呈焦黄色后，将打匀的鸡蛋液浇在上面，但要注意不要烹饪过头。根据您的口味用盐和胡椒调味，把调味料分成两份，一份撒在洋蓟上，一份提前放入鸡蛋液中。

您也可以用平底锅来代替煎锅。但用平底锅和用煎锅烹饪出的洋蓟味道大不相同，后者更胜一筹。

247 │ 奶酪锅

常在餐馆就餐的人能很好地认识到人们的口味有多么不同。撇开那连蛋白杏仁蛋糕和丝路蓟蛋糕都分不清，像狼一般的饕餮者不谈，有时您会发现同一道菜被部分人捧上了天，其他人却认为它很普通，甚至还有人觉得它糟糕得很，简直难以下咽。这种情况总会令人想起那句谚语中蕴含的伟大真理："无法为口味争辩"（De gustibus non est disputandum）。

朱塞佩·阿维拉尼（Giuseppe Averani）在《古人的食物和餐饮》（*Del vitto e delle cene degli antichi*）一书中谈及此话题时说："在所有感官中，最多样善变的一种就是味觉。因为我们用于感知味道的味蕾在不同的人身上，在不同气候条件下都有所不同。它还常因年龄、疾病或其他影响因素发生变化。这就是为什么许多孩子们喜欢的食物并不符合成年人的口味，某些美味精致的食物能叫身体健康的人食指大动，在病人看来却无比恶心，令人生厌。心理作用也常会美化或影响菜肴的味道，这取决于我们的想象力对食物进行了怎样的折射。稀有、异域食物常比本地食物更能满足我们的味蕾；饥荒与富足、昂贵与便宜都会增减食物的滋味；老饕们的普遍称许能使食物变得更美味，更令人愉悦。因此，在任何时代的任何国家里，没有哪道菜肴能被所有人喜爱，没有哪道菜的口味和外形能得到众口一词的称赞。"

例如，我便不同意布里亚·萨瓦兰对奶酪锅的看法，他在自己的《疾病生理学》（*Physiologie du goût*）一书中高度评价了这道菜，并给出了以下烹饪方式：

"称量鸡蛋，加入约为其1/3重量的格鲁耶尔奶酪和1/6重量的黄油，再撒一点盐和适量的胡椒粉。"

与萨瓦兰不同，我不认为奶酪锅是一道重要的菜肴。在我看来，它只能作午餐的开胃菜，或在没有更好的选择时作替补菜肴。

在意大利，奶酪锅是都灵的特色菜，大家公认都灵人的奶酪锅做得很完美。我费了很大劲才从都灵弄到了以下食谱，并在试做后取得了可喜的成果。接下来，我就为诸位讲解其做法。下述食材可供六人食用。

400克去皮芳提娜奶酪
80克黄油
4个蛋黄
适量牛奶

芳提娜奶酪与格鲁耶尔奶酪有些类似，但脂肪含量更高一些。

将芳提娜奶酪切成小方块，放入牛奶中浸泡2小时。加热黄油，当它开始变色时将芳提娜奶酪捞出放进黄油里，再加两汤匙浸泡过奶酪的牛奶，用搅拌勺持续搅拌。小火加热混合物，不要令其沸腾。待奶酪完全熔化后关火，加入蛋黄。再开火加热片刻并继续搅拌。冬天时，将奶酪倒进热托盘里食用。

若烹饪得当，做好的奶酪应该既不是颗粒状，也不是条状的，实际上，它看起来应当像浓稠的奶油。都灵人做奶酪锅时，还会在顶部铺一层薄如轻纱的生白松露。

248 | 番茄糕

将番茄切碎，加用大蒜、欧芹和橄榄油调制的炒料烹煮，撒盐和胡椒粉调味。

当番茄呈浓稠的泥状时关火，用网筛过滤一道。再次加热滤得的番茄泥，放入足量打匀的蛋液、一小撮帕尔玛奶酪并搅拌均匀。待鸡蛋变成固体后，将混合物盛进盘子里，在旁边围上一圈用黄油或猪油煎过的菱形面包片。

往过滤后的果泥里放几片丽风轮叶或一小撮牛至叶粉能使番茄糕具有更令人愉快的香味。

249 | 乳清奶酪饼

200乳清奶酪

50克磨碎的帕尔玛奶酪

30克面粉

2个鸡蛋

一小撮切碎的欧芹

一小撮香料

适量盐

搅拌混合前述食材，并将混合物放在撒有面粉的面板上。往混合物中加入足量面粉，用涂有干面粉的手将其和成面团，再把面团分成12个柔软的面球。稍稍压扁小面球，把它们放入平底锅或煎锅中，用黄油煎炸。当小面饼两面都变色后，加入番茄酱汁或用水稀释的番茄酱。

乳清奶酪饼可以作为主菜食用，也可以作牛排或烤牛肉的配菜。

250 | 三色煎面包片

取 2 块面包，把它们切成 1 厘米厚的小圆片，用黄油或橄榄油煎炸。取一些在酱汁或黄油奶酪糊中煮熟的菠菜，将其切成细末，覆盖在面包片上。把 2 个鸡蛋煮熟，去皮，沿纵向切成两半，分离蛋白与蛋黄。把蛋白切成几个同心环，放在菠菜上，再将蛋黄切成许多小块，放在蛋白环内。这样，可以搭配烤肉食用的煎面包片就做好了。它由煎面包片、绿色的菠菜、蛋白和黄红色的蛋黄，即意大利国旗的三种颜色组成。不过，三色煎面包片吃起来比看起来还要好。

251 | 蛋黄酱沙拉

某些品味不佳的厨师会用许多奇怪的原料来准备这种沙拉，以至于食客第二天不得不求助于蓖麻油或匈牙利水。有人用煮鸡肉做这道菜，有人用各色烤肉，但鱼肉永远是首选，尤其是高品质的海鲜，如海鲷、荫鱼、鲈鱼、鲟鱼、去壳大虾、地中海龙虾和星鲨。我将为大家介绍蛋黄酱沙拉最简单，也是最好的一种烹饪方法。

取莴苣或普通生菜，把它们切成手指宽的条状，与甜菜片和煮熟的马铃薯片一起拌匀。将几条鳀鱼洗净，剔刺去骨，各切成 4~5 块加进蔬菜中。最后，放入切成小块的水煮鱼。您还可以放一点儿刺山柑和 2~3 个去核糖渍橄榄。加盐、橄榄油和少量醋调味并搅拌均匀，然后把所有食材堆在一个碗里。

参照**食谱 126** 的描述烹制一份蛋黄酱。该菜谱列出的食材量足以做出七至八人份的酱料。不过，为使蛋黄酱的味道更浓，可以用一匙芥末代替胡椒，并在柠檬汁中加入 1 滴醋，这样能使芥末更好地溶解。把调制好的蛋黄酱浇在沙拉上，再将更多甜菜和马铃薯片交错点缀在上面，使这道菜变得更加美观。若您手头有合适的模具，可以用黄油做一朵小花，装饰在沙拉顶端。放黄油花的目的不在于好吃，而在好看。

说到沙拉，我认为煮熟的菊苣汁液微苦，与甜菜的甜味非常相配。

252 | 千页饼

一位女士给我写信说："我想毛遂自荐，教您做一种美味而优雅的炸饼。您若认为它只是一种形状扁平的点心，那就大错特错了。称它为'千页饼'最为恰当。"

我按照这位女士的指令试做了两次千页饼，两次的效果都很好。现在我来向诸位描述一下做法。

将一些面粉、2个鸡蛋、一小撮盐、3汤匙白兰地或其他烈酒——最好是茴芹酒——混合在一起，和一个柔软的面团，再尽可能地将其擀薄。把20克熔化的黄油涂抹在面皮上，然后把面皮卷起或折叠起来，成为宽约10~11厘米的长条面卷。确保涂过油的一面朝内。接着，将面卷纵向切成两半，再以一定间隔横向切开，得到一些长方形小块。用手指按压长方形外缘，也即面卷未被切开的脊面，将其按平一些，呈面饼状。把面饼放入盛有大量油的平底锅中炸熟，最后撒一层糖粉即可食用。若烹饪得当，您将会看到小面饼膨起且各层呈书页状。

依照本食谱做出的千页饼可供四人食用。

炖菜
UMIDI

———

　　一般而言，炖菜是非常开胃的菜肴。因此，用炖煮的方式烹饪菜肴时请格外留心，以使做出来的餐点清淡、美味、易于消化。有传言说炖菜不利于人体健康，但我不同意这种观点。这种谬论的产生主要源于人们没有掌握正确的烹饪方式。例如没有想到应撇去油脂，使用香叶和调味品时过于随意，或者更糟——滥用调味料。

　　伟大的厨房里从来少不了肉酱汁。许多种炖菜都需要肉酱汁和黄油，因为用它们能做出简单而清淡的菜肴。如果没有肉酱汁，您就免不了要用些炒料，但请牢记节制的原则，找准加炒料的时机，精确把握其用量。

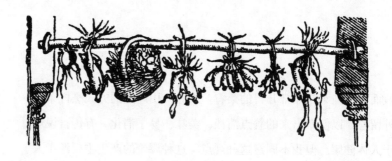

253 | 炖小母牛肉

　　佛罗伦萨地区的中产阶级家庭常烹饪炖小母牛肉搭配通心粉或肉酱汁烩饭。这是个不错的主意，尤其是考虑到炖肉有双重用途：它能作为一道汤点，也可以单独食用。但注意不要把汤汁炖得太干，这应当是一道汤水丰富的菜肴。烹饪时也不要只用橄榄油，最好按照托斯卡纳习俗用腌五花肉代替全部或部分橄榄油，这样会使炖肉更具风味，更受人喜爱。以下是烹饪搭配250~300克通心粉的炖小母牛肉所需食材。

　　　　500克带骨瘦小母牛肉

　　　　50克腌五花肉

　　　　50克黄油

　　　　1/4个大洋葱

　　　　1根小胡萝卜

　　　　2截芹菜茎

粗切后三种食材，并将腌五花肉切成小丁。

把所有食材放进锅里加热，撒盐和胡椒粉调味。时不时翻动牛肉，待其变色后，撒上一小撮面粉，加番茄酱汁或番茄酱浸润牛肉，再一点点地往锅里加水，将牛肉煮熟透。面粉的作用是增加炖牛肉汤的浓稠度，并为其增添色泽。注意不要把牛肉烧焦，因为这会给汤汁带来本不应有的一种令人不快的味道和近乎墨黑的颜色。将炖牛肉过筛，加一些在温水中泡软的干菇片调味。把干菇放进汤汁中稍加炖煮，味道一定不错。

把通心粉放入盐水中煮熟后捞出沥干。端上餐桌前，先将其浸泡在少许牛肉汤中，放在火边保温，加黄油和帕尔玛奶酪调味。不要放太多奶酪，因为人们可以在食用通心粉时再撒一些干酪末。

若想做炖牛肉配饭，就慢慢地加水烹煮大米。米饭煮至半熟时，加入炖牛肉的汤汁和一小块黄油。把锅从火上移开前再拌入一些帕尔玛奶酪。

炖小母牛肉最好配以蔬菜或豆类食用。牛股肉是烹饪这道菜最好的选择。如果您选择用橄榄油炖煮牛肉，那只需20克腌五花肉就足够了。

254 | 古怪炖肉

如果您手头碰巧有一块重约700~800克的无骨瘦牛肉，就往里嵌入100克培根。培根肥肉部分的厚度应约为1指，且已用盐和胡椒调过味。同样撒盐和胡椒为牛肉调味。把牛肉捆扎起来放进锅里，倒入能淹没一半牛肉的水量，再加2片鼠尾草叶、1枝迷迭香和半瓣大蒜。若牛肉很嫩，可以少加一点儿水。水被烧干后，在牛肉上撒一匙面粉，待其变色后放入一小块黄油，倒一勺肉汤和（盛在杯子里）1指高的马沙拉白葡萄酒浸润牛肉。用网筛过滤炖肉汤汁，重新将其浇在牛肉上即可端菜上桌。

255 | 炖小牛肉

取一块肉质紧实的奶饲乳牛腿肉，并往肉块里嵌入肥瘦相间的火腿肉。把牛肉捆扎起来，撒少许盐调味甚至干脆不加盐，因为过咸是一道菜最致命的问题。把2粒丁香钉进洋葱里，再用胡萝卜条、芹菜和欧芹准备一份香草束。把所有食材放入锅中并加一小块黄油。待牛肉煎至变色后，加肉汤将其炖熟。

捞出炖好的牛肉，弃置洋葱和香草束，并用网筛过滤汤汁。撇去滤得的汤汁中的油脂，继续加热收汁至其稠度与胶状物类似。最后把汤汁浇在牛肉上即可端菜上桌。

肉汤在烹饪中起着至关重要的作用，但有时人们手头可能会缺少合用的肉汤。因此，有些人会囤积李比希浓缩肉汁，在紧要关头，此肉汁加水可以替代肉汤。应按照各种肉类的纤维走向填嵌油膘和肥肉块，这样烹饪时就可以把肉沿横向切开。

256 | 炖肉块

炖肉块的原料可以是奶饲乳牛、羊或鸡的胸肉或腿肉。让我们以第一种食材，即牛胸肉为例，若选用其他肉类，用量也与牛胸肉基本相同。

500克奶饲乳牛胸肉

50克黄油

5克（约一汤匙）面粉

200毫升热但已不沸腾的水

2个蛋黄

半个柠檬

1束香料

将牛胸肉去骨，切成小块。把25克黄油放进深平底锅中加热，当它开始熔化时，加入面粉并不断搅拌，直到混合物变成近似榛子的棕色。一点点地往锅里倒水，并把香料束扔进锅中。您可以把洋葱和胡萝卜条、欧芹、芹菜和罗勒茎捆绑在一起制成香料束。不要用这些食材的叶子，因为叶片可能会被煮化，影响并破坏炖肉块的外观——它最终应呈现一种匀质可爱的淡草色。待水沸腾后，放入牛肉和剩余的黄油，撒盐和白胡椒（即去皮胡椒）调味。拿一张纸盖住锅口，用锅盖牢牢地卡住它，开小火慢炖牛肉。牛肉煮至七成熟时取香料束。若恰逢新鲜蘑菇上市的季节，您可以加100~150克薄蘑菇片，它能使炖牛肉更加美味。如果没有新鲜蘑菇，可以用一把干菇代替。

最后，把深平底锅从火上移开，慢慢倒入柠檬汁和打发的蛋黄，即可端菜上桌。

若您想用鸡肉做这道菜，就将鸡肉沿关节处切块，去头、颈和爪。其余烹饪步骤请参照前文。

用这种方式烹饪出的炖肉块清淡健康，对味蕾尚未被重口味和辛辣食物破坏的人来说会是一种享受。

---

257 | 蛋黄汤鸡杂

这道炖菜虽然简单，但十分清淡可口，适合食欲不振的女士和正在休养身体的人食用。取鸡肝（请先像**食谱110**中说的那样摘除胆囊）、鸡冠和鸡宝。将鸡冠焯水剥皮，切成2~3块，鸡肝切半。加热适量黄油，依次往里放入鸡冠、鸡肝和鸡宝，撒盐和胡椒调味，将它们煮至熟透，必要时可加些肉汤。

根据您使用的鸡杂数量，将1~2个蛋黄、一或半匙面粉、适量柠檬汁和热肉汤放进一口小锅里，边加热边不断搅拌以免蛋黄凝块。鸡杂煮熟后，把蛋黄汤倒进锅里，继续焖煮片刻即可端菜上桌。如有需要，可以多加一些肉汤稀释蛋黄汤。烹制一人份的蛋黄汤鸡杂需3~4个鸡冠、同样数量的鸡肝、6~7个鸡宝、1个蛋黄、半匙面粉和半个柠檬。

食谱174中描述的羊宝煮熟并切片后用这种方法调味效果也很好。

258 | 去骨填馅鸡肉

以下是最简单的给鸡去骨的方式：切掉一半鸡脖子和鸡翅膀尖端，从鸡爪与鸡腿连接的关节处剁去鸡爪。接着，不要剖开鸡腹，沿背部纵向划开翅膀到臀部的表皮，用一把锋利的小刀剔出鸡翅里的骨头，同时割下连接在骨头上的肉。用同样的方法处理鸡腿及髋部。拿小刀一点点地挖挑鸡骨，直至取出整副骨架及内脏。可以忽视尾脂腺处的细小骨头，也可以把整个腺体一起取出。请将鸡锁骨也取出。

将去了骨的鸡腿和鸡翅向内扣，并剔除肉里的筋腱。

若去骨鸡肉的体积较大，就用约300克奶饲乳牛瘦肉准备馅料，如果鸡较小则可减少牛肉数量。先把乳牛肉切碎，再放入臼中捣成细泥。往碎牛肉中加入在肉汤中泡软的面包心、一把磨碎的帕尔玛奶酪、3个蛋黄、盐和胡椒。若您喜欢，还可以放少许肉豆蔻。最后，加入20克肥瘦相间的火腿丁和20克盐渍口条丁。把准备好的馅料填入鸡肉，缝合开口，拿一块亚麻布紧紧裹住鸡肉并将其捆扎起来，放进水里文火慢炖几个小时。拆除亚麻布，把鸡肉放进锅里，先用黄油再用如下酱汁将其烹至变色：

剁碎鸡头、鸡颈以及您取出的所有骨头。把它们和腌五花肉碎块、黄油、洋葱、芹菜以及胡萝卜一起放进深平底锅里，撒盐和胡椒调味。倒入美味的鸡汤——此前用来煮鸡肉的水——烹煮前述食材。

请先抽出缝合鸡肉开口的线，再将这道菜端上餐桌。去骨填馅鸡肉可以单吃，也可以与配菜一起食用。

259 | 鸡肉蛋奶酥

若您想用前一餐剩余的烤鸡（鸡胸和鸡腿肉）为家里的老人和肠胃虚弱者烹饪一道富有营养、清淡且刺激性弱的菜肴，这条食谱便是不二之选。

80 克去皮鸡肉

50 克面粉

30 克黄油

20 克磨碎的帕尔玛奶酪

250 毫升牛奶

4 个鸡蛋

一小撮盐

用黄油、面粉和牛奶烹制一份贝夏美酱。待酱料稍稍冷却后，放入帕尔玛奶酪、盐、蛋黄和已用弯月刀切碎的鸡肉。接着，加入打发的蛋清，充分混合所有食材。把混合物倒进一个耐火的盘子里，放入乡村式烤炉中焖烤至微微发黄即可趁热食用。这道菜冷食风味亦佳。

260 | 炖小母鸡配饭

1 只重约 700 克的小鸡，掏空内脏

300 克大米

100 克黄油

40 克肥瘦相间的火腿肉

1 棵个头偏大的洋葱

一块胡萝卜

一小把干菇

将处理好的小母鸡捆扎起来。火腿肉切条，与30克黄油一起放入深平底锅中，再加入切碎的洋葱和胡萝卜。把小母鸡胸口朝下放进锅里，撒盐和胡椒粉调味。盖上锅盖，待鸡肉两面都变色后，慢慢倒入热水将其彻底煮熟。过滤煮鸡肉剩下的汤汁，稍后用于给米饭调味。

加热米饭和剩余黄油的一半，无须添加其他调料。接着，用热水烹煮米饭，再倒入滤得的鸡汤。米饭完全煮熟后，加剩下的35克黄油调味，再撒一把帕尔玛奶酪末。

煮鸡肉时请同时放入鸡肝和鸡肫，二者煮熟后切碎拌入米饭中。以这种方式烹饪的米饭可作为供三人食用的汤点。在这种情况下，应将带少许汤汁的鸡肉单独端上桌，用蘑菇作配菜。

261 | 炖填馅牛肉

食谱537 介绍的烤填馅牛肉卷也可以用炖煮的方法烹饪。用黄油煎牛肉片，然后加水和番茄酱汁完成烹饪。这道菜可以与任何配菜一起食用。

262 | 嫩煎牛肉片

午餐时，您可以用牛肉片代替牛排。用铁扦烤肉片可能会使其变得太干，用以下方法烹调，得到的结果将会非常好。用刀背拍松牛肉片，将其与适量黄油一起放进锅里加热，撒盐和胡椒粉调味。边加热边翻动肉片，待它双面变色并充分吸收黄油之后，分两次倒入少量水浸润它。牛肉片煮熟后，撒一撮切碎的欧芹末，继续加热片刻。最后，把牛肉连同其汤汁一起端上桌。

若您喜欢，可以用炸马铃薯搭配牛肉片。

263 | 乡村风味鸡肉

取1只小公鸡，把几枝迷迭香和1瓣切成4~5块的大蒜塞进鸡腹中。把小公鸡和用培根制成的剁料放进锅里加热，用盐和胡椒粉调味。将番茄去籽，切碎，待鸡肉变色后将其放入锅中。当番茄炖至软烂时，倒入肉汤或水浸润所有食材。把生马铃薯片放入另一个平底锅中，用橄榄油、猪油或黄油将其煎熟，并用煮鸡肉的汤汁调味，作为配菜食用。若希望这道鸡肉清淡一些，就用黄油代替猪油。

264 | 马沙拉白葡萄酒鸡肉

把鸡肉切成大块，与一小块黄油和用洋葱制成的剁料一同放进深平底锅中加热，撒盐和胡椒调味。当鸡肉煎至变色时，加入一些肉汤将其彻底煮熟。过滤鸡汤，必要时撇去表层油脂，随后把鸡肉重新放回锅里加热，倒入少量马沙拉白葡萄酒。当汤汁开始沸腾时，立即将鸡肉捞出。

265 | 香肠鸡肉

将半只洋葱切碎，与一小块黄油和4~5片约1指宽的薄火腿片一起放入深平底锅中。接着，把1整只鸡放在前述食材上，撒胡椒粉和少量盐调味并加热。待鸡肉充分变色，洋葱变得软烂后，倒肉汤或水浸润鸡肉，再加入3~4根完整的新鲜香肠。用文火炖熟鸡肉，不要将汤汁完全收干。

266 | 蛋酱鸡肉

取 1 只小公鸡，切块放进锅里，加 50 克黄油、盐和胡椒粉调味。加热片刻后，往鸡块上撒一小撮面粉使其变色，再倒入肉汤将其煮熟。把鸡块取出沥干，保温放置在一个托盘里。将半个柠檬的汁液和 1 个生蛋黄搅拌均匀并倒进锅里，与煮鸡肉的汤汁混合在一起。边加热边搅拌酱汁几分钟，随后把它浇在鸡肉上即可端菜上桌。

267 | 奶油鸡肉

往已经处理好的整鸡上抹一层橄榄油，撒盐调味，串在烤扦上烤至七成熟。接着把整只鸡从胸口处切半，再按关节切成数块，用以下方式完成烹饪。

将 1/4 个中等大小的洋葱切碎，与 50 克黄油一起放进锅里加热。当洋葱完全变色后，撒 10 克面粉，再一点点加入 300 毫升奶油。若您手头没有奶油，可以用品质上乘的牛奶代替。待面粉已充分受热后，把鸡块放进锅里炖熟。

268 | 马伦哥鸡

在马伦哥战役当晚，经历一天的混乱之后，第一执政官和将军们的厨师找不到载有食材的马车了。于是，他偷来一些鸡，即兴创造了一道菜，给它起名叫"马伦哥鸡"。据说这道菜一直是拿破仑的最爱。倒不全是因为它本身的优点，而是因为它总能勾起对那场光荣胜利的回忆。其烹饪方式大致如下：

取 1 只小公鸡，去掉脖子和腿，按关节切成大块。把鸡肉块放进锅里，用 30 克黄油和一汤匙橄榄油煸炒，撒盐、胡椒粉和少许肉豆蔻调味。当鸡肉两面变色时，撇去油脂，加一汤匙面粉和100毫升白葡萄酒。接着往锅里倒入肉汤，盖上锅盖，用文火将鸡肉煮熟。起锅前撒一撮欧芹末做装饰。将鸡肉捞出，摆在一个盘子里，把半个柠檬的汁液挤在上面。马伦哥鸡是一道令人食指大动的菜肴。

269 | 嫩煎鸡胸肉

我认为以下是烹调鸡胸肉的最佳方法。按下述步骤烹饪出的鸡胸肉口感细腻，惹人喜爱。一块鸡胸肉可供四至五人食用。尽量把大块鸡胸肉切成薄如纸、形状优美的薄片，并把从胸骨上剔下来的小块鸡肉放在一起压实，形成1整块肉。撒盐和胡椒为鸡肉调味，并将其放入打匀的鸡蛋液中浸泡几个小时。接着，往鸡胸肉片上裹一层面包糠，用黄油煎熟。若您偏爱自然原味，可以只用柠檬汁调味，若喜欢松露，可以按**食谱312**描述的烹饪方式或参照下文处理它。

往一口小金属煎锅里倒入勉强能覆盖锅底的橄榄油，铺上一层松露片，再撒少许磨碎的帕尔玛奶酪和一小撮面包糠。根据松露数量，重复前述操作3~4次，加橄榄油、盐、胡椒和几小块黄油调味。调味料用量要少，免得过犹不及。将平底锅架在火上，待油开始滚沸时，用一勺肉酱汁或肉汤和一点柠檬汁来浸润松露。接着迅速把锅从火上移开，将酱汁浇在前述已经煎好的鸡胸肉上。

若您没有松露，可以把干菇放进水中泡软后切丁代替，若没有柠檬汁，可以使用番茄酱汁或番茄酱。

270 | 野鸭（一）

在市场上购买野鸭时，应打开它的嘴检查舌头。如果野鸭的舌头非常干燥，说明这只动物已经死了一段时间，需要闻一闻以确认它是否发臭。

有人建议在烹饪鸭子前用醋清洗或将其放入沸水中烫一下，去除鸭肉的腥味。不过，由于这种令人厌恶的味道主要源自野鸭的尾脂腺，我认为只需去除该腺体即可。尾脂腺在佛罗伦萨方言中被称为"尾油腺"（stizza），位于尾基背部，内含一种淡黄色的黏稠液体。水禽会大量分泌这种液体并将其涂抹在羽毛上，以达到防水的目的。

掏空野鸭内脏，但要保留肝、心和鸭胗。切去鸭头并剔除野鸭的脊椎骨，再把脖子上的皮剥下来叠盖在胸部位置。恐龙羽衣甘蓝和小扁豆都非常适合作炖鸭肉的配菜。无论您选用哪一种配菜，都要先按以下方式准备一份炒料：

烹饪1只约1千克重的鸭子需要30克肥瘦相间的火腿、芹菜、欧芹、胡萝卜和1/4个大洋葱等常用调味品。把前述食材切碎放进锅里，加一些橄榄油，再放入野鸭，撒盐和胡椒粉调味。将野鸭煸炒至变色后加水煮熟。

先用水，再用鸭汤烹煮恐龙羽衣甘蓝或小扁豆。煮熟后尝尝看是否需要加一点黄油增强味道，然后把配菜和野鸭肉一起端上餐桌。恐龙羽衣甘蓝应切成大块，撒盐和胡椒粉调味。

---

271 ｜ 野鸭（二）

把野鸭放进平底锅里，加30克黄油煎至变色后取出。往剩下的黄油中加一汤匙面粉，用长柄勺搅拌均匀，加热至混合物变成棕色。关火静置片刻，待混合物不再沸腾后倒入500毫升水，重新把鸭子放回锅里，撒盐和胡椒调味，再加入1/4片橙子皮、1根约手掌长的芹菜茎和一块胡萝卜。请将芹菜茎和胡萝卜切丁，橙子皮则应保持完整。盖上锅盖烹煮前述食材，煮熟后捞出野鸭，过滤汤汁。按关节位置将野鸭切块，把肉块放入滤好的汤汁中，随后把前述橙子的汁液挤在上面。再次将鸭肉同汤汁煮沸几分钟后即可食用。

您也可以用同样的方法烹饪家养鸭。不过，由于家养鸭肉质较肥，食用前应撇去汤汁中多余的油脂。去除油脂的另一个方法是把汤汁倒进碗里，在上面铺一张吸油纸。

272 | 家养鸭

处理家养鸭的方式与**食谱270**中处理野鸭的方式一致。把准备好的家养鸭放入锅中，并用该食谱描述的炒料煸炒鸭肉。当鸭肉变色时，加番茄酱汁或番茄酱浸润它，再倒入水或肉汤将其煮熟。接着过滤汤汁，撇去多余油脂。用滤得的汤汁再次烹煮鸭肉，加一小块黄油调味。您可以用鸭汤和帕尔玛奶酪为缎带面或千层面调味，鸭肉则可搭配在同一汤汁中煮熟的蔬菜食用。

273 | 家养鸭配米饭

我认为这是一道值得特别提及的美味炖菜。

把1/4个大洋葱、50克肥瘦相间的火腿和所有常用调味品——欧芹、胡萝卜和芹菜——切碎，制成一份剁料。把剁料、两匙橄榄油和鸭肉放进锅里加热，撒盐和胡椒粉调味。待鸭肉变色时，加番茄酱汁或番茄酱将其润湿，并倒入足量水烹煮。煮鸭肉的同时往锅里扔一把干菇。稍后您可以把煮熟的蘑菇拌进米饭中。鸭肉煮熟后，用网筛过滤酱汁并撇去多余的油脂。在深平底锅中加热200克大米和40克黄油，不添加任何其他调料。当大米开始变色时一点点地倒入热水。起锅前用鸭肉汤和帕尔玛奶酪为米饭调味。

274 | 鹅肝

阅读**食谱548**"烤家养鹅",您将会在末尾处发现关于如何烹饪鹅肝的说明。然而,我机遇巧合地见到了另一个食谱,依照它烹调出的鹅肝味道比前一种更好。因此,我将向各位介绍另一种鹅肝的烹饪方式。根据**食谱548**的描述将鹅肝煮熟后沥干。加热混合20克黄油和1大汤匙面粉,待黄油面糊呈现近似榛子的棕色时,往锅里倒一勺肉汤和3汤匙马沙拉白葡萄酒稀释它,接着放入鹅肝,稍炖一会儿即可端菜上桌。

275 | 炖白骨顶

白骨顶(Fulica atra)可称为鱼鸟,因为教会允许人们在斋日食用它而不违反戒律[1]。白骨顶主要分布在欧洲气候温暖的国家和北非。它是一种常在夜间活动的候鸟,主要栖息在沼泽和湖泊中,是当之无愧的游泳健将,以水生植物、昆虫和小型软体动物为食。目前人们在欧洲只发现了白骨顶的两个亚种。除繁殖配对期外,白骨顶总是成群活动,因而针对它们的狩猎活动常常收获颇丰且十分有趣。其中最有名的是在比萨附近的马萨丘科利湖(Massaciuccoli)——吉诺里·利希(Ginori Lisci)侯爵的私产——上乘船进行的拉特拉(la tela)猎鸟活动,它在每年深秋和冬季举行数次。据报纸报道,1903年11月来自意大利各地的一百条猎船参加了狩猎活动,共猎得约六千只白骨顶。

白骨顶的肉是深色的,味道偏淡。请按如下方式处理这种野味:

以烹饪4只白骨顶(这是我当时做的数量)为例。首先拔去白骨顶的羽毛,用火把细小的绒毛燎干净,接着掏空内脏并将其洗净。将处理好的鸟儿纵向穿在烧红的烤扦上,切成4大块,去掉头、脚和翅尖,用

---

1 译注:天主教斋日不禁食鱼虾蟹等冷血动物的肉。

醋腌制1个小时后再用凉水反复清洗。做这道菜时我没有使用肝脏，但保留了鸟肫，它同鸡肫大小相当，颇有嚼劲。把白骨顶肫掏空、洗净并切成4块，与鸟肉一起用醋腌制。

接着，将1个大洋葱切丝，加适量常用调味品——芹菜、胡萝卜和欧芹——调制一份剁料。把剁料、80克黄油、白骨顶肉和肫一起放进锅里加热，撒盐、胡椒和少许香料调味。待鸟肉中的水分被煎干后，倒入番茄酱汁或用大量的水稀释过的番茄酱将其炖熟。这样做出来的炖白骨顶会带有大量汤汁。白骨顶煮熟后捞出，用网筛过滤汤汁。在滤好的汤汁中放入1.5块切碎的白骨顶胸肉、40克黄油及适量帕尔玛奶酪，制成酱料。它能为由3个鸡蛋制成的特宽缎带面或500克条带面调味，且其独特风味定会受到赞扬。您可以把白骨顶肉和适量汤汁一起端上桌作为配面包吃的菜肴，它必定能令食客餍足。用前述食材可以做出五至六人份炖白骨顶。

我还听说，在炖白骨顶时加2根香肠将得到风味颇佳的汤汁。

---

276 ｜ 炖鸽子

这儿有一个关于鸽子的故事。它虽然听起来不可思议，却是真实发生过的。我曾说肠胃是脾气古怪的器官，这个故事便可以作为例证。

有一天，一位女士请求一个偶然来访的男人帮她杀几只鸽子。那人就当着她的面把鸽子淹死在了水盆里。这位女士被自己所见的一幕深深震惊，以至于从那天起她再也不吃鸽子肉了。

把鸽子和数片完整的鼠尾草叶放进铺有肥瘦相间的火腿片的煎锅或深平底锅里，加橄榄油、盐和胡椒粉调味。当鸽子肉开始变色时往锅里放一块黄油，再倒入肉汤将其炖熟。鸽子肉起锅前，挤1个柠檬的汁在上面，随后把鸽子肉连同汤汁一起盛进放有烤面包片的盘子里。由于火腿和肉汤本身带有咸味，烹饪炖鸽子时要少放些盐。在酸葡萄汁大量上市的季节，您可以用它替代柠檬汁。谚云：

金乌行至狮子座
葡萄美酒配甜瓜
酸葡萄汁佐炖鸽

Quando Sol est in leone,
Bonum vinum cum popone,
Et agrestum cum pipione

277 | 英式炖鸽或鸽子派

我想一次性说清楚，我烹饪时并不关心菜肴的名字，对浮夸华丽的名头也不感兴趣。哪怕一个英国人跑来告诉我说，我没有按照他国家的习俗做这道菜，而且它还有一个奇怪的名字叫"鸽派"，我也不在乎。我只知道它是一道美味的菜肴，这才是问题的关键。请看：

1只肥美的乳鸽
100克奶饲乳牛瘦肉或一块鸡胸肉
40克肥瘦相间的火腿片
30克盐渍口条片
40克黄油
半杯品质上乘的去脂肉汤
1个煮熟的鸡蛋

将乳鸽按关节位置切块，去掉头和爪子；小牛肉或鸡胸肉切丁，用刀背捣松；火腿片和腌制口条片切成约1指宽的条状；鸡蛋切成8瓣。

取一个用金属或陶瓷制成的耐火椭圆形盘子，将一半乳鸽肉、小牛肉、火腿肉、口条、黄油和鸡蛋按顺序分层叠放在盘子上，撒少量盐、胡椒和其他香料调味。按同样的顺序叠放剩下的另一半食材，使它们在盘子里累成一摞。接着倒入冷肉汤至其与盘子边缘齐平，这样菜做好后还将剩下不少汤汁。现在，用以下食材制作覆盖盘子的面团：

150克面粉

50克黄油

一匙葡萄烈酒

一匙糖

1个柠檬的汁

1个蛋黄

适量盐

混合面粉与其他配料，和成1个柔软的面团，必要时可以加适量温水。充分揉搓面团后用力把它砸在面板上，静置片刻饧面。把面团擀成面皮，折叠4~5次，最后用带有花纹的模具将其压成一张厚度与斯库多硬币相当的面饼。把面饼盖在盘子上。若还有剩余的面团，可以做一些装饰物点缀面饼。往面饼上刷一层蛋黄液，并把这个馅饼（某种意义上来说它就是一种馅饼）放入烤炉中烤熟，趁热食用。

我认为按下述方法烹饪这道菜效果会更好，更具意大利特色和风味。首先用同样数量的黄油把乳鸽和其他肉类煎至半熟，撒盐、胡椒和其他香料调味，随后按照前文指示把食材叠放在盘子里，倒入肉酱汁和去脂肉汤。您还可以按照自己的口味加鸡内脏、牛胸腺和松露等其他配料。

278 | 美味鸽子菜肴

将鸽子切成4块或按关节位置切成数块，与1片火腿肉、一小块黄油和香料束一起放进锅里加热，撒盐和胡椒粉调味。待鸽肉中的水分被煎干后，倒入肉汤将鸽子肉炖至半熟，接着加入鸽子的内脏、切碎的胰脏、新鲜蘑菇片或干菇（先在温水中泡软）。您也可以用松露代替蘑菇。不过，如果您选用松露，应该在烹饪过程快结束时再把它放进锅里。胰脏入锅之前应焯水，若您用的是大型动物的胰脏，则需先将其剥皮。倒入白葡萄酒，每2只鸽子需用半杯酒调味。请先在另一口锅中加热白葡萄酒，待酒液蒸发浓缩至原来量的一半后再将其倒入炖鸽子的锅里。继续用文火炖鸽子，加入少许拌有黄油的面粉或纯面粉使酱汁变稠。把这道菜端上桌前先捞出火腿和香料束，并把1个柠檬的汁液挤在鸽肉上。

您也可以用同样的方法烹调小鸡，并用鸡杂代替胰脏调味。

279 | 鼓形鸽子肉馅饼

这道菜的名字来自其形状，它长得与同名乐器（timballo）[2]十分相似。

用火腿、洋葱、芹菜和胡萝卜调制一份剁料，并把剁料、一块黄油和1~2只鸽子（根据用餐人数决定）一起放进锅里加热。接着，把鸽子的内脏放入锅中，若手头有鸡杂也可以加一些，撒盐和胡椒粉调味。待鸽子肉变色后，倒入肉汤将它炖熟。注意保留一些汤汁，不要将其全部蒸干。用盐水把通心粉煮至半熟。过滤烹煮鸽子的汤汁，把通心粉放进去，将其置于火旁边保温并不时搅拌。准备一份贝夏美酱。把乳鸽按关节位置切开，若您懒得一一剔骨，就把它的脖子、头、爪子和背脊部位丢掉，当然，去掉鸽子全身的骨头会更好。将鸽子的内脏切成较大的块

2　译注：timballo指半球形铜鼓，是一种古代乐器。

状，并去除鸽肫内壁的筋膜。待通心粉充分吸收汤汁后，用帕尔玛奶酪、碎黄油块、肥瘦相间的火腿丁（薄片更好）、肉豆蔻和松露末为其调味。如果没有松露，可用一把在水中泡软的干菇代替。最后，加入贝夏美酱，搅拌均匀。

取一个大小适中的深平底锅，在锅壁和锅底涂抹一层冷黄油，铺一层酥皮面团。把鸽子肉和通心粉倒进锅里，再盖上同样的酥皮面团，放入烤箱烤熟后趁热食用。

用300克通心粉和2只鸽子做出的鼓形鸽子肉馅饼，可供十至十二个正常胃口的人食用。若您愿意，也可以参照**食谱349**中的描述烹饪鸽子馅饼。

280 | 橄榄鸫鸟

可以用**食谱276**描述的方式炖煮鸫鸟和其他野禽——事实上，我推荐您这样做，因为以这种方式烹饪出的鸟类非常美味。当鸫鸟被煮至半熟时加入腌橄榄——此处我指的是盐渍橄榄。可以直接把橄榄放进锅里，不过，最好还是先去核再用小刀把橄榄肉切成螺旋状，这样它就能再次合成一个看起来完整的橄榄。

曾经有一位先生收到过他人赠予的六只鸫鸟。由于家人都在乡下，他决定把这些鸟儿带到一家餐馆去，让厨师帮他烤制它们。那些鸫鸟十分漂亮，就像园林莺一样新鲜肥美。这位先生怕自己的美味被调包，就把每只鸟的舌头都割了下来以作标记。谁知餐馆侍者们猜到了这一点，便仔细地检查鸫鸟身上是否有什么独特的记号。他们找啊找，终于凭借自己的聪明才智发现了那位先生做的标记。或许是因为侍者们希望证明自己的智计更胜一筹，也可能是因为食客先生唯一宽大的地方只有他的腰围，他们都喊道："得让他尝尝厉害！"于是，他们割下了厨房里品质最差的六只鸫鸟的舌头，把它们端给了那位先生，并决心把他的鸫鸟留给更受欢迎的客人。待我们这位满心期待着一顿丰盛晚餐的先生看到那些干巴巴的鸟儿时，眼睛都快瞪出来了。他翻来覆去地研究眼前的鸟儿，自言自语道："我迷糊了，这些真的是我拿来的鸫鸟吗？"见它们的舌头都已被割掉，他只好悲哀地认为是火把自己的鸫鸟烤成了那副样子。

在他走后，侍者向食客们推荐的头一道菜便是："您今天想尝尝品质上乘的鸫鸟吗？"接着他们便开始讲述自己的恶作剧。后来，一个吃了那位先生的鸫鸟的人向我讲述了这一故事。

281 | 伪鸫鸟

这道菜被称为"伪鸫鸟"，因为它并不含鸫鸟，只是杜松子和其他配料的组合赋予了它一种近似鸫鸟的口感。很多人都喜欢这道菜，我建议您也尝试一下。

> 300克无骨奶饲乳牛瘦肉足以伪装成6只鸫鸟
>
> 6颗杜松子
>
> 3块鸡肝
>
> 3条腌鳀鱼
>
> 3匙橄榄油
>
> 适量培根

伪鸫鸟肉看起来应当像小块填馅肉卷。将小牛肉切成6块薄片，压平，切成漂亮的形状，并将剩下的碎肉放在一边。把碎牛肉、鸡肝、一块培根、杜松子、腌鳀鱼（洗净去骨）和1片鼠尾草叶剁碎，撒少许盐和胡椒粉调味，混合成馅料备用。把馅料放在牛肉片上，卷成肉卷，再在肉卷上放半片鼠尾草叶，裹一层薄薄的培根，最后用一根线交叉捆绑肉卷。我认为做这道菜总共需要60克培根。

肉卷做好后，把它们放进煎锅或无盖深平底锅里，加3汤匙橄榄油，开大火油煎，撒少许盐和胡椒粉调味。待肉卷变色后倒掉油脂，只在锅底留下少许残余。一点点倒入肉汤炖煮肉卷，待肉卷做好后，汤汁应当也收得差不多了。

解开捆住肉卷的绳子，把它们分别摊开放在6片微微烤黄的面包上，并将锅里剩下的浓汁浇在上面。

这道伪鹌鸟冷吃口味也很好。

282 | 炖欧椋鸟

欧椋鸟的肉很硬，口感一般，因此需要按以下方式烹饪才能食用。

以烹饪6只欧椋鸟为例。将1/4个大洋葱和30克肥火腿肉切碎制成剁料，与20克黄油、3~4条肥瘦相间的火腿肉和2颗杜松子一起加热。把整只未掏空内脏的欧椋鸟放在前述混合物上，加鼠尾草叶、盐和胡椒粉调味。时不时翻动欧椋鸟，待它们充分吸收了调料的味道，洋葱也变成焦黄色后，倒入少量干白葡萄酒浸润鸟肉。加热片刻，再倒入更多干白葡萄酒，两次共计300毫升。如果没有干白葡萄酒，可以用200毫升水和100毫升马沙拉白葡萄酒的混合液代替。拿一张对折了四次的纸盖住锅口，再用沉重的锅盖固定住它。用文火将欧椋鸟煮熟，连汤汁一同端上桌。

283 | 葡萄酒风味野鸟

把鸟儿烹煮片刻，但不要完全煮熟，接着将其串在铁扦上烤，撒盐和橄榄油调味。若选用的食材是鹌鸟或其他小型鸟类，就把它们完整地从烤扦上取下来；若是体型较大的鸟类，就将其切成4块并剁下鸟头。把鸟头、部分烤熟的小鸟或大型鸟的内脏放进研钵中捣碎。将一口深平底锅架在火上，加入由黄油、一些火腿片、肉酱汁或肉汤、马德拉或马沙拉白葡萄酒（用量与肉汤大致相同）、1颗薤白（切碎）、1~2颗杜松子（若主食材是鹬鸟）或1片月桂叶（主食材是其他种类的鸟）制成的剁料，撒盐和胡椒调味。烹煮半小时后，过滤得到的酱汁，放入烤至半熟的鸟肉，将其彻底煮熟后盛进放有在烤面包片的盘子里食用。

284 | 炖野兔

稍后我将向诸位介绍烹饪野兔派和烤野兔的方法。我想补充的是，如果您想做酸甜口味的野兔,可以参考**食谱285**中野猪的烹饪方式。以下是炖野兔的方式：

以烹饪半只野兔为例。先将野兔切块，然后把1个中等大小的洋葱、2瓣大蒜、1根约手掌长的芹菜茎和几片迷迭香叶切碎，制成剁料。把剁料放进锅里，加一块黄油、两匙橄榄油以及4~5条手指宽的火腿肉，煎炸5分钟，随后放入野兔肉，撒盐、胡椒粉和香料调味。待兔肉变色后，倒半杯马沙拉或其他品牌的白葡萄酒浸润它，再往锅里扔一把新鲜蘑菇或已在水中泡软的干菇。最后，加肉汤和番茄酱汁或番茄酱把兔肉煮熟。将炖兔肉端上桌前先品尝一下，若嫌味道不足可以再加一点黄油。

285 | 酸甜风味野猪

我认为，在烹饪糖醋野猪时，最好选用皮下有约1指厚的脂肪的肉块。野猪的脂肪煮熟后依然不会熔化，也没有令人作呕的油腻感，甚至还带有一种令人喜爱的味道。

以一块重约1千克的野猪肉为例，以下是烹饪方法：

用弯月刀把半个洋葱、半个大胡萝卜、2根约手掌长的水芹、一撮欧芹和30克肥瘦相间的火腿切碎，调制一份剁料。把剁料放进深平底锅中，加入橄榄油、盐和胡椒粉，再将野猪肉放在最上层。待野猪肉完全变色后，将锅里的油脂撇去，撒一撮面粉在猪肉上，接着一点点倒入热水烹煮野猪肉。猪肉煮熟后，滤除锅里的汤汁。在普通杯子里用以下原料调制糖醋汁，倒进锅里。

40 克葡萄干

30 克巧克力

30 克松子

20 克糖渍水果

50 克糖

加醋调味，但不要一次倒太多，便于您随后根据情况调整口味。倒入糖醋汁后，继续炖一会儿野猪肉再将其端上餐桌，以便各种调料的味道能更充分地融合。实际上，最好提前一天调制好糖醋汁。若您偏好简便些的烹饪方式，可以只用糖和醋制作糖醋汁。

可以用同样的方法烹饪野兔。

286 | 用上下火烹饪的野猪

把野猪肉放在**食谱531**描述的雪兔腌肉汁中浸泡12~14小时后捞出，用一块布擦干其表面液体，并按以下方法烹饪它。将3~4片薄如纸的培根放在深平底锅底，把野猪肉放在培根上面，撒盐和胡椒粉调味。接着，加入1整个洋葱、1束香草束、一块黄油和白葡萄酒（一块重约1千克的野猪肉需要半杯白葡萄酒）。再在猪肉上铺3~4片培根，然后用一张涂有黄油的纸紧紧封住锅口。把深平底锅放在上下火之间加热，待白葡萄酒挥发后，倒入肉汤浸润猪肉。野猪肉煮熟后捞出，用网筛过滤剩下的汤汁并撇去多余油脂，再将其浇在猪肉上，端菜上桌。

287 | 猎手风味鹿肉排

鹿、狍子以及类似野味的肉质偏干硬，因此最好将它们放置一段时间，待肉质变软后再食用。

做这道菜最好选用鹿腰脊部的肉，将其切成薄片。把烹饪鹿肉所需的黄油、橄榄油、1整瓣大蒜和几片鼠尾草叶放进锅里加热。待大蒜变色后，把肉片放入锅中，撒盐和胡椒粉调味。倒入马沙拉白葡萄酒浸润鹿肉，开大火将其快速煮熟。

288 | 炖兔肉

这道菜的烹饪方式请参见**食谱94**兔肉酱汁特宽缎带面。

289 | 酸甜牛舌

取1整块奶饲乳牛的舌头，包括舌根部，它是牛舌最鲜嫩柔软的部分。剥去牛舌的外皮，将其煮至半熟。后续烹饪步骤请参见**食谱285**。最后，把牛舌连同用于烹饪它的糖醋汁一起端上餐桌。为给牛舌剥皮，您可以把烧得发红的炽热铁铲压在牛舌上，必要时重复该操作数次。

290 | 肉酱汁炖牛舌

接下来，我将向诸位介绍另一种烹调牛舌的方法。做这道菜需要一块重量超过1千克，不带舌根的牛舌。

按照**食谱289**中介绍的方法将牛舌剥皮，随后把60克培根切片裹在牛舌外，撒盐和胡椒粉调味。把培根和牛舌捆在一起，平放进锅里，用30克黄油将它们煎至变色，再撒一些盐和胡椒粉调味。接着，一点点地往锅里倒入肉酱汁烹煮牛舌。将煮好的牛舌捞出，过滤锅里剩下的酱汁，再往里放入少许黄油和小半汤匙面粉并加热。把牛舌切成片状端上餐桌，淋上酱汁，搭配煮熟后又加黄油和肉酱汁烹煮过的蔬菜食用。

291 | 嫩煎肾

取一份"石头"——这是佛罗伦萨方言，意即1个大型动物或几个小动物的肾脏，沿纵向剖开它并去除所有脂肪，因为肾脏脂肪带有一种令人不快的气味。把肾脏沿横向切成薄片，放进一个大碗中，加盐，倒入足量沸水浸没它们。待水冷却后，将肾片捞出沥干，放进锅里加热以排出其中水分。接着，往锅里撒一撮面粉，放入一小块黄油，时不时翻动肾片，煸炒5分钟后加盐、胡椒和小半杯白葡萄酒调味。继续加热片刻，预备起锅前再放入少许黄油和一撮切碎的欧芹。如果有必要，可以加一点肉汤。

请记住，如果烹饪的时间过长，肾片就会变得很硬。把葡萄酒倒进锅里之前先将其煮沸，使酒量挥发减少至原来的1/3是个不错的主意。若有条件，最好用马沙拉白葡萄酒或香槟酒代替普通白葡萄酒。

292 | 为午餐准备的肾

准备午餐时，您可以用下述方式烹饪奶饲乳牛、阉山羊、猪或类似动物的肾脏。首先把1棵欧芹和半瓣大蒜切碎，调制一份剁料，再准备半个柠檬的汁液和5~6片去皮并烤干的面包片。

剖开肾脏，去除多余的脂肪，并将其横向切成薄片。如果您准备的肾脏总重约400~500克，就把它与50~60克黄油一起放进锅里，开大火煎炸，时不时翻动肾脏。一旦它开始发出咝咝声，就放入用欧芹和大蒜制成的剁料，撒盐和胡椒粉调味。不断地用勺子搅拌食材，倒入准备好的柠檬汁，预备起锅前再加一勺肉汤。

烹饪过程将需要大约5分钟。将做好的肾脏从锅里取出，放在面包片上食用。

这道菜可供四个人食用。

293 | 佛罗伦萨风味肾

像**食谱291**描述的那样沿纵向将肾脏剖成两半，去除多余脂肪，按如下方式烹调。把煎锅架在火上并加入适量黄油，当黄油开始沸腾时，把肾脏放进锅里煎炸片刻，随即起锅，撒盐、胡椒和一小撮切碎欧芹调味，搅拌均匀。静置几个小时后，往肾脏片外裹一层面包糠，重新将其放进锅里煎炸或放在烤架上烤熟。

294 | 深平底锅阉羊腿肉或肩胛肉 （一）

"阉羊（castrato）"[3]一词让我联想到那些剃掉胡子和鬓角，看起来就像一个个阉伶的男仆，他们的脸好像方济各会修士。这种做法不过是出于其主人可笑的虚荣之心罢了。

出于同样的原因，即女主人的虚荣心，女仆们不得不一边叹气一边往头上戴一顶丑陋的白色宽边女帽。事实上，当女仆们不再年轻美丽的时候，头上戴着那种帽子的她们看起来就像巴巴利猕猴。那些来自乡下的奶妈子却好像丝毫没有自尊的概念，她们的帽子上装饰着五颜六色的蝴蝶结和丝带（"无意义的华丽，被奴役的悲惨标志"[4]）四处招摇，不知道自己看起来像是要被牵到市场上售卖的奶牛。

回到我们的主题，我认为羊腿肉和羊肩胛肉以下述方式烹制味道最

3　译注：castrato一词既指阉羊，也指阉伶，亦可泛指所有被阉割的生物。

4　译注：原文为拉丁语。

好。我将以肩胛肉为例，您可以据此推算烹饪一条羊腿所需的食材数量。不必说，应选用优质、漂亮且肥硕的阉羊为原料。假设羊肩胛的重量在1~1.5千克。将其剔骨，嵌入培根肉，用盐和胡椒粉充分调味。接着把肉卷起来，捆扎成漂亮的形状，放入深平底锅中，用40克黄油煎熟，再加入以下配料：

几块火腿皮或烟熏五花肉皮

1束由欧芹、芹菜和胡萝卜制成的香草束

1个中等大小的洋葱

羊肩胛或羊腿中取出的骨头，敲碎

一些生肉碎末（如有）

1杯或半杯肉汤

2~3匙白兰地

倒入足量冷水至水平面基本与羊肩胛肉齐平，盖紧锅盖，用文火将羊肉炖熟。若羊肉肉质偏硬，这一过程可能需要4个小时甚至更久。接着滤除汤汁，丢弃无用的调味料并撇去油脂，只把羊肉端上餐桌。

这道菜通常以胡萝卜、芜菁或去壳芸豆为配菜。若您选用胡萝卜，就将2整块胡萝卜与肉一起放入进锅里，待其煮熟后取出，切成圆片，稍后与羊肉一起端上餐桌。请在天气还未转冷，芜菁的味道尚未变得太浓的情况下考虑选择它。将芜菁切成4块，焯水并切丁，用黄油略煎一下，然后放入汤汁中，这样汤汁的营养将会相当丰富。若用芸豆，就提前把它们煮熟，再放进羊肉汤中加热。

295 | 深平底锅阉羊腿肉或肩胛肉（二）

这是一个更加简便易行的食谱。在不打算用蔬菜或豆类作配菜时，它比前面的食谱更加适合。

取一块阉羊肩胛肉，去骨，嵌入加盐和胡椒粉腌制的肥培根肉。撒盐为羊肉调味，随后将其卷起并扎紧，与40克黄油和半个钉有丁香粒的洋葱一起放进锅里加热。往深平底锅里放入1杯水或肉汤（后者更佳）、一汤匙白兰地和1束香草束，若番茄正当季，也可以把几个新鲜番茄切碎放进锅里。用2张纸盖住锅口，文火慢炖羊肉大约3个小时，过程中时不时翻动它。羊肉煮熟后，将洋葱捞出丢弃，过滤汤汁并撇去油脂，把羊肉端上餐桌前，先将汤汁浇在上面。

请不要把羊肉煮得太过软烂，否则将难以切片。

您可以用同样的方法烹饪羊腿肉，并根据羊肉数量添加适量调味品。若您觉得羊肉独特的味道令人反感，可以把生羊肉的肥肉去掉。

296 | 填馅羊腰肉

取一块1千克重的带皮阉羊腰肉。去除大部分肥肉——注意不是全部，去骨，撒盐和胡椒粉调味。用以下食材制作馅料：

> 150克奶饲乳牛瘦肉
>
> 50克肥瘦相间的火腿
>
> 40克磨碎的帕尔玛奶酪
>
> 1个鸡蛋
>
> 盐和胡椒粉

将上述食材切碎，摊平放在羊腰肉上。把羊肉卷起并缝合，这样烹饪时馅料就不会漏出来了。用50克黄油煎制处理好的羊肉，待其变色后，倒入（盛在普通杯子里）1指高的马沙拉白葡萄酒浸润羊肉。接着，把切成2块的半个小洋葱、2~3块芹菜、2~3块胡萝卜和一些欧芹茎扔进锅里，加水或肉汤炖熟羊肉。最后，过滤羊肉汤并撇去多余的油脂，端菜上桌。这道菜可供八人食用，非常值得推荐。想必您已经知道，若要去除汤汁中的油脂，只需在其表面放几张吸油纸即可。

297 | 家常牛肉

这道菜的准备工序与**食谱294**基本相同。

取一块不少于1千克的牛腿或牛臀瘦肉。把约1指厚，在盐和胡椒粉中滚过一圈的肥肉块嵌入牛肉，再将后者捆扎起来，这样它就能保持好看的形状。用大量盐为牛肉调味，然后把它放进盛有50克黄油的锅里煎炸。接着放入以下食材：半只奶饲乳牛蹄或1头大牛的部分牛蹄，1个大洋葱，2~3根完整的胡萝卜，1束由欧芹、芹菜和罗勒等类似香料扎成的香草束，几块猪皮，1杯水或去脂肉汤（后者更佳），以及半杯白葡萄酒或两汤匙白兰地。盖紧锅盖，开文火慢慢把牛肉炖熟。由于胡萝卜不耐煮，需提前将其取出，以免它被煮碎。接着取出并丢弃香草束，过滤酱汁，必要时撇去多余的脂肪。注意不要把牛肉煮得太过软烂。将牛肉和牛蹄一起端上桌，配以切成圆片的胡萝卜食用。若烹饪得当，您会品尝到清淡美味的炖肉。

有人还喜欢在洋葱上钉几粒丁香，但肠胃不好的人最好不要使用这种香料。在我看来，煮熟的去壳芸豆在炖牛肉的汤汁中重新加热后能成为比胡萝卜更好的配菜。

298 | 文火炖牛肉

这道菜即法国人所说的 "boeuf braise"，它需要一大块嫩瘦牛肉为原料。取一块重约500克的去骨牛肉，嵌入50克已经用盐和胡椒粉调过味，不到1指长的厚切培根肉，捆扎起来。

用弯月刀把1/4个中等大小的洋葱、半根胡萝卜和1根手掌长的芹菜茎一起切碎，制成剁料。将剁料和30克黄油放进锅里，加入准备好的肉块，再撒一些盐和胡椒粉调味。

待牛肉充分吸收剁料后，分两次加入少量冷水浸润它。当冷水蒸发，牛肉也变色后，倒入2勺热水，用两层纸盖住锅口，把牛肉炖熟。接着，过滤汤汁，撇去多余的油脂，再重新把它倒回锅里，加一小块黄油增强肉和汤的味道。牛肉汤可以用于给作配菜的蔬菜调味，如菠菜、抱子甘蓝、胡萝卜或茴香等。您可以根据口味自行选择。

299 | 文火炖牛腱

您想要一道来自博洛尼亚，以您所能想象到最简单的方式之一烹饪的肉菜吗？请试试"加雷托"吧。"加雷托"是博洛尼亚人对后牛腱的称呼，它位于牛腿与牛臀之间，是大腿根部的一块无骨肉。一头牛的后牛腱重量可达700克左右，是它身上唯一适合做这道菜的部位。将牛肉放进深平底锅里，只撒盐和胡椒调味，不加水也不加其他配料。把一张纸对折起来盖住锅口，用锅盖固定住它，开文火慢慢加热牛肉。稍后会有数量可观的汁液从牛肉中析出，继续加热，它们又将被慢慢吸收。待牛肉重新吸收所有汁液后即可盛出食用。这道菜冷食口味更佳。

毫无疑问，这是一道健康又有营养的菜肴，但它十分简单清淡，因此我不敢保证每个人都会喜欢它。

300 | 加利福尼亚风味牛肉

最初学会这道菜的人可能不知该如何称呼它，便起了这么个奇怪的名字。实际上，几乎所有的烹饪术语都有些滑稽可笑。

在进行多次实验后，我建议您在做这道菜时使用以下食材：

700克无骨瘦牛肉，可以选用腰部、背部的肉或菲力肉

50克黄油

200毫升奶油

200毫升水

一匙浓醋，如果醋的味道偏淡就多加一些

把牛肉、切成4块的半个洋葱和切成小块的胡萝卜一起放进锅里，用黄油煎制，撒盐和胡椒粉调味。当牛肉变色时倒醋，片刻后加入水和奶油，文火慢炖3小时左右。若中途汤汁被炖干，就再多加一些水。

把牛肉切成片，与经过滤的汤汁一起盛出食用。作为一顿晚餐的菜品之一，依照本食谱做出的加利福尼亚风味牛肉应能满足五至六人的需要。

301 │ 被淹没的牛臀肉

我实在不知该如何称呼这种简单、健康的炖菜，只好给它起名叫被淹没的牛臀肉。

800克公牛或奶饲乳牛的臀部无骨瘦肉

80克肥火腿肉

1根大胡萝卜或2根中等大小的胡萝卜

3或4根手掌长的芹菜茎

半杯干白葡萄酒，若没有这种酒，可以用（盛在普通杯子里）
2指高的马沙拉白葡萄酒代替

把肥火腿肉切成小块，放进盐和胡椒粉中滚一滚，嵌进牛肉里。接着往牛肉上撒盐，将其捆扎起来，以防它在烹饪过程中散开。

将胡萝卜和芹菜切块，放进一口小号深平底锅里，把牛肉放在上面，加水没过它。

盖上锅盖，文火慢炖牛肉。待牛肉充分吸收水分后捞出，用网筛过滤剩余的汤汁和蔬菜。接着，把过滤后的汤汁、牛肉和葡萄酒重新放进锅里加热。牛肉煮熟后切片，淋上汤汁即可食用。

用上述食材做出的牛臀肉可供六人食用。

正如诸位可能已经注意到的那样，从这道菜和本书收集的许多其他菜肴来看，我倾向于简单而精巧的烹饪，尽可能地避免那些过于复杂，多种成分混杂的菜肴，它们往往会导致消化不良。然而，这却没能阻止我的一位好朋友用诽谤的方式回报我的努力。他患有进行性瘫痪，因而三年多来一直是残疾状态。在这场不幸中，他唯一能安慰自己的方式就是享受美食。每当要求女儿为自己准备饭菜时，他总是会说："可别给我做阿尔图西弄的那种杂牌菜！"他的女儿，那位为父亲操持家务的年轻女士，曾在瑞士法语区的一所女子学校接受教育。她在那儿接触到了鲁比内夫人（Madame Roubinet）的烹饪文论。她全心全意地推崇那本烹饪书，对我的作品简直不屑一顾。她父亲所抱怨的"杂牌菜"一词就出自这位水龙头[5]夫人。她流淌着污浊的烹饪之水，而我绝不会这么做。

302 | 里窝那风味煎牛肉片

我不知道为什么这道菜被称为"煎肉片"，也不知道它与里窝那究竟有什么关系。总之，烹饪它需首先从一大块肉上切下一些肉片。接着，充分捶打肉片使其变软，然后把它们扔进锅里，用少许黄油煎肉。待肉片充分吸收黄油后，加几汤匙肉汤将它们煮熟。炖煮过程中撒盐和胡椒粉调味，加一小撮面粉使汤汁变稠，再倒入少许马沙拉白葡萄酒。起锅

5　译注：水龙头（rubinetto）一词与鲁比内相近。

前，放入一小撮切碎的欧芹作为最后的调味品。

303 | 碎肉排

取一块大型动物的瘦肉，去掉皮或筋膜组织，用绞肉机绞碎。如果没有绞肉机，就先把肉切成小块，再用弯月刀剁碎。用盐、胡椒和帕尔玛奶酪末为碎肉调味。若您喜欢，还可以加一些香草叶，但这样做出来的肉片可能尝起来像剩菜。将碎肉与调味料搅拌均匀并捏成球状，在其表面裹上一层面包屑以防止粘连。把肉球放在案板上，来回滚动擀面杖碾压它，直至肉球变成1个比斯库多硬币略厚的肉饼。将肉饼切成约手掌宽的方块，放进煎锅中用黄油煎至变色。接着，倒入番茄酱汁或用肉汤或水稀释的番茄酱浸润肉饼，炖熟后食用。您也可以不使用擀面杖，直接用手把肉球压平并捏成心形，这样会更加美观。

若您手头有一些剩余的炖肉，可以把它们与生肉混合在一起做这道菜。

304 | 热那亚风味牛肉片

取500克无骨小牛瘦肉，切片。把1/4个中等大小的洋葱切碎铺在深平底锅底，加入一些橄榄油和一块黄油，再把肉片摊平叠放在洋葱上。开火，撒盐和胡椒粉调味，烹调过程中不要翻动肉片，这样它们就会紧紧粘连在一起，不会起皱。当最下层的肉片变色时，放入一小匙面粉，片刻后再加一撮欧芹末、半瓣切碎的大蒜和（盛在普通杯子里）不到2指高的上等白葡萄酒。如果没有这种酒，则用马沙拉白葡萄酒代替。将牛肉一片片分开，翻动搅拌，让它们充分吸收锅里的酱汁。接着倒入热水和少量番茄酱汁或番茄酱。用文火炖煮牛肉片，注意烹饪的时间不要过长。最后，把牛肉片连同饱满的汤汁一起盛出，端上餐桌。这道菜可以配以单面烤面包片食用，若您愿意，也可以搭配米饭。把大米放进水里煮熟后捞出沥干，用少许黄油、帕尔玛奶酪和前述炖煮牛肉的汤汁调味即可。事实上，米饭与这道菜非常相配，任谁都会喜欢的。

305 | 酸奶油牛肉片

酸奶油即放酸了的普通牛奶奶油。发酸的缺陷不仅不会对这道菜造成损害，反而会改善其口感。

选用小公牛或奶饲乳牛的瘦肉，将其切片，捣松，裹上一层面粉，与适量黄油一起放进锅里，用小火煎至两面变色后撒盐和胡椒调味，再加入酸奶油浸润肉片。如果您选用的是奶饲乳牛瘦肉，就在烹饪过程接近尾声时倒一点水或肉汤，这样能更好地煮熟牛肉，汤汁也不会太过浓稠。

把牛肉片端上桌时，在旁边放几瓣柠檬。

烹饪四人份酸奶油牛肉片需要：

> 500 克无骨小牛瘦肉
> 70 克黄油
> 200 毫升酸奶油

306 | 蔬菜奶酪小牛肉片

取 70 克薄培根肉片及 300 克无骨奶饲乳牛瘦肉，去掉牛肉的筋膜并将它切成薄片。

在一口大小适中的深平底锅里加热熔化少许黄油，再铺上培根片。接着，摆放第一层牛肉片，用盐、胡椒、常用香料、帕尔玛奶酪末和切碎的欧芹调味。再铺一层肉片，用同样的方法调味并以此类推，直到用尽所有牛肉片。在最后一层牛肉片上放几块黄油。把深平底锅放在上下火之间加热，下方的火应比上方的更旺。待牛肉片中的水分挥发、培根变色后，盛出所有食材，将其放在已充分吸收了黄油的菠菜上，端上餐桌。这道蔬菜奶酪小牛肉片可供四人食用。

307 | 填馅肉卷

300克薄小牛肉片

70克小公牛或奶饲乳牛瘦肉

40克偏瘦火腿肉

30克小牛骨髓

30克磨碎的帕尔玛奶酪

1个鸡蛋

把300克牛肉片进一步切成6~7块约手掌宽的小肉片。用肉槌或刀柄锤松肉片，边敲边时不时蘸一点水。切碎火腿肉和70克瘦肉，再加入帕尔玛奶酪末和小牛骨髓，用刀刃把它们搅拌混合成糊状物。最后，放入鸡蛋黏合混合物并用少许胡椒粉调味。由于火腿和帕尔玛奶酪味道较重，无须再额外加盐。将牛肉片摊平，把前述混合物抹在上面，然后将牛肉片卷起，用麻线捆扎住它。

现在，我们已准备好了肉卷。把少许洋葱、1小节水芹、一小块胡萝卜和20克腌五花肉切碎，调制一份剁料。再把剁料和肉卷一起放进深平底锅里，用20克黄油煎制，撒盐和胡椒调味。待肉卷变色后，倒入一些番茄酱汁或番茄酱，最后加水将肉卷煮熟。若您喜欢，也可以加一点白葡萄酒。

食用肉卷前，去掉捆绑着它的麻线。

308 | 巴尔托拉风味肉片

最适合拿来做这道菜的是菲力牛肉或后牛腱，不过，您也可以用牛腿肉或牛臀肉。

> 500克无骨牛肉，具体部位见上文
>
> 50克肥瘦相间的火腿肉
>
> 1小瓣大蒜
>
> 一小块洋葱
>
> 1根约手掌长的芹菜茎
>
> 一块大小适中的胡萝卜
>
> 一小撮欧芹

把牛肉切成7~8片与手指厚度相当的肉片，尽量将其形状切得美观些，并用刀背敲松肉片。切碎火腿肉和上述其他配料，调制一份剁料。往平底锅或煎锅里倒入6汤匙橄榄油，趁油冷时把肉片放进锅里，再在每块肉上放一点准备好的剁料，撒少量盐、胡椒和4~5粒丁香调味。用大火将肉片底面煎至变色，然后逐个翻面，待肉片的另一面和剁料也都变色后，再把肉片翻转过来，保持剁料在肉片上层的状态。拿锅铲刮掉粘在锅底的东西。接着，用番茄酱汁或用水稀释过的番茄酱浸润肉片，盖上锅盖，用文火慢炖牛肉2小时左右。在预备把菜肴端上餐桌前半小时，将1个大马铃薯去皮，切成10~12块，放进肉片之间的空隙中，使它们与肉片一同煮熟。

最好将这道菜连锅端上桌。若您觉得这样做不妥，可把肉片盛进盘子里，再将马铃薯摆放在它们周围。用上述食材做出的巴尔托拉风味肉片可供四至五人食用。请不要小瞧这道菜，它不会给肠胃造成任何负担。

309 | 乡村风味肉卷

就个人而言，这道菜并不符合我的口味，就把它留给乡间的人们吃吧！不过，考虑到有人可能会喜欢这种风味，接下来我将向诸位介绍它。

选用小牛肉瘦肉，将其充分敲松。往肉片上抹一层橄榄油，用少量盐和胡椒粉调味。将一些盐渍橄榄、醋腌刺山柑和1条鳀鱼切碎，搅拌混合在一起。您可以不添加其他任何配料，也可以再放1个蛋黄和一撮帕尔玛奶酪末。把混合物放在肉片上，捆扎成肉卷。接着，加黄油和番茄酱汁炖煮肉卷，用由洋葱制成的炒料烹饪它也是不错的选择。

310 | 猪弹子肉排

这是一道典型的佛罗伦萨菜，供您参考。弹子肉是被屠宰的猪腰部与后腿交接部分的肉。在这块地方，肥瘦肉交错呈现大理石般的纹理，且弹子肉中肥肉的含量适中，使得它的口感既不偏柴，也不会油腻得让人反胃。把肉排和2~3瓣未剥皮的大蒜一起放入煎锅，用少量橄榄油炸至两面变色，撒盐和胡椒粉调味。倒入（盛在普通杯子里）2~3指高的红葡萄酒炖煮猪肉。待液体减少一半时将肉排捞出，保温放置在一边。用锅里剩余的汤汁重新加热一些已煮熟的紫甘蓝，完成后挤干其中的水分，粗切成块，同样撒盐和胡椒粉调味。把肉排放在紫甘蓝上面，端上餐桌。

311 | 鸡蛋酱小母牛肉排

首先，像**食谱312和313**描述的那样往肉排上裹一层鸡蛋液，放入煎锅煎熟。接着，把由蛋黄、黄油和柠檬汁制成的酱汁淋在肉排上，继续加热片刻即可将其端上餐桌。为烹饪7~8块肉排，您将需要3个蛋黄、

30克黄油和半个柠檬。先把这些食材放进一口小锅里搅拌均匀，再浇在肉排上。

312 | 博洛尼亚风味松露奶饲乳牛肉排

做这道菜最理想的原料是牛腿部位置偏下的肉，但您也可以使用牛腿其余部分或牛臀部的瘦肉。将牛肉切成手掌大小的薄片，充分捶捣肉片，再把它们塑造成圆润、优雅的形状，例如上宽下窄的心形。若您事先用弯月刀将肉剁碎，给它塑形就更容易了。把肉片放在盘子里，加入柠檬汁、胡椒粉、盐和少量帕尔玛奶酪末。用这些调料腌制肉片1~2个小时，再把它们放入打发的鸡蛋液中浸泡同样长的时间。接着，往肉片外裹一层细面包糠，放入盛有黄油的煎锅中煎炸，待肉片单面变色时翻面。往牛肉上铺一层松露片，再放一层帕尔玛或格鲁耶尔奶酪片。无论您选用哪种奶酪，都要尽可能地把它切成薄片。倒入肉酱汁或肉汤，把煎锅放在上下火之间加热，将牛肉彻底煮熟。最后，把肉排逐一取出，摆在盘子里，淋上烹煮它们的汤汁，再将1个柠檬的汁液挤在上面。若肉排数量较少，就只用半个柠檬。

您可以用同样的方法烹饪洗净去骨后的羊肋排。

313 | 火腿肉排

参照前一条食谱处理好肉排。随后把肉排和与它大小相同，肥瘦相间的薄火腿片一起浸入鸡蛋液中。把火腿片平放在肉排上，裹上一层面包糠，加少许盐调味。把肉排放进锅里，用黄油把肉排不与火腿粘连的那一面煎至变色。与前一条食谱不同的是，烹饪这道菜应在火腿上放一层极薄的帕尔玛或格鲁耶尔奶酪片，而非松露片。用上火烹饪肉排至其完全熟透，加肉酱汁和柠檬汁或番茄酱汁调味即可食用。

314 | 肉丸

请不要以为我自负到要在诸位做肉丸时指手画脚。人人都知道该怎么烹饪肉丸，哪怕驴子也不遑多让——实际上，也许正是驴为人类提供了第一个肉丸范例。我写这条食谱仅是想告诉诸位当手头有剩余的熟肉时该如何用它们制作肉丸。若您在烹饪时想选用生肉或想制作更加清淡简单的肉丸，就不用放太多调味料。

用弯月刀剁碎已煮熟的肉，再将1片肥瘦相间的火腿切细，把两者混合在一起，加帕尔玛奶酪末、盐、胡椒、少许香料、葡萄干、松子和几汤匙在肉汤或牛奶中煮烂的无皮面包心调味。根据食材用量，放1~2个鸡蛋黏合混合物，再将其揉成鸡蛋大小的肉球，"捏扁两端，做成像地球一样的椭圆形"，随后裹上一层面包糠，放入橄榄油或猪油中煎炸。用大蒜、欧芹和剩下的油烹制一份炒料，与肉丸一起放进烤盘里，淋上由鸡蛋和柠檬汁制成的酱汁。

如果您觉得肠胃无法承受炒料的刺激，可以直接把肉丸放入烤盘中，加少许黄油调味。不过我向您保证，倘若烹饪得当，炒料不仅不会刺激肠胃，反而还能促进消化。我想起一次与几位女士在一家颇有盛名的餐厅吃饭的经历，那家餐厅以法式烹饪风格自居——太过法式了！那天，我们吃了一盘豌豆牛胸腺。两种食材都很新鲜，品质也很好，但厨师烹煮它们时只用了黄油，没放炒料，甚至也没有美味的汤汁或其他香料。那本可以成为一道出色的美味佳肴，可我们却感到它与我们的肠胃不相适应，每个人都觉得有些消化不良。

315 | 大肉团

大肉团先生，请上前，不要害羞。我想把您介绍给我的读者。

我知道您谦虚又低调，因为您总觉得自己的出身比许多菜肴都差。

振作起来吧！请不要怀疑，只要说几句对您有利的话，就会有愿意品尝您的人出现，他甚至可能会用微笑来回报您呢。

这道菜的原料是吃剩的白水煮肉。它的制备过程虽然简单，味道却十分令人满意。去掉肥肉，用弯月刀切碎剩下的瘦肉，用适量盐、胡椒、磨碎的帕尔玛奶酪、1~2个鸡蛋和2~3匙面糊调味。面糊可以由在肉汤、牛奶或加了少许黄油的清水中煮烂的无皮面包心制成。搅拌混合所有食材，揉成椭圆形的一团，并在其表面撒一层面粉。用猪油或橄榄油炸肉团，您会发现原本柔软的肉团逐渐变得坚实，表面也结起一层硬壳。把肉团从煎锅中取出，放入盛有黄油的深平底锅里均匀煎制。将2个鸡蛋打发，倒进另一口小锅里，加一小撮盐和半个柠檬的汁调味。充分搅拌酱汁至其成为近似奶油的质地，然后把它涂抹在已盛进托盘里的肉团上。

如果肉团很大，油煎时可借助一个盘子或铜制锅盖翻动它，就像烹饪煎蛋时那样。这样可以避免肉团在翻面时被弄碎。

316 | 佛罗伦萨风味生肉丸

取500克无骨小牛瘦肉，去除硬皮和筋膜组织，然后先用剁肉刀，再用弯月刀把它和1片肥瘦相间的火腿肉一起切碎。用少量盐、胡椒和其他香料为碎肉调味，再加入1个鸡蛋。把所有食材搅拌均匀。用水蘸湿手，把混合物揉成1个大肉丸，在其表面裹一层面粉。

把约核桃大小的洋葱、少量欧芹、芹菜和胡萝卜切碎，制成小份剁料，放进锅里加黄油煸炒。当剁料开始变色时放入肉丸。待肉球也完全变成焦黄色后，将一汤匙面粉溶于半杯水中，倒进锅里。盖上锅盖，用文火缓慢地把肉丸炖熟，注意避免肉丸粘锅。把肉丸与剩余的浓汁一起端上餐桌，挤上半个柠檬的汁即可食用。

若您想烹饪皮埃蒙特风味肉丸，只需在揉搓肉丸时往其中心塞1个去皮的熟鸡蛋即可，它能使肉丸在被切片时显得更加诱人。这道菜一定能令您的食客满意。

---

317 | **法式肉肠**

从它的名字可以看出，法式肉肠（Quenelles）是一道起源于法国，彻头彻尾的法式风味菜肴，它在意大利语中没有相应的称呼。我想，发明这道菜的厨师或许有一位没有牙齿的雇主。

> 120 克奶饲乳牛肉
>
> 80 克奶饲乳牛肾脏上的脂肪
>
> 50 克面粉
>
> 30 克黄油
>
> 1 个全蛋
>
> 1 个蛋黄
>
> 200 毫升牛奶

去除牛肉筋和覆盖在牛肾脂肪上的薄膜，重新称出牛肉和牛肾脂肪的重量。先用刀和弯月刀尽可能切碎这两种食材，再将它们放入臼中研磨，直到其被捣成细质糊状。

用上文提到的面粉、黄油和牛奶调制一份贝夏美酱，待它冷却后，放入碎肉和鸡蛋，加盐调味并把所有食材充分搅拌均匀。在面板上铺一层薄薄的面粉，将混合物倒在面板上滚动以在其表面裹一层面粉，再将其揉成18~20根长度与手指相当，形状近似香肠的细棍。

往一口大锅里倒水并加热，当水开始沸腾时放入法式肉肠，烹煮8~10分钟，随后用漏勺把它们从水里捞出来。您会发现肉肠在烹饪过程中渐渐膨大。用**食谱125**中介绍的番茄酱拌肉肠吃，并配以一些新鲜蘑菇或干菇（事先用同样的酱汁煮过）和一些去核的盐渍橄榄。您也可以用肉酱汁代替番茄酱,或用鸡杂和牛胸腺制成的酱汁为肉肠调味。此外,鸡或鱼等白肉也能成为这道菜的原料。依照本食谱做出的法式肉肠可供五人食用。

番茄酱是为这道味道清淡的菜肴调味的最佳选择。加热番茄酱,等它呈现出近似榛子的棕色时,倒入30克黄油和一匙面粉的混合物增加其浓稠度。

318 | 浓汁羊肉

将500克羊腰肉切块,放进色泽洁白的猪油中煎炸。接着,把已经用过一次的猪油倒进另一口锅里,煸炒由大蒜和欧芹制成的剁料。待大蒜变色后放入羊肉,撒盐和胡椒粉调味。继续翻炒羊肉一段时间,使它能充分吸收调味品,然后用下述酱料将羊肉块黏合起来:往一口小锅里打2个鸡蛋,加一大把帕尔玛奶酪末和半个柠檬的汁,搅拌均匀。把酱料淋在羊肉上,与其一同加热并搅拌,当鸡蛋变成固体时即可食用。

319 | 罗马涅风味豌豆羔羊肉

取1/4条羊后腿,把切成小条的2瓣大蒜和几枝迷迭香嵌在肉里。我此处说小枝迷迭香而不仅是它的叶子,是因为羊肉做好后,小枝迷迭香更容易被完整地移除。取一块腌五花肉或1片培根,用刀切碎。将羊肉放入平底锅中,开火,加入切好的腌肉和少量橄榄油,撒盐和胡椒粉调味。待羊肉被煎成焦黄色后,加一小块黄油、番茄酱汁或用肉汤或水稀释的番茄酱把它彻底烹熟。将羊肉取出静置片刻,同时把豌豆倒进锅里,用剩下的汤汁将其煮沸片刻后再次放入羊肉,煮至豌豆熟透即可。最后,把豌豆作为羊肉的配菜端上餐桌。

您可以用同样的方法烹制奶饲乳牛腰肉或牛臀肉。

托斯卡纳风味豌豆羔羊肉的烹饪方法与罗马涅几乎完全相同，不过托斯卡纳人只用橄榄油调味。

320 | 匈牙利风味羊肩胛

这道菜若不是匈牙利风味，便应当是西班牙或弗拉芒风味的——我认为它的名字并不重要，只要它能满足食客的味蕾就够了。

羊肩胛肉切成约3指宽的方形薄片。将2个时鲜洋葱或3~4个小白洋葱切成细末，用少许黄油煸炒。待洋葱变成深褐色后放入羊肉，撒盐和胡椒粉调味。当羊肉开始变色时，往锅里加一块在面粉中滚过的黄油。充分搅拌所有食材，直到羊肉被黄油染上漂亮的颜色，最后一点点倒入肉汤，将羊肉彻底煮熟。请把羊肉连同其汤汁一起端上桌，若不带汤汁地干吃，这道菜的味道会大打折扣。

321 | 炖羊头

从前，一个女仆的主人要求她在炖羊头时将其剖开两半，结果，她沿横向把羊头一刀劈成了两截。请别学这位姑娘。不过，也正是她在烤鸫鸟时聪明地选择了把它们从后向前串在烤扦上。沿着头部的自然分界线将羊头沿纵向切开，放进一口大平底锅里。先用切碎的大蒜、欧芹和橄榄油烹饪一份炒料，待炒料变色后倒入一勺肉汤防止其焦化。接着放入羊头，撒盐和胡椒调味。羊头煮至半熟后，加入一小块黄油和一点番茄酱汁或番茄酱。如有必要，可再倒入更多肉汤烹煮羊头。

这道菜不太适合用于招待客人，但作为一道家常菜，它既便宜又美味。羊眼周围的肉最为细嫩。

我无意假装这是一道高雅的菜肴，不过，它是一道十分优秀的家常菜。实际上，你甚至可以做这道菜给亲密的朋友吃。说到亲密的朋友，朱斯蒂曾说，在条件允许的情况下，人们应该偶尔邀请亲密的朋友到家里来，吃一顿不顾形象，搞得满胡子油的饭。我同意他的看法，虽然客人们可能转头就会抱怨他们所受到的款待。

取1根未煮熟，重为300克的腊肠，剥皮。

取一块宽而薄，重量在200~300克的奶饲乳牛或小公牛肉片，充分捶打它。

把牛肉片包裹在腊肠上，用麻线将它们捆扎起来。把1棵芹菜、1根胡萝卜和1/4个洋葱粗切成块，与一小块黄油一起放入深平底锅中加热。

鉴于腊肠中已含有大量盐和胡椒，无须再额外添加这两种调味料。

若您想用烹饪腊肠的酱汁为主食通心粉调味，可以加入一些肥瘦相间的火腿或腌五花肉片。待肉块完全变色后，倒入足以半没过它们的水，再扔一些小块干菇进锅里。用文火将肉完全炖熟。把酱汁单独滤出，重新往里放入前述干菇块，然后用此酱汁、奶酪和黄油为通心粉调味。去掉麻线，但仍然保持腊肠被包裹在肉片中的形态，淋上部分酱汁，作为主菜端上餐桌。

至于留待为通心粉调味的那部分酱汁，加一小撮面粉为其勾芡是个不错的主意。将面粉放进锅里，加一点黄油，当面粉开始变色时倒入酱汁，烹煮片刻。

胡萝卜非常适合作炖腊肠的配菜。先将胡萝卜煮至七成熟，再把它放入炖腊肠的酱汁中烹熟。

323 | 炖牛前腿根肉

众所周知,"肌肉"(muscolo)是指人和动物身上由肌纤维束构成的肉。不过,在佛罗伦萨方言中,这个单词也指牛前腿根部连接肩脊的那块肉。它富含柔软的胶质肌腱,很适合用下述方法烹饪。将500克小母牛或奶饲乳牛前腿根部的肉切成小块。把2瓣未去皮的大蒜稍稍拍扁,用橄榄油煸炒片刻,然后放入牛肉,撒盐和胡椒粉调味。待牛肉变色后,加半汤匙面粉、一小块黄油、番茄酱汁或番茄酱,再慢慢倒入适量水或肉汤,将牛肉煮熟。请确保最后锅里仍有酱汁留存。把烤好的面包片摆在盘子里,将炖牛肉放在上面,端上餐桌。您也可以在没有烤面包的情况下单独食用这种炖肉,只需在肉快熟的时候加一些新鲜蘑菇片或马铃薯片即可。

324 | 茴香炖奶饲乳牛胸肉

奶饲乳牛胸肉切块,但不去掉骨头。用大蒜、欧芹、芹菜、胡萝卜和大小适中的腌五花肉调制一份剁料,加橄榄油、胡椒粉和盐调味,与前述牛肉一起放进锅里加热。时不时翻动牛肉,待其变色后撒一小撮面粉,加少量番茄酱汁或番茄酱,再倒入肉汤或水将牛肉炖熟。把茴香切成大块,用水煮至半熟并用黄油煸炒。最后,把茴香和一小块黄油放进炖牛肉的锅里,像烹饪其他炖菜时那样盖上深平底锅的锅盖。

我提到的"深平底锅",指的是镀锡铜锅。当然,诸位可以说自己偏爱其他种类的锅,但我认为,只要能保持清洁,铜锅总是比铁制或陶制的锅好。因为铁锅导热性过强,容易烧焦食物,而陶器易开裂且易积油垢,使用时间过长就会散发异味。

325 | 炖奶饲乳牛肉

这种炖肉不算特别美味，但它健康且简单易做，因而我想向诸位介绍它。取奶饲乳牛臀部或臀腿交界处的肉，充分敲松后捆扎起来，按以下方式烹饪。

若去骨后牛肉重量为500克，就在深平底锅底铺30克薄切的腌五花肉片和30克黄油。接着，将小半个柠檬削皮去籽，切成4个薄片，放在黄油和腌五花肉上面，再把牛肉放在最上层，煎至通体焦黄。由于这种牛肉水分含量较少，须注意火候，不要将其烧焦。牛肉变色后，撇去多余的油脂，撒盐和胡椒粉调味，片刻后，倒入1杯沸腾的热牛奶。若煮牛奶时它突然沸腾喷涌，请不要惊慌，这是可能出现的正常现象。

将一张纸对折，盖住平底锅口，用小火炖熟牛肉。食用牛肉前，先滤除汤汁。

用上述食材烹饪出的炖奶饲乳牛肉可供四人食用。

326 | 填馅奶饲乳牛胸肉

在烹饪术语中，这类菜被称为"夹馅胸肉"（petto farsito）。

500克整块奶饲乳牛胸肉

170克无骨奶饲乳牛瘦肉

40克肥瘦相间的火腿

40克博洛尼亚地区出产的摩泰台拉香肠

15克帕尔玛奶酪

1个鸡蛋

1/4瓣大蒜

4~5片欧芹叶

按以下步骤制作馅料：去除奶饲乳牛瘦肉的筋膜（如果有的话），将前述40克火腿的肥肉部分单独取出，与瘦牛肉一起剁碎。往碎肉中加入切得极细的大蒜和欧芹、帕尔玛奶酪、鸡蛋、一小撮胡椒和少量盐，充分搅拌混合。若您手头碰巧有一点儿松露，就把它也切碎并加入混合物中，它将会是锦上添花的一笔。

取出牛胸肉上的硬骨头，留下软骨。在肋骨下用刀划一道，把肉从连接处剖开。这样，您就可以把牛肉像一本书那样翻开，使其表面积增加一倍。将做好的馅料铺在带有软骨的那半边牛胸肉上，上层再依次摆放一些宽度与手指相仿的火腿和摩泰台拉香肠条，条与条之间留出一点空隙。如果您有足够的食材，就在第一层的基础上再铺第二、第三层，始终交替叠放牛肉馅和腌制猪肉条。铺好填馅后，像合上一本书那样将另一半牛肉翻折过来。用一根粗大的针和麻线缝合牛胸肉边缘以防馅料泄漏，并十字交叉细绳，把牛胸肉捆扎起来。以这种方式处理好牛肉后，把它放进深平底锅里，加一点黄油煎制，撒盐和胡椒粉调味。待牛肉两面都变为焦黄色后，一点点地将水倒进锅里，煮熟牛肉。

把填馅牛胸肉和其剩余的浓汤一起端上餐桌，但食用前要先去除麻线和细绳。若烹饪得当，在将牛肉切片后，您会发现有火腿和摩泰台拉香肠衬托的牛肉片看起来十分美观。至于配菜，您可以选择在炖牛胸肉的汤汁中煮熟的新鲜豌豆，也可以用提前煮好的茴香段。

327 鼠尾草煎奶饲乳牛肉片

将奶饲乳牛腰肉去皮（但保留骨头），切成薄片。把数片完整的鼠尾草叶放进平底锅或铜制煎锅里，用适量黄油煸炒片刻。接着放入牛肉，开大火煎至焦黄。往牛肉两面分别撒盐，再加入少许面粉，最后倒入足量马沙拉白葡萄酒将牛肉炖熟。烹饪结束时锅里应仍留有一点汤汁。

去皮后重约500克的牛腰肉可以做出6片牛肉片。烹饪这些牛肉仅需（盛在普通杯子里）不到1指高的马沙拉白葡萄酒就足够了，如果有必要，还可以加一点番茄酱汁。至于面粉，放一匙就够了。

328 | 填馅猪腰肉

选用一块不带骨头的猪腰肉。

> 1千克猪腰肉
>
> 100克猪网油
>
> 100克奶饲乳牛瘦肉
>
> 50克肥瘦相间的火腿
>
> 50克摩泰台拉香肠
>
> 30克牛脊髓
>
> 30克磨碎的帕尔玛奶酪
>
> 1个蛋黄
>
> *少许肉豆蔻，如果您喜欢的话*

用黄油将奶饲乳牛肉煎至焦黄。先用刀把牛肉、火腿和摩泰台拉香肠切碎，再将它们放入臼中进一步捣细。将肉末倒在案板上，放入牛脊髓、帕尔玛奶酪和蛋黄，加少量盐、胡椒和肉豆蔻调味，用刀把这些食材搅拌成匀质糊状物。猪腰肉剔骨，去除表层脂肪，切成7~8片，但不要把它们完全切分开，保证每片猪肉的底部都连接在一起，可以像书页一样翻开。往每片猪肉上涂抹一匙前述混合物，然后把它们合在一起，卷成轴，撒盐和胡椒调味，并用一根细绳绑紧肉卷。接着，用猪网油裹住肉卷，再用一根线将其扎紧。最后，把填馅猪腰肉放进深平底锅，用文火炖煮，不用再额外添加其他配料。这道菜的烹饪时长应在3个小时以内，可供八人食用。

无论热吃还是冷吃，填馅猪腰肉都颇具风味，且不会给肠胃造成负担。若选择热食，您可以用烹饪过程中剩下的油脂加热一些蔬菜作为配菜。食用猪腰肉时，请沿前述开口的反方向切片，这样可以使它更加美观。

329 | 丁香牛肉

我所说的"牛肉"是指大型家畜的肉，公牛或小母牛皆可。

从牛腿部或臀部取一块品质上乘，重约1千克的瘦肉，充分捶打它，并提前一天晚上将其放入葡萄酒中腌制，以备第二天上午烹饪。往牛肉中嵌入4粒丁香和培根丁，随后将它捆扎起来，与切成薄片的半个洋葱、盐、等量黄油和橄榄油一起放进深平底锅里加热。待牛肉完全变成焦黄色，洋葱逐渐软烂成糊时，往锅里倒入一杯水。取一张对折的纸盖住锅口，借助锅盖固定它，用文火将牛肉慢慢炖熟。过滤汤汁并撇去其表面油脂，把它和牛肉一起盛进盘子里，剪除捆扎牛肉的细线。我曾在之前的食谱中提到过，最好把培根切成宽约1指的小块，撒盐和胡椒粉调味。

我个人认为这道菜不适合肠胃功能较弱的人。

330 | 葡萄酒风味胰脏

无须对羊胰脏做额外处理，但比它体型更大的动物的胰脏必须先焯水，必要时还得去皮。羊胰脏可以整个放进锅里烹饪，后者则需切块。在胰脏外裹一层厚厚的面粉，用黄油煎至金黄，撒盐和胡椒粉调味。接着，倒入马沙拉或马德拉白葡萄酒浸润胰脏，加热至酒液沸腾一次后即可起锅。您还可以在另一口锅里用一撮面粉、一点黄油和葡萄酒调制一份酱汁。

如果您在烹饪胰脏时额外加入一些肉酱汁，这道菜将会更富营养，味道也更好。

331 | 酱汁牛肚

无论用什么样的方式烹饪或调味，牛肚仍是一道味道平平的菜肴。在我看来，牛肚不适合肠胃脆弱的人食用——由米兰人烹饪的牛肚除外，他们已经找到了令其变得柔软清淡的方法。我将在后文中介绍科西嘉人烹饪牛肚的方式，它也是一种不错的选择。在有的城市，您能很方便地买到已经煮熟的牛肚。若您找不到已经煮好的，就自己家在里煮，尽量选用肉质肥厚、有疙瘩状突起的瘤胃。把煮熟的牛肚切成约半指宽的条，拿厨用毛巾将其褶皱中的水分吸干。接着，把牛肚放进深平底锅里，加黄油煸炒。待牛肚充分吸收黄油后倒入肉酱汁，若没有肉酱汁则用番茄酱汁代替。撒盐和胡椒为牛肚调味，尽可能将它炖久一些。起锅前，撒一撮帕尔玛奶酪末。

332 | 鸡蛋牛肚

按前一条食谱的描述将牛肚煮熟并切开，接着，把牛肚、黄油和由切碎的大蒜与欧芹制成的剁料一起放进锅里加热，撒盐和胡椒调味。待您认为牛肚已煎熟后，加入打发的鸡蛋液、柠檬汁和帕尔玛奶酪。

333 | 科西嘉风味牛肚

这是由牛肚做成的菜肴中非常特别的一道，它既美味又很容易消化，比我知道的任何其他牛肚类食物都要好。烹饪这道菜的秘诀在于肉酱汁。请尽量选用口感好、富含营养的肉酱汁，因为牛肚会大量吸收它。此外，这道菜只有在售卖带皮牛蹄的地区才能做出来，因为我们需要牛皮的胶质增加酱汁的浓稠度。

700克生牛肚

100克去骨牛蹄

80克黄油

70克培根

半个大洋葱

2小瓣大蒜

少许肉豆蔻和其他香料

适量肉酱汁

一把磨碎的帕尔玛奶酪

之所以特意强调生牛肚，是因为许多地方都直接售卖煮熟的牛肚。

将牛肚清洗干净，切成不超过半指宽的条状，用同样的方式处理牛蹄。接着，把洋葱切成细丝，加黄油煸炒。当洋葱开始变色时，放入用弯月刀切碎的培根和大蒜。待这些调味料呈现近似榛子的颜色后，把牛肚和牛蹄放进锅里，撒盐、胡椒粉和肉豆蔻等香料调味。不过，肉豆蔻不要放得太多。先将牛肚和牛蹄煸干，再倒入肉酱汁浸润它们。用文火将牛肚慢慢炖软，烹饪过程总共将需要7~8小时。若您手头没有肉酱汁，可以拿肉汤代替。牛肚出锅前，把磨碎的帕尔玛奶酪撒进锅里可以增添其风味。将牛肚和汤汁浇在烤面包片上，这样面包片就会充分吸收汤汁。依照本食谱做出的科西嘉风味牛肚可供五人食用。

334 │ 牛肚丸

这道菜出自1694年的一篇烹饪文论。您可能会觉得这名字很奇怪，一见"牛肚"二字就丧失了品尝它的兴趣。不过，虽然牛肚是一种略显粗陋的食材，但只要烹饪调味得当，它就能变得颇为诱人且易于消化。

350 克煮熟的牛肚

100 克肥瘦相间的火腿

30 克磨碎的帕尔玛奶酪

20 克牛脊髓

2 个鸡蛋

一大撮欧芹

少许肉豆蔻或其他香料

两匙在肉汤或牛奶中泡软的面包糊（不要太稀）

用弯月刀切割牛肚，切得越碎越好。以同样的方法处理火腿、牛脊髓和欧芹，随后放入鸡蛋和其他配料，加少量盐，并搅拌混合所有食材。将这种混合物揉成 12~13 个丸子，在每只丸子外面裹一层厚厚的面粉，用橄榄油或猪油煎炸。它们将足以满足四个人的需要。

现在，用 1/4 个中等大小的洋葱调制一份剁料。把剁料和 60 克黄油一起放进大小适中的煎锅里加热，当洋葱变色时放入肉丸。片刻后，倒入番茄酱汁或用肉汤稀释过的番茄酱浸润肉丸。盖上锅盖，文火慢炖 10 分钟，过程中时不时翻动肉丸。最后，把牛肚丸及其汤汁一起端上餐桌，并撒上一把帕尔玛奶酪末。十七世纪那篇文论的作者还在牛肚丸中添加了葡萄干和松子，但您也可以选择不放这两种食材。

335 | 黄油小牛蹄

由于相似的烹饪方法和外观，牛肚很容易让人联想起黄油小牛蹄，后者无论从口味还是外观来看都是典型的佛罗伦萨风味菜肴。黄油小牛蹄营养丰富，易于消化，十分值得称道。佛罗伦萨地区有屠宰小牛的习惯，受益于此，当地人以小牛蹄入菜——而它在其他地区往往仅被视为废弃牛皮的一部分。佛罗伦萨人将小牛膝盖以下的部分剥皮，整个或切块出售这些漂亮洁白的小牛蹄。

取一块品质上乘的小牛蹄，将其煮熟，去骨，切成小块，与黄油、盐、胡椒以及少量肉酱汁一起放进锅里加热，起锅前撒一把帕尔玛奶酪末。若您没有肉酱汁，可以用番茄酱汁或番茄酱代替它。

一次，一位上了年纪的女士在我家里食用这道菜后出现了严重的消化不良的反应，或许是因为她吃得太多了，且牛蹄炖得还不够软。

336 | 炖牛舌

取1个重约1千克，不带舌根的牛舌，将其煮熟，去皮，按以下方式烹饪。

用50克肥瘦相间的火腿肉、半个中等大小的洋葱、芹菜、胡萝卜和欧芹调制一份剁料。在50克黄油中加热剁料和去皮牛舌，撒盐和胡椒粉调味。待牛舌变色后，一点点倒入肉汤和番茄酱汁或番茄酱将牛舌炖熟，然后过滤剩余的汤汁。在另一口锅中，用20克黄油和一匙面粉制作面糊。当面糊呈现近似榛子的颜色时，把它倒进滤得的汤汁中，再放入牛舌。将牛舌继续加热片刻，接着把它取出，切数片1厘米厚的薄片，配上芹菜或其他在同一汤汁中加热的蔬菜食用。

这道菜可供七至八人食用。

337 | 军队风味奶饲乳牛肝

将1根薤白或1棵洋葱切碎，用橄榄油和黄油煸炒。当它们变成深红色时，放入切成薄片的牛肝。牛肝煎至半熟后，撒盐、胡椒和一小撮欧芹末调味。用文火慢慢加热牛肝，使其一直保持有汤汁的状态。把牛肝及其汤汁一起盛进盘子里，端上餐桌搭配柠檬汁食用。

338 | 鸡杂酱焖羊肉片和菲力牛肉

将1片火腿肉铺在深平底锅底，再放入一小块黄油以及用胡萝卜、芹菜和欧芹茎制成的香草束。把焖羊腰肉片完整地放在前述调味料上层，撒盐和胡椒粉调味。将羊肉片煎至两面焦黄——必要时再加一点黄油——随后放入切碎的鸡胗、鸡肝、牛胸肉、新鲜蘑菇或泡软的干菇。待所有食材都变色后，倒入肉汤浸润它们，用文火将羊肉炖熟。加少量面粉提高酱汁浓稠度。往另一口锅里倒入半杯或更少的上等白葡萄酒，加热至酒液减少为原来的一半，再将其倒进炖煮羊肉的锅里。继续加热片刻，使白葡萄酒完全融入进酱汁中。上菜前，弃置火腿片和香草束，用网筛过滤酱汁并撇去油脂。

您可以用同样的方法烹饪菲力牛肉以代替焖羊腰肉，并把豌豆也列入配料表中。倘若烹饪得当，这两道菜一定都非常美味。

339 | 填馅肉卷佐洋蓟

去除洋蓟外层硬叶，将剩下的部分切成4~5片。取1片肥瘦相间的火腿肉，切细，与少量黄油混合在一起，并把混合物涂抹在洋蓟片上。将牛肉片（公牛或小母牛肉均可）捣松、压平，撒盐和胡椒粉调味。在每片肉的中心位置放2~3片洋蓟，接着卷起肉片，用一根线把它交叉捆绑起来。用少许洋葱调制一份剁料，与黄油和橄榄油一起放入深平底锅中煸炒。当洋葱变色时放入肉卷，再撒一些盐和胡椒粉调味。待肉卷呈现焦黄色后，倒入番茄酱汁或经水稀释的番茄酱将其煮熟。剪除捆绑肉卷的线，一道填馅肉卷佐洋蓟便做好了。

340 | 马沙拉白葡萄酒菲力肉

菲力肉是牛身上肉质最软嫩的部分。不过，若有那心黑的屠夫卖给您一块遍布筋膜的肉，也请您镇定地把它们挑出来喂给自己的猫。

取一块重约1千克的菲力牛肉，将其卷成卷并捆扎起来。把1个中等大小的洋葱切成薄片，与菲力牛肉、几小片火腿肉和一小块黄油一起放进锅里加热，撒少许盐和胡椒粉调味。待牛肉呈现焦黄色，洋葱也变得软烂后，往锅里撒一把面粉。持续烹饪至面粉也变色后，倒入肉汤或水浸润所有食材。用文火将牛肉慢慢炖熟，接着，过滤汤汁并撇去多余油脂。把菲力牛肉和过滤后的汤汁重新倒进锅里，加入（盛在普通杯子里）3指高的马沙拉白葡萄酒，继续以文火慢炖。最后，把菲力牛肉和剩下的汤汁端上餐桌。面粉不要放得太多，以免汤汁过于浓稠。

您也可以往菲力牛肉里嵌入培根，并只加黄油和马沙拉白葡萄酒调味。

341 | 巴黎风味菲力牛肉

我经常听到有人在餐馆里点名要求吃巴黎风味菲力牛肉，这或许是因为它简单、健康且富有营养，因此，我认为有必要向诸位介绍一下它的烹饪方法。请肉铺老板从牛里脊上肉质最好的位置切几片厚约半指的圆形肉片给您。把黄油放进锅里，大火煎至变色，接着放入牛肉片，撒盐和胡椒粉调味。待牛肉片表层变硬，内部尚处多汁、半生的状态时，往上面撒一撮切碎的欧芹，随后立即将其盛出。端菜上桌之前，往牛肉上淋一些肉酱汁或其他类似的酱汁。更为简单的方法是用锅里剩下的汁液为牛肉调味，只需往里加入一撮面粉和少许肉汤即可。

342 | 热那亚风味肉

取一块重量在300~400克的小牛肉瘦肉片，充分捶打它并将其压平。将3~4个鸡蛋打发，撒盐、胡椒粉、一小撮磨碎的帕尔玛奶酪和一些欧芹末调味。接着，把鸡蛋液倒入黄油中，煎成大小与肉片相似的蛋饼。把蛋饼铺在肉片上，切下超出肉片外缘的部分，并拿这些碎蛋饼填充其他地方的空隙。完成上述步骤后，将小牛肉片与鸡蛋饼一同卷起并用线紧紧捆扎起来，再裹上一层面粉，放入深平底锅中用黄油煎炸，撒盐和胡椒粉调味。

待肉卷呈现焦黄色时，倒入肉汤将其煮熟。把牛肉和锅里剩下的汤汁一起盛进盘子里。由于面粉的缘故，汤汁会较为浓稠。

343 | 粗粒小麦粉肉饼

烹饪鸡杂馅饼或肉饼的常用食材有蔬菜、大米或粗粒小麦粉。若您选择粗粒小麦粉，请按**食谱230**列出的食材用量准备原料。把黄油和帕尔玛奶酪放入粗粒小麦粉中，搅拌均匀，随后把混合物倒进一个普通或者中间有洞的模具里。提前往模具内壁上涂抹一层黄油并在底部铺一张黄油纸。将准备好的肉馅放在粗粒小麦粉中间或模具的洞里。烹制肉馅时可以添加少量松露或干菇，这能使它的口感更加细腻。用水浴加热法蒸熟粗粒小麦粉肉饼，为使这道菜更加美观，请把肉饼和蒸出来的汤汁一起端上餐桌。

344 | 焗发面饼

焗面饼能代替面包夹馅料食用，其馅料可以由任何种类的炖肉或蘑菇制成。

300克匈牙利面粉

70克黄油

（额外准备）30克黄油

30克啤酒酵母

3个蛋黄

200毫升奶油或质量上乘的牛奶

适量盐

需要提醒您的是，做这道菜实际所需的黄油会比70克略少一些。

用上述面粉量的1/4、酵母和少量温热的奶油制作1个克拉芬（**参见食谱182**）那样的小面团，静置令其发酵。混合剩下的面粉、70克黄油（冬季时需要提前加热熔化）、蛋黄和盐。当小面团的体积膨胀为原来的两倍时，把小面团、足量温热的奶油和面粉混合物放进盆子里，借助勺子将所有食材和成1个软硬适中的面团。待面团经过不断的揉搓，不再与容器内壁粘连时，将其置于温暖的地方发酵。面发好后，把它放在铺有干面粉的面板上，往手上抹一层面粉，将面团压成厚约0.5厘米的面饼。

取一个中间有洞的光滑模具。模具的容积最好为1.5升左右，这样面团才能恰好填满一半空间。在模具内壁涂抹油脂并撒一层面粉，随后将面饼切成条状，叠放在模具中。熔化上文提到的额外准备的30克黄油，往每层面饼上都刷一些。盖上模具的盖子并静置一段时间，使面饼再次发酵。待面饼膨胀至模具边缘时，把它连同模具一起放入烤箱或乡村式烤炉中烘烤。

把面饼从模具中取出后再放入馅料，端上餐桌食用。这道菜可满足五至六人的需要。

345 | 香焗米饭配鸡杂酱

首先，准备足量品质上乘的肉酱汁。它既能用来给米饭调味，也能用于烹煮鸡杂。用黄油煸炒鸡杂（若您喜欢，还可以加几片火腿肉），撒盐和胡椒粉调味，然后倒入肉酱汁将鸡杂煮熟。加少许蘑菇或松露会使鸡杂的味道变得更好。

同样先用黄油煸炒大米，接着倒入沸水将其煮熟，用肉酱汁调味，再加一些帕尔玛奶酪。待米饭稍稍冷却后，按每300克米饭配2个鸡蛋的比例加入打发的鸡蛋。

取一个光滑的圆形或椭圆形模具，在其内壁涂上黄油，底部铺一张黄油纸。把米饭倒入模具中，放进乡村式烤炉里烹熟。过滤炖煮鸡杂的汤汁，加一小撮面粉勾芡。把米饭从模具里取出，浇上鸡杂汤汁，再将鸡杂围放在米饭周围，端菜上桌。请注意，鸡杂也应浸泡在汤汁中。

346 | 阿代莱夫人的焗菜

最美丽、善良的阿代莱夫人希望我能将这道味道细腻清淡的菜的烹饪方法介绍给大家。

100克黄油

80克面粉

70克格鲁耶尔奶酪

500毫升牛奶

4个鸡蛋

用面粉、牛奶和黄油烹制贝夏美酱，起锅前加磨碎或切成小块的克格鲁耶尔奶酪和盐调味。待贝夏美酱稍稍冷却后，依次放入4个鸡蛋的蛋黄，再加入打发的蛋清。取一个中间有洞的光滑模具，在其内壁上涂抹一层黄油并撒上面包屑，再倒入前述混合物。把模具放进乡村式烤炉中烹熟，搭配炖鸡杂或牛胸腺食用。依照本食谱做出的焗菜可满足六个人的需要。

347 | 热那亚风味布丁

150克奶饲乳牛肉

一块重约130克的鸡胸肉

50克肥瘦相间的火腿

30克黄油

20克磨碎的帕尔玛奶酪

3个鸡蛋

少许肉豆蔻

一小撮盐

用弯月刀切碎牛肉、鸡胸肉和火腿，并把它们与黄油、帕尔玛奶酪和一点在牛奶中泡软的面包心一起放入臼中。充分捣碎所有食材，直至它们能通过网筛筛孔。将捣碎的混合物放进盆子里，放入3汤匙贝夏美酱（**食谱137**）。烹饪这道菜需要质地类似面糊的贝夏美酱。接着，加入鸡蛋和肉豆蔻并搅拌均匀。

取一个光滑的锡模，在其内部涂上黄油，底部铺一张黄油纸。把混合物倒进模具中，用水浴加热法蒸熟。

将做好的布丁从模具中取出，揭掉黄油纸。把鸡肝切碎，放入肉酱汁中煮熟，并将做好的鸡肝酱淋在布丁上，趁热端菜上桌。若烹饪得当，这道菜一定会被众人交口称赞。

不过，我想借此机会说，比起需要咀嚼的食物，各类含有碎肉馅的菜肴给肠胃造成的负担更重。正如我在其他食谱中曾说过的那样，唾液是促进消化的要素之一。

348 | 猪脑布丁

考虑到其原料，这是一道营养丰富的菜肴，我相信它可以很好地满足口味清淡的女士们的需要。

3 个猪脑

猪脑可重达400克左右，此外您还需要以下食材烹饪它们：

2 个全蛋

1 个蛋黄

240 克奶油（此处我指的是奶制品店的打发浓奶油）

50 克磨碎的帕尔玛奶酪

30 克黄油

少许肉豆蔻

适量盐

把猪脑和黄油一起放进锅里加热，撒盐调味，时不时搅拌猪脑以避免其粘锅。在猪脑变成焦黄色前关火，用网筛过滤一道。接着，加入帕尔玛奶酪、肉豆蔻、打发的鸡蛋和奶油，把所有食材搅拌均匀。将混合物倒入涂有冷黄油的光滑模具中，用水浴加热法蒸熟。

在大多数情况下，这道菜都更适合冷食而非热食。依照本食谱做出的猪脑布丁可供六人食用。

349 | 通心粉馅饼

罗马涅的厨师一般都很擅长做通心粉馅饼。这道菜的烹饪过程非常繁复，成本也很高，但若烹饪得当，它就能成为一道令人惊艳的菜肴，不过这并不是一件容易的事。通心粉馅饼是罗马涅狂欢节期间必不可少的食物，甚至可以说，没有哪顿午饭或晚饭不是从这道菜开始的。通心粉馅饼常被作为主食食用。

我曾认识一个因饕餮能力而闻名的罗马涅人。一天晚上，他偶然遇见了一群朋友，当时他们正口齿生津地准备瓜分一块十二人份的通心粉馅饼。看着摆在桌子上的诱人馅饼，罗马涅人感叹道："什么！你们这么多人，才吃这样一小块馅饼吗？它也只勉强够我一个人吃而已。""那好，"他的朋友们回答说，"你要是真能一个人把整块馅饼吃完，我们就帮你付饭钱。"这位好小伙子接受挑战，立即开始动嘴，竟然真的把整个馅饼全吃掉了。目睹了这一幕的朋友们都感到无比惊讶："今晚他的肚子非撑爆不可！"幸运的是，没发生什么严重的事情。不过罗马涅人的肚子鼓胀得厉害，皮肤绷得就像鼓皮一样紧。他难受地挣扎扭动，不停呻吟，仿佛即将分娩似的痛呼。好在一个拿着擀面杖的人走来，用制作巧克力的方法对着病人一通操作，竟成功使他的肚子瘪了下去。谁也不知道后来又有多少馅饼落入了这家伙的胃里。

我认为，如今大胃王和老饕不再像过去那样普遍主要有两个原因：一是人们的体质变弱了，二是某些精神层面的愉悦——文明发展的附带品——已经取代了感官的愉悦。

在我看来，烹饪这道菜最好使用那不勒斯长通心粉作原料。那不勒斯通心粉为细长条，面壁厚，中间有一个窄窄的孔，因此它筋道耐煮，能充分吸收调料的味道。

以下是烹饪十二人份罗马涅风味通心粉馅饼所需的食材。您可以随心所欲地修改食材配比，因为不管怎么烹饪，这道菜的味道都差不了。

350 克通心粉

170 克帕尔玛奶酪

150 克牛胸腺

60 克黄油

70 克松露

30 克肥瘦相间的火腿

一把干菇

3~4 只鸡的内脏，若选用鸡肫，需先去除里面的软骨

如果有鸡冠、睾丸或未成熟的鸡蛋，加一些总没坏处

少许肉豆蔻

不必担心调味品过多，因为酥皮能充分吸收它们。

通心粉焯水——在盐水中煮至半熟后取出沥干，放入肉酱汁（**食谱 4**）中，开文火慢煮，直至它完全熟透并充分吸收了肉酱汁。

同时，用**食谱137**所述食材量的一半烹制贝夏美酱。用黄油、盐和一小撮胡椒粉煸炒鸡杂，加肉酱汁浸润它。接着，把鸡杂和煮熟的牛胸腺切成小核桃大小的块状，再放入切成条状的火腿、切成薄片的松露、在温水中泡软的干菇及少许肉豆蔻。将所有食材搅拌均匀。

我默认您已提前准备好了酥皮面团，因为饧面需要几个小时。请参照**食谱589A**的描述制作面团，并额外放一些柠檬皮以增加风味。一切准备就绪，我们现在可以开始给馅饼填馅了。这一步骤有许多种完成方法，不过我个人总是坚持按罗马涅习惯操作。罗马涅人喜欢用特制的涂锡烤盘，因此，取一个同类型、大小适中的烤盘，在其内壁涂抹一层黄油。将煮熟的通心粉捞出沥干，铺一层在盘底，撒磨碎的帕尔玛奶酪和黄油碎片，加几汤匙贝夏美酱和一点鸡杂调味。再铺一层通心粉，重复同样的操作，直至食材用完，烤盘被填满。

现在，先用光滑的擀面杖，再用带花纹的工具将酥皮面团擀成厚度与

斯库多硬币相仿的面皮。把酥皮覆盖在通心粉上，完全包裹住后者。为使面皮更加贴合通心粉，搓2根约2指宽的面条交叉放置在酥皮上，并用与烤盘边缘宽度相同的面片贴住盘边。如果您有良好的装饰品味，可以用剩下的面团尽可能多地为馅饼做些装点，别忘了做个漂亮的蝴蝶结！在馅饼表面刷一层蛋黄，然后把烤盘送进烤箱或乡村式烤炉中烤熟。趁热把通心粉馅饼端上餐桌，让满怀期待的食客们饱餐一顿。

350 | 炖匣蒸菜

用以下材料烹制一份贝夏美酱：

150克面粉

70克黄油

30克磨碎的帕尔玛奶酪

600毫升牛奶

然后取：

3个鸡蛋

1束菠菜

适量盐

菠菜煮熟后捞出，挤干菜汁并用网筛过滤一道。将贝夏美酱从火上移开后打入鸡蛋并搅拌均匀。接着把酱料分成两份，把菠菜放进其中一份里，使它变成绿色。

取一个中间有孔，外圈为凹槽的环形铜制匣。在其内壁涂上冷黄油，先后倒入绿色和黄色的贝夏美酱，用水浴加热法烹饪。趁热将蒸好的贝夏美酱从模具中取出，在中间空位处填入由鸡杂和牛胸腺制成的调味肉酱，或放入加蘑菇或松露调味的奶饲乳牛肉片。最后，加黄油和肉酱汁完成烹饪。您也可以选用其他汤汁烹饪这道美味，只要能保证它清淡易消化即可。您会发现，这道菜将广受赞誉，给人留下极好的印象。

351 炖鸡杂米饭

150克大米

30克帕尔玛奶酪

20克黄油

700毫升牛奶

3个鸡蛋

适量盐

用牛奶烹煮大米，加黄油和盐调味。米饭煮熟并放置冷却后加入其他食材。把混合物倒入一个中间有洞，底部铺有黄油纸的光滑模具中，用水浴加热法加热。烹饪时间不要太长，以免米饭变得太硬。趁热将米饭从模具中取出摆盘，把炖鸡杂放在米饭中间空出来的位置上。依照本食谱做出的炖鸡杂米饭可供五人食用。

352 炖鸡杂芹菜

当把鸡杂与鸡脖子、鸡头和鸡腿放在一起时，它就成了一道人人皆知的家常菜肴。不过，若您仅想用鸡肝、鸡冠、未成熟的鸡蛋、鸡睾丸和鸡肫（需先用肉汤焯一道，再去掉其中的软骨）搭配鸡杂，可以通过以下烹饪方法使做出来的菜肴更富风味、更好消化。

将芹菜切成约半指长的条状，放入盐水中煮至三成熟。接着，以肥瘦相间的火腿和少许洋葱为原料调制一份剁料，用黄油将其煸炒至变色。依次往锅里放入切成3块的鸡肫、一撮马铃薯淀粉、切成2块的鸡肝和所有其他食材，撒盐、胡椒和少许香料调味。待鸡杂充分吸收了调料的味道后，倒入肉酱汁和少许番茄酱汁或番茄酱浸润它。把芹菜单独放在另一口锅里炒熟，随后将其倒入炖鸡杂和其他食材的锅里，继续烹煮片刻即可食用。必要时，可以再加一些肉汤。

353 | 博洛尼亚风味肉片

这是一道简单、健康的菜肴，可以作为早餐或家庭午餐的一道配菜食用。

> 300克无骨奶饲乳牛瘦肉
>
> 300克马铃薯
>
> 80克肥瘦相间的火腿肉，切碎
>
> 70克黄油
>
> 30克磨碎的帕尔玛奶酪
>
> 少许肉豆蔻

将马铃薯煮熟——蒸熟更佳——但不要煮得太过软烂。接着，把马铃薯切片，越薄越好。沿横向将火腿切成近1指宽的条状。

用剁肉刀把肉切碎，撒盐、胡椒和肉豆蔻调味。如您所知，肉豆蔻和类似香料很适合为易导致肠胃胀气的食物调味。将肉分成12等份，用刀压成大小相同的肉排。把肉排放进35克黄油中煎炸片刻，趁其变色前捞出，不再额外添加其他调料。

取一个金属托盘或烤盘，把此前煎肉剩下的油脂倒进去，再放入4块肉排。把马铃薯和火腿肉（各取上文中列出的用量的1/3）铺在肉排上，用帕尔玛奶酪和剩余的碎黄油片调味。重复上述操作3次。把金属盘放在上下火之间，慢慢将肉排烹熟并端上餐桌。依照本食谱做出的博洛尼亚风味肉片足够四至五人食用。

354 | 豌豆鸽子

据说，结束鸽子的生命最理想的方式就是把它和豌豆放在一起炖煮。用洋葱、火腿、橄榄油和黄油调制一份剁料，与鸽子肉一起放进锅里煸炒。待鸽子肉变成焦黄色后，倒入水或肉汤将其炖熟。过滤锅里剩下的汤汁并撇去油脂，并用此汤汁烹煮豌豆。最后，把豌豆配在鸽子旁边端上餐桌。

355 | 回锅清炖肉

有时，为了使清炖肉更加入味，我们会回锅炖煮它。不过，您最好等到手头有一块重量不少于500克的肥厚肉块时再烹饪这道菜。在肉块还未完全煮熟之前就将其从肉汤中取出，放进盛有腌五花肉、洋葱、芹菜、胡萝卜和黄油的深平底锅里加热，撒盐、胡椒和其他香料调味。待肉里的油脂被煎出后，倒入番茄酱汁或经肉汤稀释的番茄酱将其炖熟。接着，过滤汤汁，撇去表层油脂，再次用它烹煮肉块和一把已用水泡软的干菇。

356 | 英式回锅清炖肉

烹饪的艺术又可叫异想天开的奇异命名艺术。例如，这道菜在英国菜单中叫"Toad in the bole"，即洞中蛤蟆。品尝过此菜之后，您会发现它其实颇为美味，称其为蛤蟆实在是辱没了它。

在佛罗伦萨，人们常取500克带骨清炖肉（通常可供三人食用）烹饪这道菜。清炖肉去掉骨头后一般会剩下约350克纯肉，本食谱便以此肉量为例。把打发的鸡蛋液倒进炖锅里，再加入20克面粉和200毫升牛奶。把清炖肉切成薄片。取一个耐火的盘子，在里面加热熔化50克黄油。用黄油煎肉片，加盐、胡椒和其他香料调味。待肉片煎至双面变色时，撒一满匙磨碎的帕尔玛奶酪。接着，把肉片及调味料倒进炖锅里，加热至汤汁被收干后起锅。

357 | 意式回锅清炖肉

若您并不反感洋葱，便会发现这道菜的味道比上一道还要好。准备与前一食谱同样数量的清炖肉并切片。将150克洋葱末放进锅里，用50克黄油煸炒。当洋葱开始变色时，加入清炖肉片和一整瓣被微微拍扁的带皮大蒜。片刻后，将大蒜捞出丢弃，撒盐和胡椒粉调味。待炖肉逐渐变干时倒入肉汤，炖煮7~8分钟后，放入一撮切碎的欧芹和半个柠檬的汁即可。

358 | 炖小牛胫

应当请位米兰人为我们烹饪这道菜，因为它是伦巴第地区的特色。唯恐班门弄斧被人嘲笑，在此我将以最恭谦的态度向诸位介绍它。

胫骨是一根有孔的粗大骨头，取自奶饲乳牛腿的下端。您也可以用牛肩胛部位的骨头。用炖煮的方式烹饪牛胫骨能使其变得美味且易消化。按人头数准备牛胫骨。将洋葱、芹菜和胡萝卜切碎，调制一份剁料。把牛骨、剁料和一块黄油一同放进锅里加热，撒盐和胡椒粉调味。待小牛胫充分吸收了调料的味道后，再加入一小块裹有面粉的黄油为食材上色并为汤汁增稠，随后倒水和番茄酱汁或番茄酱将小牛胫炖熟。过滤汤汁，撇去表层油脂，并重新将其倒进锅里加热，用切成小块的柠檬皮和一小撮切碎的欧芹为其调味。

359 | 女皇吃的肉

这道菜的名字虽过于浮夸，但它却是家庭午餐中常见的菜肴。以下食材可供五人食用。

> 500克瘦牛臀肉
> 50克肥瘦相间的火腿
> 3满匙磨碎的帕尔玛奶酪
> 2个鸡蛋

若您没有绞肉机，可以用刀切和研磨的方式将牛肉和火腿肉处理成碎末。接着，往肉末中加入帕尔玛奶酪和鸡蛋，撒盐和胡椒粉调味，均匀混合所有食材。用水沾湿手，把得到的混合物压制成2指厚的肉饼。

往平底锅或煎锅中放入30克黄油和两汤匙橄榄油并加热。当油开始嗞嗞作响时，放入肉饼，将1瓣切成薄片的大蒜和几片迷迭香叶撒在肉饼上。待肉饼中的水分逐渐煎干后，倒番茄酱汁或经水稀释的番茄酱浸润它。烹饪完成后，把肉饼及汤汁一起端上餐桌。

冷盘
RIFREDDI

———

360 | 猩红牛舌

称这道菜为"猩红牛舌"，是因为它最终会呈现出一种漂亮的猩红色。无论从外观还是味道来看，这都是一道非常优秀的菜肴。

这段关于舌头的讨论使我想起贾科英·莱奥帕尔迪的诗句：

在所有
令我心称意餍足之物中，
睡眠、舞蹈、歌曲和爱，
最感珍贵者，是说出口的语言
但对我的心而言，语言怎么都不够

Il cor di tutte
Cose alfin sente sazieta, del sonno,

Delia danza, del canto e dell'amore,

Placer piu cari che il parlar di lingua,

Ma sazieta di lingua il cor non sente.

　　诚然，随着年龄的增长，人们唠叨的欲望不仅不会减弱，反而还成比例地增长，对美食的渴望也是如此。美食是老年人唯一的慰藉，可他们受无情的自然规律支配，无法放肆饮食，否则便会感到严重的不适。随着年龄的增长，人体新陈代谢减慢，各个器官变得越来越不活跃，分泌功能退化，多余、有害的体液堆积在体内，导致风湿、痛风、中风发作，种种不良后果便如同潘多拉魔盒的连锁反应那样不断地出现。

　　让我们回到舌头的话题上。选取大型动物——公牛或小母牛的舌头，根据其大小将20~30克硝涂抹在上面，腌制24个小时。待牛舌充分吸收硝后，反复用冷水清洗它。趁牛舌仍处湿润状态时，用大量食盐揉搓它。将牛舌带盐静置8天。食盐会腌出牛舌中的水分，记得每天早上把牛舌在析出的盐水中翻动一次。炖煮是烹饪牛舌最好的方法。把牛舌放进盛有冷水的锅里，加入此前析出的盐水、香草束、半棵洋葱和2粒丁香，炖煮3~4个小时。趁热将牛舌去皮，放凉后送上餐桌。配上**食谱3**中描述的肉冻，猩红牛舌将是一道非常美味而高雅的凉菜。

　　您也可以热食猩红牛舌。它既可以单独食用，也可以搭配马铃薯或菠菜一起吃。

　　这道菜不适合在炎热的夏天烹饪，因为即使经过食盐的腌制，牛舌仍然很容易变质。

361 ｜ 浓酱奶饲乳牛舌

　　取1整条奶饲乳牛舌，放入盐水中炖煮约2个小时。将芹菜和胡萝卜切碎，用大量橄榄油煎炸5分钟后捞出备用。接着调制一份剁料：将两条腌鳗鱼洗净，剔除鱼刺。混合鳗鱼肉、50克醋腌刺山柑、一大撮欧芹、一块鸡蛋大小的蘸醋面包心、核桃大小的洋葱和小半瓣大蒜。切碎所有食材，滴少量橄榄油并充分搅拌，直到它们被和成糊状。混合做好的剁料与备好的芹菜和胡萝卜，再加入一些橄榄油及半个柠檬的汁液稀释混合物，撒适量胡椒和盐调味。这样，酱汁就做好了。

趁热将牛舌剥皮，去掉舌根和软骨（这部分适合煮着吃），然后把剩下的部位切成薄片。淋上酱汁冷食。

这道菜十分开胃，适合在提不起食欲的夏天食用。

362 | 美观的肉冻猪舌

这是最好吃，也是最赏心悦目的冷盘之一。

让猪肉贩子给您切10片总重量在130克左右的肥厚盐渍猪舌。此外，再来100克肥瘦相间的熟火腿肉，同样切成薄片。为使猪舌更加美观，请将它剪成圆片，并把剪下来的边角料放在一旁备用。接着，取10片火腿肉，把它们修剪成大小和形状与猪舌相同的圆片。把从火腿和猪舌上剪下来的碎片、70克黄油和20克芳香的白松露一起放入臼中捣成糊状，随后将混合物涂在猪舌朝上的一面上，再盖上火腿片。

上述步骤完成后，您就可以着手准备肉冻了。**食谱3**中已对肉冻做过介绍，依照其中描述的步骤和食材用量烹饪即可。用肉冻搭配猪舌的方法有两种：一是取一个宽盘子或烤盘，往里倒一层薄薄的液态肉冻，当肉冻开始凝固时放入猪舌，再浇上一层液态肉冻。待肉冻完全凝固后即可将猪舌逐个取出。

二是在倒入液体肉冻后把所有猪舌竖直排列在盘子里，每片之间留出一点空隙，随后倒入足量肉冻液没过猪舌。肉冻凝固后，把它整个地从盘子里取出食用。用此方法做出的肉冻猪舌会更加美观。

若一餐饭中还有其他菜肴，我认为用上述食材做出的肉冻猪舌足以满足十个人的需求。不过，保险起见，用餐人数最好不要超过八个。

363 | 金枪鱼小牛肉

取1整块重约1千克的无骨奶饲乳牛臀肉或腿肉，去除筋膜和脂肪。将两条鳀鱼洗净、去骨并剖成两半，各沿横向切成4块，嵌入牛肉中。把牛肉捆扎起来——不要捆得太紧——放进炖锅中，倒入足量能浸没牛肉的沸水烹煮1.5小时，加1/4个洋葱、2粒丁香、1片月桂叶、芹菜、胡萝卜、欧芹以及足量盐调味。牛肉煮熟后捞出，解开绳子，擦干表层水分并放置冷却后切成薄片，放进密闭容器中腌制1~2天。按下述步骤制作用于腌制牛肉的酱汁：

取100克油浸金枪鱼和2条鳀鱼，把它们切碎或碾碎，最好用网筛过滤一道。接着，一点点地倒入大量优质橄榄油和1个或多个柠檬的汁液，直至酱汁逐渐变为液态。最后再加一把已挤干汁水的醋腌刺山柑。把牛肉和金枪鱼柠檬酱汁一起盛进盘子里端上餐桌。

炖牛肉的汤可用来烹饪烩饭。

364 | 奶饲乳牛排冷盘

一块重约400克的无骨奶饲乳牛瘦肉排

另120克瘦牛肉

1片重约50克，肥瘦相间的火腿肉

另20克肥瘦相间的火腿肉

1片重约50克的摩泰台拉香肠

30克磨碎的帕尔玛奶酪

20克黄油

一块生鸡胸肉

1个鸡蛋

倒水浸润牛肉，并用松肉锤敲击它，直至其变成厚约1厘米的肉片。

用弯月刀剁碎120克瘦牛肉和20克火腿，再将它们放入臼中，与帕尔玛奶酪、黄油、鸡蛋、少许盐和胡椒粉一起捣碎。用得到的混合物黏合其他肉馅，具体方法如下：

将鸡胸肉、火腿片和摩泰台拉香肠切成1厘米宽的条状。把一部分混合物铺在牛肉排上，将前述肉条总量的1/3交替放在上层，再抹一层混合物。重复前述操作两次。完成后，把牛肉排及其馅料卷起来，捆扎成类似萨拉米香肠的形状。用30克黄油煎牛肉排，撒少量盐和胡椒粉调味。待牛肉煎至变色时，滗除锅里的油脂。这些油脂可在之后用于烹饪其他菜肴。一点点倒入肉汤烹煮牛肉，此过程需持续约3小时。待牛肉排及馅料被煮熟并放置冷却后，剪掉捆住它的细绳，切片后端上餐桌。

用上述食材做出的奶饲乳牛排冷盘可供十至十二人食用。肉冻是搭配这道菜的完美选择。

365 | 金枪鱼酱鸡肉

取一整只嫩鸡（我说的"整只"是指1只被掏空了内脏，剁掉了脖子和爪子的鸡），放进一锅沸水里烹煮半个小时后捞出，去掉皮——这道菜用不到鸡皮——和所有骨头，把剩下的肉切成块，加少量盐、胡椒粉以及两汤匙橄榄油调味。将鸡块放在盘子里静置几个小时，然后浇上下述酱汁：

制作为600克鸡肉（处理前的重量）调味的酱汁需：

50克油浸金枪鱼

30克醋腌刺山柑

3条鳗鱼

一把足以让酱汁变成绿色的欧芹

将鳗鱼洗净，剔除鱼刺。用弯月刀切碎欧芹。把鳗鱼肉、欧芹和其他材料一起放进臼中研磨，直到混合物变为质地细腻的糊状。将混合物盛进一只碗里，加4匙橄榄油和半匙醋稀释它。接着，把一半酱汁与鸡块放在一起搅拌，另一半淋在鸡肉上，这样能使做好的菜看起来更有食欲。尽管如此，金枪鱼鸡肉依旧算不上一道十分漂亮的菜肴，所以在把它端上桌前最好先进行一番修饰，将2个煮熟的鸡蛋切瓣摆放在鸡肉周围。这道菜可供六人食用，它能令人胃口大开，非常适合在食欲减退的炎热天气里作午餐或晚餐时的开胃菜。

您可以拿一大块生马铃薯擦拭混合物在臼中留下的痕迹。此方法也可以用于清理类似的柔软或液态酱料。

366 | 阉公鸡肉冻

我想向诸位介绍我曾在自家午餐时做过的十人份鸡肉冻。实际上，它足以满足二十个人的需要，因为拔去羽毛后阉公鸡的重量在1.5千克左右。

将阉公鸡洗净、去骨（剔除鸡骨的方法请参见**食谱258**），剩下的鸡肉将重约700克。根据后文描述把以下食材填塞进阉公鸡里：

200克奶饲乳牛瘦肉

200克瘦猪肉

半块小母鸡鸡胸肉

100克培根

80克盐渍口条

40克肥瘦相间的火腿

40克黑松露

20克开心果

若您手头没有猪肉,可以用火鸡胸肉代替。将松露切成榛子大小的块。把开心果放入热水中焯一道以去皮。把剩余的材料切成手指宽的条,放在一旁备用,撒盐腌肉。

另取一些猪肉和奶饲乳牛肉——总共200克——切碎,并把它们和60克饱吸肉汤的面包心、1个鸡蛋、一些松露皮、腌制口条的边角料和火腿肉放进臼中捣碎,撒盐和胡椒调味。充分捣碎所有食材后,用网筛将其过滤一道。

现在,把阉公鸡剖开平摊在案板上,撒一点盐。取少许混合物,摊开放在鸡肉上,再在上面铺一层肉条(交替摆放不同种类的肉),放一些松露和开心果。重复前述操作:一层混合物,一层肉条、松露和开心果,直至用完所有食材。我建议您将鸡胸肉条放在阉公鸡的尾部位置,因为阉公鸡的胸部位置本就有肥厚的同类型肉。填馅摆放完毕后,重新合拢被剖开的阉公鸡并缝合开口,不必追求严丝合缝地完全对齐。用一根细绳将鸡肉纵向捆扎起来,再用一块干净的亚麻布紧紧裹住它。提前把亚麻布清洗干净可以避免鸡肉沾染上布料的味道。系好亚麻布两端,把阉公鸡放进水中烹煮2~2.5个小时。鸡肉煮熟后解开亚麻布,将其冲洗干净,再次把阉公鸡包裹在里面。放平鸡肉,在上面压些重物,静置数个小时,确保鸡肉被彻底压平。

烹煮阉公鸡的汤汁可以用来烹饪肉汤或**食谱3**中介绍的肉冻。

367 | 膀胱鸡

经过四次失败后,我终于在第五次和第六次尝试时成功地做出了膀胱鸡，前四个失败品算是献祭给了科摩斯[1]。听了这个故事，有人可能要说我倔得像头驴。我当时未采取所有必要的预防措施，结果膀胱在沸水中破裂了。这道菜值得一试，因为阉公鸡本就是一道美味佳肴，在膀胱中烹饪则会使其风味更上一层楼。

取1个没有任何破损的肥厚膀胱，用温水洗净，浸泡1~2天。最好选用猪而非牛的膀胱，因为前者更加耐煮。阉公鸡去毛洗净，剁掉脖子和爪子，撒一把盐。把鸡腿末端向内翻，翅膀折叠贴在身体上，这样翅尖就不会刺破膀胱。接着，缝合阉公鸡臀部和颈部处的开口。将150克偏瘦的火腿肉切成薄片，贴在处理好的鸡肉外围，包裹住它。随后在猪膀胱上割出一个刚好能将阉公鸡塞入的开口。把阉公鸡放入膀胱后，将开口缝起来。

接下来，取一根至少有手掌长的管子，在烹煮阉公鸡时将其作为排气管使用。在管子顶端安装一个哨子形状的喷嘴，底部割开一个缺口，然后沿膀胱颈把排气管伸进膀胱里。把膀胱鸡放进盛有温水的锅里烹煮3个小时，过程中始终保证排气管伸出锅口。一定要小心，因为这是最难的一个环节：应将火候控制在烹煮时仅能看到一些小气泡浮出水面的范围内。如果有油脂或其他汤汁从排气管中喷出也无须惊慌，拿一口小锅接住它们即可。膀胱鸡煮好后关火，直接在烹煮它的锅里静置放凉，待第二天食用。火腿肉的味道会完全被鸡肉吸收，因而可以将它们弃置不食。放凉后，膀胱鸡将略带胶质，若您想令其变得更加美味，还可以用一些肉冻搭配它。它将是一道足以俘获王公贵族的美味冷盘。若找不到阉鸡，也可以用肥美的母鸡代替。

我想再次提醒您，我十分确信自己最后一次尝试烹饪这道菜时使用的是猪膀胱，它比牛膀胱更耐煮。

---

1 译注：希腊神话中司掌酒宴和庆祝的神。

烹饪6只鹬鸟需用以下食材：

> 100克奶饲乳牛瘦肉
>
> 40克盐渍口条
>
> 30克肥瘦相间的火腿肉
>
> 30克球状黑松露

从上述食材中取出20克盐渍口条和10克火腿（取火腿偏肥的部分），放在一旁备用。将瘦牛肉、剩下的盐渍口条和火腿一起切碎，再把它们和松露一起放入臼中研磨，加少许马沙拉白葡萄酒软化得到的混合物。用网筛过滤捣碎的混合物，再往里加入1个蛋黄并搅拌均匀。

按**食谱258**中的描述将鹬鸟去骨，保留颈部和头部。把先前放在一旁备用的盐渍口条和火腿肉切丁，与经过滤的混合物一起塞入鹬鸟腹中。将鹬鸟捆扎起来，不要扎得太紧，保证自己能在其煮熟后轻松地拆掉绑线。将每只鹬鸟都用一块纱布包裹起来，放进**食谱3**提到的肉冻汤里烹煮1个小时。

把6只鹬鸟分开摆在6块已调好味的肉冻上，放凉后食用。如果您将肉冻做成鸟巢的形状，这道菜看起来就会像鹬鸟正在孵蛋一样。

去骨鹬鸟肉冻是一道非常精巧且清淡易消化的菜肴。

369 | 烤猪腰脊肉

在托斯卡纳区，用烤肉扦或烤箱烹制的猪腰脊肉被称为"àrista"。这道菜冷食比热食更加美味，因而人们通常选择前一种方式。我此处所说的腰脊肉是指3~4千克连着肋骨的猪腰肉。

往猪肉上放1瓣大蒜、迷迭香和几粒丁香，再撒盐和胡椒粉调味。香料请不要放得太多，因为它有可能反过来影响口感。

可以不额外添加任何调味料，直接把猪肉放入烤箱烤制，不过，最好将其串在烤扦上烤，用从烤肉上滴下来的汁液烹饪马铃薯或重新加热蔬菜。

这是一道制备方便的家常菜，它在冬季可以保存很长时间。

1430年，为解决罗马和希腊教会之间的一些分歧，教会在佛罗伦萨召开了一次会议。当时供给主教及扈从的餐点中就有这道菜，那时它还叫另一个名字。待希腊教士们发觉这道菜非常合自己的胃口时，他们禁不住开始赞叹："àrista，àrista（不错，真不错）！"四个半世纪后的今天，这个希腊词仍被继续用于指代按前述方式烤制的猪肉。

370 | 野味冷馅饼

用1只斑山鹑或1只红足山鹑烹制1个可供六七个人食用的馅饼。斑山鹑（Perdrix cinerea）可以与红足山鹑（Perdrix rubra）区别开来，因为后者的脚和喙是红色的，体型也要大一些。

它们都是抓地觅食的禽类，栖息在温带地区的山区，只以植物，尤其是谷物为食，因而胃壁特别结实。这两种鸟儿都味道鲜美，但红爪山鹑要更胜一筹。烹制馅饼所需的食材如下：

.

1只已放置一段时间去腥的斑山鹑或红足山鹑

3块鸡肝

1个蛋黄

2片月桂叶

2指高（盛在普通杯子里）的马沙拉白葡萄酒

50克黑松露

50克盐渍口条

30克肥瘦相间的火腿

30克黄油

一块拳头大小的面包心

一份由切碎的洋葱、胡萝卜和芹菜制成的剁料

少许肉汤

掏空山鹬的内脏，将其洗净，与前述剁料、黄油、切片的火腿肉和完整的月桂叶一起放进锅里加热，撒盐和胡椒调味。待洋葱变成焦黄色后，一点点地倒入马沙拉白葡萄酒浸润山鹬。若汤汁不足，则可再倒入一些肉汤。山鹬煮至半熟后盛出，将其胸部的肉切成8片，放在一旁备用，剩余的部分切成小块，重新放回锅里，与鸡肝及山鹬肝一起烹熟。

完成上述步骤后，丢掉月桂叶，把固体食材捞出沥干，放入臼中。将面包心和少许肉汤一起倒入锅里剩下的汤汁中。待面包心浸透了汤汁后，把它和松露皮一起放入臼中。磨碎所有食材，用网筛过滤一道。最后，加入蛋黄并用长柄勺搅拌均匀。

现在，按**食谱372**的描述制作用于覆盖馅饼的生面团。取一个圆形或船形，带合页，专门用于烹制馅饼的锡制模具。在模具内壁涂抹一层黄油。将生面团擀成比斯库多硬币略厚一点的面饼。与此同时，和1个用作馅饼底的面团，将其放在涂有黄油的铜制烤盘上。

先将准备好的部分混合物倒在烤盘底部的面团上，上层放一些肉（山鹬胸肉和盐渍口条）和几片榛子大小的生松露，接着，再铺一层混合物、一层肉片和生松露片。若想做1个更大的馅饼，则继续前述操作。压实所有食材，用生面团覆盖住它们，再在表层制作一些装饰。在馅饼中间留个孔，方便稍后烤制时热气逸出。

在馅饼表面刷一层蛋黄，将其放入烤炉或乡村式烤箱烘烤。提前从

生面团上取下一小块大小与馅饼孔洞相同的圆面块，单独将其烤熟。待馅饼被烤熟并取出后，用圆面块堵住它的开孔。

您可以按同样的方法用2只丘鹬烹饪1个馅饼。选用丘鹬为食材无须去除其肚肠或砂囊。只要确保它们的臀、尾部没有难闻的气味即可。

---

371 | 肉馅馅饼

200克奶饲乳牛瘦肉

100克瘦猪肉

60克黄油

60克厚切熟火腿

50克厚切盐渍口条

50克面包心

一块鸡胸肉

一块鸡肝

1只云雀或类似的禽类

1个松露

100毫升马沙拉白葡萄酒

剁掉云雀（或您所用的类似禽类）的喙和爪子，把它与小牛肉、猪肉、鸡胸肉和鸡肝一起放进锅里，用黄油煎制，撒盐和胡椒粉调味。用马沙拉白葡萄酒浸润食材，再倒入肉汤将它们煮至熟透。起锅前放入松露。捞出所有食材，随后将面包心放进锅里剩下的汤汁中，搅拌成糊状。把面包糊、云雀肉、1个蛋黄、25克猪肉和50克乳牛肉放入臼中捣碎，用铁丝网筛过滤一道。如果混合物太过浓稠，就加一些肉汤稀释它。

接着制作馅饼的馅料。将剩余的所有肉、火腿、盐渍口条、鸡肝和松露切成榛子大小的方块，搅拌混合这些食材与经过滤的混合物。现在，取一个专门用来制作馅饼的圆形模具，按**食谱372**的描述制作一个生面团，铺在模具底部。随后，在模具四壁上贴一层薄如纱的培根片。把馅料倒进模具后再制作一块面团盖住它。其余烹饪步骤请参见**食谱370**"野味冷馅饼"。

若您希望最后的成品更加雅致，请不要将模具完全填满。馅饼烤熟后，在空的地方填入一点**食谱3**中描述的肉冻。馅饼放置冷却后，把更多肉冻摆放在它周围，端上餐桌食用。

依照本食谱做出的肉馅馅饼可供八人食用。

372 | 野兔肉馅饼

如果您没有强壮的双臂，就别轻易尝试做这种馅饼。野兔肉质坚韧，骨头又多，需要费很多功夫才能取出可用的肉，而取不到肉就无法做出真正美味的菜肴。

以下食材表是根据我所拥有的材料列出的，现写出以供诸位参考。我相信，根据它采购绝不会糟蹋了您的钱。

> 半只重约1千克的野兔，剁掉头爪
>
> 230克奶饲乳牛瘦肉
>
> 90克黄油
>
> 80克盐渍口条
>
> 80克肥火腿肉
>
> 50克肥瘦相间的火腿，切成半指厚的片
>
> 30克肥瘦相间的火腿，切碎
>
> 60克黑松露
>
> 30克面粉，用于调制贝夏美酱
>
> 300毫升马沙拉白葡萄酒

2个鸡蛋

半杯牛奶

适量肉汤

　　将兔肉洗净晾干，从背脊或其他部位挑选80克瘦肉，放在一旁备用。分离其他部位的骨头和肉，剁碎剔下来的肉。接着，把碎肉与已备好的80克瘦肉一起放入由以下食材调制而成的酱汁里腌制。200毫升马沙拉白葡萄酒、粗切的1/4个大洋葱、半根胡萝卜、1根手掌长的芹菜茎、几根欧芹枝和2片月桂叶。搅拌混合所有材料，撒盐和胡椒粉调味。把兔肉放入酱汁中静置几个小时，与此同时，去掉奶饲乳牛瘦肉上的筋膜，用刀将其切碎，然后放入臼中尽可能地捣细。

　　将兔肉和其他调味料从马沙拉白葡萄酒中捞出，与骨头、切成小块的火腿肥肉以及30克黄油一起放进深平底锅里。盖上锅盖，开大火将肉煎成焦黄色，过程中用勺子不停地翻动食材。当肉开始变干时，倒入马沙拉白葡萄酒（如您喜欢，可以用刚才腌肉酱汁剩下的马沙拉白葡萄酒）和肉汤浸润锅里的食材，将它们完全煮熟。再次把肉和骨头分开，将80克瘦兔肉、50克火腿和盐渍口条切成略长于半指的条。

　　将剩下的兔肉放入臼中研磨，不时倒入一点马沙拉白葡萄酒和肉汤使兔肉保持湿润，但不要加得太多。把兔肉捣成糊状，用网筛过滤一道。接着，捣碎骨头，尽量用网筛多筛几道。注意，进行此操作应使用铁丝网筛。

　　用30克黄油、面粉和牛奶烹制一份贝夏美酱。贝夏美酱做好后，把所有捣碎过筛的肉和2个鸡蛋也倒进锅里搅拌均匀，接着，品尝一下得到的混合肉酱，看看味道是否合适。如有需要，再加入盐和剩下的黄油调味。

　　按后文所述制作生面团，并按照**食谱370**的描述制作馅饼。将生松露切成榛子大小的小块。把松露、已切成条的火腿肉、瘦兔肉、盐渍口条和肉酱交错铺叠在面团上。用力挤压馅料,使几种肉条均匀地分散开,这样之后馅饼被切开时就会非常美观。最后,在顶层铺30克切成薄片的火腿肉,用面团盖住馅料。

您可以按**食谱155**的描述制作半酥皮面团,也可以使用以下食材:

250 克面粉

80 克黄油

两匙烈酒

两匙糖

2 个蛋黄

1 瓣柠檬的汁液

5 克盐

适量凉水

在此食谱的基础上稍作修改,您就可以烹制出以其他野味——如野猪或鹿肉——为馅料的馅饼。依照本食谱做出的野兔肉馅饼足供二十人食用。

373 | 野兔面包

以下是我想向诸位介绍的另一道冷盘:

250 克无骨野兔瘦肉

100 克黄油

50 克面粉

30 克磨碎的帕尔玛奶酪

6 个蛋黄

500毫升牛奶

将兔肉切成小块并加盐，再把20克火腿和1片洋葱切碎。把火腿、洋葱和兔肉块一起放进锅里，用50克黄油煎制。待黄油被充分吸收，但兔肉还未完全变成焦黄色时，倒入肉汤煮熟兔肉。把煮好的兔肉块放入臼中捣碎，加入烹煮它的汤汁使其保持湿润，随后用网筛过滤兔肉末。

用面粉、剩下的50克黄油和牛奶烹制一份贝夏美酱。待贝夏美酱冷却后，倒入打发的蛋黄和所有其他食材，搅拌均匀。把混合物倒入底部铺有黄油纸的光滑模具中，用水浴加热法将其蒸熟。在做好的野兔面包周围和上层摆放肉冻，放凉后食用。如今，鉴于人们致力于追求优雅美观的菜肴，期待有些不一样的惊喜，最好直接把面包裹在一块肉冻里面，这一点其实很容易做到：取一个容积大于面包体积的模具，在其底部铺一层肉冻汁。待肉冻汁冷凝后，把面包放在中间位置，随后倒入更多肉冻汁填满模具剩余的空隙。

374 | 肝面包

据我所知，这是最棒的冷盘之一。其风味之美妙足以为任何一张餐桌增光添彩。

500克奶饲乳牛的肝

70克黄油

50克新鲜的面包心

20克磨碎的帕尔玛奶酪

4块鸡肝

100毫升马沙拉白葡萄酒

6匙肉酱汁

1 个整蛋

2 个蛋黄

1 片月桂叶

适量盐和胡椒

　　将牛肝切成薄片，鸡肝对半切开，并把它们和月桂叶一起放入盛有35克黄油的锅里加热。待肝脏充分吸收了锅里的黄油后，再放入剩下的35克黄油，撒盐和胡椒调味。接着，倒入马沙拉白葡萄酒，用大火烹煮4~5分钟（这将有助于肝脏保持嫩滑质感）。煮好后，把肝脏和月桂叶捞出沥干，放进臼里捣成泥状。将面包心放进烹煮肝脏剩下的汤汁里，搅拌成烂糊状，同样放入臼中。将面包糊与肝脏糊搅拌均匀，用网筛过滤一道，再往里放入帕尔玛奶酪末和打发的鸡蛋液。加6匙肉酱汁稀释得到的混合物，并将其倒进底部铺有黄油纸的光滑模具里，用水浴加热法烹熟。

　　趁面包尚温热时把它从模具中取出。待面包冷却后，取一个比它体积更大的模具，按前一条食谱的描述用肉冻（参见**食谱3**）包裹住面包。依照本食谱做出的肝面包足供十二人食用。

375 ｜ 肝馅饼

　　黑松露切块，放入马沙拉白葡萄酒中煮沸后捞出，撒进**食谱374**描述的混合物里即可。用**食谱372**介绍的生面团包裹住混合物，将其放入烤箱或乡村式烤炉中烤熟，放凉后食用。与上一道菜一样，肝馅饼也可供十二人食用。

蔬菜和豆类

ERBAGGI E LEGUMI

———

　　只要不过度食用，蔬菜就是烹饪中十分有益于健康的食材。它能降低血脂，与肉类一起食用时，还能促进肠胃对肉食的消化吸收。不过，各地区食用蔬菜的习惯很大程度上取决于当地的气候。

376 | 牛至西葫芦

牛至（Origanum vulgare）籽是唇形科中一种小型野生植物种子，带有香气。

取一些长形西葫芦，将它们切成厚度与斯库多硬币相仿的圆片。因为西葫芦被加热后会缩水，所以准备原材料时可以多拿一些。把煎锅或平底锅架在火上，倒入大量橄榄油并加热。当橄榄油开始嗞嗞作响时把火调大，放入西葫芦片并不断翻炒。待西葫芦半熟时，撒盐和胡椒调味。等西葫芦片变成焦黄色后，往锅里加一把牛至籽，随后立即用漏勺盛出西葫芦片。这道菜可以单吃，也可以作为配菜食用。它的味道一定能让您满意。

牛至籽也适合为其他食物调味，如炖蘑菇、煎蛋、鳀鱼等。

377 | 填馅西葫芦

为烹饪这道菜，您可以将西葫芦沿纵向或横向切成两半，也可以将其切段。我个人更喜欢使西葫芦保持较为完整的形态，因为这样做出来的填馅西葫芦更加优雅美观。无论您选择哪种方法，都要掏空西葫芦的中心部分，为馅料留出空间。完整地掏空西葫芦的最佳做法就是找一根锡管直插到底。若西葫芦直径太大导致单靠管子无法掏空它，就用一把细细的小刀扩大其空腔。

接着制作馅料。取一些奶饲乳牛肉，将其切碎，与由切碎的洋葱、欧芹、芹菜、胡萝卜和少许培根丁制成的剁料一起放入深平底锅中，加少量橄榄油煸炒，撒盐和胡椒调味。烹饪过程中不断用勺子翻动所有食材。待牛肉充分吸收调味料并开始变色时再倒入1满勺水。水被牛肉吸收或蒸发后再倒一勺，过一会儿再倒入一勺，保证牛肉被煮熟且锅里有少许酱汁留存。把牛肉捞出沥干，过滤酱汁，将其放在一旁备用。

用弯月刀把牛肉切碎，再把碎牛肉、1个鸡蛋、少许帕尔玛奶酪末、用肉汤或牛奶烹煮过的面包心及其他调味料混合在一起，制成馅料。把馅料满满地填进西葫芦，用黄油炸西葫芦，直至它呈现类似榛子的颜色。最后，倒入此前旁置备用的酱汁把西葫芦彻底煮熟。

您也可以用**食谱347**所描述的混合物作这道菜的填馅。若剩余的酱汁不足，您可以只用黄油或黄油与番茄酱（**食谱125**）的混合物烹饪西葫芦。

378 | 素馅西葫芦

按照前一条食谱的描述处理西葫芦，并用以下食材制作馅料：用弯月刀切碎油浸金枪鱼，把它与鸡蛋、一小撮帕尔玛奶酪末、从西葫芦中挖出的一点果肉、少量香料和胡椒混合在一起，不加盐。把填塞了馅料的西葫芦放进黄油中煎制，待其呈现类似榛子的棕色后，倒入番茄酱（**食谱125**）为这道菜增添风味。

您若认真烹饪这道菜，它就能给您带来惊喜。

---

379 | 煸炒豆角和西葫芦

以这种方式烹饪的蔬菜主要被作为配菜食用。如今，所谓的"精简烹饪"已精简了对调味料的使用。对肠胃而言，这些菜肴或许更加健康清淡了，但它们的味道也因此受到了影响，还少了一些能刺激消化的动因——这对于部分人来说本该是必需的。本食谱就是一个例子。先将豆角煮至半熟，生西葫芦切片或切块，然后用黄油煸炒，撒少量盐和胡椒调味。

额外加一点肉酱汁或番茄酱（**食谱125**）将是打破外国或者现代烹饪规则的行为。不过，在我认为这样能使菜肴更加美味，令人更加餍足。若您没有肉酱汁或番茄酱，至少可以在关火后撒一些帕尔玛奶酪末。

---

380 | 鸡蛋酱豆角

取约300克鲜嫩的豆角，去掉两端尖角和侧面的荚丝。接着，按有些厨师们爱用的法式术语所说——焯水（imbianchire），即把豆角放入盐水煮至半熟。把豆角捞出沥干，每个切成3段，与黄油一起加热，待豆角吸收了黄油后，撒盐和胡椒调味。另取一口锅，放入1个蛋黄、一匙面粉和1/4个柠檬的汁液并搅拌混合，再加一勺冷的脱脂肉汤稀释混合物。接着，把稀释后的液态混合物倒进小炖锅中，边加热边不断用木勺搅拌。待其质地变得像液态奶油一样时，把它浇在豆角上。继续将豆角烹煮片刻，使它更好地吸收酱汁。这道菜可作为炖肉的配菜食用。

在沸腾的盐水中加入一匙苏打能使豆角和西葫芦呈现出漂亮的绿色。

381 | 贝夏美酱豆角

豆角焯水。焯水时在盐水里加一匙苏打，使豆角呈现鲜绿的色泽。接着用黄油煸炒豆角，撒盐和胡椒调味。加热的时间不要太长，以免豆角失掉其美丽的绿色。用奶油、黄油和面粉调制一份贝夏美酱（不要太浓稠）浇在豆角上，搭配油炸面包丁端上餐桌。在一顿正餐中，这道菜可以作为配菜。

382 | 香草豆角

选用完整的嫩豆角，把它们浸泡在冷水中。把豆角捞出，不必沥干便可放进锅里，按如下方式烹煮。

将橄榄油、薤白、欧芹、胡萝卜和芹菜切碎，撒盐和胡椒粉调味，烹制一份炒料。您也可以用时鲜嫩洋葱或普通洋葱来代替薤白。待炒料变成棕色时倒入肉汤。用网筛过滤汤汁，过滤时用力挤压留在网筛里的食材。在滤好的汤汁中加入一些番茄酱，用它将豆角煮熟。关火前，放2勺香草糖调味。若您不喜欢香草，可以用丽风轮代替。

383 | 阿雷佐风味嫩豇豆

掐掉豇豆两端的尖角并将其切成三段。把豇豆放入深平底锅，加2整瓣大蒜、生番茄酱汁和足量冷水浸没豇豆。倒入橄榄油、盐和胡椒粉调味，开小火将豇豆慢慢煨熟，确保最后锅里有少许浓稠汤汁剩余，它能使豇豆更具风味。这道菜可以作为正菜间穿插的小菜或炖肉的配菜食用。

384 | 像小鸟似的芸豆

我曾在佛罗伦萨的小餐馆里听人管这道菜叫"像小鸟似的芸豆"。

芸豆煮熟后捞出沥干。在煎锅中放入适量橄榄油和几片鼠尾草叶并加热。待橄榄油开始嗞嗞作响时加入芸豆，撒盐和胡椒粉调味。时不时晃动煎锅以使芸豆和调味料更好地混合。待芸豆充分吸收橄榄油后，往锅里倒一点纯番茄酱汁，等到番茄酱汁也被吸收之后关火。外皮较薄的干芸豆煮熟后也可以用来做这道菜。

若您不想把芸豆当作一道单独的菜食用，可以拿它作炖肉的配菜。

385 | 配炖菜吃的去壳芸豆

300 克去壳芸豆

100 克整块培根

200 毫升水

4 匙橄榄油

1 小枝鼠尾草（4~5 片叶子）

盐和白胡椒

把芸豆和其他配料一起放进锅里，开小火慢炖，烹饪过程中时不时搅拌各种食材。芸豆炖熟后，将鼠尾草和培根捞出丢弃，盛出其他食材并端上桌。这是一道可供四人食用的配菜。

386 | 香焗豆角

取 500 克嫩豆角，摘除两端尖角和荚丝。把豆角和一撮盐放入沸水中，待水再次沸腾时把豆角捞出沥干，再将其浸入冷水。

如果您手头有肉酱汁，可往其中加一小块黄油将豆角煮熟。若没有，就把1/4个洋葱、几片欧芹叶和1根芹菜切碎，放进锅里用橄榄油煎。当洋葱变成棕色时放入豆角，撒盐和胡椒调味。根据需要加入少量水，将豆角炖熟。

用30克黄油、一小匙面粉和200毫升牛奶烹制一份贝夏美酱。将贝夏美酱、一把帕尔玛奶酪末和4个打发的鸡蛋混合，浇在已冷却的豆角上。把得到的混合物倒入底部铺有黄油纸的光滑模具中，将其烤熟或用水浴加热法蒸熟后趁热食用。

387 │ 香焗花椰菜

取1棵去掉茎和叶之后约重350克的花椰菜，用以下材料调味：

300毫升牛奶

3个鸡蛋

60克黄油

30克帕尔玛奶酪末

把花椰菜煮至半熟并切成小块。用30克黄油煸炒花椰菜，撒盐调味。待花椰菜充分吸收黄油后，倒入一点牛奶将其煮至软烂。您可以让花椰菜保持这种状态，也可以将它捣烂后过筛。用剩下的30克黄油、牛奶和一小匙面粉烹制贝夏美酱，随后混合贝夏美酱、打发的鸡蛋液、帕尔玛奶酪和花椰菜。像烹饪香焗豆角时那样把得到的混合物倒入一个光滑的模具中，烹熟后趁热食用。

依照本食谱做出的香焗花椰菜可供六人食用。

388 | 罗马涅风味花椰菜

将1棵大花椰菜或2棵小花椰菜切成小块并洗净,不必擦干其表层的水分, 直接按照如下方式烹饪: 将适量大蒜和欧芹切碎,用橄榄油煎至焦黄色, 接着倒少量水进锅, 再放入花椰菜, 撒盐和胡椒调味。待花椰菜充分吸收调味料后将其捞出, 放入用热水稀释过的番茄酱中煮熟。最后, 在花椰菜上撒一些帕尔玛奶酪即可端菜上桌。您可以把这道菜用作煮肉、炖肉或熏猪肉香肠的配菜。

389 | 香焗刺苞洋蓟

按照**食谱387**香焗花椰菜中的说明进行烹饪。把刺苞洋蓟切成小块, 这样可以使其更好地吸收调味料。此外, 您可以先尝尝混合物的味道, 再把它倒入模具。

390 | 香焗菠菜

用极少量水——你甚至可以仅用把菠菜从冷水中捞出后,残留在其表面的那点水——将菠菜煮熟。随后, 将菠菜捣碎, 用网筛过滤一道, 加入适量盐、胡椒、肉桂粉、几匙**食谱137**中描述的贝夏美酱、黄油、鸡蛋、帕尔玛奶酪和一把去籽的普通葡萄干或泽比波葡萄干。把所有食材搅拌均匀, 随后将混合物倒入一个中间有洞的光滑模具中, 用水浴加热法蒸熟。趁热把香焗菠菜从模具中取出,在中间空位处填入诸如炖鸡杂、炖牛胸腺或奶饲乳牛肉等清淡可口的炖肉, 端菜上桌。您也可以把几种炖菜掺在一起, 再加些干菇。

391 | 香焗洋蓟

　　我建议您在洋蓟价格偏低的季节烹饪这道菜。它是最清淡好消化的菜肴之一。

　　去掉洋蓟最外层坚硬的叶子，洗净，剥掉洋蓟茎部的表皮。无论洋蓟的茎干有多长，都将其完全保留。

　　把每个洋蓟切成4块，放入盐水中烹煮5分钟。若烹煮时间过长，洋蓟不仅会吸收太多水分，还会丧失大半风味。将洋蓟捞出沥干，放入臼中磨碎后用网筛过滤一道。把过滤后的洋蓟泥与香焗菜品的常用配料——1个鸡蛋（您完全可以多加1个鸡蛋，它可以更好地黏合混合物）、2~3匙贝夏美酱（烹制它时请多放些黄油）、帕尔玛奶酪末、盐和少量肉豆蔻——搅拌混合。尝尝得到的混合物，确保其味道适中。

　　若您手头有肉酱汁或炖肉汤，可以放一些在菜里。如果洋蓟很嫩，那么将其切成小块即可，无须捣碎后再过筛。

　　用水浴加热法把菜蒸熟。如果您想配些肉馅食用，可以把洋蓟泥混合物倒入中间有洞的模具中烹饪；若想单独食用，直接将其放入光滑的普通模具中，作为正菜间的小配菜端上餐桌。

392 | 香焗茴香

　　由于茴香香气怡人，味道甜美，这道香焗茴香算得上是口感最为精致细腻的菜品之一。

　　将茴香球茎外层坚硬的叶子去掉，然后把茴香切成小段，在盐水中煮至七成熟。接着，将茴香捞出沥干，用少许黄油煎炸，撒盐调味。待茴香吸收了黄油后，倒入一点牛奶浸润它。待牛奶也被茴香吸收后加入一点贝夏美酱，关火。您可以用网筛过滤一遍混合物，也可以使其保持原状。待茴香冷却后，加一点帕尔玛奶酪末和3~4个鸡蛋（具体数量根据您使用的茴香数量调整），搅拌均匀。接着，把混合物倒入一个普通或中间有洞的光滑模具中，像您烹饪其他香焗菜肴那样用水浴加热法将其蒸熟。香焗茴香可作为正菜间穿插的小菜或炖鸡的配菜热食。您还可以用美味的鸡杂和牛胸腺搭配这道菜。

393 | 可食用菌种

蘑菇含有丰富的氮元素，是极具营养的蔬菜之一，独特的香味更是令它成了一道可贵的珍馐。但有一点颇让人惋惜，那就是众多的蘑菇品种中有一些是有毒的，只有专业且富有经验的人才能明辨有毒与无毒的品种。不过，若长期以来某地点生长的蘑菇一直无毒，那么我们可以根据经验判断该地点生长的蘑菇危险系数较低。

例如，佛罗伦萨人会大量食用产自周围山区树林的蘑菇。在多雨的年份，蘑菇在六月时便会开始冒头，但其生长的高峰期实际在九月。事实上，佛罗伦萨从未发生过因食用蘑菇而引起的不幸事件。这也许是因为当地人几乎只吃两个品种：古铜色的牛肝菌和橙盖鹅膏菌。人们对于这两种蘑菇的安全性非常有信心，以至于烹饪它们时并不会采取任何预防措施——甚至没人想到应将它们放进加醋的水中煮沸，因为此做法在一定程度上会影响蘑菇的味道。

上文提到的两个品种中，牛肝菌适合煎或炖了吃，橙盖鹅膏菌则最好像牛肚一样烹制或者烤制。

394 | 炸蘑菇

选取中等大小且已经成熟了的蘑菇，因为大蘑菇炸制后会变得软烂，小蘑菇则会太硬。

刮掉菌柄部位的外皮并洗去蘑菇表层的泥土，但不要用水浸泡蘑菇，否则它会失掉原有的那种诱人香味。接着，将蘑菇切成厚片，裹上一层面粉后入锅煎炸。橄榄油是炸蘑菇的最佳材料。待蘑菇片在橄榄油中嗞嗞作响时撒盐和胡椒调味。若您希望炸好的蘑菇呈现金黄色，可以在面粉外再裹一层打发的鸡蛋液，不过这不是必要的步骤。

395 | 炖蘑菇

做炖蘑菇最好选用个头偏小的蘑菇。去除蘑菇表面的泥土，将其洗净切片。预备炖煮的蘑菇片应比预备煎炸的薄一些。往煎锅里倒入橄榄油并加热，再放几瓣拍碎的大蒜和一撮丽风轮。当油开始嗞嗞作响时放入蘑菇（无须裹面粉），撒盐和胡椒调味。待蘑菇被煎至半熟时，放一点纯番茄酱浸润它。不过，不必放太多番茄酱，因为蘑菇吸收调味料的能力较差。

396 | 牛肚蘑菇

此方法非常适合用于烹饪橙盖鹅膏菌。之所以称之为"牛肚"，可能是因为它与牛肚的烹饪方式十分相似。如您所知，橙盖鹅膏菌是橙黄色的。它刚长出来时菌盖闭拢，好似鸡蛋，成熟后菌盖才平展开来。烹饪这道菜最好选择较嫩的橙盖鹅膏菌，将其洗净切成薄片，放入黄油中煎制，撒盐、胡椒和帕尔玛奶酪末调味。若再加一点肉酱汁，这道菜的味道还会更好。

397 | 烤蘑菇

已完全展开的成熟橙盖鹅膏菌是烹饪烤蘑菇的最佳原料。将橙盖鹅膏菌洗净，拿厨房纸擦干其表层水分，用橄榄油、盐和胡椒调味。烤蘑菇很适合做牛排或其他烤肉的配菜。

398 | 干菇

每年九月，我都会趁牛肝菌价格便宜时买上一些，自行在家里晒干。进行此步骤需得天公作美，因为阳光的长时间照射是不可或缺的，否则蘑菇就会变质。选取中等大小，质地鲜嫩紧实的蘑菇，您也可以选择个头偏大的蘑菇，但要确保它尚未因过熟而变得软烂。刮去菌柄表皮，抖掉所有泥土，但不要清洗蘑菇。接着，把蘑菇切成大块，因为晾干后它们的体积会因缩水而变小。若您在蘑菇杆上发现了小虫子，就请去掉已开始被虫子蚕食的部分。将蘑菇块放在阳光下连续晾晒2~3天，然后把它们串起来，挂在通风良好的地方。您也可以选择再晒一段时间，直到它们彻底变干。将蘑菇串取下来，放进布袋或纸袋里密闭保存。别忘了时不时检查一番，因为蘑菇可能会再次变潮、变软。若出现了这种情况，请将它们重新拿到室外晾晒几个小时。如果您不经常这样检查，待要用时便可能会发现蘑菇上已长满了虫子。

准备使用干菇前，应先用热水将其泡软，但不要泡得太久，以免它们失掉了原有的香味。

399 | 茄子

茄子是能令所有人满意的一种蔬菜，因为它既不会导致肠胃胀气，也不会引起消化不良。它很适合被当作配菜，作为一道素食主菜单独食用也不错，尤其是生长在某些地区，苦味极淡的品种。小型和中型的茄子比大号茄子更受欢迎，因为大茄子可能会有过熟或微带苦味的风险。

四十年前，您在佛罗伦萨的市场上几乎见不到茄子和茴香，当时人们认为茄子和茴香是邪恶的，因为它是犹太人的食物。在此事上——正如在其他更重要的问题上一样——犹太人再次展现出了比基督徒更灵敏的嗅觉。

炸茄子可作为炸鱼类菜肴的配菜，炖茄子可搭配清炖肉食用，烤茄子则可搭配牛排、奶饲乳牛肉排或其他任何种类的烤肉。

400 | 炸茄子

茄子去皮，切成厚圆片。接着往茄子片上撒些盐，静置几个小时。把茄子片表面被盐腌出的水分擦干，裹上一层面粉，入锅油炸。

401 | 炖茄子

将茄子去皮、切丁，抹上少许黄油后入锅烹制。待茄子充分吸收黄油后，倒入**食谱125**所述番茄酱，把茄子炖熟。

402 | 烤茄子

将未去皮的茄子沿纵向切成两半，在剖开的果肉部分割开一些十字形切口，用盐、胡椒和橄榄油调味。把茄子放在烤架或烤盘上（带皮的一面朝下），罩上一个锅盖或铁罩。把烤盘放在上下两处火源之间，这样您就无须翻动茄子了。烤至茄子半熟时再薄薄地刷一层橄榄油。待茄子肉变软时，这道菜就做好了。

403 | 烤奶酪茄子

将7~8个茄子去皮，切成薄薄的圆片。往茄子片上抹些盐，静置几个小时腌出里面的水分，再裹上一层面粉，用橄榄油煎炸。

取一个耐火的盘子，把茄子片、帕尔玛奶酪和**食谱125**所述番茄酱堆叠起来，垒成一个漂亮的小山包。将1个鸡蛋打匀，加一撮盐、一匙同样的番茄酱、一匙帕尔玛奶酪末和两匙面包糠并搅拌均匀，再把得到的混合物浇在小山包上。用一个罩子罩住烤盘，把它放进乡村式烤炉里，开上火烘烤至鸡蛋变硬即可取出。这道菜可作为主菜间穿插的小菜单独食用，也可作肉食的配菜。淋鸡蛋液是为了使最后的成品更加美观。

404 | 煎刺苞洋蓟

刺苞洋蓟俗称"驼背菜"。它与洋蓟十分相似，因而可以像后者一样烹调（参见**食谱246**）。不过，须先小心地去除刺苞洋蓟外层的刺状纤维，用盐水将其煮至半熟，再迅速浸入冷水中，以免苞片氧化发黑。

把处理好的刺苞洋蓟切成小块，裹上一层面粉。当橄榄油开始嗞嗞作响时，将刺苞洋蓟放进锅里，撒盐和胡椒粉调味。提前打几个鸡蛋并搅匀，待刺苞洋蓟被煎至两面金黄后倒入鸡蛋液。

刺苞洋蓟是一种清淡易消化的健康蔬菜，但它营养价值不高，味道也偏寡淡。因此，烹饪刺苞洋蓟时最好加大量调料（如**食谱407**所述）调味。

刺苞洋蓟与洋蓟非常相似，以至于人们把后者因无法结果而被埋入地下的植株称为"洋蓟杆"。

405 | 炖刺苞洋蓟

按上一条食谱所述将刺苞洋蓟煮至半熟。用大蒜末、欧芹末、橄榄油、盐和胡椒粉调制一份剁料，与刺苞洋蓟一同放进锅里炖煮。

如果您想让炖刺苞洋蓟更美观、更美味，可在将其装盘后淋上鸡蛋柠檬酱：打发几枚鸡蛋，加入柠檬汁。把混合物倒进一口小锅里，边加热边不断用勺子搅拌，待酱料变得浓稠后将其浇在刺苞洋蓟上。若您不用酱料调味，至少也应撒一撮磨碎的帕尔玛奶酪。

406 | 烤刺苞洋蓟

这道菜并不值得强烈推荐，不过，您若感兴趣也可以一尝。刺苞洋蓟煮至半熟后捞出沥干，保留一段手掌长的茎干。用大量橄榄油、胡椒粉和盐为刺苞洋蓟调味，再将它放在烤架上烤熟。烤刺苞洋蓟可作烤牛排或烤鱼的配菜。

407 | 贝夏美酱刺苞洋蓟

丢弃老、艮的刺苞洋蓟，小心地去除剩下的刺苞洋蓟外层的刺状纤维，将它们煮至半熟。在此，我想一劳永逸地指出，蔬菜应放入沸水中烹煮，豆类则应放入冷水。把刺苞洋蓟茎切成长约3指的小块，加足量黄油和盐调味。接着，倒入牛奶（浓奶油更佳）将刺苞洋蓟煮熟，再加少量**食谱137**中描述的贝夏美酱增加汤汁稠度。最后，撒一小撮磨碎的帕尔玛奶酪，迅速把做好的刺苞洋蓟从火上移开。这是一道很好的配菜，适合搭配炖肉、肉卷、炖鸡杂及其他类似菜肴。您可以用同样的方法烹制粗切芜青丁、马铃薯或西葫芦片，不过西葫芦片无须提前烹煮。

408 | 博洛尼亚风味松露、生松露等

继意大利久为之所苦的圭尔夫派和吉伯林派纷争后出现的黑白党[1]

1　译注：阿尔图西一语双关，既指圭尔夫派内部曾出现的黑白党之争，也指对黑白松露的偏好。

之争，如今险些又要因松露而爆发。不过，我亲爱的读者们，请不要惊慌，因为这一次不会再有人流血了。今日的"黑白党之争"远比过去的温和得多。

我是白松露的支持者。事实上，我坚持认为黑松露是松露中最差的一种。有些人不同意我的观点，他们认为黑松露味道更浓郁，白松露其味寡淡。但他们忽略了一点：黑松露的香味流失得很快。人们普遍认为皮埃蒙特地区出产的白松露价值高昂，罗马涅地区的白松露则因生长在沙质土地中而带有一点大蒜味，但它的味道很香。不论如何，让我先把这个复杂的问题放在一边，为大家介绍一下博洛尼亚人是如何烹饪松露的。"博洛尼亚之甘美是为生活在此地，而非路过此地的人准备的。"

博洛尼亚人通常会用蘸有冷水的小刷子把松露清洗干净，将其切成薄片，再把松露片与薄帕尔玛奶酪片交替铺叠在镀锡铜盘上——且第一层以松露打底。开火，加盐、胡椒和大量优质橄榄油调味。待松露开始发出咝咝声时，往上面挤点柠檬汁，随后立即关火。有的人还会加几小块黄油。若您也想加黄油，我建议您只放一点点，否则这道菜会变得很油腻。松露也能生吃：将其切成薄片，用盐、胡椒和柠檬汁调味即可。

松露搭配鸡蛋也是不错的选择。将几枚鸡蛋打发，撒盐和胡椒调味。加热适量黄油至融化后倒入鸡蛋液，再放入薄切松露片，不断搅拌直至松露被煮熟。

众所周知，松露有壮阳的功效。我虽知道一些与此相关的有趣故事，不过此处还是缄口为妙。松露应是在查理五世统治下的法国佩里戈尔地区被首次发现的。

我用以下方法保存松露已有很久了，但并非每次都能成功：把松露切成薄片，放进锅里加热烘干，撒盐和胡椒调味。接着倒入橄榄油没过松露片，继续加热至橄榄油沸腾。有时，我会将生松露放进大米里保存，这样一来，大米也会染上松露的香气。

409 | 糖醋小洋葱

这道菜并不难学，只要味觉灵敏，能决定调味料的适当配比即可。若烹饪得当，它定能成为炖肉的绝佳搭档。

我说的小洋葱是指比核桃略大些的白色珍珠洋葱。将珍珠洋葱去皮洗净，用盐水焯一道。以烹饪300克洋葱为例：把40克糖放入深平底锅中加热，待糖融化后加15克面粉，用勺子不断搅拌。混合物变成红棕色时，一点点倒入2/3杯（普通杯子）加了醋的水，持续加热至所有可能产生的凝块皆尽溶解。最后放入洋葱，加热时不断摇动平底锅。不要用勺子搅拌洋葱，否则它会被搅碎。品尝一下味道，如果还需要加糖或醋，此时还来得及。一切就绪后即可端菜上桌。

410 | 炖小洋葱

将洋葱去皮，切掉其根部和顶端部位，倒入沸腾的盐水中烹煮10分钟。加热一块黄油，待其变成近似榛子的颜色时把洋葱均匀地放进锅里，撒盐和胡椒调味。待洋葱底部变成棕色时将其翻面，倒入肉酱汁，再加一撮混有黄油末的面粉勾芡。

若您手头没有肉酱汁，请按如下方法烹饪：把洋葱放进盐水烹煮后用冷水浸泡一会儿，再将其放进深平底锅里，加1束香料束、1小片火腿、一块黄油和一勺肉汤，撒胡椒和少许盐调味。最后，在洋葱上放一层切得非常薄的培根片，再盖上一张涂有黄油的纸。把平底锅放在上下两处火源之间同时加热，煮好后，把锅里剩下的酱汁和洋葱一起盛进盘子里端上桌。这道菜可作为配菜食用。

411 | 作为熏肉肠配菜的小洋葱

按照上一条食谱所述烹煮洋葱后，将其放进锅里用黄油煎炸，撒盐和胡椒调味。接着，用煮熏肉肠的汤汁浸润洋葱，再加糖和醋提味。烹饪28~30个小洋葱需以下调味料：50克黄油、半勺烹煮熏肉肠得到的脱脂肉汤、半汤匙醋和一茶匙糖。

412 | 作为配菜的芹菜

过去，古人会在宴席上佩戴芹菜做成的王冠，因为他们相信这样可以中和酒的气味。芹菜因其特殊的香气而受到喜爱。出于这个原因，也因为它不会引起肠胃胀气，芹菜应在健康蔬菜的名单里中占有一席之地。烹饪时，请选择茎干饱满的芹菜，并只食用白色的叶梗和茎，那是芹菜身上最鲜嫩的部分。

烹饪芹菜的方法有三种。对于前两种选择，您需将芹菜切成10厘米长的段，第三种则需将其切成长仅5厘米的小段。这三种方法都要求将芹菜茎去皮，割出十字形的切口，再把它和叶梗一起放进盐水中焯一道（不要超过5分钟）并捞出沥干。

方法一：用黄油煎芹菜，随后用倒入肉酱汁把芹菜煮熟，端菜上桌时加帕尔玛奶酪末调味。

方法二：取200~250克生芹菜。把30克黄油、2粒丁香和30克由肥瘦相间的火腿肉末、1/4个中等大小的洋葱末制成的剁料放进深平底锅里，加热至黄油滚沸。当洋葱变色时倒入肉汤。待剁料被完全煮熟后关火，用网筛过滤得到的酱料。把过滤好的酱汁倒进放有芹菜的锅里，用少许胡椒调味，无须加盐。芹菜煮熟后，把它与酱汁一起端上餐桌。

方法三：往芹菜上裹一层面粉，放入**食谱156**所述的面糊里浸一道，用猪油或橄榄油炸熟。另一种更好的选择是先在芹菜外面裹一层面粉，将其放入鸡蛋液中浸一道后裹上面包糠，再入锅油炸。若您想用芹菜作为炖肉的配菜，那么最后一种方法是最佳选择。您可以把炖肉的汤汁浇在芹菜上。

413 │ 作为清炖肉配菜的芹菜

选用白色的芹菜茎，将它们切成长约2厘米的小块，放入盐水中煮5分钟，再用黄油煎熟。这道菜可配以**食谱137**中描述的贝夏美酱食用。记得把贝夏美酱调制得浓稠些，加帕尔玛奶酪末调味。

414 │ 作为配菜的整粒小扁豆

作为猪蹄皮灌肠[2]的配菜，小扁豆应该先被放进水里煮熟，再用黄油和肉酱汁调味。若没有肉酱汁，就在水里加一束香料束烹煮小扁豆，煮好后将其捞出沥干，与由肥瘦相间的火腿肉、少许黄油和少许洋葱制成的剁料一起放进锅里煸炒。当洋葱完全变成焦黄色时，加1~2勺烹煮熏肉肠或猪蹄皮灌肠所得的脱脂肉汤浸没它。烹煮片刻后过滤汤汁，把小扁豆重新放进去煮一道，再加一小块黄油、盐和胡椒调味。如果熏肉肠不太新鲜，就用烹煮猪蹄皮灌肠的肉汤。

415 │ 作为配菜的小扁豆泥

我们可以像法国人一样称这道菜为小扁豆浓浆，但里古蒂尼告诉我

2　一种以猪蹄皮作为肠衣的香肠。

们，这类菜真正的意大利语表述应是"泥"（passato），该词可以用在各类蔬菜或豆类身上——包括马铃薯。总之，用小扁豆制作"曾经"[3]而非"现今"需要：把小扁豆和一块黄油放入水中煮熟（但不要煮成糊状），捞出沥干。用洋葱（不用太多，否则其他食材的味道会被盖住）、欧芹、芹菜和胡萝卜做一份剁料，与足量黄油一起加热。待剁料变成焦黄色后，加入一勺肉汤。把小扁豆放进汤汁中烹煮后碾成豆泥，用网筛过滤。食用这道菜时，用锅里剩下的汤汁调味，别忘了再撒些盐和胡椒。请记住，小扁豆泥越浓稠越好。

416 | 酱汁洋蓟

洋蓟茎去皮，摘掉外层坚硬的叶子并切除其顶部尖端部分。把处理好的洋蓟切成4块，若洋蓟较大，就切成6块。根据洋蓟的大小按比例放入黄油煎制，撒盐和胡椒调味。摇动平底锅以达到翻动洋蓟的效果，待其吸收了大部分融化的黄油后，倒入肉汤将其煮熟。把洋蓟捞出沥干，汤汁留在锅里。接着，往汤汁里放入一撮切碎的欧芹、1~2勺细面包糠、柠檬汁及适量盐和胡椒。边搅拌边加热混合物，待其沸腾片刻后把锅从火上移开。待此酱汁停止沸腾后，根据洋蓟的数量放入1~2个蛋黄，并再次把锅放回火上烹煮。再倒入一些肉汤以确保酱汁呈顺滑的液态。最后，把洋蓟放进酱汁中再次加热即可。这道菜一般作为配菜，尤常搭配炖肉食用。

417 | 炖洋蓟配丽风轮

若您希望洋蓟带有一点丽风轮的香味，就请按下述步骤烹饪。去掉

3　译注：passato一词既有"泥、酱"，也有"过去"之意。

洋蓟上所有不可食用的叶子，然后把它切成4块。如果洋蓟的个头较大，也可切成6块。根据洋蓟块的大小和数量按比例往一口铜制煎锅里倒入橄榄油，油热后，放入裹了一层面粉的洋蓟块煎炸，撒盐和胡椒调味。将1瓣大蒜（若洋蓟较小则只需半瓣）和一把丽风轮切碎制成剁料，待洋蓟变成焦黄色后将其放进锅里。待洋蓟充分吸收了调味料后，用番茄酱汁或经水稀释的番茄酱将其煮熟。

这道菜既可以作配菜，也可以单独食用。

418 | 直立的洋蓟

"直立的洋蓟"，这就是佛罗伦萨人对简单的洋蓟烹饪方法的称呼。将洋蓟茎去皮，只摘掉靠近茎部的那些小而无用的叶子，随后用刀削去洋蓟顶部尖端，把里层的叶子舒展开。把整个洋蓟直立着放进煎锅里，加适量盐、胡椒和橄榄油调味。盖上锅盖，待洋蓟变成棕黄色后倒入一点水将其煮熟。

419 | 填馅洋蓟

切掉洋蓟底部的茎秆，去掉外层硬叶并将其冲洗干净。接着，像上一条食谱所说的那样修剪洋蓟顶端，展开内层的叶子，用一把小刀挖出洋蓟的中心部位的叶片。若取出来的部分中有带绒毛的花心，就将其剔除，只保留小而嫩的叶片，之后您可以把它们加进馅料里。烹饪6个填馅洋蓟需要以下食材制作馅料：前文提到的嫩叶、50克肥肉偏多的火腿、1/4个嫩洋葱、指甲尖大小的大蒜、几片欧芹和芹菜叶、一撮已泡软的干菇、一小把前一日剩下的碎面包心和一撮胡椒。

先用刀把火腿切碎，再把所有食材混合在一起，用弯月刀切细。将混合物填入洋蓟中，按照上一条食谱的描述调味并烹饪。一些法国烹饪书建议先把洋蓟煮至半熟再填入馅料，但我并不赞同。我认为如此一来，这道菜就失掉了精华，即洋蓟特殊的香气。

420 | 肉馅洋蓟

为6棵洋蓟制作馅料需要：

> 100克奶饲乳牛肉瘦肉
>
> 30克肥肉偏多的火腿
>
> 1棵洋蓟的花心
>
> 1/4个洋葱
>
> 一些欧芹叶
>
> 一撮泡软的干菇
>
> 一撮碎面包心
>
> 一撮帕尔玛奶酪末
>
> 盐、胡椒和少许香料

用橄榄油将洋蓟煎至变色，随后倒入一点水，用一块湿布盖住锅口并用锅盖固定住它。这将能使水蒸气笼罩在洋蓟各处，更好地将其烹熟。

421 | 洋蓟豌豆馅饼

这是一种少见的馅饼，不过，考虑到可能会有许多人喜欢它的味道，我决定在此向大家介绍一下它：

> 12个洋蓟
>
> 150克去壳豌豆

50 克黄油

50 克帕尔玛奶酪末

适量肉酱汁

摘掉不可食用的洋蓟叶,将其剖成两半,去掉带绒毛的花心（如有）。用盐水将洋蓟和豌豆煮至半熟,放入冷水中浸泡片刻后取出,擦干它们表层的水分。再次将洋蓟切半。把洋蓟、豌豆和40克黄油一起放进锅里加热,撒盐和胡椒调味,随后倒入肉酱汁将它们煮熟。用剩余的10克黄油、一匙面粉和肉酱汁调制一份用于调味的贝夏美酱。把洋蓟、豌豆、贝夏美酱和帕尔玛奶酪交替叠放在一个耐火的托盘里。

现在,用下述食材制作1个生面团覆盖在已摆放好的馅料上,再在其表面刷一层蛋黄液。把烤盘放入乡村式烤炉中烤熟即可。一旦变凉,这道菜的美味便会大打折扣,因此请趁热食用。依照本食谱做出的洋蓟豌豆馅饼可供七至八人食用。

制作生面团所需食材:

230 克面粉

85 克糖粉

70 克黄油

30 克猪油

1 个鸡蛋

422 | 烤洋蓟

众所周知,洋蓟可以烤制后搭配牛排或其他烤肉食用。烹制这道菜需选用鲜嫩的洋蓟。不必摘除任何叶片,只需切掉洋蓟尖端和底部茎秆即可。把拢在一起的叶片舒展开,这将有利于洋蓟更充分地吸收调味料——橄榄油、盐和胡椒。把洋蓟直立着放在烤架上，如有需要，可以用签子串起1~3个洋蓟，将它们固定住。把洋蓟烤至半熟后再在其表面刷一层橄榄油，继续烤至最外层的叶子焦化为止。

423 | 为冬季贮备的干洋蓟

在意大利南部的城市，您几乎一年四季都能买到洋蓟，无须费心将其烘干储存，再说新鲜洋蓟与干洋蓟的味道可谓是天差地别。但是，若您居住的地方一旦过季就买不到洋蓟，那么干洋蓟就成了一个方便的选择。

建议您在洋蓟正当季时购买材料制备干洋蓟，因为这样成本较低。不过，应选择质量优良，已处于成熟阶段的洋蓟。摘掉所有硬叶，切掉洋蓟尖端和底部茎秆，再把每棵洋蓟切成4块，去除花心带绒毛的部分（如有）。处理好洋蓟后，将其放入加有醋或柠檬汁的冷水中以防止其氧化变黑。出于同样的考量，把洋蓟放入盛有沸水的陶罐中烹煮时，其中最好再加一束由百里香、罗勒、芹菜叶等香料组成的香料束。把洋蓟煮至半熟需要大约10分钟，如果您选用的是嫩洋蓟，此步骤可能仅需5分钟。洋蓟煮熟后，沥干其表面水分，再摆在架子上晒干。最后，将所有洋蓟串在一起，挂在阴凉通风的地方进一步风干。尽量不要把洋蓟放在太阳底下晒得太久，否则它就会散发出一种类似干草的味道。当您准备用洋蓟做油炸或炖肉的配菜时，用开水将干洋蓟泡软即可。

424 | 法式风味豌豆（一）

此食谱适用于1升新鲜豌豆。

取2个鲜嫩的珍珠洋葱，分别沿纵向切成两半，往中间放几根欧芹，再把两半洋葱重新绑在一起。完成此步骤后，用30克黄油煎洋葱，待后者变成焦黄色时，倒入1满勺肉汤。

烹煮洋葱直至其变得软烂，随后用网筛过滤洋葱及汤汁。请充分挤压留在网筛里的洋葱，把里面所含的汁水也一并挤出。把过滤得到的汤汁重新倒进锅里，再放入豌豆和2棵完整的莴苣。开文火慢炖，撒盐和胡椒调味。待豌豆半熟时，放入掺有一匙面粉的30克融化的黄油，如有必要，可再加些肉汤。最后，把2个蛋黄和少量肉汤搅拌均匀浇在豌豆上，再将其端上桌。这样做出来的法式豌豆才会更加美观。

425 | 法式风味豌豆（二）

本食谱虽不像前一条那样精巧美观，可更加简洁方便。把适量洋葱切成薄片，放入深平底锅，用一块黄油煎制。待洋葱变成焦黄色后加一小撮面粉，搅拌均匀，再倒入1~2勺肉汤（根据豌豆量而定）将面粉煮熟。放入豌豆，撒盐和胡椒调味。豌豆半熟时，放入1棵菜心或2棵完整的莴苣。用文火慢慢炖煮前述食材，留心不要使酱汁变得太过浓稠。

有人会放一勺糖为这道菜增甜。若您也想这样做，请只加一点点糖，因为菜肴的甜味最好源于天然而非人工。

豌豆煮熟后，将莴苣捞出弃用，其余部分盛出端上餐桌。

426 | 火腿豌豆

不加任何调料或最多放一点黄油的清水煮豆还是留给英国人享用吧！我们南边的人需要更能刺激味蕾的食物。

我还没发现哪儿的豌豆能比罗马餐馆里的更好吃。这倒不是因为罗马的蔬菜尤为鲜美，而是因为罗马人会用熏火腿为豌豆调味。为弄清他们制备豌豆的方法，我特地做了一些试验。也许我尚不能百分之百地复刻其美味，但也已很接近了。以下是具体做法：

根据豌豆用量取1~2个鲜嫩的洋葱，沿纵向切成两半，与适量肥瘦相间的熏火腿丁一同放进锅里，用橄榄油煎制。待火腿丁脱水收缩后，放入豌豆，撒少量盐（不加盐也可）、一撮胡椒和少许黄油调味，搅拌均匀，最后倒入肉汤将豌豆煮熟。

这道菜既可以单独作主菜，也可以作为配菜食用。不过，出锅前要先将洋葱捞出弃用。

---

427 | 腌五花肉豌豆

豌豆用以下方法烹饪也很美味，但与上一条食谱不同的是，它算不得一道精致菜式。将由切碎的培根、大蒜、欧芹和橄榄油制成的剁料放进锅里加热，撒少许盐和胡椒调味。当大蒜变成焦黄色时放入豌豆。待豌豆充分吸收了调味料后，倒入肉汤或水将其煮熟。

如果豌豆荚柔嫩新鲜，可以把豌豆连同豆荚一起放进水里炖煮并过筛。这样您便会得到一种可以溶解在肉汤里的豆泥，它能给蔬菜浓汤、泡饭或卷心菜汤增添一种奇妙的风味。您也可以把它溶在水里，按照**食谱75**中的描述烹制豌豆烩饭。

---

428 | 香焗鲜豌豆

600克去壳豌豆

50克肥瘦相间的火腿

30克黄油

20克面粉

3个鸡蛋

一匙帕尔玛奶酪末

把火腿、1个珍珠洋葱和一撮欧芹切碎，制成剁料。把剁料放进锅里，用橄榄油煎至变色后放入豌豆，撒盐和胡椒调味。煎熟后，将1/4的豌豆过筛，然后把得到的豆泥放入融化的黄油与面粉的混合物中。加热混合物并用肉酱汁或肉汤稀释它。接着，把帕马尔奶酪等所有食材混合在一起，倒入一个垫有黄油纸的光滑模具中，用水浴加热法烹熟。

429 | 炖鲜蚕豆

选取成熟饱满的蚕豆荚，将豆粒剥出并去皮。

把1个鲜嫩的洋葱切碎，用橄榄油煎至棕黄色后放入肥瘦相间的火腿丁。继续加热片刻后放入蚕豆，撒胡椒和少量盐调味。待蚕豆充分吸收调味品之后，根据其数量将1~2个粗切莴苣放进锅里。如有必要，可以倒入肉汤把蚕豆和莴苣煮熟。

430 | 填馅番茄

选用中等大小的成熟番茄，将它们切成两半，剔除番茄籽，用下述混合物填充被掏空的部分。请将混合物露出番茄的部分堆叠出一个漂亮的造型，撒盐和胡椒调味。

用洋葱、欧芹和芹菜调制一份剁料，放进锅里用一小块黄油煎至变色后，加入一把已在水里泡软并切碎的干菇，一匙用牛奶浸过的面包心，撒盐和胡椒调味。根据需要添加牛奶，继续烹煮片刻。关火，待混合物冷却后，放入帕尔玛奶酪末和1个鸡蛋。若1个蛋黄就足以提升混合物的浓稠度，您也可以只放入蛋黄。按前文所述将混合物填入番茄后，把番茄放进盛有少量黄油和橄榄油的烤盘里,用上下两处火源同时烘烤它。这道菜可搭配烤牛排或任何类型的烤肉食用。还有另一种更简单的烹饪方法：用大蒜和欧芹调制剁料，与极少量面包糠、盐和胡椒混合做成填馅。若您选用这种方法,把番茄放入烤盘之前应该先在上面淋些橄榄油。

若是作为炖肉的配菜,用以下方法烹制的番茄尤为美味:取一口大煎锅或烤盘,先撒一层黄油屑,摆上被切成两半并掏空了的番茄(带皮的一面朝下),用盐、胡椒和少许油调味,再在最上层铺几片薄薄的黄油片。无须盖锅盖,直接烘烤即可。

431 | 贝夏美酱花椰菜

所有甘蓝,无论是白色、红色、黄色还是绿色,都是风神埃俄罗斯的孩子或继子女。它们实际被称为十字花科植物。这一点对那些弱不禁风的人来说应该不难记住,因为于他们而言,这些蔬菜确实是个需要背负的十字架。不过,"十字花科"这一称呼的真正由来是此类植物的四片花瓣呈十字形排列。

取1棵大花椰菜,去掉其叶子和绿色的茎秆,在留下的花枝上划出深深的十字形切口。把处理好的花椰菜用盐水焯一道,然后将其切成小段,用黄油、盐和胡椒调味。把花椰菜放进一个耐热的盘子里,撒一小把帕尔玛奶酪末,再淋上**食谱137**所描述的贝夏美酱,烹至表面呈焦黄色即可。这道贝夏美酱花椰菜可作为主菜间隙穿插的小菜趁热食用,搭配炖肉或煮鸡更佳。

432 | 德式酸菜(一)

本食谱并非真正的德式酸菜,那需得由德国人来烹饪才行,它不过是个苍白的仿制品罢了。不过,它作为熏肉肠、猪蹄皮灌肠或普通炖肉的配菜效果倒还不错。

取1棵卷心菜,去掉外层绿叶和粗壮的茎干,将其切成4瓣,用冷水清洗干净。接着,用一把锋利的长刀把卷心菜沿横向切成像意大利扁细面似的细条。切好后，把卷心菜条放进一个陶盘里，撒一撮盐，倒入开水浸没它们。待热水彻底冷却后，捞出卷心菜，使劲挤压它们，倒掉挤出来的水分和盘子里的水，随后把卷心菜放回盘子里，倒入1杯混有1指高（盛在普通杯子里）的浓醋的冷水。若卷心菜的个头很大，则醋量加倍。将卷心菜静置浸泡几个小时，再一次使劲挤出多余的水分，按下述方法烹饪。

将1片偏肥的火腿肉或培根切碎，放进深平底锅里，用少许黄油煎至微微变色后加入卷心菜。若熏肉肠和猪蹄皮灌肠是新近制备且不含辣椒的，您可以直接用烹饪它们时留下的汤汁烹煮酸菜，若非如此，就选用肉汤。把酸菜端上餐桌前请先尝尝味道，以确保它咸味适中且带有一点儿醋酸味。

说到腌肉，在意大利的一些省份，人们以纪念巴库斯为名，养成了频繁且大量饮酒的不良习惯。结果，他们的味觉逐渐失灵，而猪肉商为了迎合他们不正常的味觉，不得不在腌肉时大把放盐、胡椒和辛香调味料，一点儿也不顾及真正的美食家们。他们喜欢的是味道清淡、口感细腻的肉，也即摩德纳地区的人们做的那种。

433 | 德式酸菜（二）

与上一条食谱一样，这道菜可以作为熏肉肠和炖肉的配菜。取1棵卷心菜或皱叶甘蓝，将其切成宽约1厘米的条，在冷水中浸泡一会儿。接着，把卷心菜从水中捞出，不经挤压直接放入深平底锅加热。待火焰的热量把一部分水分蒸干后，用勺子用力挤压卷心菜，挤出剩余的水分。将1/4个大洋葱和少许培根切碎，调制一份剁料，用少许黄油煎至棕黄色后，放入卷心菜和1片完整的腌五花肉（稍后将它取出），撒盐和胡椒调味。倒入肉汤，开文火慢慢将卷心菜炖熟，出锅前最后加一汤匙糖和少量醋调味。醋不要放得太多，只要做好的菜微微带有一丝酸味即可。

434 | 佛罗伦萨风味芜青芽

"Broccoli di rapa"即指芜菁的嫩芽，通常连同几片叶子一起售卖。它是最健康的绿色蔬菜之一，非常受托斯卡纳人欢迎。不过，因其味淡而微苦，它在意大利其他地方并不受待见，哪怕在穷人的餐桌上也见不到它。

将最硬的几片叶子去掉，剩下的部分焯水后挤干水分，粗切成块。把2~3瓣大蒜切碎或完整地放进锅里，用大量橄榄油将其炸成棕色后放入芜菁芽，撒盐和胡椒调味。时不时翻动芜菁芽，煸炒片刻后出锅。这道菜既可作炖肉的配菜，也可以单独食用。

若您不喜欢前述烹饪方式，可以将芜菁芽煮熟后用橄榄油和醋调味。芜菁芽娇嫩柔软，通常在二月到三月间上市。

如果您所在地区出产的橄榄油质量一般，您可以用猪油代替它。事实上，就个人口味来说，我更偏好用猪油煸炒芜菁芽。

435 | 罗马风味西兰花

罗马人常食用的西兰花长着深绿色的叶子和黑色或绛紫色的花蕾。

去掉西兰花外层硬叶并焯水，随后将其投入冷水中浸泡一会儿。用力把西兰花里的水分挤出，将它切成大块，倒入盛有品质上乘的猪油的平底锅中加热，撒盐和胡椒调味。待西兰花充分吸收猪油等调味料后，倒入甜白葡萄酒浸润它并继续搅拌，直至所有葡萄酒都被吸收或蒸干。被端上桌后，这道菜一定会大受好评。

此处我还想介绍另一种烹饪西兰花的方法。此方法更适合烹饪未经焯水或烹煮的西兰花。只选用最嫩的花蕾和叶片，将叶子粗切成块，花蕾切成小段。把煎锅架在火上，放入适量橄榄油和1瓣被沿横向切成薄片的大蒜。当大蒜开始呈现棕黄色时，先后把西兰花叶和花蕾放进锅里，撒盐和胡椒调味。时不时翻动西兰花，待其水分渐渐流失后，加少量热水浸润它。最后，等西兰花已九成熟时，浇一点白葡萄酒在上面。我无法为您提供准确的食材用量配比，因此请耐心尝试几次（我自己就试了一次又一次！）以确定一个最优方案。

436 | 填馅卷心菜

取1棵卷心菜或皱叶甘蓝，去掉外层硬叶，切除其底部的茎秆，放入盐水中煮至半熟。接着，把卷心菜倒转过来沥干水分，一片一片地打开裹在一起的叶片，直至菜心。在菜心处填入馅料，仔细地用其他叶片包裹住馅料，重新合上卷心菜，用绳子将其捆扎起来。

您可以只用炖奶饲乳牛肉做馅料，也可以加些切碎的鸡肝和牛胸腺。为使馅料更加美味且更易消化，请再放一点贝夏美酱、一撮帕尔玛奶酪末、1个蛋黄和少量肉豆蔻。把卷心菜放入炖奶饲乳牛肉剩下的汤汁里，再加一点黄油，把锅放在上下两处火源之间烘烤，两处都请开小火。

如果您不想用1整棵卷心菜做这道菜，可以选取最宽大的叶片，往每片菜叶里放一点馅料，然后将它们卷成许多小圆柱体。

您可以用浸满肉汤或肉酱汁的面包心代替贝夏美调味酱。

437 | 作为配菜的卷心菜

取1棵卷心菜或皱叶甘蓝，刀口十字交叉地将其切成4瓣，再把每瓣分别切成小块。先用冷水浸泡卷心菜，再将它放入盐水中焯一道。关火后，把卷心菜捞出，无须挤压，沥干其表面水分即可。用火腿和洋葱调制一份剁料，加黄油煎至变色后倒入一勺肉汤，继续烹煮片刻后用网筛过滤得到的汤汁。把卷心菜和1片薄火腿片放进过滤后的汤汁里，撒胡椒和少许盐调味，用文火慢慢炖煮。菜做好后，把火腿片捞出丢弃，将卷心菜盛出，作为炖肉的配菜食用。

438 | 作为配菜的恐龙羽衣甘蓝

去掉恐龙羽衣甘蓝上坚硬的叶梗，剩下的部分焯水并切碎。若您手头没有肉酱汁，可以将火腿和洋葱切碎调制一份剁料。用一小块黄油把剁料煎至焦黄色，随后往锅里倒入少量肉汤，过滤得到的酱汁。用这种酱汁烹煮恐龙羽衣甘蓝，撒胡椒和少量盐调味，必要时可再加一小块黄油和更多肉汤。这道菜可作为清炖肉或熏肉肠的配菜食用。有些人会将手指厚的面包片烤熟，用大蒜擦拭其表面，把它放进烹煮恐龙羽衣甘蓝的汤汁里蘸一下，随后趁热将甘蓝放在面包上，用盐、胡椒粉和橄榄油调味。这道菜在佛罗伦萨被称为"甘蓝面包片"，是一道适合卡尔特会修士的菜肴，也可作为对贪食者的惩罚。

439 | 贝夏美酱茴香

取漂亮饱满的茴香球茎，去掉外层硬叶，随后将其切成小块并冲洗干净，用盐水焯一道。用黄油煎茴香，待它充分吸收黄油后，倒入牛奶将其煮熟，撒盐调味。接着，把茴香捞出沥干，放进耐火的烤盘里，再在其表面撒一把帕尔玛奶酪末，淋上贝夏美酱。用上火把茴香烤至焦黄色，搭配煮肉或炖肉食用。

440 | 作为配菜的茴香

此食谱比前一条更简单，且同样适合作清炖肉的配菜。

将茴香球茎切块，放入盐水中焯一道，再用黄油煎一道，最后用掺有一撮面粉的肉汤将其煮熟。茴香出锅后，加少许帕尔玛奶酪调味。

441 | 炸锅马铃薯

用通顺的意大利语描述这道菜,即用黄油把马铃薯煎至焦黄。生马铃薯去皮并切成薄片,放进煎锅中用黄油煎熟,撒盐和胡椒粉调味。香煎马铃薯搭配牛排食用味道极佳。您也可以在平底锅中用橄榄油炸马铃薯,具体操作方法如下。如果您选用的食材是鲜嫩的当季马铃薯,则无须去皮,简单地拿一块布将其表面擦拭干净即可。接着,把马铃薯切成薄片,在冷水浸泡1个小时左右。把马铃薯片捞出,用毛巾擦干表层水分,裹上一层面粉,入锅油炸,食用前撒盐调味。请注意不要将马铃薯炸得太过软烂。

442 | 松露马铃薯

将马铃薯切成薄片,煮至半熟,然后把马铃薯片、薄松露片和磨碎的帕尔玛奶酪交替叠放在平底锅里。放几片黄油、盐和胡椒粉调味。待食材开始嗞嗞作响时,倒入肉汤或肉酱汁浸润它们。关火前,往锅里加一点柠檬汁。将做好的松露马铃薯盛出,趁热端上餐桌。

443 | 马铃薯泥

在如今的意大利——尤其是时尚或烹饪方面,若你说话时不带些洋腔洋调,就没有人会搭理你。因此,为了能让别人理解我的意思,我不应管这道配菜叫"马铃薯泥",而应用"pureé"或一个更具有异域风情的名字——"mâchées"——称呼它。

500克外形美观、淀粉含量高的大马铃薯
50克黄油

半杯鲜牛奶或浓奶油

适量盐

马铃薯煮熟并去皮，趁它仍在冒热气时将其碾碎过筛。接着，把马铃薯泥和其他配料一起放进深平底锅，边加热边用勺子用力地搅拌各种食材，直至马铃薯泥变得顺滑。检测马铃薯是否已被煮熟的方法是用一根带尖端的细棍扎它。若细棍能轻松地穿透马铃薯，那便说明它已熟透了。

444 │ 马铃薯沙拉

尽管这是一道以马铃薯为原料的菜肴，但我可以向您保证，它平凡朴素的外表之下隐藏着值得称赞的闪光点。不过，它并不适合所有人的肠胃。

将500克马铃薯煮熟或蒸熟，趁热去皮，切成薄片，放入一个沙拉碗中，然后取：

30 克醋腌刺山柑

2 个醋腌辣椒

5 根腌黄瓜

4 个醋腌珍珠洋葱

4 条腌鳀鱼，洗净并剔除鱼刺

1 根手掌长的芹菜茎

一小撮罗勒

将上述所有食材切碎，放进一只大碗里。

取2个熟煮鸡蛋，把它们切开并用刀碾碎，同样放进大碗里。

加适量橄榄油、少量醋、盐和胡椒粉为混合物调味，随后将已近乎成为液态的酱料倒在马铃薯上并搅拌均匀。若您喜欢，还可以放一点牛至。

这道菜足供六至七人食用，且可保存数天。

445 | 烤奶酪西葫芦

将西葫芦切成比榛子略大些的小块，用黄油煸炒，用盐和胡椒粉调味。接着，把西葫芦块放进烤盘里，撒帕尔玛奶酪末和一小撮肉豆蔻调味，再淋上浓稠的贝夏美酱。用罩子或锅盖罩住烤盘，将其放进乡村式烤炉里，烘烤至混合物表面呈现焦黄色后取出。烤奶酪西葫芦可作为主菜食用，也可搭配煮肉或炖肉。

446 | 烤奶酪马铃薯饼（一）

这道菜与马铃薯泥（**食谱443**）一样，可以单独作主菜或搭配熏肉肠和猪蹄皮灌肠食用。

> 500克外形美观、淀粉含量高的大马铃薯
>
> 50克黄油
>
> 半杯鲜牛奶或浓奶油
>
> 两匙磨碎的帕尔玛奶酪
>
> 2个鸡蛋
>
> 适量盐

按**食谱443**所述步骤操作后，将马铃薯泥静置冷却，加入磨碎的帕尔玛奶酪和鸡蛋。

取一个铜制馅饼盘或大小相近的烤盘，在其内壁上涂抹黄油，撒一层

细面包糠，随后倒入前述混合物并充分搅拌。把马铃薯泥抹平，使其厚度保持在1指到1指半之间。接着，将马铃薯泥放入乡村式烤炉中，烤至表面金黄后趁热端上桌。根据实际情况翻转马铃薯饼，令其较为美观的一面冲上。你也可以用这些材料做几个小号马铃薯饼，而非1个大饼。为使马铃薯饼的外形更加美观，可以将混合物倒进模具里。

447 | 烤奶酪马铃薯饼（二）

我认为依照此食谱做出的烤奶酪马铃薯饼比前一种更好。

>500克马铃薯
>
>50克黄油
>
>30克面粉
>
>2个鸡蛋
>
>两匙帕尔玛奶酪
>
>适量牛奶
>
>适量盐

用面粉、25克黄油和适量牛奶烹制贝夏美酱。将熟马铃薯泥过筛，倒入做好的贝夏美酱中，随后把它们放进锅里，加入剩余的25克黄油、盐和牛奶，边加热边不断搅拌。请不要将混合物调得太稀。待混合物冷却后，放入其余配料并搅拌均匀，像前一条食谱所描述的那样将其烘烤至表面金黄。

448 | 作为配菜的菠菜

菠菜是一种健康、清爽的蔬菜，有润肤功效和通便的作用。菠菜被切碎后很容易消化，因此，将其煮熟后用弯月刀切碎，任选以下方法中的一种进行烹调：

方法一：只用黄油、盐和胡椒粉调味。如果您有肉酱汁就加一些进去，若没有则可用几汤匙肉汤或少许浓奶油代替。

方法二：加入由洋葱末制成的炒料，用黄油煸炒片刻。

方法三：如前所述用黄油、盐和胡椒粉调味，再加一撮帕尔玛奶酪末。

方法四：加黄油、少量橄榄油和番茄酱汁或番茄酱烹调。

449 │ 罗马涅风味素油菠菜

将菠菜放入冷水中浸泡一会儿，随后将其捞出，直接放进锅里。仅用菠菜叶片上残存的水珠烹饪它就够了。使劲碾压菠菜，挤出其菜汁。放入由橄榄油、大蒜、欧芹、盐和整粒胡椒制成的炒料调味。最后，加一撮糖和几粒无籽葡萄干增加甜味。

450 │ 芦笋

为使芦笋看起来更加美观，烹饪前请先用刀刮掉茎干上发白的鳞片，切除末端偏硬的部分，然后用细绳将芦笋扎成（不太大的）一束。为使其芦笋保持嫩绿，请在盐水沸腾时将其放入，扇风使火变得更旺，这样盐水便会立即再次沸腾。芦笋尖弯曲是它被煮得恰到好处的标志。但您仍应不时地检查，用手指轻轻施加压力，看看芦笋是否已有些软化——

与其煮得太过，不如稍稍夹生。把煮好的芦笋捞出，用冷水浸泡片刻后迅速捞出沥干，这样，芦笋就达到了大多数人喜欢的温热状态。芦笋是一种十分珍贵的蔬菜。它的可贵之处不仅在于利尿和助消化，还体现在高昂的价格上。芦笋焯水后可用多种方式烹调，其中最简单、最好、也最常见的一种是用品质上乘的橄榄油和醋或柠檬汁调味。不过，为了保证食谱的多样化，此处我还准备了另外几种处理芦笋的方法。其一是将芦笋焯水后整根放进平底锅里，加黄油轻轻翻炒，撒盐、胡椒和一小撮帕尔玛奶酪末调味，待黄油呈现焦黄色后把芦笋盛出，再将黄油淋在上面。其二，把绿色的芦笋尖和白色的根部分开，取一个耐火的盘子，按如下方式摆放食材：在盘子底部撒一层帕尔玛奶酪末，然后将芦笋尖一个挨着一个地摆在上层，加盐、胡椒、帕尔玛奶酪末和少许黄油调味，接着再摆放一层芦笋根，用同样的方法调味。重复前述步骤直至用完所有芦笋。您还需注意其他配料的用量比，以免成品味道太重或太过油腻。让各层芦笋像细密的篱笆一样交叉在一起，盖上盖子并加热，待黄油和帕尔玛奶酪融化后趁热食用。若您手头有肉酱汁，也可以用它将芦笋烹熟，加入一点黄油和少量帕尔玛奶酪调味。绿色的芦笋尖也可成为混合炸盘的组成部分之一。在芦笋尖外裹一层**食谱156**所描述的面糊，炸熟即可。

您还能在各色烹饪书中找到许多其他烹饪芦笋的方法，不过它们大都是不为美食家所喜爱的杂牌军。尽管如此，我仍要指出白酱（**食谱124**）与芦笋是一对很好的组合。您可以把温热的白酱单独端上桌，浇在芦笋或切成4瓣的煮洋蓟上，得到的成果都将同样美味。

往夜壶里滴几滴松香，您就能把吃芦笋后尿液中的异味转化成令人愉快的紫罗兰香味。

451 | 香焗西葫芦泥

> 600 克西葫芦
>
> 40 克帕尔玛奶酪
>
> 4 个鸡蛋

取 1/4 个洋葱、芹菜、胡萝卜和欧芹，调制一份剁料。用橄榄油煎剁料，当它开始变色时放入切成小块的西葫芦，撒盐和胡椒粉调味。西葫芦变色后盛出，用水煮软，碾碎并过筛，放入帕尔玛奶酪和鸡蛋。

用 60 克黄油、两匙面粉和 400 毫升牛奶烹制一份贝夏美酱。把所有食材混合在一起，搅拌均匀，放进一个中间有洞的光滑模具里，用水浴加热法烹熟。趁热将西葫芦泥脱模，往中间的空隙里填入清淡易消化的炖肉，端菜上桌。

依照本食谱做出的香焗西葫芦泥可供八至十人食用。

452 | 香焗蘑菇

各品种的蘑菇都可以用来做这道菜。我认为牛肝菌是最好的，但不要选用过于肥大的那种。小心地去除蘑菇上的所有泥土，将其洗净，切成约鹰嘴豆大小——甚至更小的方块，用黄油煎制，撒盐和胡椒粉调味。片刻后，倒入肉酱汁把蘑菇煮熟。关火，用贝夏美酱、鸡蛋液和磨碎的帕尔玛奶酪黏合蘑菇块。把混合物放入模具中，用水浴加热法将其蒸成固态即可。

用 600 克新鲜蘑菇和 5 个鸡蛋可以做出十人份的香焗蘑菇。

趁热把香焗蘑菇端上桌，作为主菜间穿插的配菜食用。

453 | 作为配菜的皱叶甘蓝

将皱叶甘蓝煮至半熟，挤干其菜汁，用弯月刀切碎，加黄油和牛奶烹煮，撒盐调味。皱叶甘蓝煮熟后，放入浓稠的贝夏美酱和帕尔玛奶酪末，边加热边搅拌，直至各种食材充分融合。尝尝味道，若不再添加其他调味料，就把皱叶甘蓝盛出，搭配煮肉或炖肉食用。这道精美的菜肴一定会受到食客的喜爱。

454 | 俄罗斯风味沙拉

厨师们常在基本配方的基础上添加他们喜欢的其他配料制作所谓的俄罗斯沙拉，近来这种沙拉是餐桌上的常客。以下配方是我在自家厨房里研究出来的。尽管它看起来很复杂，但已是较为简单的版本之一了。

> 120克沙拉常用蔬菜
> 100克甜菜
> 70克嫩芸豆
> 50克马铃薯
> 20克胡萝卜
> 20克醋腌刺山柑
> 20克腌黄瓜
> 3条腌鳀鱼
> 2个煮熟的鸡蛋

您可以选用2~3种常用于制作沙拉的蔬菜，如莴苣、菊苣或生菜，将它们切成细条。把甜菜、芸豆、马铃薯和胡萝卜煮熟（用量以这几种蔬菜此时的重量为准），切成比鹰嘴豆略小的方块。用同样的方法处理2个熟鸡蛋的蛋白和其中一枚蛋黄，另一枚蛋黄留待备用。腌刺山柑保持原状不动，然后将腌黄瓜切成与腌刺山柑大小相近的小块。

把腌鳀鱼洗净并剔除鱼刺，切成小块。充分混合所有食材。

现在，用2个生蛋黄、先前留下的熟蛋黄和200毫升上等橄榄油调制蛋黄酱（参见**食谱126**）。充分搅拌蛋黄酱至完全顺滑后挤1个柠檬的汁进去，撒盐和胡椒粉调味。把蛋黄酱倒在前述已混合好的食材上，仔细翻搅以确保蛋黄酱与所有食材充分混合。

将3片鱼胶浸泡数小时，随后把它们放进锅里，倒入2指高（盛在普通杯子里）的水中并加热，直至鱼胶融化。把部分融化的鱼胶倒进光滑模具的底部——液态鱼胶的厚度应与索尔多[4]厚度相当。将剩下的鱼胶与其他食材充分混合，随后将混合物倒入模具并冷冻。用热水浸泡模具有助于您更方便地取出冻好了的混合物。若您想让沙拉看起来更美观、更优雅，可以用上文提到的绿色植物、蛋黄和蛋白做个彩色的装饰，先把它们放在模具底的鱼胶层上，再加入其他食材。

依照本食谱做出的俄罗斯风味沙拉可供八至十人食用。

4　译注：意大利古钱币，相当于120里拉。

海鲜
PIATTI DI PESCE

海鲜品质及季节

常见鱼类中品质最佳的有鲟鱼、海鲷、荫鱼、鲈鱼、鳎目鱼、大菱鲆、海鲂、金头鲷、岩鲻鱼、淡水鳟鱼等。这些鱼类的肉质在任何季节都很好，但冬季的鳎目鱼和大菱鲆品质尤佳。

其他著名的鱼类及其最佳食用季节如下：四季皆宜的鱼类包括无须鳕鱼、鳗鱼和鱿鱼。相对来说，鳗鱼在冬季品质更佳，夏季则是吃鱿鱼的最佳时节。

大型咸水鲻鱼的最佳捕捞季在七八月份，小鲻鱼的则是十月、十一月和整个冬季时节。三至五月的白杨鱼、银鱼和乌贼品质更佳，十月份的章鱼最好。冬季到来年四月是吃沙丁鱼和鲲鱼的好时节。九十月份绯鲤正当季，三到十月的金枪鱼肉质最佳。春季的鲭鱼品质最优，尤其是在五月份。由于鲭鱼肉质坚韧，人们通常用炖煮的方式烹饪它。若您想试试烤鲭鱼，我知道一种不错的做法：把鲭鱼放在一张厚厚的，涂有黄油的纸上烘烤，佐以橄榄油、盐、胡椒粉和几枝迷迭香。

棘刺龙虾是甲壳类动物中最为珍贵的一种，各个季节的棘刺龙虾品质都不错，相比较而言，春季更胜一筹。贝类中的最优选择则是牡蛎，尤其是十月到来年四月间在牡蛎养殖场收获的那些。

新鲜的鱼眼睛明亮清澈，反之则灰白浑浊。判断鱼新鲜与否的另一种方法是看鱼的鳃是否为鲜红色。不过，鱼鳃的颜色可以由人工用血涂抹。在此情况下，您可以用手指摸一下鱼鳃，然后闻闻手指，通过气味判断鱼的新鲜程度。鲜鱼的另一个特点是肉质紧实。鱼被冰冻的时间过长后会逐渐变质，肉质稀软。

我曾听水手们说,在月光下捕捞的甲壳类动物和海胆肉质更加饱满。

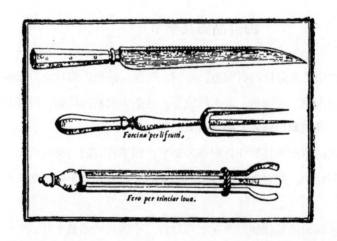

455 | 鱼汤（一）

鱼汤（Cacciucco）！请允许我就这个词发表几句感叹。也许只有托斯卡纳和地中海[1]沿岸的人们才听得懂这个词，因为在亚得里亚海沿岸，鱼汤被称为"brodetto"，而在佛罗伦萨，"brodetto"一词指的却是用打发的鸡蛋和柠檬汁做成的面包汤。意大利各省之间此类名词术语的混淆，已近于形成第二座巴别塔。我认为在意大利统一之后，考虑统一口语是合乎逻辑的。但很少有人关注此问题，甚至有人反对它，这或许出于不合宜的自傲，又或许是长期以来根深蒂固使用方言的习惯导致的。

让我们回到鱼汤本身。它自然是海滨城镇的一道特色美食，因为与其他地方相比，人们在海滨更容易找到适于烹饪这道佳肴的新鲜鱼类。海滨地区的鱼贩们对哪种鱼最适合用于做鱼汤了如指掌。虽然这道菜味道鲜美，却也不能吃得太多，因为它对肠胃而言略显沉重。

烹饪重量在700克左右的鱼需将洋葱切碎，与欧芹和2瓣大蒜一同放进锅里，用橄榄油煸炒。洋葱变色后放入300克切碎的新鲜番茄或番

1　译注：此处应是作者的一处小失误。"地中海"实际应指第勒尼安海（意大利西海岸），与后文亚得里亚海（意大利东海岸）相对，两者都是地中海的一部分。

茄酱，撒盐和胡椒调味。往杯子里倒入1指高的浓醋或2指高味道偏淡的醋，加1大杯水稀释。待番茄炒熟后，把醋水倒进锅里，继续烹煮几分钟后关火。将大蒜捞出丢弃，其余部分过筛，用力挤压留在滤网里的食材。把经过滤的酱汁和处理好了的鱼重新放进锅里。您可以选用鳎目鱼、绯鲤、鳍鱼[2]、星鲨、白杨鱼、虾蛄或其他时令鱼类烹饪鱼汤。将大型鱼切块，小型鱼整条放进锅里。尝尝看是否还需要添加其他调味料。一般而言，由于煸炒调味料所用的橄榄油量不会太大，此时再加一些总是不会错的。鱼汤做好后，把鱼肉和汤汁分开盛进两个盘子里端上餐桌。在预备用来盛汤的盘子里放入厚约1指，足以将汤汁完全吸收的面包片。提前把面包片烤干，留神不要将其烤焦。

456 | 鱼汤（二）

这是我在维阿雷焦（Viareggio）学到的食谱。它虽不像前一条食谱那样富有滋味，但胜在清淡易消化。

同样以烹饪700克鱼为例，将3瓣大蒜和一些新鲜或风干的红辣椒放入臼中捣碎。由于红辣椒已带有辛辣的味道，我们便无须再在这道菜中放胡椒粉了。将前述混合物放进煎锅或陶制平底锅里，加适量油翻炒。在普通杯子里倒入2/3的水和1/3的干白或干红葡萄酒，搅匀后将其倒进锅里，放入鱼肉，加盐、番茄酱汁或用少量水稀释的番茄酱调味。盖上锅盖，开大火烹煮数分钟即可。为保持鱼肉的完整性，烹饪过程中请不要翻动它。

请按上一条食谱中说的那样把面包片烤干，注意不要将其烤焦。

若您不打算立即烹饪鲜鱼，就请用盐把鱼腌起来，待准备烹饪前将其冲洗干净。

2　译注：或为肉鳍鱼（内鼻鱼）。

由于鱼并不是一种营养价值很高的食物,因此,除只能单独吃鱼的斋日外,我认为把它和其他肉类菜肴搭配在一起食用更有益于健康。除非您吃了过量富含营养的食物后想重新平衡营养摄入。此外,海产品——尤其是甲壳类动物——富含氢和磷,有一定刺激性,不太适合希望节制饮食的人。

尽可能选用小鱼做这道菜。若作为原料的鱼体积太大,就把鱼肉切成薄片,用同样的方法烹饪。我自己用鳎目鱼和绯鲤做这道菜的时候,会将鳎目鱼切成三段。将鱼洗净、剔除鱼刺并晾干。取一个耐火的金属盘或瓷盘备用。接着,用大蒜、欧芹、盐、胡椒、橄榄油、柠檬汁和上等白葡萄酒调制一份剁料。

先把一半剁料和少量橄榄油放进准备好的盘子里,把鱼放在上面,再将剩下的剁料铺在鱼身上,倒入更多橄榄油,使鱼肉浸泡在调料汁里。把盘子放进烤箱中,用上下两处火源同时烘烤。若盛鱼的是瓷盘,就直接把瓷盘放在热炭上烤。

我建议您尝试一下这道菜,因为其制备过程并不复杂。我想您一定会很喜欢它的。

458 | 腌鱼

适合腌制的鱼有许多种,但我尤其偏好腌鳎目鱼和肥美的鳗鱼。如您选用鳎目鱼,先用油把它煎一煎再腌制。若原料是鳗鱼,就先将其切成半指长的小段,不去皮,直接放在烤架或烤扦上烧烤。待鳗鱼的油脂被烤出后撒盐和胡椒粉调味。

取一口深平底锅。根据鱼的大小往锅里放入醋、浓缩葡萄汁(葡萄汁配这道菜就像奶酪配通心粉一样契合)、完整的鼠尾草叶、整颗松子、葡萄干、沿横向切成两半的蒜瓣和小块蜜饯。如果您手头没有浓缩葡萄汁，可用糖代替它。品尝一下混合好的调味酱汁，看看醋味是否过重。将酱汁煮沸，全面均匀地浇在已放入砂锅的鱼肉上。把砂锅架在火上，再次将酱汁煮沸，随后关火，盖上锅盖，把砂锅端到一旁静置。

上菜时，将鱼肉、少许酱汁和适量配料一起盛进盘子里。如果鱼肉逐渐变干，就把它放进酱汁里浸一浸。您也可以用同样的方法烹饪商店里售卖的斯科皮奥纳塔鳗鱼。

459 | 煮鱼

人们常用的煮鱼方法如下：将适量盐水烧开，放入嵌有2粒丁香的1/4或者半个（根据鱼的大小决定）洋葱、芹菜、胡萝卜、欧芹和2~3片薄柠檬，烹煮15分钟左右，再把鱼放进锅里。另一种方法是（有的人认为它比前一种更好）先把鱼放进冷水里，再加入上述配料并烹煮。鱼煮熟后，趁热将其连同汤汁，一起端上桌食用。您可以提前用柠檬片擦拭生鱼肉，这将有助于避免鱼肉在烹煮过程中碎裂。

鱼眼突出就证明鱼已经熟透了。另一个标志是鱼皮可以被轻易地撕下，露出鲜嫩柔软的鱼肉。请把鱼肉连汤端上餐桌。若想让这道菜更加美味，可以在鱼肉上撒些欧芹末，用甜萝卜和煮马铃薯作配菜。若甜萝卜个头较小，就将其煮熟，反之则放进烤炉烤熟。把萝卜和马铃薯都切成薄片，这样它们就能更好地吸收汤汁。最后，放入已切成小块的熟鸡蛋。若您不想搭配甜萝卜和马铃薯，这道菜也可以与**食谱128、129、130、133或134**中描述的酱汁一起食用。

用以下方式装饰鱼肉能使这道菜看起来更加美观。把鱼肉切成小块，在盘子里摞成一座小山，淋上蛋黄酱（**食谱126**），将腌鳀鱼片和刺山柑装点在旁边。

460 | 面包糠烤鱼

这道菜可用作主菜间穿插的小菜，尤适合在美味的煮鱼之后上桌。鱼肉切块，仔细剔除鱼刺，放入贝夏美酱（**食谱137**）中，加盐、帕尔玛奶酪末和小松露块调味。若没有松露，可用一把用水泡软的干菇代替。取一个耐火的盘子，在其内壁上涂抹黄油，撒一层面包糠，把鱼和调味料一起倒进盘子里，再薄薄地撒一层面包糠。最后，在鱼肉中间位置盖1片黄油片，放入烤炉中烤至金黄后趁热食用。

461 | 炖鱼

烹饪这道美味的炖鱼可以选用金枪鱼、荫鱼、海鲷或鲈鱼。亚得里亚海沿岸的居民不太恰当地称呼这种鲈鱼为"青铜皮鱼"。无论您选用哪种鱼，其重量都应在600克左右，即约可供五人食用。

鱼去鳞、洗净、晾干，裹上一层面粉，用少许橄榄油煎至金黄。把鱼从锅里取出，倒掉剩余的橄榄油并将锅洗刷干净。将1个中等大小的洋葱、1根手掌长的水芹和一把欧芹切碎，调制一份剁料。用适量橄榄油煸炒剁料，加盐、胡椒和1粒完整的丁香调味。待剁料变色后，倒入足量番茄酱汁或经水稀释的番茄酱浸润它。酱汁沸腾片刻后把鱼放进锅里炖熟，烹饪过程中时不时翻动鱼肉。最后，请将鱼肉和大量酱汁一起端上餐桌。

462 | 炖扁鲨

扁鲨，又称天使鲨（Rhina squatina）。它与鳐鱼相似，都拥有扁平的身体。它的皮肤粗糙坚硬，常被用于抛光木材和象牙，亦可用来制作刀套、剑鞘等。扁鲨的肉质一般，但若按照以下方式烹饪，它不仅可以食用，还将是一道相当美味的家常菜。炖扁鲨是一种经济实惠的食物，至少在意大利是如此，因为在意大利，这种食材并不难找。

将一把欧芹、半根胡萝卜、1根芹菜及半瓣大蒜切碎，调制一份剁料。若鱼的重量在600克左右，就再把1个核桃大小的洋葱切碎，放进剁料里。用适量橄榄油煸炒剁料，待它变成焦黄色后，倒入番茄酱汁或用半杯水稀释过的番茄酱浸润它，撒盐和胡椒调味。接着，把1片鱼肉（最好是扁鲨尾部的肉，此处肉质肥厚）放进锅里，用文火将其炖至七成熟时放入1片裹有面粉的黄油，继续炖煮至鱼肉熟透为止。黄油片和面粉能使酱汁更加浓稠，口感更加鲜美细腻。

463 | 巴勒莫风味无须鳕鱼

取500~600克无须鳕鱼（大西洋鳕），切下除尾鳍之外的所有鳍，保留鱼头。用刀把鱼腹切开，去掉内脏、鱼骨和鱼刺，撒少许盐和胡椒粉调味。给鳕鱼裹上一层面包糠，平放在耐火的盘子或烤盘里，加两匙橄榄油。

取3条腌鳀鱼，若鳀鱼偏小，也可以取4条。将鳀鱼去鳞、骨、刺，然后把鱼肉剁碎。往锅里倒两匙橄榄油，油热（但尚未滚沸）后放入鳀鱼煸炒。把鳀鱼酱抹在鳕鱼表面，再撒上一层面包糠。若您喜欢，还可以加几枝迷迭香。把烤盘放进炉子里，用上下火同时烘烤，直至面包糠在鳕鱼表面形成一层金黄色的壳。请注意不要将鱼肉烤得太干。关火前，往鳕鱼上淋些橄榄油，再挤半个大柠檬的汁在上面。若与涂有鱼子酱或鳀鱼黄油酱的烤面包片一起食用，这道菜将能满足四五个人的需要。

464 | 酱汁星鲨片

星鲨（Mustelus）是鲨鱼的一种，因此有些地方简单直接地称其为鲨鱼。因为有人不知道什么是星鲨，故特意作此解释。星鲨的个头能长得很大，在鲨鱼中，它的肉质可能是最好的。

取厚约半指的星鲨肉片，将其冲洗干净，拿一块厨用毛巾擦干，用一把锋利的刀削去鱼皮，撒盐和胡椒粉调味。接着，把星鲨肉片放入打发的鸡蛋液中浸泡几个小时，裹上一层面包糠，再蘸一次鸡蛋液，用橄榄油炸至金黄。

现在，用下述方法制作酱汁：

取一口宽大的煎锅或平底锅，根据鱼肉用量倒入适量橄榄油，再把一块裹有面粉的黄油（有助于增加酱汁黏稠度）、一把欧芹末、番茄酱汁或经水稀释的番茄酱放进锅里，撒少量盐和胡椒调味。酱汁沸腾片刻后放入星鲨鱼片，两面翻转。适当地加一点水，避免酱汁被蒸干。关火，撒一点磨碎的帕尔玛奶酪，即可端菜上桌。这道菜一定会大受好评。

465 | 烤鳎目鱼

肥大的鳎目鱼（Solea vulgaris）适合用烤架烤食。烤鳎目鱼时用猪油替代橄榄油味道会更好。清理掉鳎目鱼的内脏，刮去鱼鳞，洗净并晾干，然后用新鲜的冷猪油（一定要确保猪油没有酸臭腐败的味道）轻轻擦拭其表面，撒盐和胡椒粉调味，再裹上一层面包糠。再把一块猪油放进煎锅里加热熔化，刷在鱼肉上。此后烤架每翻面一次就刷一层猪油。

至于炸鳎目鱼，撕去鳎目鱼两侧或颜色较深一侧的鱼皮，在鱼肉外裹一层面粉，将其放入鸡蛋液中浸泡几个小时后入锅油炸。

鳎目鱼有个奇特之处值得一提。与所有结构匀称的动物一样，鳎目鱼出生时一只眼睛在身体右侧，另一只在左侧。但在它生命中的某个时期，白色（即左边）的眼睛会移向身体右侧，并从此像另一只眼睛那样永远长在颜色较深的右侧。鳎目鱼和大菱鲆都是靠它们看不见的那一侧身体游泳的。由于鳎目鱼肉质细腻，它被法国人称为"海上山鹬"。相比于其他鱼类，鳎目鱼肉质紧实，易于消化，且一年四季都宜食用。亚得里亚海里生活着数量巨大的鳎目鱼群，人们会在夜间用巨大的袋状网捕捞它。这种渔网的网口能深深地沉入海底，收网时会将鳎目鱼及其伏卧于上的海底泥沙一起带上来。

大菱鲆的肉质与鳎目鱼相近，甚至还要更细嫩些，因此它也被称为"海中雉鸡"。

---

466 | 葡萄酒鳎目鱼排

取数条不轻于150克的鳎目鱼，剁掉鱼头，去皮，然后用锋利的刀分离鱼肉和鱼骨。您应当能从每条鳎目鱼身上剔下4块鱼肉——如果鳎目鱼足够大，甚至能剔出8块。用刀背轻轻把鱼肉敲碎，压平成薄片，然后将其放入已用盐和胡椒粉调好味的蛋液里浸泡几个小时。接着，把鱼肉捞出，裹上一层面包糠，用橄榄油炸至金黄。把锅里的橄榄油倒一点到平底锅或煎锅里，在橄榄油上摆1片黄油，再将鱼排平放在上面，撒少许盐和胡椒粉调味。开火加热片刻后，倒入干白葡萄酒浸润鱼排，再放一点欧芹末，烹煮5分钟。把鱼排和酱汁一起端上餐桌，撒一撮帕尔玛奶酪末调味，配几瓣柠檬食用。它将是一道非常引人注目的菜肴。您还可以用同样的方法烹饪鳕鱼。

烹饪这道菜一定要用干葡萄酒，否则它的味道便会偏甜。1条普通大小的鳎目鱼大约可供一人食用。

---

467 | 作为鳎目鱼排配菜的炸鳎目鱼

取一条或几条中等大小的鳎目鱼，去掉鱼皮和鱼骨。您应当能从每条鳎目鱼上剔下4块纯鱼肉。把鱼肉切成细如火柴的小条。我建议您斜切鱼肉，因为这样切出来的肉条会更长一些。将切好的肉条放进碗里，挤1个柠檬的汁进去，腌制2~3个小时。这样一来，原本过于柔软的鲕目鱼肉就能变得稍紧致些。如果1个柠檬不够，还可以再多加一点。拿一块布吸干柠檬汁，把鱼肉条放进牛奶里蘸一蘸，裹上一层面粉，用橄榄油炸熟，撒少许盐调味即可食用。烹饪过程中请尽量不要让鱼肉条弯曲缠绕在一起。

468 | 火腿绯鲤

俗语"像鱼一样沉默"并非总是合乎实际的，因为红鲻鱼、荫鱼等几种鱼类能通过某种肌肉震动发出一种奇特的声音。鱼鳔中的空气愈多，震动就愈强烈。

绯鲤中体型最大、最肥美的一种叫岩鲻鱼。不过，本方法也适于烹饪中等大小的绯鲤，它们被亚得里亚海沿岸居民称为"罗西奥利"（rossioli）或"巴尔博尼"（barboni）。掏空绯鲤的内脏，刮鳞剔刺后冲洗干净，拿厨用毛巾擦干，放进碗里，加盐、胡椒、油和柠檬汁调味，静置腌制几个小时。与此同时，把肥瘦相间的火腿切成宽度与绯鲤一致，数量也与其相同的薄片。取一个平底烤盘或金属托盘，并在盘子底部铺几片完整的鼠尾草叶子。为绯鲤裹一层面包糠，把它们并排直立摆放在盘子里，中间用火腿片隔开，再在其顶部铺一些鼠尾草叶。

最后，将前述腌鱼汁淋在鱼肉上，再把烤盘放入烤炉，用上下火同时烘烤。如果您希望最终的成品更加精致高雅，可以在烹饪前剖开鱼腹，去掉鱼脊骨，再将两侧的鱼肉合在一起。

469 | 海员风味烤绯鲤

使刀尖从鱼鳃处穿入，挑出鱼肠等内脏，随后将绯鲤冲洗干净并擦干。把一小块蒜塞入鱼腹中，用盐、胡椒、橄榄油和迷迭香为其调味，放在一旁静置腌制。预备烹饪前，先在鱼肉外裹一层面包糠。把处理好的绯鲤放在烤架上，将方才用于腌制它的酱料淋在上面。另一种烹饪方法是在去除绯鲤内脏并把它洗净擦干后直接用大火烤熟，只简单地撒少许盐和胡椒粉调味。待把烤好的绯鲤放进盘子里之后再抹一层橄榄油，多撒些盐和胡椒粉。

烤绯鲤应搭配柠檬瓣食用。

470 | 烤岩鲻鱼

岩鲻鱼颜色鲜红，看起来非常漂亮，鱼肉的口感也很好。它的重量可达500~600克，通常采用以下方式烤制：

用大火烤岩鲻鱼，往鱼肉上涂抹橄榄油并撒盐和胡椒粉调味。把岩鲻鱼从烤架上取下来之后，趁热将事先准备好的由黄油、欧芹末和柠檬汁组成的混合物抹在上面。此方法也适用于烤制其他大型鱼类。

古罗马人珍视那些肉质最为鲜嫩可口的鱼类。他们喜欢的几种鱼包括鲟鱼、鲈鱼、七鳃鳗、岩鲻鱼和在叙利亚海域捕获的鳕鱼，泽生海鳝就更不用说了。古罗马人在专门的池塘里以最奢侈的方式饲养泽生海鳝，他们甚至会拿奴隶的肉喂它。

维迪乌斯·波利奥（Vedio Pollione，拉丁语名Vedius Pollio）因其财富和残忍而闻名于世。一次，当和奥古斯都一起吃饭时，波利奥下令将一个不小心打碎了水晶杯的奴隶扔进池塘里喂海鳝。那奴隶匍匐在奥古斯都的脚下，求他为自己求情，奥古斯都便设法用巧妙的计谋救了他的命[3]。

前文说过，岩鲻鱼的重量可达500~600克。实际上，大岩鲻鱼的重量甚至能达到4~6磅（即1800~2700克）。这样的岩鲻鱼非常珍贵，价格

3　译注：据传，奥古斯都于是亲手打碎了剩下的所有水晶杯。

极高。古罗马人富足奢侈的生活使他们的口味变得非常挑剔，总是寻求用最精致的食物满足自己的食欲。因此，他们发明了一种叫"嘉勒里奥"（gareleo）的酱汁。这种酱汁就是由大岩鲻鱼的内脏剁碎腌制而成的，常被古罗马人拿来蘸岩鲻鱼肉吃。

471 | 里窝那风味绯鲤

将大蒜、欧芹和1根芹菜切碎，调制一份剁料。用足量橄榄油将剁料煎至变色后，往锅里放入切好的新鲜番茄，撒盐和胡椒调味。时不时搅动番茄，待它被煮得软烂后关火，将锅里的所有东西过筛。用经过滤的酱汁烹煮绯鲤。若绯鲤较小则无须翻面，如果绯鲤太大，锅内空间不足，就把它尽可能完整地盛进盘子里，借助盘子将其翻面。

关火前，轻轻地将欧芹末撒在鱼肉上。

绯鲤在白天比在晚上更容易捕捞，产量也更高。前文已提到过，九十月份是最适合捕捞绯鲤的时节。

472 | 维阿雷焦风味绯鲤

以烹饪500克绯鲤为例。将2瓣大蒜和一把欧芹切碎，调制一份剁料。取一口可以把绯鲤平放在里面的煎锅或平底锅，加大量橄榄油煸炒剁料。待剁料渐渐转为焦黄色后，倒入纯番茄酱汁浸润它。继续烹煮酱汁，片刻后把绯鲤放进锅里，逐条翻面。盖上锅盖，用文火炖煮至绯鲤吸收了大部分酱汁时，用（盛在普通杯子里）2指高的饮用水稀释1指高的红酒，并把得到的混合液倒进锅里。

持续加热至汤汁再次沸腾，稍待片刻后关火，把做好的维阿雷焦风味绯鲤端上餐桌。

473 | 鲜金枪鱼

金枪鱼属鲭科，原生于地中海海盆。在一年中的某些季节，金枪鱼主要在深海活动，其余时候它则会游到更靠近海岸的浅水处——正是捕金枪鱼的好时机。金枪鱼肉多油，以至于令人不禁联想起猪肉，因而不太好消化。据说大金枪鱼的重量可以达到500千克。金枪鱼的腹部肉质最嫩、口感最好，托斯卡纳人称这部分肉为"索拉"（sorra）。

把金枪鱼肉切成半指厚的片状。用橄榄油煸炒大蒜和欧芹末，当大蒜开始变色时，将金枪鱼放进锅里，撒盐和胡椒粉调味。鱼肉片煎至半熟时翻面，倒入番茄酱汁或者经水稀释的番茄酱浸没它。把鱼肉彻底煮熟后捞出，再将豌豆放入锅里剩下的酱汁中烹熟。最后，把金枪鱼放在豌豆上简单加热一下，然后将两者一起盛出端上餐桌。

474 | 烤金枪鱼

尽量选用金枪鱼腹部的肉，按**食谱473**所述将其切片，用油、盐和胡椒粉调味，再裹上一层面包糠，烤熟后配以柠檬瓣食用。

475 | 博洛尼亚风味酱汁油浸金枪鱼

取1条重约150克的油浸金枪鱼，将其放进沸水中，用文火烹煮半个小时，每10分钟换一次水——共换3次。与此同时，将半个白色珍珠洋葱切碎，与1瓣大蒜、2根手掌长短的水芹、一块上好的胡萝卜和一大把欧芹一起制成剁料。

用3勺橄榄油和15克黄油将剁料煎至变色后，往锅里倒入（盛在普通杯子里）2指高的饮用水并煮沸。现在，金枪鱼应当已冷却了。把金枪鱼肉切成尽可能薄的薄片，将其平铺在平底锅里。把前述酱汁和15克黄油屑交替撒在鱼片上。开火烹煮至黄油熔化后，往金枪鱼片上挤半个柠檬，趁热盛出食用。这道菜可作四人份斋日午餐的一道正菜，也可作家庭晚餐主菜间穿插的小菜。请不要小瞧了这道菜，因为它不会给肠胃造成任何负担。

476 | 棘刺龙虾

棘刺龙虾是品质最好、肉质最细腻的甲壳类动物之一，在地中海沿岸地区十分常见。棘刺龙虾、螯虾和其他甲壳类动物的重量通常与其大小成比例，这也是判断它们的新鲜程度和品质的标志。鲜活——或至少带有一丝生气——的棘刺龙虾当然是最好的。在这种情况下，我们一般要将棘刺龙虾的尾巴折叠在其腹部下方，把它捆绑起来，再扔进沸水里。

将棘刺龙虾烹煮30~40分钟，具体时长需根据其大小决定。不过，要先把1束由洋葱、胡萝卜、欧芹和2片月桂叶扎成的香料束扔进水里煮沸，加两匙醋和一撮盐调味，再放入龙虾。关火后请继续把龙虾泡在汤汁里，待冷却后再提着尾巴将其捞出。擦干龙虾表面的水分后，往其甲壳上涂抹少许橄榄油以使它看起来更加光洁闪亮。

请在龙虾壳上从头到尾地切出一条开口，这样您在食用时就能很方便地取出虾肉。如果您不想只简单地用橄榄油和柠檬汁调味，可以淋些蛋黄酱或其他味道鲜美的酱汁在虾肉上。您还可以用下述方法烹制一份龙虾肉酱，把它和大块龙虾肉一起端上餐桌。

取出龙虾头部的肉，把它与1个熟鸡蛋的蛋黄和几片欧芹叶混合在一起并切碎。将混合物放进沙拉盅里，撒胡椒和少许盐调味（不加盐亦可），倒入橄榄油和醋或半个柠檬的汁液稀释它。

477 | 棘刺龙虾肉排

取1只重约650克的棘刺龙虾，按照前一条食谱所述将其煮熟，剥出虾肉，用弯月刀将其切成大块。按**食谱220**中描述的食材用量烹制一份贝夏美酱，关火后把切好的龙虾放进去，撒盐调味并搅拌均匀后，把混合物倒进盘子里静置冷却几个小时。

接下来开始制作肉排。将混合物分成十等份，每一份都裹上面包糠，随后把它们放在两掌间，压成厚约半指的肉饼。把肉饼放入打发的鸡蛋液中浸一浸，再在最外层裹些面包糠，用橄榄油炸熟即可。将龙虾的长触须切成十段，插在虾肉排上，再把后者端上餐桌。龙虾须能彰显这道菜用料之考究。棘刺龙虾肉排清淡易消化，可供五人食用。

478 | 填馅扇贝

这是一道清淡的海鲜类菜肴，可在午餐时作为主菜食用。

烹饪这道菜所用的扇贝壳应像手掌一样宽，这样每个扇贝壳中所盛的食物就足够一个人吃了。我们此处所用的扇贝是朝圣扇贝（Pecten jacobaeus），俗称"圣贝壳"，因为它在过去曾是朝圣者佩戴的饰物。朝圣扇贝因肉质柔软，口感细腻而备受推崇。一些贵族家庭会用银制扇贝壳盛放冰淇淋。不过，鉴于我们正研究海鲜食物，还是用自然馈赠的扇贝壳做这道菜好些。

取足以填满6个扇贝壳的高品质鱼肉——您可以选用鳕鱼、鲻鱼或星鲨——并煮熟。用以下食材准备馅料：

130克煮鱼肉

20克磨碎的帕尔玛奶酪

20克面粉

20 克黄油

2 个蛋黄

250 毫升牛奶

用牛奶、黄油和面粉烹制一份贝夏美酱,关火后往里放入帕尔玛奶酪。待贝夏美酱稍稍冷却后,加入蛋黄和已切碎的鱼肉,撒盐和胡椒调味。把做好的馅料倒进已事先涂有冷黄油的扇贝壳里,放入乡村式烤炉中烤至金黄即可食用。

您也可以用 130 克煮鸡肉代替煮鱼肉作馅料,其余食材用量不变。

479 | 鲟鱼

读者们,请允许我向你们介绍一些有关这种有趣鱼类的历史。

鲟鱼隶属于硬鳞总目(Ganoidomorpha)。Ganoidomorpha 一词来源拉丁语的 Ganus,意思是有光彩的,因为此分类下属的鱼类鳞片都带有光泽。鲟鱼有软骨骨骼,因此它又分属于软骨硬鳞亚目。软骨硬鳞,皮肤上有五行纵排列、富有光泽的鳞片是鲟形目鱼类的特征。鲟鱼的嘴位于其头部下方,形状就像一个可伸缩的吸盘装置。鲟鱼没有牙齿,但有鼻触须,用于在水下的泥沙里寻找食物,即水中的微小生物。

鲟鱼备受人们的赞誉。它肉质鲜美,鱼卵是做鱼子酱的绝佳原料,巨大的鱼鳔则可用来制作鳔胶和鱼胶。每年春天它们都会溯流而上,找寻岸边平静的水域产卵。

意大利是多种鲟鱼的产地,其中,作为食材而言最珍贵的是欧洲大西洋鲟(Acipenser sturio,后文食谱中统称“鲟鱼”)。它的特征十分明显:吻长而尖,下唇厚实且从中部断开,吻须少且长度相等。鲟鱼喜欢生活在提契诺河和波河入海口,不久前,有人在波河河口捕获了一条重 215 千克的鲟鱼。不过,鲟科鱼类中体型最大的其实是欧洲鲟(Acipenser huso)，其体长可达 2 米或 2 米以上，卵囊的大小能占到身体的 1/3。正因此，欧洲鲟是人们制作鱼子酱和鱼胶的主要原料来源。鱼子酱由鲟鱼的生鱼籽制成，用网筛仔细过滤鱼子以去除包裹在外层的薄膜，加盐腌制并用力压实。鱼胶的主要产地是里海沿岸和流入里海的河流入海口地区，但世上没有哪个地方的鱼胶产量能比得过阿斯特拉罕。考虑到人们每天能从伏尔加河中捕捞起 1.5 万~2 万条鲟鱼，那么，市场上鱼胶的数量之多（其用途非常广泛）也就不足为奇了。以阿斯特拉罕为代表的地区——俄罗斯南部地区——同样大量出产鱼子酱。不久前，有消息称多瑙河上的渔民捕获了一条重达 800 千克的鲟鱼。那条巨鱼的骨架长 3.3 米，目前正在维也纳博物馆展出。

已灭绝的鲟鱼种类包括体长 10~12 米的马加迪克提斯鲟。

480 | 炖鲟鱼

鲟鱼的做法很多，烤、炖或煮皆可。炖鲟鱼的方法如下：取一大块至少重 500 克的鲟鱼肉，将其去皮，嵌入已事先用盐和胡椒粉调好味的肥培根肉。接着，把鱼肉捆扎起来，裹上一层面粉，用橄榄油和黄油煎至两面金黄，撒盐和胡椒粉调味。倒入汤汁浸润鱼肉并将其炖熟，关火前，把 1 个柠檬的汁液挤在鱼肉上。最后，将鱼肉连同汤汁一起盛出端上餐桌。

481 | 炖鳀鱼

这种银蓝色的小鱼常见于亚得里亚海沿岸，被当地人称为"大沙丁"。鳀鱼与沙丁鱼都是鲱形目下属的鱼类，不同之处在于后者体型扁平，前者更加圆润饱满，味道也更清淡。人们常趁这两种鱼新鲜时将它们油炸食用。不过，鳀鱼与用大蒜和欧芹末制成的剁料、盐、胡椒粉和橄榄油一起炖煮味道更好。鳀鱼将熟时，倒入一点水和醋的混合液调味。

您或许也知道，蓝鱼[4]是脊椎鱼类中最难消化的。

482 | 炸鳀鱼

若您希望炸鳀鱼和沙丁鱼的品相更好，就去掉鱼头，裹上一层面粉，抓住鱼尾巴将它们逐条浸入已打发并加盐调味的鸡蛋液中，再裹一层面粉后入锅用橄榄油炸熟。若遇上个头较大的鳀鱼，最好用一把锋利的刀划开它的背部以剔除脊椎，尾部保持完整。

483 | 填馅沙丁鱼

烹饪这道菜须选用最肥大的沙丁鱼。

取20~24条沙丁鱼，具体数量根据填塞馅料的需要决定。将沙丁鱼洗净、刹去鱼头，从鱼腹处剖成两半并摊开摆放，用手取出鱼骨和内脏。

用以下食材制作馅料：

30克面包心

3条腌鳀鱼

1个蛋黄

半瓣大蒜

一小撮牛至叶粉

把面包心放进牛奶浸泡一会儿后捞出，挤干水分。刮去鳀鱼的鱼鳞，剔除鱼刺并将其刹碎。将所有食材混合在一起，用刀把它们切碎。把做

---

4 译注：指金枪鱼、沙丁鱼、鳀鱼、鲭鱼和鲱鱼等皮肤带蓝色的鱼。

好的馅料涂抹在张开着的沙丁鱼肉上，再将其合起来。接着，把沙丁鱼逐条浸入打发的蛋清中，裹上一层面包糠，用橄榄油炸熟后撒盐调味，配以柠檬瓣食用。

484 | 炸杜父鱼

当您徜徉在皮斯托亚的山里享受凉爽的天气、纯净的空气和迷人的风景时，一定别忘了尝尝杜父鱼。它是一种淡水鱼，长相与海里的鰕虎鱼相似，肉质就像鳟鱼一样鲜嫩——甚至还要更好。我认识的一位女士在皮斯托亚的山间散了一个长长的步之后胃口大开，觉得皮亚西拿提克（Piansinatico）教区牧师做的肉丸味道鲜美，便风卷残云般把它们都吃光了。

485 | 烤鱿鱼

鱿鱼是一种头足纲动物，在亚得里亚海沿岸被称为"卡拉马雷蒂"。亚得里亚海出产的鱿鱼个头虽小，油炸后却十分鲜美，因此被美食家们视作品质上乘的佳肴。相比之下，地中海产的鱿鱼体型更大——我见过的鱿鱼重量一般在200~300克——但品质没有亚得里亚海的好。即使切块后再油炸，大鱿鱼的肉也会变得很硬，因此最好在填塞了调味料后将它们放在烤架上烤食。如果个别鱿鱼的体积实在太大，那么最好选择用炖煮的方式烹饪它。鱿鱼体内有个像小刀片似的、可弯折的薄片，那是它退化了的内骨骼。填塞调味料之前应该先将其剔除。

切断鱿鱼的腕足，仅留下囊带和头部。把鱿鱼的腕足、欧芹和少量大蒜混合在一起，用弯月刀切碎。接着，往混合物中放入大量面包糠，加橄榄油、盐和胡椒调味并搅拌均匀，把得到的调味馅料塞进鱿鱼的囊袋里。插入一根签子封住囊袋，待食用时再将其取下。用橄榄油、盐和胡椒为鱿鱼调味，像此前提到的那样把它放在烤架上烤熟。

您若到了那不勒斯，别忘了去参观位于国家公园（Villa Nazionale）[5]内部的水族馆，您会在那儿看到许多奇异的动物。您将能愉快地观赏鱿鱼——这种纤细、优雅的头足类动物——极为灵巧地游弋，还会为鳎目鱼的速度和敏捷感到惊叹：为了躲避敌人的追赶，它们会突然钻进沙子里，用泥沙掩盖自己的身体。

让我们回到鱿鱼的话题上来。鱿鱼是一种很难消化的海鲜，但它肉质鲜美且全年宜食。只要去掉其软骨和眼睛，将其洗净、晾干，裹上一层面粉，用橄榄油炸熟即可。不过，只要稍有不慎，鱿鱼就容易被烹过头，从而萎缩发硬，变得更难消化。鱿鱼被烹熟后，趁热撒盐和胡椒粉调味。

486 ｜ 填馅虾蛄

请不要以为我指的是在树上高声歌唱的蝉。虾蛄（cicala）[6]属甲壳纲，常见于亚得里亚海，那儿的人们称其为"卡诺奇亚"（Cannocchia）。

虾蛄是一种全年宜食的甲壳类动物，不过每年二月中旬到四月是它味道最好的时候，因为这几个月间虾蛄的肉比会平时更加饱满，背部还会出现一条红痕，俗称"红线"（cera）或"珊瑚管"（corallo），那是其储存虾子的地方。虾蛄很适合煮吃，将其切块炖煮后还能做出美味的海鲜汤，烧烤也是个不错的选择。烤虾蛄时可以用橄榄油、盐和胡椒调味。若您还想让虾蛄变得更加美味，可以用刀划开其背部的甲壳，填入由面包糠、欧芹和大蒜组成的混合物，加橄榄油、盐和胡椒为混合物及虾蛄本身调味。

---

5 译注：现已改称那不勒斯市民公园（Villa comunale di Napoli）。

6 译注：cicala 一词也有蝉的含义。

487 | 炸虾蛄

虾蛄正当季的时候，也即背部出现前一条食谱中提到的"红线"时，可以试着用以下方法油炸它：

将虾蛄洗净，用少量水烹煮15分钟。煮虾蛄时，拿一块亚麻布盖住锅口，再用一个重物固定住它。剥掉虾蛄的外壳，把虾肉一切为二，放进加了盐的鸡蛋液中蘸一下，用橄榄油炸熟。

488 | 炖虾蛄

若您不怕使用自己的指甲、弄脏手指或被刺破嘴唇，这儿有一种能让您享受美味的有趣烹饪方式。

烹饪虾蛄前，请先把它浸泡在冷水中，使其不至于皱缩。事实上，冷水还会使虾肉膨胀起来。把大蒜和欧芹切碎，调制一份剁料。用橄榄油将剁料煎至焦黄后，把虾蛄完整地放进锅里，撒盐和胡椒调味。待虾蛄充分吸收了调味料后，倒入番茄酱汁或经水稀释的番茄酱将其炖熟。最后，把虾蛄盛出，摆在烤干面包片上。将这道菜端上餐桌之前，请先用剪刀剪开虾蛄后背的甲壳，这样您在食用时就能更方便地剥皮。

489 | 螳螂虾

对虾蛄的讨论使我想起了螳螂虾[7]。它们乍一看十分相像，但仔细观察后您会发现，螳螂虾是一种外形有些类似大海虾的甲壳类动物，其体重通常在50~60克。螳螂虾的味道比棘刺龙虾的味道还要鲜美，也像前者一样通常被煮食。不过，为了不失掉螳螂虾原本的鲜味，最好在不加

7　译注：螳螂虾（sparnocchia）也是虾蛄科下属的一种虾。那不勒斯方言中螳螂虾即指虾蛄（cicala）。

任何调味品的情况下把它放在烤架上烤熟，最后再剥皮，用橄榄油、胡椒粉、盐和柠檬汁调味。您既可以像处理螯虾那样在小螳螂虾外裹一层面粉后直接炸食，也可以用炸虾蛄的方式烹饪它。

490 │ 鳗鱼

普通鳗鲡（Anguilla vulgaris）是一种奇异的鱼类。尽管科马奇奥山谷的居民们声称他们能够把雄性和雌性鳗鱼区分开来，但人们在进行了大量研究后仍旧不能成功地通过外在特征辨明鳗鱼的性别。这或许是因为雄性鳗鱼的精子囊与雌性的卵巢十分相似。

普通鳗鱼生活在淡水中，但要游到大海里产卵。这种行为被称为"降河洄游"，主要发生在十到十二月间无光的夜晚，有风暴的时候尤甚。因此，在这段时间内捕捞鳗鱼会更加容易，收获也更大。新生的小鳗鱼会在1月底或2月离开大海进入沼泽或河流，一般称这一过程为"溯河"。此时的小鳗鱼又被称为玻璃鳗或鳗线，渔民们可以在河流入海口处大量捕获它们。如果养殖者把这些小鳗鱼放进了不与大海连通的池塘或湖泊里，它们就无法继续繁殖。

根据最近在墨西拿海峡开展的一项研究，鳗鱼及其近亲海鳝都会将卵产在深度超过500米的海渊里，且幼鱼须像青蛙一样经历变态过程。叶鳗（Leptocephalus brevirostris）形似夹竹桃叶，就像玻璃一样透明，此前一直被认为是个独立的物种。实际上，它只不过是鳗鱼生命初期的形态——幼苗。此后，叶鳗会转化成体长不少于5毫米的纤细小鱼，亦即所谓的玻璃鳗，不断地向河流溯游以寻找淡水。我们不知道成年鳗鱼从河流游进大海后会经历什么，也许它们仍然生活在大海深处的黑暗中；也许它们会在深海水压的作用下死去；也许它们的身体会为了适应所处的环境发生某种改变。

鳗鱼的另一个特殊之处在于其血液。生鳗鱼血直接进入人体循环系统是有毒的，甚至可能带来致命的危险，但烹熟后食用是无害的。

得益于其鳃的特殊构造（鳃孔小且密布鳃丝）、圆柱形的身体以及细小精巧的鳞片，鳗鱼可以在离开水的情况下存活很长时间。不过人们发现，鳗鱼在地面上爬行时（晚上尤常见到）总是在朝着有水道的方向前进。它们这样做可能是为了换个生存环境，也可能是在栖息地周围寻找微小的动物为食。

位于罗马涅南部的科马奇奥山谷出产的鳗鱼很有名。事实上，您甚至可以说整个地区都是以鳗鱼为生的。当地出产的新鲜或腌鳗鱼不仅在全意大利售卖，还远销国外。科马奇奥山谷的鳗鱼产量奇高，人们曾在1905年10月一个星月暗淡的夜晚捕获过15万千克鳗鱼。更令人惊讶的是当年的最终捕鱼量，您可以在**食谱688**中找到相关描述。

意大利一些地区把长大了的鳗鱼称作大鳗鲡（capitoni），小鳗鱼称作幼鳗（bisatti）。欧洲所有河流都有鳗鱼的分布——流入黑海的河流除外，譬如多瑙河及其支流。

河鳗和海鳗（又名康吉鳗）的区别就在于前者的上颌比下颌短，且后者的身体更长。事实上，最大的海鳗体长能达到3米。再正直可靠的人也可能会因某种错觉而夸大海鳗的体型，或许这像蛇一样的大鱼就是海蛇传说的起源。

---

491 | 烤鳗鱼

条件允许的情况下一定要首选科马奇奥山谷出产的鳗鱼，它们是全意大利品质最好的，只有但丁曾提到过的博尔塞纳湖[8]的鳗鱼能与之一较高下。

如果您想把个头较大的鳗鱼串在烤扦上烤熟，就最好将其去皮，切

---

8 《神曲·炼狱》XXIV，24行。

成3厘米长的段，串在2片烤面包片之间。您若不怕吃完鼠尾草叶或月桂叶后它们浓烈的味道直往上返，可以在面包片上撒一点。用中火把鳗鱼烤熟，最后开大火将面包片烤酥，只撒盐调味，搭配柠檬瓣食用。

在我看来，中等大小的鳗鱼在烤架上带皮烤熟后更美味。只用盐、胡椒和柠檬汁为鳗鱼调味，细细品味它，您会发现成品的口感相当不错。科马奇奥人用烤架烧烤中等大小的鳗鱼。他们会将个头较大的鳗鱼去皮，至于小鱼，清洗干净即可。接着，他们会把鳗鱼头钉住，拿一把锋利的刀将鱼剖成两半，剔除鱼骨和鱼刺，摊开放在烤架上，烤至半熟时撒盐和胡椒调味，烤熟后趁热食用。

吃鳗鱼宜搭配干红葡萄酒。

492 │ 佛罗伦萨风味鳗鱼

取一条中等大小的鳗鱼，将其开膛，掏空内脏，再在头部下方划开一个圆形切口以去掉鱼皮。鳗鱼的皮肤上有许多滑溜溜的黏液，因此，您须用厨用毛巾紧紧握住它，保证它不会从手上滑落，然后扯住鱼皮用力往下拽，这样鱼皮就会被完整地剥落。将去皮鳗鱼切成手指长或稍短的小段，用橄榄油、盐和胡椒调味，静置腌制1~2个小时。

取一口平底锅或铁制煎锅，往锅底倒一层橄榄油，加2瓣大蒜和新鲜的鼠尾草叶煸炒片刻。接着，把裹有面包糠的鳗鱼段逐块放进锅里，再倒入此前用于腌制它的调味料。把平底锅放进乡村式烤炉里用上下火同时烘烤，待鳗鱼开始变色后倒入少量水。

鳗鱼肉细腻可口，但其脂肪含量偏高，因而有些不易消化。

493 │ 炖鳗鱼

做这道菜最好选用个头偏大的鳗鱼。无须去皮，直接将其切块即可。

把大量洋葱和欧芹剁碎，调制一份剁料。用少量橄榄油煸炒剁料，撒盐和胡椒调味。洋葱煎至变色时放入鳗鱼块，继续加热至鳗鱼充分吸收了调味品的味道后，倒入番茄酱汁或经水稀释的番茄酱将其烹熟。若您想把鳗鱼放在刚烤好的面包片上端上餐桌，请一定要保证锅里留有足量汤汁。炖鳗鱼无疑是一道美味佳肴，但它并不适合所有的肠胃。

494 | 葡萄酒鳗鱼

取一条重约500克或几条加起来与此重量相当的鳗鱼，这道菜对鳗鱼的体型并无要求。用沙子把鳗鱼皮肤上的黏液搓掉，再将其冲洗干净并切成圆段。把1瓣切成薄片的大蒜、3~4片粗切鼠尾草叶、1/4个柠檬的柠檬皮和少许橄榄油放入平底锅。开火加热，当大蒜开始变色时放入鳗鱼，撒盐和胡椒粉调味，随后倒入番茄酱汁或经水稀释的番茄酱浸润它。待汤汁渐渐蒸发后，用刀尖轻轻挪动鱼段以确保其不粘锅。鳗鱼段单面变色后将其翻面，烹至另一面也变色时，倒入（盛在普通杯子里）2指高的水和1指高的干红或干白葡萄酒混合液，盖上锅盖，用文火把鳗鱼炖熟。请把鳗鱼和炖煮它的汤汁一起端上餐桌。依照本食谱做出的葡萄酒鳗鱼可供四人食用。

495 | 科马奇奥风味鳗鱼

无论用什么方法烹饪鳗鱼,科马奇奥人都不会添加橄榄油,这一点从这道科马奇奥风味鳗鱼中可见一斑。它也可以被称为鳗鱼汤或鳗鱼羹。事实上，由于鳗鱼本身脂肪含量较高，橄榄油不仅无法为其增添风味，反而会影响口感。此处，我想转录一个他人好心地赠予我的食谱，我已根据它成功地操作过。

"取1千克鳗鱼、3个洋葱、1根芹菜、1个大胡萝卜、欧芹和半个柠檬的皮。把除柠檬皮外的所有食材切成大块，在水中煮沸，撒盐和胡椒调味。将鳗鱼切段，但不要完全切断，段与段之间留下少量皮肉连接。取一口大小适中的炖锅，先在锅底铺一层鳗鱼，其上盖一层煮过的蔬菜块（柠檬皮煮过后就捞出丢弃），然后再铺一层鳗鱼、一层蔬菜，以此类推，直到食材用完为止。把方才用于煮蔬菜的水倒进锅里，浸没所有食材。盖紧锅盖，用文火慢慢炖煮。烹饪过程中请时不时摇动或转动炖锅以防止粘锅，但不要搅拌，因为那会弄碎鳗鱼肉。一般来说，我们应把炖锅摆在因燃烧木头产生的明火前，半埋在煤灰和烧了一半的炭中间，不断地摇晃、转动它。连在一起的鳗鱼块断开就说明它们已近熟透。此时，往锅里加入1大匙浓醋和一些番茄酱，尝尝味道，看看是否要多加些盐和胡椒粉，再烹煮片刻即可。鉴于这是道家常菜，您甚至可以直接将其连锅端上餐桌。把鳗鱼汤盛进放有面包片的热盘子里即可食用。"我想提醒您的是，前文中的鳗鱼指的是中等大小，未去皮的鳗鱼。如果洋葱个头较大，只用2个就足够了。煮蔬菜所需水量大概为2杯。面包片烤干即可，无须烤至焦黄。

496 | 豌豆鳗鱼

按食谱493所述步骤炖鳗鱼。把鳗鱼从锅里盛出后，用剩下的汤汁煮熟豌豆。再次把鳗鱼放回锅里稍稍加热即可食用。不过，做豌豆鳗鱼不合适放番茄酱汁。如有需要，可加水代替。

497 | 烤鲻鱼

科马奇奥山谷的鳗鱼让人想起与它们栖息在同一个山谷中的鲻鱼。鲻鱼一般在秋末上市，它们肉质肥嫩，味道鲜美。科马奇奥人用以下方式烹饪鲻鱼：去掉其鳞和鳃，不过无须开膛，因为科马奇奥人认为，与丘鹬一样，鲻鱼的内脏是其身上最好的部分之一。他们会把鲻鱼放在烤架上，用大火将其烤熟，只撒盐和胡椒粉调味。烤熟后，把鲻鱼放在离火不远的一个热盘子里，用另一个热盘子盖住它，静置5分钟。上菜之前，把盘子翻转过来，这样原本流进了下方盘子里的油脂就会再次滴落在鲻鱼身上。最后，把柠檬汁挤在鲻鱼上即可食用。

食谱688将会描述罗马涅人烹饪鲻鱼的方法。

498 | 蛋酱樱蛤或贻贝

贻贝并不像樱蛤那样容易包沙，因此只需用冷水将其冲洗干净即可。

烹饪这两种贝类都需要先用大蒜、橄榄油、欧芹和一把胡椒做一份炒料。把樱蛤或贻贝放进烹饪炒料的锅里，盖紧锅盖以免它们变干，边加热边时不时晃动平底锅。用以下食材烹制酱料：1个或多个蛋黄（取决于所用贝类的数量）、柠檬汁、一匙面粉、肉汤和烹饪樱蛤或贻贝得到的汤汁。加热并搅拌前述食材，直至它们呈奶油状。待樱蛤或贻贝的壳张开后将它们捞出，浇上做好的酱料即可食用。

我个人更偏好不添加任何酱料，直接把樱蛤或贻贝放在烤干了的面包片上食用，因为这样能品尝到它们原本的自然风味。出于同样的原因，我也不喜欢往樱蛤烩饭里加番茄酱。

499 | 里窝那风味樱蛤或贻贝

用橄榄油煸炒洋葱，加少许胡椒调味。当洋葱开始变色时，加入一撮切得不太碎的欧芹，片刻后放入樱蛤或贻贝及番茄酱汁或番茄酱。时不时晃动平底锅，待樱蛤或贻贝的壳张开后，把它们倒在已被放进盘子里的烤面包片上。贻贝这样做很好吃，但依我的口味，它略逊色于前一道菜。

500 | 豌豆墨鱼

用大量洋葱、大蒜和欧芹末调制一份剁料，加橄榄油煸炒，撒盐和胡椒调味。待剁料变色后，用一只小漏勺过滤锅里的所有东西，用力挤压留在漏勺里的食材，把它们的汁液也挤出来。按**食谱74**中的描述处理墨鱼，然后将其切成条状，放入经过滤的调味料汁里烹煮。如有需要，可往锅里倒一点水。把豌豆放进冷水里浸泡一会儿。待墨鱼将要熟透时加入豌豆。

501 | 炸锅丁鲅

众所周知，这种鲤科鱼类（Tinca vulgaris）喜欢生活在沼泽静水中，不过您在深水湖泊和河流里也能发现它的踪迹。但可能很多人都不知道，丁鲅和鲤鱼一样是典型的反刍鱼类。食物到达丁鲅的胃部后会经逆呕重新回到咽部，被咽齿进一步咀嚼磨碎。咽齿正是丁鲅为反刍进化出来的。

取一些大丁鲅（佛罗伦萨市场上售卖的鲜活丁鲅是最好的，尽管它被认为是各类鱼中最劣等的一种），切掉鱼鳍、头和尾巴。沿丁鲅背部将其剖成两半，剔除鱼骨和鱼刺。在丁鲅外裹一层面粉，放进已打发且加了盐和胡椒粉调味的鸡蛋液里蘸一蘸，再裹上一层面包糠。重复最后一步两次。把丁鲅放入炸锅，用黄油煎熟，配以柠檬瓣食用。若蘑菇正当季，您可以再加些炸蘑菇搭配这道菜。

我想在此谈谈如何去除或减少沼地鱼类身上的污垢。把它们放进沸水里烹煮几分钟，直到鱼皮开始出现裂纹，再在烹饪前把它们投入冷水中冷却一下。法国人将此行为称之为"limoner"，它源于"limon"，意思是淤泥。

502 | 斋日馅饼

需向诸位阐明，本书中有不少食谱都是由几位善良好心的女士赠予我的，包括这一条。我要向她们表示由衷的感谢。虽然这道菜看起来像是真正的杂烩（pasticcio）[9]，但我尝试后发现，只要烹饪得当，您在任何场合将它端上桌都不会露怯。

> 1 条重 300~350 克的鱼
>
> 200 克大米
>
> 150 克新鲜蘑菇
>
> 300 克青豆
>
> 50 克烤松子
>
> 适量黄油
>
> 适量帕尔玛奶酪
>
> 6 棵洋蓟
>
> 2 个鸡蛋

用 40 克黄油和 1/4 个切碎的洋葱翻炒大米，撒盐调味。倒适量水将米饭煮熟，随后放入鸡蛋和 30 克帕尔玛奶酪末并搅拌均匀。

将新鲜蘑菇切片，洋蓟切块并焯水。用洋葱、黄油、芹菜、胡萝卜和欧芹烹制一份炒料，放入蘑菇、青豆和洋蓟，加几匙热水将所有食材烹熟，撒盐、胡椒和 50 克帕尔玛奶酪末调味后关火。

这道菜的原料可以是鲻鱼、鲈鱼或其他大鱼的肉块。用橄榄油、大蒜、欧芹和番茄酱汁或番茄酱的混合物将鱼烹熟，撒盐和胡椒调味。接着，把鱼捞出，用网筛过滤锅里剩下的汤汁。将烤松子压碎，放入过滤

---

9   译注：pasticcio 一词既有"馅饼"，也有"乱七八糟的东西"的含义。

后的汤汁中。去掉鱼头、脊骨和鱼刺，将鱼肉切块，同样放回汤汁里。把除米饭外的所有食材混合在一起，搅拌均匀。

现在馅料已准备好了，我们还须用以下食材制作包裹馅料的面团：

400 克面粉

80 克黄油

2 个鸡蛋

两匙马沙拉或其他种类的白葡萄酒

一撮盐

取一个任意形状的模具，在其内壁抹上黄油，将面团擀平铺在里面。先倒入一半米饭，再放入所有馅料，最后把剩下的一半米饭倒在馅料上。再做一个面团盖住模具口，将其放入烤炉中烘烤。馅饼烤熟后脱模，冷却至常温或放凉后食用。

依照本食谱做出的斋日馅饼可供十二人食用。

503 │ 炖蛙

最简单的烹饪方式是用橄榄油、大蒜、欧芹、盐和胡椒烹制一份炒料，与青蛙一起炖熟后，加柠檬汁食用。有人会用番茄酱汁代替柠檬汁，但我认为后者味道更好。

记得保留青蛙身上最好的部分——卵。

504 │ 佛罗伦萨风味蛙

杀死青蛙后，请立即将其放入热水中浸泡片刻，然后再放进冷水里，直到准备开始烹饪它为止。拿厨用毛巾擦干青蛙体表的水分，然后为其裹上面粉。在平底锅中加热优质橄榄油，当它开始嗞嗞作响时放入青蛙，撒盐和胡椒调味。由于青蛙极易粘锅，烹饪过程中得时不时翻动它。待青蛙煎至两面金黄时，把打发的鸡蛋液浇在上面，用盐和胡椒调味。若您喜欢，还可以加些柠檬汁。不要搅动鸡蛋，待它像薄饼一样凝在蛙肉上后即可端菜上桌。

烹饪青蛙前要先取下它的胆囊。

如果您想做炸青蛙，就先在蛙肉外裹一层面粉，放入加了盐和胡椒粉的鸡蛋液中浸泡几个小时，再将其放进锅里炸熟。您也可以在裹完面粉后将蛙肉煎至两面微微发黄，逐个浸入加了盐、胡椒粉和柠檬汁的鸡蛋液中，再入锅炸熟。

505 | 雅致的大西洋鲱

好酒的先生们，你们可以放下叉子了，这道大西洋鲱（Clupea harengus）不合你们的口味。

雌鲱鱼体内有大量鱼子，因而一般是人们的第一选择。不过，带有鱼白的雄性鲱鱼肉质其实更为细腻。不管您选用雄鱼还是雌鱼，都需要沿鱼脊把鲱鱼剖开，剁掉鱼头，将鱼肉摊平，放入煮沸的牛奶中浸泡8~10个小时，期间最好换一次牛奶。接着，拿厨用毛巾吸干鱼肉表层的水分，像烹饪河鲱那样将其放在烤架上烤熟，用橄榄油和少量醋调。您若喜欢，可以用柠檬汁代替醋。

还有一种可以去除鲱鱼咸味的方法。把它放进冰水里，烹煮3分钟后捞出，再将其放入常温水中浸泡片刻，沥干水分。剁掉鱼头，沿鱼脊将鲱鱼剖开，参照前文描述调味。

大西洋鲱是典型的鲱科动物。除它之外，鲱科还包括西鲱、小西鲱、鳀鱼、沙丁鱼、普通西鲱和被托斯卡纳人称为"凯皮亚"（cheppia）的河鲱。春天，当河鲱逆流而上产卵时，常会被从流经佛罗伦萨的阿诺河里捕捞上来。

鲱鱼成群生活在欧洲最外端的海洋深处，只有在繁殖期——4至6月——才能在浅海看到它们。产卵后，鲱鱼就会回到它们常栖息的深海，消失得无影无踪。在鲱鱼的产卵期，人们有时会看到海水因无数鱼卵闪闪发光，又因大量鲱鱼鳞屑而浑浊不堪，此现象能蔓延几英里之远。鲱鱼一般于7至9月间巡游到英国海域。人们用圆渔网捕捞起数量庞大的鲱鱼，在雅茅斯海岸，人们捕获的鲱鱼能装满50万只桶。

506 │ 佛罗伦萨风味鳕鱼

腌鳕鱼所用的原料是属鳕科的大西洋鳕鱼。意大利海域中最常见的鳕科动物是细鳕（Gadus minutus）、多刺无须鳕（Merlucius esculentus）和欧洲无须鳕。鳕鱼的味道偏寡淡，但其肉质细腻，易于消化——尤其在用水煮熟并加橄榄油和柠檬汁调味后，因而很适合正在疗养中的病人食用。

大西洋鳕鱼从北极到南极均有分布，根据其制备方法，它又可被分为腌鳕鱼和无盐鳕鱼干。众所周知，从大西洋鳕鱼肝脏中提取的油脂可作药用。仅用鱼钩，一个人一天便能钓到多达500条大西洋鳕鱼。它是最多产的鱼类之一，单条大西洋鳕鱼体内就有900万颗鱼卵。

市面上最常见的两种鳕鱼是加斯佩鳕鱼和拉布拉多鳕鱼。前者产自加斯佩，也即纽芬兰浅滩（每年人们都能在这儿捕获超过一亿千克的大西洋鳕鱼），那里出产的鳕鱼肉质偏干硬、纤维含量高。后者则是在拉布拉多海岸捕获的，或许是因为此海域食物供应充足，拉布拉多鳕鱼肥美软嫩，入口即化，口感更好。

佛罗伦萨风味腌鳕鱼享有盛名，这也是理所应当的，因为佛罗伦萨人知道该如何使腌鳕鱼变得柔软，他们会借助一把硬毛小刷子清洗腌鳕鱼。此外，佛罗伦萨市场上售卖的通常是最优质的拉布拉多鳕鱼，肉质柔软且富含脂肪。不过，鉴于鳕鱼肉纤维含量较高，它不太适合肠胃脆弱的人食用——我就从未能够完全消化它。斋日时，腌鳕鱼在与鲜鱼的市场竞争中处于优势地位，因为鲜鱼数量有限、价格昂贵，有时还不太新鲜。

把腌鳕鱼切成手掌宽的小块，裹上一层面粉。往平底锅或煎锅里倒入适量橄榄油，再放入2~3瓣基本完整但被稍稍拍扁的大蒜。待大蒜开始变色时把鳕鱼块放进锅里，煎至两面金黄，时不时翻动鳕鱼块以防止其粘锅。做这道菜无须加盐，除非您在品尝过后觉得它的味道仍有些偏淡，不过，撒一小撮胡椒粉不会有任何害处。最后，倒入几匙番茄酱汁（**食谱6**）或经水稀释的番茄酱，继续烹煮片刻即可。

507 | 博洛尼亚风味腌鳕鱼

按前一条食谱所述将鳕鱼切成小块，放进一个盛有橄榄油的煎锅或平底锅里。撒大蒜和欧芹末装点鳕鱼，加少许胡椒粉、橄榄油和一小块黄油调味，开大火将其烹熟。翻动鳕鱼时动作一定要轻缓，因为鳕鱼肉在没有裹面粉的情况下很容易破碎。最后，把柠檬汁洒在腌鳕鱼上，即可将其端上餐桌。

508 | 糖醋腌鳕鱼

按**食谱506**所述烹饪鳕鱼，但不要放大蒜。待鳕鱼煎至两面金黄时把糖醋酱汁浇在上面，继续烹煮片刻后趁热食用。

糖醋酱汁又称酸甜酱汁，您做这道菜时，需事先将糖醋酱汁准备好。以烹饪500克鳕鱼为例：把（盛在普通杯子里）1指高的浓醋、2指高的水、足量糖、适量松子和葡萄干混合在一起。把酱汁浇在腌鳕鱼上之前，可先在另一口锅里将其煮沸。您若喜欢酸甜口味的菜肴，就会觉得这道菜相当令人满意。

509 | 烤架腌鳕鱼

您可以把腌鳕鱼放在一张结实的,涂有黄油的白纸上用慢火烤熟,这样烤出来的鳕鱼肉便不会那么干硬了。用橄榄油和胡椒为腌鳕鱼调味,若您喜欢,还可以加一点迷迭香。

510 | 炸腌鳕鱼

炸锅是种创造了无数美味的厨用器具。在我看来,腌鳕鱼是众多食物最值得同情的一种。由于它总是得先煮熟,再裹上一层面糊,我们似乎找不到一种很适合它的调味品。有人——或许是因为他不知道还有其他更好的烹饪方式——发明了一种花里胡哨的腌鳕鱼烹饪法,我将在后文向大家介绍它。用冷水烹煮腌鳕鱼,水一沸腾就将其捞出,此时鳕鱼便已经熟透了。您可以不再对它进行任何操作,只加些橄榄油和醋食用。但是,让我们回到前文提到的奇特烹饪方法上来。你可以试一试,也可以干脆把这条食谱和写它的人都丢到爪哇国去。把煮熟的腌鳕鱼放入红酒中浸泡几个小时后捞出,拿厨用毛巾吸干其表面水分,剔除脊骨和鱼刺,并将鱼肉切成小块,裹上一层面粉。用水、面粉和少量橄榄油调制一份不含盐的面糊,把裹有面粉的鳕鱼块放入其中蘸一蘸,再用橄榄油炸熟。待炸腌鳕鱼不再嗞嗞作响后撒些糖在上面。趁热食用这道炸腌鳕鱼,您将能品尝到一点若有若无的葡萄酒香。若觉得这道菜粗劣乏味,定是因为您吞下了执意尝试它的苦果。

511 | 腌鳕鱼肉排

　　既然我们还在谈论腌鳕鱼，您就别指望能见到什么精致美味的菜肴了。不过，以这种方式烹饪的腌鳕鱼至少不会像炸腌鳕鱼那样令人反感。别的不说，光是它那如炸奶饲乳牛肉排般的金棕色外表就足以让人大饱眼福。

　　按前一条食谱所述将500克腌鳕鱼烹熟。接着，把腌鳕鱼、2条鳀鱼和一小撮欧芹混合在一起，用弯月刀切碎，加胡椒粉和一把帕尔玛奶酪末调味。最后，放入2个鸡蛋和3~4匙由面包心、水和黄油制成的糊状物以使混合物更加柔软。舀起一匙混合物,将其扔进面包糠里来回滚动,用手压平成片状，放入打发的鸡蛋液中蘸一蘸，再裹上一层面包糠。

　　用橄榄油将腌鳕鱼肉排炸熟，搭配柠檬瓣或番茄酱食用。做9~10块腌鳕鱼肉排仅需前述食材量的一半。

512 | 白酱腌鳕鱼

　　　400克泡软了的腌鳕鱼

　　　70克黄油

　　　30克面粉

　　　1个重约150克的马铃薯

　　　350毫升牛奶

　　将腌鳕鱼煮熟，去掉鱼皮、鱼骨和鱼刺。马铃薯也同样煮熟后切块。用牛奶和面粉烹制一份白色的贝夏美酱。酱汁煮熟后，放入少许欧芹末、少量肉豆蔻、盐和马铃薯块，再把腌鳕鱼逐块放进锅里。充分混合酱汁和其余食材，静置片刻后即可盛出。这道菜足供四个不是大胃王的人食用，且一定会大受欢迎。为使其更加美观，您可以将煮鸡蛋切瓣装点在旁边。

513 | 炖无盐鳕鱼干

500克泡软了的无盐鳕鱼干，构成比例如下：

300克脊肉和200克鱼腹肉

　　去掉鱼皮和鱼骨，随后将鱼脊肉切片，鱼腹肉切成宽约2指的方块。用足量橄榄油、1大瓣或2小瓣蒜和一撮欧芹烹制一份炒料。待炒料变色时放入鳕鱼干，撒盐和胡椒调味，充分搅拌以使鳕鱼干更好地吸收调味料的味道。片刻后，加6~7汤匙番茄酱（**食谱125**）或切碎的新鲜番茄（去皮和籽），慢慢地倒入热水，用文火烹煮至少3个小时。烹煮2个小时之后，放入切成厚片的马铃薯。这些食材能满足三到四个人的需要。炖无盐鳕鱼干是道可口开胃的菜肴，但它不适合脾胃虚弱的人。为取悦尊贵的客人，我的一位朋友会在午饭时做这道菜给他们吃。

514 | 比萨风味鳗线

参见鳗鱼（食谱490）。

　　多清洗几次鳗线，去掉所有污垢，然后将其放入漏勺中沥干水分。

　　把橄榄油、1~2瓣被微微拍扁但仍保持完整的大蒜和几片鼠尾草叶放进锅里加热。当大蒜开始变色时放入鳗线。如果鳗线还活着，就盖上锅盖以防它们跳出锅来。撒盐和胡椒调味，时不时用勺子搅动鳗线，如果太干，可以倒一点水浸润它们。鳗线被炖熟后，加入打发的鸡蛋液、帕尔玛奶酪、面包糠和柠檬汁并搅拌均匀。

　　300~350克鳗线配以下述食材将能满足四个人的需要：

2个鸡蛋

两匙磨碎的帕尔玛奶酪

一匙面包糠

半个柠檬的汁液

少量水

　　若您想将熟鳗线连锅端上餐桌，请先把它放进烤炉中，用上下火同时烘烤至表面结起一层薄壳后再取出食用。

　　著名的雷纳托·富奇尼教授（也即内里·坦富丘）是一位狂热的鼠尾草风味鳗线爱好者。他曾屈尊告诉我，尽管鳗线看起来柔软娇嫩，但烹饪时间少于20分钟将是对它的一种侮辱，一种亵渎。

515 ｜ 炸鳗线（一）

　　参照上一条食谱，用橄榄油、整瓣大蒜和鼠尾草叶将鳗线炖熟，随后把蒜瓣捞出丢弃。切碎鳗线，根据其数量将几枚鸡蛋打发，加盐、帕尔玛奶酪末和少量面包糠，搅拌均匀。接着，把碎鳗线放入鸡蛋液中并与之充分混合。用汤匙舀起碎鳗线，入锅炸熟，搭配柠檬瓣食用。只有少数人能尝出这是一道用海鲜做成的菜。

516 ｜ 炸鳗线（二）

　　我曾在维阿雷焦见过当地人用炸其他鱼类的方式炸鳗线：在鳗线外裹一层小麦或玉米面粉，扔进锅里炸熟。这种方法确实更加简便，但远不及前一条食谱美味。

517 | 兹米诺[10]丁鲹

丁鲹对白斑狗鱼说："我的头比你的整个身体[11]都值钱。"还有另一句俗语："五月丁鲹九月狗鱼。"

用常见的调味料——洋葱、大蒜、欧芹、芹菜和胡萝卜——调制一份剁料，用橄榄油煎至焦黄后放入已切成小块的丁鲹头，撒盐和胡椒调味。丁鲹头被煎熟后，倒入番茄酱汁或经水稀释的番茄酱浸润它。用网筛过滤酱汁，放在一旁备用。把丁鲹剩余的部分洗净，切掉鱼鳍和尾巴，完整地放入热油中煎炸，撒盐和胡椒调味。一点点地倒入前述酱汁将丁鲹烹熟。直接将丁鲹盛出食用味道也会很好，但兹米诺的精髓在于蔬菜。将甜菜、菠菜等类似蔬菜煮熟，放进炖煮丁鲹的酱汁里，待它们充分吸收了调味料的味道后捞出，作为配菜食用。豌豆也是一种不错的选择。您可以用同样的方式烹饪兹米诺腌鳕鱼。

518 | 炖白斑狗鱼

白斑狗鱼是意大利一种常见的淡水鱼，以其特殊的游泳姿势著称。白斑狗鱼是一种非常贪婪的动物，它只以鱼类为食，因此肉质十分鲜美。不过，由于它多骨多刺，烹饪这道菜须选用体重在600~700克的白斑狗鱼。此外，生活在流水中的白斑狗鱼比生活在静水中的更好。生活在流水中的白斑狗鱼背部为黄绿色，腹部为银白色，而生活在静水中的那些皮肤颜色更深。部分白斑狗鱼的体重可达10~15千克，有的甚至能长到30千克。它们的寿命较长，据称最高可超过200年。雌性白斑狗鱼腹中的鱼卵和雄性的鱼白不宜食，因为它们有极强的利泄作用。

---

10 译注：一种用菠菜等蔬菜及大蒜、芹菜等调味料烹制的调味卤，常用于海鲜类菜肴。

11 原文为"La tinca disse al luccio: -Vai più la mia testa che il tuo buccio."，阿尔图西刻意用了一个罕见词buccio，以与luccio押韵。

取1条重约600~700克的白斑狗鱼，刮掉其鳞片、去除内脏、头和尾巴，切成4~5块以供同样数量的食客食用。往每块鱼肉中嵌入2块撒有盐和胡椒粉的肥培根肉。用1个大核桃大小的洋葱、1小瓣大蒜、1根芹菜茎、一块胡萝卜和一小撮欧芹调制一份剁料。请将所有食材尽可能地切细，这样您就无须再用网筛过滤它们了。用橄榄油煸炒剁料，待其变色后倒入番茄酱汁或经水稀释的番茄酱浸润它，撒盐和胡椒调味。把一块裹有面粉的黄油放进锅里以增加酱汁浓稠度，充分搅拌后放入鱼块，用文火将其炖熟。烹饪过程中请时不时翻动鱼块。最后，倒入一汤匙马沙拉白葡萄酒，继续烹煮片刻后把白斑狗鱼和酱汁一起盛出食用。若您没有马沙拉白葡萄酒，可以用少许其他葡萄酒代替。

519 | 炸星鲨

把星鲨切成不太厚的圆段，放入加了盐的鸡蛋液中浸泡几个小时。将面包糠、帕尔玛奶酪末、切碎的大蒜和欧芹、盐和胡椒粉混合在一起，涂抹在星鲨肉上，静置半小时后入锅炸熟。1小瓣蒜就足以为500克鱼肉调味了。食用炸星鲨时请搭配柠檬瓣。

520 | 炖星鲨

请把星鲨切成大块，再把大蒜、欧芹和极少量洋葱切碎，调制一份剁料。用橄榄油将剁料煎至变色，随后放入星鲨，撒盐和胡椒调味。待鱼肉也被煎至两面金黄后，倒入少量干红或干白葡萄酒以及番茄酱汁或番茄酱将其炖熟。

烤肉
ARROSTI

———

　　烤野鸟和鸽子与完整的鼠尾草叶是一对不错的搭配。除此之外，如今人们用烤扦烤肉时，已不会再往里填嵌肥肉块，也不会再涂抹大蒜、迷迭香或其他容易在身上和嘴里留下余味的香料了。您可以往烤肉上刷些橄榄油，若没有，则根据地区习惯用猪油或黄油代替。意大利不同地区对猪油和黄油各有偏好。

　　人们通常喜欢味道浓郁的烤肉，因此在烤奶饲乳牛肉、羔羊肉、小山羊肉、家禽和猪肉时要多放些盐。野鸟和大型动物的肉除外，因为它们本身就已经很有滋味了。请将肉烤至半熟或七成熟后再放盐。有人总是先往肉上撒盐，再把它串在烤扦上烤，丝毫不考虑肉的种类。这是个严重的错误，因为在盐的作用下，肉很容易被烤得干而柴。

　　猪和尚在吃奶的动物的肉，如奶饲乳牛肉、羔羊肉、小山羊肉等，都应烤至全熟，以去掉其中多余的水分。而公牛和阉山羊的肉本就偏干，因此，为了追求多汁的口感，不宜将它们烤得太久。直接把鸟架在明火上烧烤即可，注意别烤焦了，否则其味道会大打折扣。不过，也别烤得半生不熟。您可以在鸟翅膀下方扎一个孔以检查它是否还带着血丝。此方法也能在烤鸡时使用：若没有肉汁从孔里流出，就说明鸡肉已经烤熟了。

把家禽包裹在涂有黄油的纸里烤制能使其肉质更嫩，色泽更鲜亮。为防止纸燃烧起来，需不断地在其外层刷油。家禽——不论是鸡、火鸡还是其他禽类——烤至半熟后把纸取下，往肉上涂抹黄油并撒盐调味。

烤整只家禽时，最好先撒一点盐，再将其串在烤扦上。若原料是火鸡或法老鸡，可往鸡胸里嵌一点肥里脊肉。我还想向诸位指出，乳鸽和肥硕的阉公鸡——无论是烤是煮——冷食总是比热食好，因为后者可能会让人觉得太过油腻。

在所有烹饪肉类的方法中，烤制是最不易造成营养流失，也是最好消化的一种。

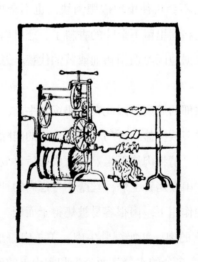

521 | 烤牛肉（一）¹

这是个英文外来词，意思是烤牛肉，意大利方言将其读作"rosbiffe"。在由男性主导的一餐中，美味的烤牛肉是一道非常受欢迎的菜。男性不像女性那样在意细枝末节的小事，他们只想用最实在、有营养的东西填饱肚子。

像**食谱556**"佛罗伦萨风味牛排"中提到的那样，烹饪烤牛肉的最佳原料是牛腰脊处的肉。尽量选用重量超过1千克的小牛肉，因为小牛肉质鲜嫩，且重量在1千克以上的牛肉较不容易烤干。使烤牛肉色香味美的关键就在于恰到好处的火候，这一点可以根据您把牛肉切开后内里粉红的色泽和流出的肉汁判断。在牛肉下方放一个用于承接油滴的盘子。先用大火将牛肉表层快速烤熟，刷一层橄榄油，再淋一勺肉汤在上面。滴进

1　译注：原版中**食谱521和522**的标题都是英文单词Roast-beef。

盘子里的油和肉汤稍后可作为烤牛肉的酱汁与烤牛肉一起端上餐桌。牛肉半熟时撒少许盐调味。正如前文已说过的那样，大型动物的肉本就极富滋味，无须加太多盐。请记住，盐虽千好万好，可一旦使用过量，它就会成为美食最大的敌人。

上汤菜前半个小时开始烤牛肉。除非肉块太大，否则这些时间就足够了。拿一根细嵌油针在肉块最厚的部分扎个孔，判断一下牛肉是否已烤好了，但不要扎太多下，否则牛肉汁很容易流失。若火候恰当，从小孔中流出的肉汁应既非暗色，也非血色。取适量马铃薯，将它们去皮后用橄榄油炸至金黄，作为烤牛肉的配菜食用。如果马铃薯个头较大，入锅油炸前请先将其切成4块。

您也可以把牛肉放进烤炉里烤制，但其烹饪效果比不上烤扦。若您愿意试试，就把牛肉放进烤盘里，用盐、橄榄油和少许黄油调味。将生马铃薯去皮，围放在牛肉周围，然后往烤盘里倒入1杯水。

如果有烤牛肉剩余而您又不喜欢吃冷菜，可将它切成薄片，火锅加热，用黄油和肉酱汁或番茄汁调味。

522 | 烤牛肉（二）

我认为此方法比前一种更好，因为这样烤出来的牛肉更多汁，味道也更香。把牛肉串在烤扦上，用一张涂有冷黄油的厚白纸将其包裹起来。扎紧白纸的两端，使其保持密闭，然后把烤扦架在烧得正旺的炭火上。边烤边翻转牛肉，快烤好时撕掉白纸，撒盐调味。牛肉表面均呈褐色时将其从火上挪开，用两只盘子扣住它，静置10分钟后食用。

523 | 松露去脊肉

佛罗伦萨的肉贩们把牛腰脊部位剔除里脊后剩下的肉称为"去脊

肉"（sfilettato）。

取一大块去脊肉，用刀尖在上面挖一些小洞以备嵌入松露。接着，将松露（最好用白松露）切成长约3厘米的小块，涂上黄油，填进已凿好的孔洞里。割几道与肉皮平行的切口以防牛肉受热收缩，拿一根细绳将其捆扎起来，然后串在烤扦上，烤至七成熟后用橄榄油和少量盐调味。包括牛在内的大型动物的肉本身就极富滋味，因而不需要太多调味品。

524 | 烤奶饲乳牛肉

人们一年四季都能吃到新鲜屠宰的奶饲乳牛肉，但在春天和夏天，乳牛们吃得最好，长得最肥，因此牛肉的味道也最好。乳牛身上最适合用烤扦烤制的是腰脊和臀部的肉，只需用些橄榄油和食盐调味即可。

您也可以往前述奶饲乳牛肉中嵌入大蒜和迷迭香，把它放进煎锅里，加橄榄油、黄油、少许腌五花肉、盐、胡椒和番茄酱汁烹熟，再用其汤汁烹煮新鲜豌豆。许多人都很喜欢这道菜。

525 | 用烤炉烤制的奶饲乳牛胸肉

我若能知道发明烤炉的人是谁，一定自费为他立一座纪念碑。这是个树碑立传之风盛行的时代，而我认为他是最值得这些荣誉的人。

若牛胸肉的重量在600~700克，您可以将其放入乡村式烤炉中烤制。鉴于这是一道家常菜，直接把牛肉连骨放进烤盘里即可。把50~60克瘦肉偏多的火腿切碎，嵌进牛胸肉里，然后将牛肉绑牢，抹上大量猪油并撒盐调味。烤肉出炉前10分钟放入马铃薯。在这种烤肉汁中烤熟的马铃薯味道一定很好。

你可以用黄油和橄榄油代替猪油，也可以撒大量盐代替火腿。

526 | 汤汁烤肉

此方法可用于烹饪各种类型的肉，但在我看来，最适合的仍属奶饲乳牛肉。从乳牛腰部割下一大块肉，连同1颗牛肾一起卷起来。拿细绳捆住肉卷，然后把它放进盛有优质橄榄油和黄油（两种油都不要放得太多）的深平底锅里，烤至通体焦黄。牛肉半熟时撒盐调味，随后倒入肉汤并持续加热，直到肉汤只剩少许或完全蒸发为止。

您将要品尝到的这种烤肉没有烤扦烤肉的香气和味道，但它细腻软嫩的口感足以弥补这些不足。如果没有肉汤，就用番茄酱汁或经水稀释的番茄酱代替它。你若想让烤肉更富滋味，还可以加一些切碎的腌五花肉。

527 | 大蒜迷迭香汤汁烤肉

如果您喜欢辛香调味料，却不喜欢吃下它们后返进嗓子里的那股味道，就不要往鸡肉、菲力肉片或其他肉类中嵌入大蒜和迷迭香。不过做这道菜时，您可以把1瓣和2小枝迷迭香扔进深平底锅里，然后按前一条食谱所述将牛肉烤熟。请先滤除浓稠的汤汁，再把烤牛肉端上餐桌，搭配马铃薯或其他蔬菜食用。马铃薯和蔬菜可以与牛肉一起烤熟，也可以单独烹熟。此外，您还可以加少量番茄酱汁或番茄酱为这道菜增添风味。

把深平底锅放在两处热源之间并用同样的方法烹饪羊羔腿，效果一定会非常好。

528 | 烤禽

做这道菜需选用新鲜且肥美的禽类，新鲜是第一位的。在售卖野禽的地方，您须得非常小心，以免上当受骗。如果野禽看起来泛青或腹部——肚子——发黑，那就赶紧走开。万一您真的被人欺骗，买到了不新鲜的禽类，请像**食谱276**"炖鸽子"中描述的那样烹饪它。您若把不新鲜的野禽串在烤扦上烤，那它不仅会在烹饪过程中爆裂，还会散发出比炖煮时难闻得多的腐肉臭气——法国人称之为"faisandée"，即指有良好品味的人所无法忍受的臭味。不幸的是，在意大利的一些省份，人们的味觉已逐渐退化，而这也影响了他们的健康。

野雉和丘鹬肉是两个例外。它们被放置一小段时间后不仅会变得更嫩，还会散发出一种特别的香气。这一点在未被拔毛的野雉身上体现得尤为明显。但仍请留意前文提到的变质迹象，否则这件曾发生在我身上的事有一天可能也会发生在您的身上：一位先生邀请我去一家非常有名的餐厅吃饭。为表示对我的尊重，他特意点了一份丘鹬烤面包片。丘鹬一被端上餐桌，一股恶心的臭味就搞得我无比反胃，实在没法把那东西送进嘴里。结果，我的朋友快快不乐，我也为未能领受他的好意而感到十分抱歉。

烹饪禽类——无论是鸫鸟、云雀还是其他更小的鸟儿——时，无须去除内脏。按以下步骤处理它们：翅膀收缩叠在背部，往每只翅膀下放1~2片鼠尾草叶夹住。剁掉爪子，然后将剩下的鸟腿分别往对侧拉，直到它们交叉在一起。往两腿交叉处放1小束鼠尾草，再在鸟腿肌腱上钻一个小孔。接着，将处理好的鸟儿逐只串在烤扦上。请把个头较大的鸟放在中间，每只鸟之间用1片厚约1.5厘米的陈面包片隔开。您如能找到斜切的小木棍，也可以用它们把鸟儿隔开。

取几片薄如纸的猪油，在上面撒些盐，绑在鸟儿的胸口处，这样它们就能与面包片一起在烤扦上烧烤了。

用明火烧烤鸟儿。若您没有提前把鸟喙塞进其胸腔里，就请保持其头颈下垂的姿态不动，烘烤片刻以把脖子烤熟。当鸟肉开始变色时，用刷子或羽毛为其涂上一层橄榄油。不用管面包片，烤扦上的猪油对它们而言已足够了。等到鸟儿快被烤熟时再撒盐调味，因为如果加得太早，它可能会将肉里的水分腌干。最后，小心地把面包片和鸟儿从烤扦上取下来，在盘子里排成一排，这样看起来会更加美观。

处理家鸭或野绿头鸭时，有人喜欢淋上一点柠檬汁，待它们烤至变色时，再把被滴油盘[2]接住的橄榄油和柠檬汁的混合物刷在鸭肉上。

529 | 阿雷佐风味烤羊肉

从十二月份开始，羔羊肉的品质一日胜过一日，到复活节后又开始逐渐变差。

取1/4或一整条羔羊腿，加盐、胡椒、橄榄油和少量醋调味。用刀尖在其表面戳几个洞，静置腌制几个小时。接着，把羊肉和1枝迷迭香串在烤扦上，不停地用前述调味汁涂刷其表面，直到烤熟为止。它能去除羊膻气，使烤羊肉更加美味。

如果您很喜欢迷迭香的气味，烤制羊肉时可以多放几枝，上菜前再将其取下。

530 | 烤阉羊腿

十月到次年五月最适合吃阉羊肉。据说腿短、肉呈红棕色的阉羊是最好的。烤羊腿健康又有营养，很适合有超重趋势的人食用。

正式烹饪前先将羊腿放几天去膻，具体时长取决于当时的温度。把羊腿串上烤扦之前，先用一个木槌把羊肉敲松，剥皮，抽出羊腿中间的骨头，尽量不要弄碎其他部分的肉。接着，拿一根绳子把剩下的肉捆扎起来，先用大火烤至半熟，再改小火。当开始有油脂滴落时，拿滴油盘接住它们，再用它们和去脂肉汤的混合物涂刷羊腿。羊腿快烤好时撒盐，

2　译注：烘烤食物时专用于承接油滴的盘子。

此外无须再添加其他调料。请注意火候，既不要把羊腿烤得太老，也不要半生不熟。最后，把羊肉本身的肉汁盛在一个沙司盅里，与羊腿一起端上餐桌。用镶有花边的白纸包裹住羊腿末端能令这道菜更加美观。

531 | 烤雪兔（一）

雪兔（Lepus timidus）身上最适合在烤扦上烘烤的部位是后腿及臀部。不过，雪兔的腿上覆盖着一层薄膜，烹饪前须在尽量不损伤肌肉的情况下小心地将它们去掉。

烤雪兔之前，应先把它放入以下液体中腌制12~14个小时：往深平底锅里倒3杯水、半杯醋（可根据兔肉大小适当调整用量），再放入3~4个切碎的薤白、1~2片月桂叶、1小束欧芹、一点盐和少许胡椒，烹煮5~6分钟后关火。令其静置冷却，随后放入雪兔。把已腌好的雪兔捞出，擦干其表层水分，用嵌油器往里嵌入品质上乘的小块培根。小火烘烤兔肉，刷浓奶油以使其保持湿润，最后加足量盐调味，除此之外无须别的调味料。

据说雪兔肝对人体有害，不要食用它。

532 | 烤雪兔（二）

如果雪兔已被静置了一段时间，腥气不重，您可以不经腌制，直接将其后腿及臀部的肉拿去烧烤。剥掉兔肉上覆盖着的薄膜，用嵌油器往里嵌入肥培根肉，随后把它串在烤扦上。拿一张涂有黄油的纸包裹住兔肉，再在上面撒些盐。兔肉快要烤熟时撕下黄油纸，把浸有迷迭香的热黄油涂刷在兔肉表面，待其呈现焦黄色后再加少许盐调味。

533 | 烤兔肉

臀和后腿是最适合烧烤的部分——对普通兔子来说也是如此。往兔肉中嵌入培根，刷上一层橄榄油或黄油（后者更好），快烤熟时撒盐调味。

534 | 嵌火腿汤汁烤肉

从小牛或公牛的腿或臀部取一块短而厚，重约1千克的瘦肉。先将它放上一段时间，好好去去腥气，然后往里嵌入30克已切成小块，肥瘦相间的火腿肉。用一根细绳扎住牛肉，把它放进平底锅里，再加入30克黄油、被切成2块的1/4个洋葱、3~4根比手指略短的芹菜茎和几块胡萝卜，撒盐和胡椒粉调味。时不时翻动牛肉，当它被烤至变色后倒入2勺水浸润它。用小火将大部分汤汁慢慢蒸干，当心别把牛肉烤干或烤焦了。用网筛过滤锅里剩下的少量汤汁，待将牛肉端上桌时把它浇在上面。您可以往马铃薯块上涂抹黄油或橄榄油，烤熟后作为牛肉的配菜食用。

您也可以只用黄油作这道菜的调味料。把黄油涂抹在牛肉上，放进深平底锅里烤至变色后倒入一碗水，盖上锅盖，将牛肉烹熟即可。

535 | 惊喜烤鸽

其实没什么值得惊喜的，但了解一下这道菜也不错，它不会令您失望的。

如果您想把1只鸽子串在烤扦上烤制，且想把它供给多人食用，就将小牛肉或奶饲乳牛肉片填进鸽子里。肉片的大小自然应当与鸽子的大小成比例。

捶打肉片以使其变得更薄、更松软，加盐、胡椒粉、少许香料和黄油调味，随后把肉片卷成卷。将鸽子剖开，填入肉卷，再缝合切口。若在给肉片调味时加些切成薄片的松露，这道菜的味道还会更好。此外，您还可以用肉酱汁或黄油烹煮珍珠洋葱和鸽肝，将它们捣碎后涂抹在牛肉片上。如此一来，两种不同肉类的香味就会混合在一起，创造出更好的味道。

此方法也适用于烤小公鸡。

536 | 烤鹌鹑

用**食谱307**中描述的牛肉卷（您也可以选择奶饲乳牛肉为原料）填充鹌鹑。接着，拿1片极薄的培根片包裹住鹌鹑，并用一根麻线把它们捆扎起来。把鹌鹑逐只串在烤扦上，每只之间用面包片和几片鼠尾草叶隔开。边烤边往鹌鹑上刷橄榄油，撒盐调味，再淋几匙肉汤以使其保持湿润。把烤鹌鹑端上桌前摘掉麻线。

将牛里脊切块，用培根片包裹起来，夹在面包片和鼠尾草叶之间烤熟，也可以制作出十分美味的烤肉。

537 | 烤填馅牛肉卷

一块一指厚，重约500克的牛肉片

200克奶饲乳牛瘦肉

30克肥瘦相间的火腿

30克盐渍口条

30克磨碎的帕尔玛奶酪

30克黄油

2个鸡肝

1个鸡蛋

一块拳头大小的新鲜面包心

将核桃大小的洋葱、少许芹菜、胡萝卜和欧芹切碎，调制一份剁料。用黄油把剁料煎至焦黄色，放入切成小块的鸡肝和奶饲乳牛肉，撒少许盐和胡椒调味。倒少量肉汤将鸡肝和牛肉烹熟，随后把它们捞出沥干，用弯月刀切碎。把面包心放进锅里剩下的汤汁中泡软，搅成糊状，必要时可再加一点肉汤。现在，把切碎的鸡肝、奶饲乳牛肉和面包糊混合在一起，加入鸡蛋、帕尔玛奶酪、切成小块的火腿和盐渍口条，搅拌均匀。把牛肉片放进水里浸泡一会儿，这将能使它更有弹性。先用刀背把牛肉敲松，再用刀身将其压平。接着，把准备好的馅料放在牛肉片上，卷成肉卷，再用线——像做意式香肠时那样——纵横交贯地将其捆扎起来。把牛肉卷竖向串在烤扦上烤熟，加盐和橄榄油调味。这种精致美味的烤肉可供六至七个人食用。

538 | 米兰风味奶饲乳牛肉排

人人皆知米兰风味肉排。不过，您若想让它的味道更上一层楼，就请参照以下烹饪方法。

肋排肉去骨并切除边角碎肉。用一把大刀锤、压肉片，直到它变得薄且宽。把偏肥的火腿肉丁、少许欧芹末、磨碎的帕尔玛奶酪、松露屑（若您有的话）、少许盐和胡椒粉混合在一起，搅拌均匀。将混合物单面涂抹在肉片上。把肉片放进鸡蛋液里浸一浸，裹上一层面包糠，放入炒锅中用黄油煎熟，搭配柠檬瓣食用。烹饪5片中等大小的肉排只需50克火腿肉和2满匙帕尔玛奶酪末。

539 | 填馅烤鸡

这是一道家常而非追求美观高雅的菜肴。为1只中等大小的烤鸡准备填馅需要：

2根香肠

此鸡的鸡肝、鸡冠和肉裾

8~10颗烤熟的栗子

一小把松露，如果没有，就用几块干菇代替

少量肉豆蔻

1个鸡蛋

若您要制作烤火鸡所需的填馅，就将上述食材用量加倍。

用黄油把香肠和鸡杂煎至半熟，必要时倒少许肉汤浸润它们。考虑到香肠本身的味道，只加少许盐和胡椒粉调味即可。将香肠和鸡杂捞出，往锅里剩下的液体中放入一块新鲜面包心，再加一点肉汤并充分搅拌，您就能得到两汤匙面糊。剥去香肠的外皮，把它、鸡杂和泡软了的干菇混合在一起，用弯月刀切碎，再把此混合物与烤栗子、鸡蛋和面包糊等一起放入臼中研磨。不过，松露不在此列，您只需把生松露切成薄片。搅拌混合所有食材，填馅就做好了。填馅烤鸡放凉后更容易切开，冷食口感也更好。

540 | 烤松露阉公鸡

佛罗伦萨人说烹饪乃是匠心独运。这话不假，因为烹饪者可根据个人意愿随意改动所有食谱。尽管如此，我们在调整和修改菜谱时，决不应忽视简便、精致和美味的基本要求。除此之外，一切都要取决于烹饪者的良好品味。在撰写这道昂贵菜肴的食谱时，我也坚持了上述原则。至于进一步改良，就留给其他人去做吧！烹饪这道菜需要1只重约800克的阉公鸡。请提前一天将其屠宰，剁掉爪子、鸡头和脖子并掏空内脏。用以下食材制作填馅：

250克带有芬芳气味的松露（黑白松露皆可）

80克黄油

5匙马沙拉白葡萄酒

选用大小与核桃相当的松露，尽量轻柔地削下它们的外皮。直接把生松露皮扔进阉公鸡腹中，再切几片生松露压在鸡皮底下。在深平底锅中加热黄油，待其熔化后，放入松露和马沙拉白葡萄酒，边搅拌边用大火烹煮2分钟，撒盐和胡椒调味。将松露捞出，静置冷却至其表面的黄油重新凝结，再把它们全部倒入阉公鸡腹中。接着，缝合阉公鸡的上下两处开口——剁掉鸡头留下的断口和腹部。

将阉公鸡放置于阴凉通风处24小时后再烹饪。这样算下来，它共有近3天除味祛腥的时间。

您若要烹饪野雉或火鸡，请按比例对食材用量进行调整。冬日里，最好将填了馅的野雉和火鸡静置3~4天再行烹饪。实际上，如果您选用的原料是野雉，最好一直放到它散发出一种独特的香味时再烹饪（见**食谱528**）。用一张纸包裹住阉公鸡，按照**食谱546**"法老鸡"中的描述将其烤熟。

541 | 魔鬼鸡肉

这道菜之所以叫"魔鬼鸡肉"，是因为它本应用刺激性极强的卡宴辣椒调味，再配上无比辛辣的酱汁食用。任谁吃下它都会觉得嘴里像着了火一样，直想把鸡肉和烹饪它的人都送去见魔鬼。我将用一种更简单、更温和的方式烹饪这道菜。

宰杀1只大公鸡或年轻的小公鸡, 剁掉其鸡头、脖子和爪子。将整只鸡从正面剖开, 尽可能地摊平。把鸡肉洗净, 拿厨用毛巾擦干, 随后将其串在烤扦上烘烤。鸡肉单侧变色时将其翻面, 刷一层熔化的黄油或橄榄油, 撒盐和胡椒粉调味。待另一侧也开始变色后, 再次翻转鸡肉并重复前述步骤。继续根据需要刷油并调味, 直到鸡肉被完全烤熟。

卡宴辣椒是一种从英国进口, 装在小玻璃瓶里的红色辣椒粉。

542 | 填有猪肉的烤鸡

这是一道家常菜, 而非高雅肴馔。把肥瘦相间, 略宽于1指的火腿肉块塞进鸡腹中, 再放入3整瓣大蒜、2小束茴香和几粒胡椒。往鸡肉表面撒些盐和胡椒粉调味, 然后将其放进位于两处火源之间的深平底锅里, 只加黄油烹熟。您可以用香肠代替火腿。先把香肠沿纵向切开, 再塞入鸡腹中即可。

543 | 博洛尼亚风味汤汁烤鸡

把鸡肉、橄榄油、黄油、肥瘦相间的火腿肉丁、几小块大蒜和一小把迷迭香一同放进锅里加热。当鸡肉呈现焦黄色时, 加入切成小块的去籽番茄或经水稀释的番茄酱将其烹熟。盛出鸡肉, 用锅里剩下的酱汁烹煮马铃薯。最后, 把鸡肉放回锅里, 稍稍加热片刻即可食用。

544 | 鲁迪尼风味鸡肉

没有人知道"鲁迪尼风味鸡肉"这个名字从何而来, 但它无疑是一道简便、健康且美味的菜肴, 这也是我想向诸位介绍它的原因。取1只小公鸡，剁掉它的脖子、翅尖和膝盖2指以下的部分，然后把它切成6块：2只各带半块鸡胸的翅膀，2条鸡大腿（包括鸡股）以及2块剩下的鸡背部的肉。剔除腿骨和鸡锁骨，尽力把鸡背肉压平。打1个鸡蛋，倒入半鸡蛋壳水并搅拌均匀。在鸡肉外裹一层面粉，撒盐和胡椒调味，然后把它们放进鸡蛋液中，浸泡至入锅烹饪前为止。在炸锅或铜制煎锅里加热100克黄油。将鸡肉从蛋液中逐块取出，裹上面包糠。待黄油开始嗞嗞作响时，把鸡肉带皮的一面朝下放进锅里，停留片刻后翻面，盖上锅盖。在炸锅上方用大火，下方用小火烹饪大约10分钟，然后将鸡翅盛出，搭配柠檬瓣食用。您会发现这道菜不论冷吃还是热吃味道都很好。

让我们采用一种人人都明白的表达方式。《圣经》中说约书亚曾向上帝祈祷令太阳而非地球静止，我们讨论鸡肉时也会如此：所谓鸡股（anca）本应被称为"大腿"（coscia）；大腿本应被称为"小腿"（gamba）；小腿本应被称为"跗骨"（tarso）。因为我们所说的鸡股部分只有一块对应人类股骨的骨头，鸡大腿有两块分别对应胫骨和腓骨的骨头，小腿则对应人脚的第一块骨头，也即跗骨。此外，鸡翅膀的骨骼结构也能与人的手臂对应：肱骨即人类手臂从肩到肘的部分，桡骨和尺骨为前臂，鸡翅尖端就像正处于进化发育初期的手。

显然——您可以自己判断事实是否如此——比起已经放置了一段时间，出现尸僵的鸡，刚杀的鸡肉质更加软嫩。

---

545 | 穿衣服的烤鸡

这道菜并不适用于正式隆重的场合，但它可能会给家庭聚餐带来惊喜。

取1只已处理好了的小公鸡——鸡爪、脖子和头已被剁掉，腹腔也被掏空——用冷黄油涂抹其外皮并撒盐调味，也往腹腔里撒一撮盐。接着，把鸡翅膀折叠起来，用2片宽而薄的偏瘦火腿肉把整只鸡包裹起来，再将**食谱277**中提到的面团擀成厚度与斯库多硬币相仿的面饼，覆盖住它们。往面皮上刷一层蛋黄，放入乡村式烤炉中用中火烤熟，鸡肉就"穿上了衣服"。把烤鸡完整地端上餐桌，再切块食用。

我认为这道菜冷吃风味更佳。

546 | 法老鸡

这种鸡最早起源自努米底亚，被讹传为印度鸡。古人认为它是手足之爱的象征。卡利敦国王梅莱阿格罗临终时，他的姐妹们大放悲声，以至于被狄安娜变成了雌法老鸡。它的学名叫盔珠鸡（Numida meleagris），是一种家禽，但仍处于半驯化状态，性情暴躁且不亲人。其生活习性与山鹑类似，肉也像后者一样美味细腻。可怜的动物，它是如此美丽！人们通常将它们割断喉咙杀死，但有人喜欢使用暴力把它们按在水里淹死，手段极其残忍，就像人类为满足自己的口腹之欲而发明的许多其他做法一样。法老鸡需要放置几天去腥后再烹饪。在未被掏空内脏的情况下，它在冬天至少能保存5~6天。

最适合烹饪法老鸡的方法是将其串在烤扦上烤熟。把一块裹有食盐的黄油塞进鸡腹中，培根块嵌入鸡胸肉里，再拿一张黄油纸将整只鸡包裹起来，往纸上撒盐。法老鸡被烤至七成熟时撕开黄油纸，待鸡肉表面变色后刷上一层橄榄油，再撒些盐调味。

此方法还可用于烹饪小火鸡。

547 | 烤家鸭

往鸭子腹中撒盐。用薄而宽的培根肉片裹住鸭子的胸脯，拿一根细麻绳将其捆扎起来。

鸭子快要烤熟时，往其表面涂抹橄榄油并撒盐调味。绿头鸭等野鸭脂肪含量较低，肉汁偏少，因此烤制它们时最好涂抹黄油。

早在荷马时代，鹅就已经被驯化了。古罗马人（公元前388年）在坎比多里奥神殿里饲养鹅作为献给朱诺的贡品。

与野生鹅相比，家养鹅的体型更大、更多产，肉质也更肥美，以至于取代了猪肉在古以色列人餐桌上的地位。我不常用它做菜，因为佛罗伦萨市场上并无鹅肉售卖，整个托斯卡纳地区的人们都很少甚至根本不吃鹅肉。但我曾尝过煮鹅，而且很喜欢它。纯鹅肉汤味道偏甜，但它与牛肉混合可以大大提升汤的美味，前提是仔细撇去油脂。

我听说人们会用炖家鸭和烤家鸭的方法烹饪家养鹅。不过，若您想把鹅胸肉串在烤扦上烧烤，请往里嵌几块火腿肉或腌鳀鱼肉（为不能吃猪肉的人准备的），用橄榄油、盐和胡椒调味。

德国人往烤鹅里填塞苹果，这种烹饪方式并不适合意大利人。我们不能将那些高脂肪，会给肠胃造成沉重负担的食物视为等闲。下面的故事正说明了这一点。

我的一位雇农每年都会庆祝圣安东尼日。有一年，他想比往常更隆重地庆祝这个节日，便为他的朋友们——包括农庄庄主在内——准备了一顿丰盛的晚餐。

一应事务都安排得很妥当，晚餐进行得很顺利。直到客人之一——一位富裕的农民——因酒足饭饱而心情大好，对聚集在一起的宾客们说："圣若瑟是我所在教区的守护圣人。请大家在圣若瑟节时到我家来，我们一定能度过一段欢乐的时光。"邀请被欣然接受，节日当天没有一个人失约。

终于迎来了此类庆祝活动中最令人期待的时刻，即围坐在桌旁享用美餐。第一道菜是鹅汤，接着是炸鹅、煮鹅和炖鹅。您猜主家准备的烤肉是什么？烤鹅！不知道其他人怎么样，反正农庄主从晚上就开始感到很不舒服，胃里的东西令他吃不下晚饭。到了夜间，一场伴随着雷声、风、雨和冰雹的风暴在他体内爆发了。第二天，他神色恹恹，无精打采，叫人看了直怀疑他也变成了一只鹅。

斯特拉斯堡的鹅肝馅饼很有名。当地人会对可怜的鹅施加一种长期而残忍的特殊治疗以获得肥大的鹅肝。

一个威尼托人曾送过我一块重达600克的肥美鹅肝和鹅心。我按照他的指示采用了下述简单的烹饪方式：先把鹅肝上的脂肪切成大块，放在火上烧烤，再将鹅心切块，鹅肝切成厚片烤制，只撒盐和胡椒粉调味。将烤熟的鹅肝和鹅心端上餐桌，沥干多余的油汁，搭配柠檬瓣食用。须得承认，那确实是一道非常美味可口的菜肴。

另参见**食谱274**"鹅肝"。

549 │ 火鸡

火鸡是鸡形目，雉科，火鸡属生物。它原生于北美，栖息地从美国西北部一直延伸到巴拿马运河。哥伦布相信自己可以通过向西航行开辟一条通往东印度群岛的航线。他发现的土地后来被命名为西印度群岛，因而火鸡又被称为"印度鸡"。火鸡应是在十六世纪初被西班牙人带到欧洲的。据说，第一批被引入法国的火鸡单只售价高达一枚金路易。

火鸡不论什么脏臭的东西都吃，因此，如果饲养不当，它的肉可能会有一股令人作呕的味道。用玉米和热麦麸喂养的火鸡则滋味鲜美，几乎适合所有的烹饪方式：煮、炖、用烤扦或烤炉烤熟。雌火鸡肉质尤嫩。有人说火鸡汤热量极高，此话也许不假，但它实在美味，适用于烹饪面粒汤、卷心菜或芜菁烩饭、二粒小麦和玉米面粥。若将2根香肠切碎加进去，味道还会更好。火鸡身上最适合炖煮的部分是包括翅膀（肉质最细嫩的部位）在内的上半身，下半身更适于烹饪汤汁烤肉或烤扦烤肉。若想烹制汤汁烤肉，请先往火鸡肉里嵌入少许大蒜和迷迭香，再把火鸡肉、腌五花肉或培根末、少量黄油、盐、胡椒粉、番茄酱汁或经水稀释的番茄酱一起放进锅里烹熟。您可以用锅里剩下的酱汁将马铃薯煎至金黄，作为汤汁烤火鸡的配菜食用。涂有橄榄油的烤扦火鸡可以搭配炸玉米面糊。火鸡胸肉也很适合串在烤扦上烤制：将其压平至1指厚，提前几个小时用大量橄榄油、盐和胡椒粉腌制即可。实际上，烤火鸡胸是一道深受酒徒们喜爱的菜，他们还会用同样的方法烹饪火鸡肝和肫。请将火鸡肝和肫切块，这样腌制它们时才能更加入味。

最后我想说，1只重约2千克，像雌法老鸡一样完整地串在烤扦上烤熟的小火鸡——尤其是同类还未长成时便已早熟的小火鸡——能在所有宴会桌上大放异彩。

550 | 孔雀

我已在烤肉这一系列中提到了几种原产于他国的鸟儿，不过，我意识到自己还未讲过孔雀（Pavo cristatus），它的肉很适合年轻人食用。

孔雀羽毛色彩鲜艳，是雉科鸟类中最华丽漂亮的一种。野生孔雀栖息在东印度群岛的森林中，在印度半岛的古尔瑟赖、柬埔寨的马拉巴海岸、暹罗王国（今泰国）和爪哇岛均有分布。马其顿国王亚历山大入侵小亚细亚时第一次见到了这种美丽的鸟儿。据说他被它们的美丽深深打动，于是下令禁止猎杀它们，违者将受到严厉的处罚。把孔雀引入希腊的正是这位君主。希腊人对孔雀怀有强烈的好奇，前去观赏它们的人络绎不绝。在共和国衰落时期，孔雀被运送到罗马，第一个食用它们的人是西塞罗的追随者、演说家昆图斯·霍滕修斯。罗马人很喜欢这种鸟的味道。奥菲迪乌斯·卢科掌握了使孔雀增肥的技巧后，它们的价格便更加高昂了。卢科建立起圈养孔雀的禽舍，而后者为他赚取了超一千五百斯库多的收入。如果当时单只孔雀的售价为五斯库多，那么一千五百这一数字应与真实情况相去不远。

551 | 奶汁烤猪肉

取一块重约500克的猪腰肉，撒盐调味，将其放入盛有250毫升牛奶的深平底锅中。盖上锅盖，文火慢炖至牛奶完全被猪肉吸收或蒸发。把火调大，将猪肉烤至焦黄后捞出，撇去锅里剩下的油脂。再往凝有奶痕的深平底锅里倒一点新鲜牛奶，边搅拌边烹煮，待其沸腾后浇在刚刚烤好的面包片上。将面包片作为烤猪肉的配菜端上餐桌，趁热食用。

做这道菜总共需要300毫升牛奶。以此方法烹饪的猪肉清淡细腻，不会引起消化不良。

552 | 烤猪里脊

猪里脊是位于脊柱两侧的长条形肌肉，佛罗伦萨人称之为"腰内肉"。人们常常会将里脊和猪肾一同从猪身上割下来，用下述方法做成一道美味的烤肉：把猪肉切成小块串在烤扦上，每块肉之间用烤面包片和新鲜的鼠尾草叶隔开——就像烤鸟肉时那样。同样地，用给鸟儿上油的方法往猪肉上涂刷橄榄油。

553 | 东方风味羊肉

据说，东方人至今仍认为用黄油和牛奶上油的烤羊肩是世界上最美味的菜肴之一，因此我也尝试了一下。我得承认，此方法确实能令从腿到肩部的羊肉软嫩细腻。我认为羊腿最好的烤制方法应是这样的：用嵌油器往羊腿中嵌入撒有盐和胡椒粉的肥培根肉，涂上黄油和牛奶（也可只涂牛奶），烤至半熟后加盐调味。

554 | 烤鸽子

鸽子肉富含纤维和蛋白质，营养价值极高，适合因生病或其他缘故身体虚弱的人食用。马基雅维利所著喜剧《克莉齐娅》中，老人尼科马科为赢得一场爱情的争斗，计划吃"一只只肥大的烤鸽子，烤得半生不熟的，最好再带点血丝"[3]。

取1只肥美的鸽子，把它沿纵向剖开，用手压平，放入橄榄油中煎4~5分钟，直到其肉质稍稍变硬。趁热撒盐和胡椒粉调味，并按以下步骤完成烹饪：加热熔化40克黄油（不要令其沸腾），将1个鸡蛋打发，与热黄油搅拌混合。把煎好的鸽子放进混合物里浸泡一会儿，随后将其捞出，裹上面包糠，放在烤架上用小火烤熟后搭配一种酱汁或配菜食用。

555 | 可久存的猪肝

人人都知道该如何烹调猪肝。用橄榄油、胡椒和盐为猪肝调味，把它包裹在猪网油中，放在烤架上、烤扦上或平底锅里烤熟。很多人都不知道的是，猪肝可以保存几个月之久。阿雷佐乡村及周边地区的居民是这样操作的：猪肝烤熟后，把它放进平底锅里，倒入煮沸了的猪油填满剩下的空隙。油脂冷却凝固后能起到防腐剂的作用。当您需要使用猪肝时，把它们逐块取出，重新加热即可。此方法对于那些自己在家里腌制猪肉的人来说是很合宜的，因为又少了一种会被浪费掉的猪下水。

有人——譬如托斯卡纳人——会把猪肝夹在两片月桂叶中间烘烤，或在调味时放一些茴香籽。但这类香料有很强的刺激性，许多肠胃都承受不了，而且它们的味道很容易返进喉咙里。

3　译注：《克莉齐娅》第四幕，第二场。此处引用的是刘儒庭翻译版本。

556 | 佛罗伦萨风味牛排

英文单词"beef-steak"的意思是牛肋排，这也是意大利语"牛排"（bistecca）一词的由来，它指的是从小母牛腰脊处切下的一块厚约1指或1指半的带骨牛肉片。佛罗伦萨的屠夫们把两岁左右的牛都称为"小牛"。实际上，如果这些动物会说话，它们一定会说自己不仅不是小牛，还有了配偶和后代。

这是一道非凡的菜肴，因为它健康、美味且富有营养。然而，它尚未能在意大利其他地区广泛流行。这或许是因为许多地方的人们几乎只屠宰老得无法再工作的动物。他们选用菲力肉作烤肉的原料，因为那是最软嫩的部分，并错误地把烤架上的圆形菲力肉片称为"牛排"。

让我们说回真正的佛罗伦萨风味牛排：将烤架架在烧得很旺的炭火上，把牛肉放在上面烤制。牛肉刚从牛身上割下来什么样，现在就保持什么样不变——最多将其冲洗干净再擦干。烧烤过程中多翻几次面。牛肉烤熟后，撒盐和胡椒粉调味，并在它上面摆一小块黄油，端上餐桌。千万不要烤过了头，因为这道菜的妙处恰在于您一切开它就会有大量肉汁淌进盘子里。若您在烘烤牛排前往上面撒了盐，其肉汁就会被火烤干。很多人有提前用橄榄油或其他调料给牛排调味的习惯，但您要是这样做了，它的味道就会像蜡块一样令人反感。

557 | 煎锅牛排

假使您有一大块牛排，但由于牛的年岁较大或距屠宰时间较久，您不确定其肉质是否仍旧软嫩。在这种情况下，不要把牛肉放在烤架上烧烤，而应将它放入一个盛有少量黄油和橄榄油的煎锅中，按**食谱527**的描述烹饪。用大蒜和迷迭香为烤肉调味，如有必要，再倒入少量肉汤、水或番茄酱汁。用锅里剩下的酱汁将马铃薯块烹熟，与牛排一同端上餐桌。

如果酱汁不够，就再加些肉汤、黄油和番茄酱。

558 | 巴黎风味牛肾

取1个牛肾——俗称的牛腰子，去掉上面的脂肪，然后把它剖开，浸入沸水中。待水冷却后，捞出牛肾，拿厨用毛巾将其擦干。取干净的细棍纵横贯穿牛肾以使它保持打开状态（巴黎人惯用大银针），用30克熔化的黄油、盐和胡椒粉为其调味，静置1~2个小时。

以烹饪重量在600~700克的牛肾为例。取30克黄油、1条大鳗鱼或2条小鳗鱼。把鳗鱼处理干净并切碎，用刀刃将其与黄油搅拌混合，再把得到的混合物揉成1个球，放在一旁备用。把牛肾放在烤架上烤熟——但不要烤过了头，以免其变硬——放进托盘里，趁热将黄油鳗鱼球摊开涂抹在上面，端上餐桌。

面点
PASTICCERIA

———

559 │ 薄酥卷饼

如果您觉得这道甜点像团不知所谓的大杂烩，烤熟后看起来又像某种丑陋的生物，如巨大的水蛭或无定形的爬虫，请不要惊慌。您会喜欢它的味道的。

500克小皇后苹果，或其他鲜嫩优质的苹果

250克面粉

100克黄油

85克柯林托葡萄干

85克糖粉

1个柠檬的皮

2~3小撮肉桂粉

用面粉、热牛奶、一块核桃大小的黄油、1个鸡蛋和一小撮盐和一个结实的面团。让面团饧一饧，然后将其擀成与扁细面条厚度相仿的面皮。将苹果削皮、去核、切成薄片，摆放在面皮上，边缘处留出一圈空隙。把桑特醋栗、碎柠檬皮、肉桂粉和糖撒在苹果片上，再加热融化100克黄油淋在上面。不要把热黄油全部倒光，留少许备用。完成此步骤后，将面团卷起来，形成一个漂亮的圆柱形填馅面卷，放进涂有黄油的圆形铜制烤盘里。把剩下的热黄油浇在面卷外层，将其放入烤箱烤熟。请记住，柯林托葡萄（Uva di Corinto）又名苏丹娜，与黑柯林托（Passolina，又称Corinto Nero）葡萄不同。后者粒小而黑，前者葡萄粒的体积是其两倍大，颜色为浅黄褐色，无籽。您可以用一块玻璃把柠檬皮刮碎。

560 | 普雷斯尼茨面包

又是一种德国甜食，它是多么美味啊！我在里雅斯特的一家一流糕点铺里见到这种甜食，一尝之下实在喜欢，便向店主索要了食谱。我按食谱自己做过几次，每一次的成品都非常完美。因此，在为诸位介绍这道菜时，我也想向那位给我提供了食谱的人表示感谢。

160克苏丹娜葡萄

130克糖

130克去壳核桃仁

110克香草橄榄陈面包

60克去壳甜杏仁

60克松子

35克糖渍香橼

35克糖渍橙子

5克混合香料，包括肉桂、丁香和肉豆蔻

2 克盐

100 毫升塞浦路斯葡萄酒

100 毫升朗姆酒

把苏丹娜葡萄洗净，放入塞浦路斯葡萄酒和朗姆酒的混合溶液中浸泡几个小时，泡胀后捞出。松子沿横向切成3块，糖渍水果切丁，再用弯月刀把核桃和杏仁切成米粒大小的碎块。接着，把香草橄榄陈面包磨碎或碾碎。您也可以用黄油鸡蛋面包或米兰式大蛋糕之类的东西代替它。苏丹娜葡萄整粒保留即可。将前述所有食材——包括朗姆酒和塞浦路斯葡萄酒——混合搅拌在一起。

馅料已准备就绪，现在可以开始制作包裹它的面皮了。您可以按照**食谱155**的描述，用160克面粉和80克黄油做1个半酥皮面团，然后把它擀成略厚于斯库多硬币的细长薄片。

把馅料铺在面皮上，随后将面皮卷起，呈周长约为10厘米的圆木或大香肠的形状。适当拉扯面皮的边缘以使其保持整齐。您可以把面卷稍稍压平，也可以令它保持原状。把面卷放入涂有黄油的铜制烤盘中，像蛇一样盘绕起来，但不要压得太紧。最后，用热黄油和蛋黄的混合物涂刷面卷表面。

若您愿意，可将上述食材分成两份，做2个普雷斯尼茨面包。我认为那就足够七到八人食用了。

561 | 古格霍夫面包

200 克匈牙利面粉或其他非常精细的面粉

100 克黄油

50 克糖

50 克苏丹娜葡萄

30 克啤酒酵母

1 个全蛋

2 个蛋黄

一小撮盐

少许柠檬皮

适量牛奶

用酵母、温牛奶和一把面粉和 1 个小而结实的面团。在面团上割一个十字形切口，放进一口盛有少量牛奶的深平底锅里。盖上锅盖，把它放在近火的地方加热，注意控制温度，不要太高。

冬季时，请用水浴加热法熔化黄油。把热黄油、鸡蛋液、糖，面粉、蛋黄、盐和柠檬皮混合在一起，搅拌均匀。接着，放入已经发酵的面团，再一勺一勺地倒入温牛奶。用勺子充分搅拌混合物，直到它呈近似液态的糊状，此过程可能会持续半个多小时。最后，加入苏丹娜葡萄，并把混合物倒入一个涂有黄油，撒有糖粉和面粉的光滑模具中。混合物的高度不应超过模具高度的一半。盖上盖子，把它放在火盆旁或其他温暖的地方静置 2~3 个小时，等待面糊发酵。

待面糊膨大至模具顶部时将其放入烤箱，用适当温度烤熟。放置冷却后，把做好的古格霍夫面包从模具中取出，撒上糖粉食用。您若喜欢，还可以倒一点朗姆酒浸润它。

562 | 克拉芬（二）

用此方法烹制的克拉芬比**食谱182**中的克拉芬更加美味，尤其在作为甜点食用时。做好的克拉芬看起来应像光滑无瑕疵的圆球。

200 克匈牙利面粉

50 克黄油

20 克啤酒酵母

略少于 100 毫升的牛奶或浓奶油，以便使面团更加紧实

3 个蛋黄

一匙糖

一小撮盐

把酵母和一勺面粉放进一个杯子里，倒入少量温牛奶将其润湿，放在一个近火的温暖地方发酵。把黄油倒进一个盆子里（冬天可用水浴加热法融化黄油），逐一放入蛋黄并搅拌均匀。接着，加入剩余的面粉、已发酵膨大至原有体积两倍的面糊、剩余的牛奶（缓慢地一点点倒入）、盐和糖。用一只手搅拌得到的面团，直到它不再粘在盆边为止。往面团上撒一层薄薄的干面粉，放置在温暖的地方发酵。面团充分膨大后，把它放在铺有面粉的面板上，用擀面杖轻轻擀成厚约半指的面饼。用**食谱7**中提到的圆形模具把面饼分割成 24 个小圆面盘。把核桃大小的水果蜜饯或甜奶油放在 12 个小面盘上，用蘸有牛奶的手指沾湿其边缘，再分别将另外 12 个小面盘覆盖在上面，糅合成面球。面球发酵膨大后，把它们放入大量橄榄油或猪油中炸熟，稍稍放凉后撒上糖粉食用。如果您想做双倍数量的克拉芬，取 30 克酵母应该就足够了。

563 | 萨瓦兰蛋糕

这种甜食的名字是为纪念布里亚·萨瓦兰而起的。因此，我们就用原本的法语词称呼它吧。萨瓦兰蛋糕最令人称道的就是其味道和优雅的外形。为了做到这一点，您将需要一个中间有洞或凸起，容积是您将要放入的面团体积的两倍的圆形模具。

180克匈牙利面粉或其他非常精细的面粉

60克黄油

40克糖

40克甜杏仁

200毫升牛奶

2个蛋黄

1个蛋清

一小撮盐

1团鸡蛋大小的啤酒酵母

往模具内壁上抹一层冷黄油，撒一层混有糖粉的面粉，再铺一层去皮碎杏仁片。若您能将杏仁烘烤片刻，它的味道和外观都会变得更好。

用少量温牛奶、一大把匈牙利面粉和啤酒酵母和1个小面团，像**食谱565**"巴巴蛋糕"中描述的那样令其发酵胀大。把剩余的面粉和除牛奶外的其他食材放进一个碗里，再一点点地慢慢倒入牛奶。用勺子搅拌混合所有食材，随后加入前述发面团。不断揉捏混合物，直至其不再粘在碗边，再把它倒入圆形模具中，放在杏仁片上。现在，请把模具放在一个不易受风的温暖地方，令混合物充分发酵。我想提醒诸位，此二次发酵过程可能会需要4~5个小时。将模具放入普通烤箱或乡村式烤炉中烘烤，与此同时，准备下述糖浆：把30克糖和（盛在普通杯子里）2指高的水倒进锅里，熬煮成浓稠的糖浆后关火。待糖浆完全冷却后，加入一匙香草糖和两匙朗姆酒或樱桃白兰地。把烤好的萨瓦兰蛋糕从模具中取出，趁热把刚做好的糖浆刷在上面，直到将其全部用完。萨瓦兰蛋糕热吃或冷吃均可，您可以根据喜好自由选择。

用上述食材做出的萨瓦兰蛋糕不会太大，但也足够五到六人食用。若觉得混合物太稀，就少加一点牛奶。您也可以选择不放杏仁。

564 | 榛子蛋糕

就让我们沿用这种蛋糕华丽浮夸的法语名字吧，它倒也不算失谐。

125克米粉

170克糖

100克黄油

50克甜杏仁

50克去壳榛子

4个鸡蛋

少许香草

将榛子仁和杏仁泡入热水中，剥掉它们的外皮，再将它们放在太阳底下晒干或用火烘干。把两种果仁磨成细腻的粉末，与米粉和两匙糖混合在一起。把剩下的糖放入鸡蛋液并搅拌均匀，将前述混合粉末和熔化的热黄油也加进来，充分混合搅拌。最后，把混合物倒入一个光滑而狭窄（它盛在里面应有4~5指高）的圆形模具中，放入温度适中的烤箱里烤熟，静置冷却后端上餐桌。

依照本食谱做出的榛子蛋糕可供六至七人食用。

565 | 巴巴蛋糕

这种糕点是否好吃得取决于个人。也就是说，厨师得足够耐心和细心才能做好它。以下是所需食材：

200克匈牙利面粉或其他非常精细的面粉

70克黄油

50克糖粉

50克苏丹娜葡萄，即柯林托葡萄

30克去籽马拉加葡萄

30克啤酒酵母

100毫升牛奶或奶油（后者更佳）

2个全蛋

1个蛋黄

一匙马沙拉白葡萄酒

一匙朗姆酒或白兰地

10克切成小块的糖渍水果

一小撮盐

少许香草

　　用啤酒酵母、50克面粉和少量温牛奶和1个软硬适中的面团，拿刀在面团上划个十字。此十字（在其他面团上也一样）并不是为了抵御女巫，而是为了方便您判断面团是否已充分发酵膨大了。把面团放进一个盛有少量牛奶的容器里，将其摆在近火处，以使面团能在适宜的温度条件下发酵。发面大约需要半个小时。在此期间，把鸡蛋打进一个盆子里，加糖并搅匀，再放入剩下的面粉、已发酵的面团、熔化的温热黄油、马沙拉白葡萄酒和朗姆酒，充分混合所有食材。若得到的面团太硬，可以倒一点温热的牛奶软化它。不停用勺子搅拌面团，直到它不再粘在盆边。最后，往面团中放入葡萄和糖渍水果，静置发酵。面团膨起后稍加揉搓，放入涂有黄油，撒有面粉和糖粉混合物的模具中。

　　带有棱纹的铜制模具是烹饪巴巴蛋糕最好的选择。不过，要确保您选用的模具的容积是面团体积的两倍大。盖住模具以防止透风，随后将其放入烘箱或温度不高的乡村式烤炉里，让面团继续发酵膨大。此过程可能会需要2个多小时。如果面发得好，其体积将能增大一倍，也即能顶到模具的盖子。现在开始烘焙。在此期间，请始终令模具处于不透风的状态。把一根秸秆插进模具里，如果它被取出时仍是干燥的，就说明蛋糕已经熟了。即便如此，也最好仍把模具留在烤炉里，用适宜的温度再烤一会儿，确保蛋糕被彻底烤干。考虑到蛋糕的厚度，这一措施是很有必要的。如果巴巴蛋糕熟透了，它被从模具中取出时应呈现类似面包皮的颜色。在巴巴蛋糕上撒一层糖粉，放凉后食用。

566 | 酥皮杏仁酥

根据**食谱154**描述的食材种类和用量制作1个酥皮面团。把面团擀平，切成2个与普通盘子大小相当的圆面片，再在圆面片边缘处压一圈花边。将**食谱579**中介绍的杏仁混合物涂抹在一片圆面片上（隆起高度约为1厘米），面片边缘留白，拿另一片面片覆盖住它。用蘸了水的手指把面片边缘沾湿，捏合在一起。

往杏仁面团表面刷一层蛋黄，将其放入烤箱或乡村式烤炉中烤熟后撒上糖粉食用。这道菜可供七至八人食用，其美味一定会大受赞扬。

567 | 榛子布丁

700毫升牛奶

6个鸡蛋

200克去壳榛子

180克糖

150克萨伏依饼干

20克黄油

少许香草

借助热水剥掉榛子仁的外皮，把它们放在太阳底下晒干或用火烘干。将干杏仁放入臼中捣碎，一边研磨一边一点点倒入白糖。

加热牛奶。当它开始沸腾时，把萨伏依饼干放进锅里，烹煮5分钟后加入黄油。用网筛过滤得到的混合物，用其加热碎榛子和白糖，直至白糖完全溶解。将溶液静置冷却，先后放入6个鸡蛋的蛋黄和蛋清，打发。往一个模具的内壁上涂抹黄油，撒一层面包糠，倒入已被充分搅拌过的混合物。请选择容积较大，不会被填满的模具。用烤箱或乡村式烤炉将混合物焙熟，放凉后端上餐桌。

依照本食谱烹饪的榛子布丁可供九至十人食用。

568 | 酥脆的饼干（一）

500克面粉

220克糖粉

120克去皮甜杏仁混松子

30克黄油

一小撮茴芹

5个鸡蛋

适量盐

把除杏仁和松子外的所有其他食材同4个鸡蛋混合在一起（必要时放入第5个鸡蛋），和成1个柔软的面团。将此面团分成4块手掌大小，厚约1指的小面团，放入涂有黄油、铺有面粉的烤盘中，加杏仁和松子作点缀。

面团不要烤得太久。将烤面团静置1天以使其表皮软化，再把它们切成小块。将小面块放入烤箱中双面烘熟，酥脆的饼干就做好了。

569 | 酥脆的饼干（二）

400 克面粉

200 克糖

80 克黄油

40 克杏仁

30 克苏丹娜葡萄

20 克松子

20 克糖渍香橼或糖渍南瓜

一小撮茴芹

两匙葡萄烈酒

一小勺小苏打

1 个全蛋

3 个蛋黄

　　这些饼干的口感比前一条食谱中的更加细腻，我认为它们无可挑剔。杏仁和松子去皮，将前者切碎，后者完整地保留。把糖渍水果切成小块。在面粉堆上戳一个洞，放入鸡蛋、糖、黄油、酒和小苏打，和成一个面团。揉搓几下面团，随后将其擀宽、擀平，放入其他食材。最后，把面团揉成一个质地坚实，长约 1 米的圆柱体。将它切成四到五段，盛在烤盘里，再在其表面刷一层蛋黄，放入烤炉烤熟。把烤熟的面团切成厚约1 厘米的薄片，双面烘焙片刻即可。

570 | 酥脆的面包条

150 克面粉

60 克黄油

60克糖粉

1个鸡蛋

少许碎柠檬皮

将所有食材和成面团，搅拌时不必太过用力。接着，把面团搓细，做成两打长约10厘米的小条，放入烤盘中，用乡村式烤炉烤熟即可。这种面包条可以搭配茶或瓶装葡萄酒食用。

571 | 软饼干

如果您没有普通烤箱，不得不在乡村式烤炉中烘焙这种饼干，请选用一个宽10厘米，略短于烤炉直径的烤盘。这样烤出来的饼干外酥里软，能被切成厚约1.5厘米，大小适中的小块。

40克小麦粉

30克马铃薯粉

90克糖

40克甜杏仁

20克糖渍香橼或橙子

20克水果蜜饯

3个鸡蛋

将杏仁焯水，横切成两半，借阳光或火烤干。糕点商一般不会将杏仁去皮，但那是不可取的，因为杏仁皮常会粘在上颚，且很难消化。把糖渍水果和蜜饯切成小块。蜜饯的原料可以是榅桲或其他坚实的水果。

把蛋黄、糖和少量面粉混合在一起，充分搅拌半小时以上，随后倒入已打发的蛋清。待蛋清与混合物融合后，透过网筛把剩余的面粉撒进里面，慢慢搅拌，加入杏仁、糖渍香橼和蜜饯。往锡制烤盘里涂抹黄油并撒一层面粉，把面团放入其中烤熟。静置1天后，将面团分成小块，您若喜欢，可以把做好的小饼干放入烤箱，两面烤酥。

572 | 家常饼干

这些饼干成本低廉，易于制作，且优点颇多：它们可以搭配茶或任何其他饮料食用，浸泡过后风味极佳。

250克面粉

50克黄油

50克糖粉

5克含氨发酵粉

一小撮盐

少许香草糖

100毫升温牛奶

在面粉堆上按出一个洞，把除牛奶之外的所有食材都放在里面，和成面团。加牛奶润湿面团，使其变得足够柔软，充分揉搓它直至表面光滑。将面团擀成厚度与斯库多硬币相当的面片，必要时可以往擀面杖上抹一些干面粉。最后，用带花纹的擀面杖在面片上滚一圈，或拿擦子或叉子印出一些装饰纹路。我一般把面片切成宽2厘米、略长于1指的小条，但您也可以将其切成任何自己喜欢的形状。把切好的饼干放入铜制烤盘，直接在烤箱或乡村式烤炉中烤熟即可。

573 | 健康饼干

振作起来吧！只要吃了这种饼干，您就能长生不老，至少也会像玛土撒拉一样长寿。实际上，我常吃这种饼干。因此，每当有冒失的人因我展现出了与本人高龄不相符的活力而问我究竟几岁时，我总会回答说自己和以诺的儿子玛土撒拉[1]一样大。

> 350 克面粉
>
> 100 克红糖
>
> 50 克黄油
>
> 10 克塔塔粉
>
> 5 克小苏打
>
> 2 个鸡蛋
>
> 少许香草糖
>
> 适量牛奶

混合面粉和红糖，堆成一堆，在中间按出一处凹陷以放入其余食材，再加少量牛奶，把它们和成 1 个柔软的面团。把面团揉成一个长约半米的细圆柱，将它稍稍压扁并切成两段，以保证其长度能放进烤盘里。往烤盘内壁涂一层黄油，放入面团，在烤箱或乡村式烤炉中烤熟。面团之间请留有足够的空隙，因为它们在烘焙过程中体积会大大膨胀。静置 1 天后，把烤面团切成约 30 块饼干，放入烤箱中烤酥。

1 　译注：据《圣经》，玛土撒拉是以诺的儿子，亚当第七代子孙，活了 969 岁。

574 | 苏丹蛋糕

这名字未免有些自命不凡，但也不算全无道理。

> 150克糖粉
>
> 100克小麦粉
>
> 50克马铃薯粉
>
> 80克苏丹娜葡萄干
>
> 20克糖渍水果
>
> 5个鸡蛋
>
> 少许柠檬皮
>
> 两匙朗姆酒或白兰地

把苏丹娜葡萄干和被切成西瓜籽大小的蜜饯放进锅里，倒入刚够浸没它们的白兰地或朗姆酒。待酒液沸腾后，把锅轻轻抬起，用外沿火焰继续加热，直至酒精完全蒸发。取出葡萄干和蜜饯，用餐巾擦干它们表面残存的水分。混合糖、蛋黄和柠檬皮，用勺子使劲搅拌半个小时。用打蛋器将蛋清打发，加入混合物中，再透过网筛把小麦粉和马铃薯粉撒进去。轻缓地搅拌前述食材，直至它们完全融合。最后，往搅匀的面糊中放入苏丹娜葡萄干、蜜饯和两匙朗姆酒或白兰地，把它倒进一个光滑的模具或深平底锅中，以使甜点烤熟后呈高而圆的形状。请提前在模具里涂抹黄油，撒一层糖粉和面粉。一把面团倒入模具，就立即将其放入烤箱，这样葡萄干和蜜饯就不会沉积在底部。如果这种情况仍无法避免，那么下次烹饪这道点心时请少放1个蛋清。苏丹蛋糕宜冷食。

575 | 黄油鸡蛋面包

300克匈牙利面粉

150克黄油

30克啤酒酵母

20克糖

5克盐

6个鸡蛋

把75克面粉、啤酒酵母和温水混合在一起，和成1个软硬适中的圆面团。在面团顶部切开一个十字形切口，然后将其放入底部铺有面粉的小锅里，放在一个温暖的地方发酵。

把剩下的面粉堆在一起，在中间按出一处凹陷，放入糖、盐和1个鸡蛋。用手指将所有东西混合在一起，然后加入切成小块的黄油。接下来开始和面。您可以先用刀再用手揉搓面团。把面团放进盆子里，揉搓起来会更加方便。当此前做好的面团已膨大至原来体积的两倍时，把它也放进盆子里，再逐个打入剩下的5个鸡蛋，用手充分揉搓混合它们。把盆子放在一个温暖且不通风的地方，令面团充分发酵。接着，将发好的面团分成数块，分别装进20余个带花纹的锡纸模具中。每个小面块都只应占模具容积的一半。放入面块之前，请先在模具内壁涂抹熔化的黄油或猪油，并撒一层混有糖粉的面粉。

让小面块再次发酵，随后往其表面刷一层蛋黄，放入烤箱或乡村式烤炉中烘焙。

576 | 玛格丽特蛋糕

有一天，我可怜的、来自普拉托的朋友安东尼奥·马太（之后我还将再次谈到他）在我家尝到了这种糕点，并向我索要食谱。他是个很有行动力的人，没过多久就成功地改进了配方，使蛋糕的口感变得无比细腻，并开始在他的店里售卖它。后来，他告诉我玛格丽特蛋糕大受欢迎，以至于普拉托人没有不买它招待宾客的。那些雄心勃勃，想在世间开辟一番天地的人就是这样抓住一切机会吸引财富女神的。虽然女神在散播恩惠时任性莫测，但她永远不会是闲人和懒人的朋友。

120 克马铃薯粉

120 克糖粉

4 个鸡蛋

1 个柠檬的汁液

首先，把糖粉放进蛋黄中并搅拌均匀。接着，加入面粉和柠檬汁，充分搅拌（半小时以上）得到的面糊。最后，将打发的蛋清倒入前述面糊中，轻柔地搅匀，以免其泡沫被打散。把混合物倒进涂有黄油、铺有糖粉和面粉的圆形光滑模具或烤盘里，迅速放入烤箱烘焙。蛋糕冷却后，将它从模具中取出，撒上香草糖食用。

577 | 曼托瓦蛋糕

170 克面粉

170 克糖

150 克黄油

50 克甜杏仁和松子

1 个全蛋

4 个蛋黄

少许柠檬皮

把糖和鸡蛋放进一个盆子里并搅拌均匀。接着，一点点倒入面粉和用水浴加热法熔化的黄油，边倒边持续搅拌。把混合物倒进涂有黄油、铺有糖粉和面粉（或面包糠）的铜制烤盘里，装点以杏仁和松子。请提前将松子横切成两半，杏仁焯水去皮后纵向切半，再横切三四刀。盛在烤盘中的混合物高度不应超过1指半到2指，否则将很难烤透。把烤盘放入烤箱，用适当温度烘焙。

往烤好的蛋糕上撒一层糖粉，放凉后食用。您一定会喜欢它的。

578 | 卷丝蛋糕（一）

我将为大家介绍两种不同的卷丝蛋糕烹饪方法。在亲眼见到一位专业厨师用第一种方法制作这种蛋糕后，我对它进行了一些改良，使成品更加精致和美味。

120克混有少量苦杏仁的甜杏仁，去皮

170克糖粉

70克糖渍水果

60克油

柠檬皮

用面粉和2个鸡蛋做一些比扁细面条还要更细的面丝。把杏仁、糖、切成小块的糖渍水果和碎柠檬皮混合堆放在面板的一角，借助弯月刀和擀面杖把它们碎成米粒大小的小块。取一个宽铜制烤盘，直接——不用涂抹黄油也不用添加其他东西——在中间位置铺一层面丝，盖上一层前述混合调味料，再叠放一层面丝、一层混合调味料。重复此步骤，直到您用完所有食材，并堆出了一个至少2指高的圆形蛋糕。把熔化的黄油淋在蛋糕上。您可以用刷子涂刷黄油以确保它能完全覆盖蛋糕表面，均匀地渗透进整个蛋糕。

把蛋糕放入烤箱或乡村式烤炉中烘焙。实际上，您若想节省煤炭，可以只把蛋糕罩在铁皮罩下烤熟。趁热往卷丝蛋糕上撒大量糖粉，将其放凉后端上餐桌。

579 | 卷丝蛋糕（二）

用以下材料制作酥皮面团：

> 170 克面粉
>
> 70 克糖
>
> 60 克黄油
>
> 25 克猪油
>
> 1 个鸡蛋

将一部分面团擀成厚度与斯库多硬币相仿的面皮，铺在直径为 20~21 厘米，涂有黄油的铜制烤盘底部。把用以下食材制成的甜味杏仁馅料倒在面皮上：

> 120 克甜杏仁，去皮
>
> 3 颗苦杏仁，去皮
>
> 100 克糖
>
> 15 克黄油
>
> 15 克糖渍橙子
>
> 1 个蛋黄

将糖和杏仁放入臼中捣碎，与切成小块的蜜饯、黄油、蛋黄和一匙水混合在一起。把剩下的酥皮面团做成 1 个面环。用蘸了水的手指沾湿面环，把它贴在烤盘的边缘。将甜味杏仁馅料均匀地铺在前述面皮上，再叠一层（厚约半指）细面丝。为使这层面丝看起来像装饰物而非蛋糕底，它们应当尽可能地纤细。用刷子把20克熔化的黄油刷在蛋糕上，然后将其放入烤箱，以适宜的温度烘焙。取10克蜜钱切碎，撒在烤好的蛋糕上，再撒一层香草糖粉。将蛋糕静置1~2天后食用，因为其质地会随着时间的推移变得更加细腻柔软。用1个鸡蛋和适量面粉制作面丝，虽然您可能仅需要一半的量。

580 | 弗兰吉帕内蛋糕

这种美味可口的糕点是一个威尼斯人推荐给我的，他是位真正的绅士。

120克马铃薯粉

120克糖粉

4个鸡蛋

5克塔塔粉

3克小苏打

少许磨碎的柠檬皮

将蛋黄、糖和马铃薯粉混合在一起，用勺子搅拌均匀，再加入熔化的黄油、已打发的蛋清和其他食材。选取1个混合物盛在里面可达2指高的小烤盘，在里面涂一层黄油，撒一层糖粉和面粉。最后，倒入混合物，放入家用烤箱或乡村式烤炉中烘焙。

581 | 蛋白霜蛋糕

用**食谱589配方A**中描述的食材的一半制作1个酥皮面团。

用以下材料制作奶油：

> 400毫升牛奶
>
> 60克糖
>
> 3个蛋黄
>
> 少许香草

取100克海绵蛋糕，将其切成厚约0.5厘米的薄片，放入香橼露酒中浸泡片刻。往一个中等大小的铜制烤盘里涂上黄油，然后将前述酥皮面团分成2块，其中一块擀薄铺在烤盘底部。用剩下的面团做一圈1指宽、2指高的镶边，用蘸水的手指润湿其边缘，把它粘在底部的面皮上。

烤盘的衬垫做好后，把一半海绵蛋糕摆在底部的面皮上，抹上奶油，再铺上另一半海绵蛋糕。接着，用打蛋器搅拌制作奶油剩下的3个蛋清中的2个。当它们渐渐变得浓稠后，一点点放入130克糖粉，轻轻搅匀，一份蛋白霜就做好了。把蛋白霜覆盖在蛋糕表面，只留出酥皮镶边的边缘，并为后者刷上一层蛋黄。把烤盘放入烤箱或乡村式烤炉中烘焙，当蛋白霜变得坚硬时，用一张纸盖住它，以免变色。

将烤好的蛋白霜蛋糕放凉后从烤盘中取出，薄薄地撒一层糖粉。不怕甜的人会觉得这种糕点非常好吃。

582 | 松子蛋糕

在一些糕点店中，松子蛋糕一旦上架就会被哄抢一空。据称，这种蛋糕是由一位索邦大学的博士发明的。以下是我对原食谱的精准复刻，谨供不熟悉松子蛋糕烹制方法的人参考：

500毫升牛奶

100克粗粒小麦粉

65克糖

50克松子

10克黄油

2个鸡蛋

一小撮盐

少许香草

粗粒小麦粉的用量不必苛求精准，但一定要足量，这样做出来的蛋糕才不会太稀软。用弯月刀把松子切成半米粒大小的碎块。

用牛奶将粗粒小麦粉煮熟，加入其他所有食材（鸡蛋最后放），快速搅拌混合。

用以下材料制作1个酥皮面团：

200克面粉

100克黄油

100克糖

1个鸡蛋

若以上食材无法充分润湿面粉，可倒入少量马沙拉或其他种类的白葡萄酒。

取一个混合物盛在其中高度不会超过2指的烤盘，在其内壁上涂抹一层黄油。把酥皮面团分成2块，将其中一块擀成薄薄的面皮，另一块搓成一些细条。把薄面皮铺在烤盘底部，倒入前述混合物，再将细条状面摆成菱形网格的形状，放在最上层。往蛋糕表面刷一层蛋黄，放入烤箱中烤熟，放凉后撒糖粉食用。

583 │ 瑞士蛋糕

不论此蛋糕是否真的源于瑞士，我都要用这个名字称呼它。您会发现它的味道相当不错。

用以下食材和1个软硬适中的面团：

> 300克面粉
>
> 100克黄油
>
> 适量盐
>
> 少许柠檬皮
>
> 足够浸润面团的牛奶

面团和好后静置饧一会儿。

往一个中等大小的烤盘里涂上黄油。将前述面团分成2块，一块擀成厚度与2个五里拉硬币相仿的面饼，铺在烤盘底部，另一块做成镶边，与底部面饼相连，贴在烤盘四壁上。接着，把500克小皇后苹果或其他柔软的苹果洗净，去除果皮和果核，切成与核桃大小相仿的小块。把苹果块放入烤盘中，撒100克混有两撮肉桂粉的糖，再将20克熔化的黄油浇在上面。最后，将蛋糕放入烤箱烤熟，冷吃或热吃均可。用以上食材做出的瑞士蛋糕可供七至八人食用。

肉桂粉、柠檬皮和浇在苹果上的液态黄油是我自己的补充，严格来说它们不是必需的。

584 | 点樱唇（一）

那些不愿意在烹制点樱唇时放面粉的人可以遵循自己的心意。不过，我认为面粉是必要的，因为它能使混合物拥有适中的浓稠度。

250 克糖粉

150 克匈牙利面粉或其他非常精细的面粉

50 克混有少量苦杏仁的甜杏仁

6 个全蛋

3 个蛋黄

少许柠檬皮

将杏仁焯水去皮后捞出沥干，放入臼中捣碎。把碎杏仁、一匙糖粉和面粉混合在一起，充分搅拌至面粉不再结块。把剩余的糖、蛋黄和柠檬皮放进一个盆子里，用勺子搅拌一刻钟后加入混有糖粉和碎杏仁的面粉，继续搅拌半个小时。借助打蛋器在另一个容器里打蛋清，待蛋清的浓稠度达到能使两里拉银币立住的程度后，把它倒进盆子里，轻柔地把所有食材混合在一起。

将混合物倒入一个涂有黄油，铺有糖粉和面粉的铜制烤盘中烤熟。您也可以在圆形木筛底部铺一张纸，把它当作烘焙容器。

585 | 点樱唇（二）

250 克糖

100 克精细面粉

50 克甜杏仁

3 颗苦杏仁

9 个鸡蛋

少许柠檬皮

将杏仁焯水去皮后捞出，晒干或烤干，放入臼中捣碎。把碎杏仁、一匙糖粉和面粉混合在一起。

将剩余的糖和蛋黄放进一个由铜或黄铜制成的小盆里。微火加热一刻钟以上，同时用打蛋器不断搅拌。关火，加入杏仁、面粉、糖的混合粉末和磨碎的柠檬皮。把所有食材搅拌均匀，随后倒入已被打发的蛋清，动作轻柔地将它们混合在一起。把混合物倒入涂有黄油、铺有糖粉和面粉的烤盘中，放入烤箱烘焙。

586 | 那不勒斯风味蛋糕

这是一种非常美观且可口的蛋糕。

> 120克糖
> 120克匈牙利面粉
> 100克甜杏仁
> 4个鸡蛋

将杏仁焯水去皮后捞出，晒干或烤干。选取30克较大的杏仁，沿天然裂缝把它们分成2瓣，剩下的杏仁切片。把糖和鸡蛋放进一个由铜或黄铜制成的小盆里，在20摄氏度的热源上加热一刻钟，同时用打蛋器不断搅拌。关火，加入面粉并轻轻搅拌，随后将混合物倒入涂有黄油、铺有糖粉和面粉的光滑圆形或椭圆形模具中。不过，模具的大小最好能令蛋糕在其中烤熟后高约4指。把模具放进烤箱或乡村式烤炉里，以适宜的温度烘焙。待蛋糕完全冷却后，把它切成厚约1厘米的圆片。用以下材料制作奶油：

2个蛋黄

300毫升牛奶

60克糖

15克面粉

10克黄油

少许香草

把做好的奶油单面涂抹在蛋糕片上,再将后者摞起来,重新叠成1个蛋糕。

先加热黄油和面粉,但不要令其变色。把锅从火上移开,静置至温热后加入蛋黄、牛奶和糖,继续加热。这样做出来的奶油口感会更好。

现在该为整个蛋糕涂釉,即抹上糖霜了。往小号深平底锅里放入230克糖和100毫升水,熬煮至糖水尚不能拉丝,但已有些黏手指时关火。另一个能帮助您判定火候已到的标志是糖水表层冒出大大的气泡且不再有水汽蒸腾。糖水微微冷却后,倒入1/4个柠檬的汁液,用勺子充分搅拌,直到它变得像雪一样白。若它开始凝固,就加一点儿水进去,使其保持与浓奶油相仿的顺滑质地。糖霜做好后,放入杏仁片并搅拌均匀,将它涂抹在蛋糕上。把被分成2瓣的杏仁竖直点缀在蛋糕顶端做装饰。

可以用蜜饯代替奶油。不过,用奶油做出来的蛋糕相当美味,我强烈建议您尝试一下。

587 | 德式蛋糕

250克匈牙利面粉

100克黄油

100克糖粉

4个鸡蛋

4匙牛奶

少许香草糖

将黄油、糖和蛋黄混合在一起，搅拌半个小时。接着，加入面粉和牛奶，把得到的面糊搅匀。

烹制德式蛋糕或类似糕点时，您可以使用一种产自德国和英国的白色无味粉末[2]辅助发面。将10克粉末和打发的蛋清放入面糊中，搅拌均匀即可。如果买不到这种粉末，您可以混合5克小苏打和5克塔塔粉代替它。把蛋糕糊倒进涂有黄油的光滑模具里（模具的容积应是蛋糕糊体积的两倍），放入烤箱或乡村式烤炉中烤熟，放凉后食用。

588 | 热那亚风味蛋糕

200克糖

150克黄油

170克马铃薯粉

110克小麦粉

12个蛋黄

7个蛋清

少许柠檬皮

把蛋黄、黄油和糖放进一个小盆子里，搅拌均匀后加入两种面粉。不断揉搓得到的面团，半小时后倒入打发的蛋清。把面团放进涂有黄油，铺有面粉的铜制烤盘里，摊平成1指厚，放入烤箱烤熟后切片，撒糖粉食用。

---

2 即酵母粉。

面点　　421

589 | 酥皮

以下是三种不同的酥皮配方。您可以根据喜好和习惯自行选择，不过我认为第三种是最好的，尤适合用于制作馅饼。

配方A

500 克面粉

220 克白糖

180 克黄油

70 克猪油

2 个全蛋

1 个蛋黄

配方B

250 克面粉

125 克黄油

110 克白糖

1 个全蛋

1 个蛋黄

配方C

270 克面粉

115 克糖

90 克黄油

45 克猪油

4 个蛋黄

少许橙子皮

你若不想把酥皮弄得一团糟，就请先将糖捣碎（我会直接使用糖粉）再与面粉混合。如果黄油块太过坚硬，可以将其放在面板上，用湿手揉搓它，直到它软化为止。确保猪油（即所谓"大油"）没有酸腐变质。将所有食材和成面团，但不要揉搓太久，否则面团就会像厨师们说的那样"冒火星子了"。因此，一开始最好先用刀刃把各种食材搅拌混合在一起。若条件允许，您可以提前一天准备好面团，因为生面团不仅不易变质，还会越放越柔软。

做酥皮馅饼、脆饼、蛋糕等点心时，先用表面光滑的擀面杖将面团擀平，再用带条状纹饰的擀面杖在上面滚一圈以使其更加美观。烤制前在酥皮上涂刷一层蛋黄。用糖粉和出的面团更容易被擀开。为简化操作过程，您可以将面团与马沙拉或其他种类的白葡萄酒混合在一起，这也有助于令它更加柔软。

---

590 | 玉米饼（一）

---

200 克玉米面粉

150 克小麦粉

150 克糖粉

100 克黄油

50 克猪油

10 克茴芹

1 个鸡蛋

将两种面粉、糖和茴芹混合，再放入黄油、猪油和鸡蛋。取大部分混合物和成一个面团，放在一旁备用，再往剩下的混合物中倒入少量白葡萄酒和水，同样和成小面团。把两团面混在一起，但不要揉搓太久，以免面团变硬，随后用擀面杖将它擀成厚约半指的面饼。把玉米面粉和小麦粉的混合物撒在面饼上，这样它就不会与面板粘连，再用形状和大小各不相同的锡制模具将其分成小块。把小面块放进涂有猪油，铺有面粉的烤盘里，刷一层蛋黄，用烤箱烤熟后撒糖粉食用。

591 │ 玉米饼（二）

用此方法烹制的玉米饼比前一种更加精致。

> 200 克玉米面粉
>
> 100 克黄油
>
> 80 克糖粉
>
> 10 克干接骨木花
>
> 2 个蛋黄

若您用上述食材和面时发现面团太硬，可以加少量水软化它。用擀面杖把面团擀成厚度与斯库多硬币相仿的面饼，再借助**食谱634**中提到的模具把它分割成许多小圆面盘。这种糕点可以配茶食用。为了让它们看起来更漂亮，您可以用叉子尖或擦子在其表面印一些花纹。

接骨木花叶可入药，有利尿和发汗的功效，也即——用最直白的话来说——它们能促进排尿和出汗。

592 │ 玉米糕（一）

做了母亲的女士们，请让你们的孩子尝尝这些玉米糕吧！不过，您自己就别吃了，除非您想把孩子惹哭——因为您一动嘴，他们能吃到的就更少了。

300 克玉米面粉

100 克小麦面粉

100 克泽比波葡萄干

50 克糖

30 克黄油

30 克猪油

20 克啤酒酵母

一小撮盐

用150克玉米面粉、啤酒酵母和温水和1个小面团，将其放在一个温暖的地方发酵。与此同时，把剩下的玉米面粉、小麦面粉、热水和除葡萄干外的所有食材混合在一起。面团发好后，将其放入前述混合物中揉搓一会儿，再加入葡萄干。把面团分成15~16个梭形面块，用刀背面在每个小面块表面压出菱形网格花纹。将面块置于温暖处发酵，再放入烤箱或乡村式烤炉中以适宜的温度烘焙。这样做出来的玉米糕质地十分柔软。

593 | 玉米糕（二）

若您不介意增加成本，用下述食材可以做出更为精致美味的玉米糕。这种烹饪方法无须发面，和面时也无须加水。

300 克玉米面粉

150 克小麦粉

200 克糖粉

150 克黄油

70 克猪油

100克泽比波葡萄干

2个鸡蛋

少许柠檬皮

用上述食材做20余个厚约半指的小面团，捏成任意您喜欢的形状。您也可以选择做40个更小的面团。参考**食谱589**中处理酥皮的方法装饰并烘焙它们。

---

594 │ 洛斯凯蒂

200克面粉

100克糖粉

100克甜杏仁

80克黄油

20克猪油

1个全蛋

1个蛋黄

杏仁焯水去皮，晒干或烤干水分，烤至表面呈榛子色后切成半粒米大小的碎块。混合碎杏仁、糖粉和面粉。

在混合粉末堆中间按出一处凹陷，放入其他配料，将所有食材和成1个圆形面团。尽量少揉搓面团，将其静置几个小时饧一饧。

把面团放在撒有面粉的面板上，先用光滑的擀面杖将它擀成略薄于1厘米的面饼，再用带条状纹饰的擀面杖在其表面印一些花纹。

若选用**食谱162**展示的模具或类似工具分割面饼，您将能得到约50个小圆面饼。把它们摆在涂有冷黄油的烤盘里，放入乡村式烤炉中烘焙。

595 | 炸甜面片

240 克面粉

20 克黄油

20 克糖粉

2 个鸡蛋

一匙白兰地

一小撮盐

用上述食材和1个坚实的面团。用手充分揉搓面团，随后在其表面撒一层面粉，用布裹住它，静置片刻饧面。如果面团太过稀软，难以操作，就再多加些干面粉。把饧好了的面团擀成厚度与斯库多硬币相当的薄片。拿带扇形边缘的切面刀将面片切成手掌宽、2~3指长的方片。在方面片上割开一些切口，这样，面片被放入炸锅后（锅里应盛有滚沸的橄榄油或猪油）就会弯折、蜷曲、绞缠成各种奇异的形状。将炸好的面片捞出，稍稍放凉后撒糖粉食用。上述食材量足够做出1大盘炸甜面片。若面团静置后表面结了硬壳，可以再揉搓一会儿。

596 | 油渣烤饼

我们应尊重世界上的每一个人。无论一个人多么平庸低微，都不该蔑视他，因为您若仔细想想，就会发现每个人——哪怕再不起眼——身上都有值得称赞的闪光点。

这是一条宽泛普适的原则。至于具体实例——尽管这个例子并不完全恰当且只是一件小事——我得告诉诸位，我欠一位不修边幅的女仆的情，因为她能做出最完美的油渣烤饼。

650 克发面团

200 克糖粉

100 克油渣

40 克黄油

40 克猪油

5 个鸡蛋

少许橙子或柠檬皮

所谓发面团是指用于制作面包的面团。

提前一天晚上准备好面团。先在不添加任何调料的情况下在面板上揉搓发面团，再把它放进盆子里，边慢慢放入鸡蛋和其他食材边单手混合搅拌，此过程需持续半小时以上。接着盖住盆口，将其静置于温暖的地方，让面团在夜间充分发酵。请在第二天早上再次揉搓面团，然后把它放进涂有黄油、撒有面粉的铜制烤盘里。面团应平铺在烤盘中，厚度不超过2指。把面团放入烘箱以再次发酵膨大，最后用烤箱将其烤熟。如您家里有乡村式烤炉，也可以用它完成整个操作。我想提醒您的是，想把油渣烤饼做好很难，气候寒冷时尤甚，因此最好等天气和暖后再烹饪它。若首次尝试不成功也请别气馁。

如果第二天早上您发现面团根本没有膨大或只胀大了一点儿，可将1团比核桃略大的啤酒酵母、一撮面粉和温水混合，加入盛放面团的盆子里。

597 | 油烤饼

我们将这种糕点称为"油烤饼"，以区别于前一条食谱介绍的油渣烤饼。虽然前者的味道更好，但油烤饼胜在制备简便。

油烤饼和曼托瓦蛋糕的食谱都是由一个很好的人——已故的普拉托

人安东尼奥·马太提供的，我在前文中已提到过他。我说"很好"是因为他不仅是自己所从事的领域的天才，还是个诚实且勤奋的人。这位亲爱的，总能让我想起薄伽丘笔下的面包师奇斯蒂[3]的朋友于1885年去世，令我感到无比悲痛。文学和科学并非赢得公众尊重的唯一途径。无论一门技艺多么微贱，只要实践它的人有一颗善良的心、熟练的技巧和得体的举止，就值得我们尊重和爱戴。

粗鲁举止和朴实外表下
往往隐藏着高尚的心灵和纯洁的魂灵
警惕那些风度翩翩的人
他们就像大理石：闪亮、油滑且坚硬[4]

Sotto rozze maniere e tratti umili

Stanno spesso i bei cuori e i sensi puri;

Degli uomini temiam troppo gentili

Quai marmi son: lucidi, lisci e duri

言归正传：

700克发面团

120克猪油

100克糖

60克油渣

4个蛋黄

3　译注：《十日谈》第六日，故事二。

4　译注：引自意大利诗人菲利波·帕纳蒂（Filippo Panati）的作品《诗歌与散文》（*Rime e prose*）。

一小撮盐

少许橙子或柠檬皮

适度揉捏面团以使其不至于失去弹性。若您提前一天晚上和好了面，就把它放在一个温暖的地方，让它自己发酵。若您早上和面则请将其置于陶制烘箱中3个小时。

如果您不想用油渣做这道面食，可以多放2个蛋黄和30克猪油代替它。

做五至六人份油烤饼仅需上述食材用量的一半。

598 | 里窝那烤饼

人们通常在复活节前后烹制里窝那烤饼。这或许是因为此时气候温和，有助于面团发酵，也可能是因为这个季节的鸡蛋产量最高。制作里窝那烤饼得花费很长时间，有时甚至需要4天，因为它须得经过多次发酵。以下是烹制3个中等大小或4个小号里窝那烤饼需要的食材：

12个鸡蛋

1800克精细的面粉

600克糖

200克特级橄榄油

70克黄油

30克啤酒酵母

20克茴芹

150毫升圣酒

50毫升马沙拉白葡萄酒

100毫升橙花水

混合圣酒和马沙拉白葡萄酒，并把已洗净的茴芹浸泡在里面。您可以在傍晚时分开始烹饪。

第1步：混合啤酒酵母、半杯温水与适量面粉，和1个软硬适中的面团。把面团放在一个盛有面粉的盆子里，再撒一层同样的面粉。如果您家里没有更暖和的地方，就把盆子放在厨房避风处。

第2步：第二天早上，把已充分发酵膨大的面团放在面板上，擀平，与1个鸡蛋、一匙橄榄油、一匙糖、一匙酒和足量面粉混合在一起，和成1个大面团。无须用力或长时间揉搓面团，把它放回前述盛有面粉的盆子里，同样撒一层面粉覆盖它。

第3步：6~7个小时（面团再次发酵所需要的时间）之后，加入3个鸡蛋、3匙橄榄油、3匙糖、3匙酒和足量面粉，和1个更大的面团，像处理前两个面团时那样让它发酵。此次发面团的体积应是原来的三倍，您可以据此判断面团是否已经发好。

第4步：放入5个鸡蛋、5匙糖、5匙橄榄油、5匙酒和足量面粉。

第5步：最后一步，加入剩下的3个鸡蛋和（除橙花水之外的）所有其他食材，黄油须先加热熔化。充分搅拌混合所有原料以和出1个均质面团。如果面团太过稀软——这几乎是不可能的——就再多加一些面粉，保持适中的软硬程度。

将面团分成3~4块，放入铺有黄油纸的烤盘中，黄油纸的宽度应远大于烤盘。由于面团发酵所需要的时间会随着食材用量的增加变长，您可以把它们放进温暖的烘箱里，加快最后一次发面的速度。待几块面团均充分胀大且变得蓬松后，用刷子先为其刷一层橙花水，再刷一层蛋黄，放入烤箱中用适宜的温度烘焙。记住，最后一步是最重要，也是最困难的。由于面团体积较大，过高的热量可能会迅速把表面烤熟、烤硬，但其内部仍将是生的。里窝那烤饼或许不像比萨船型蛋糕那样清淡，但只要您按照本食谱认真操作，就能做出比船型蛋糕可口美味得多的烤饼。

599 | 海绵蛋糕

6个鸡蛋

170克细糖粉

170克匈牙利面粉或其他非常精细的面粉

柠檬皮（可选）

混合糖和蛋黄并搅拌均匀，随后放入干面粉（烤干或晒干），和一个面团。将面团揉搓半小时左右，加两匙已打发的蛋清软化它，再加入剩余的其他食材并慢慢搅拌。

您也可以像**食谱586**"那不勒斯风味蛋糕"中描述的那样边加热边搅拌鸡蛋。

把面团放入烤箱中烤熟即可。

600 | 甜糕

6个鸡蛋

250克糖粉

100克小麦粉

50克马铃薯粉

30克黄油

少许柠檬皮

将加了糖的蛋黄搅匀，放入一匙两种面粉的混合物，用勺子搅拌至少半个小时。把蛋清打发，倒入混合物中并慢慢搅拌。待蛋清与混合物充分融合后，借助网筛把两种已被晒干或烤干的面粉筛进混合物中。取1个混合物盛在其中高度约为3指的烤盘，往里涂一层冷黄油，再铺一层糖粉和面粉。把混合物倒进烤盘里，放入烤箱或乡村式烤炉中烘焙。您也可以按以下描述往面糊中掺入打发的蛋清，此方法适用于所有需用到蛋清的糕点：先把放了糖的蛋黄搅匀，随后加入面粉并充分搅拌。将蛋清打发，舀两匙进混合物里软化它，再倒入剩下的蛋清，动作轻缓地搅拌混合所有食材。

601 | 巧克力甜糕

6 个鸡蛋

200 克糖粉

150 克面粉

50 克香草味的巧克力

巧克力磨碎，与糖和蛋黄一起放入一个小盆子里，用勺子搅拌，接着加入面粉，继续搅拌以上食材。最后，倒入打发的蛋清，动作轻缓地混合所有食材。按**食谱600**中的描述将混合物烤熟。

602 | 油渣面包

500 克面粉

200 克细糖粉

160 克黄油

150 克油渣

60 克猪油

4 汤匙马沙拉或其他种类的白葡萄酒

2 个全蛋

2 个蛋黄

少许柠檬皮

将上述食材和成面团——不要揉搓太久——并放入切碎的油渣。把面团平铺在涂有猪油的铜制烤盘里，用指关节将凸出的部分压平，不要让面团的高度超过1指。

若您想分块食用面包，请先拿刀尖把面团分割成数块，再将其放入烤箱。面团烤至半熟时再重复一次前述操作，因为切口很容易合拢。面包烤好后撒糖粉食用。

603 | 德国风味面包

120克糖

30克切成小块的蜜饯

120克细面包糠

30克苏丹娜葡萄

少许柠檬皮

将加了糖的蛋黄打至颜色发白，随后放入面包糠、蜜饯、葡萄和已被打成固态的蛋清。动作轻缓地混合所有食材，以免使蛋清消泡。接着，把混合物倒进涂有黄油，撒有面粉或面包糠的烤盘里，铺开呈2指高，放入烤箱烘焙。此面包烤好并撒上糖粉后，看起来就像海绵蛋糕一样。

如果您想做十至十二人份的德国风味蛋糕，请将上述食材用量翻倍。

604 | 玛丽埃塔大蛋糕

玛丽埃塔不仅是个好厨师，还是个诚实善良的女人。这种蛋糕是她教我做的，自然也该以她的名字命名。

300 克精细的面粉

100 克黄油

80 克糖

80 克苏丹娜葡萄

1 个全蛋

2 个蛋黄

一小撮盐

10 克塔塔粉

一匙（即约5克）小苏打

20 克切成小块的糖渍水果

少许柠檬皮

200 毫升牛奶

冬季时，用水浴加热法熔化黄油，一点点往里加面粉和牛奶，再放入除葡萄、塔塔粉和小苏打外的其他食材，搅拌至少半个小时。边搅边根据情况倒入牛奶，确保混合物浓稠度适中——既不太稀，也不太干，最后放入葡萄、塔塔粉和小苏打。为确保混合物发酵膨胀时不会外溢，且烤好后呈圆柱形，请选用深度大于宽度，容积是混合物体积两倍的光滑圆形模具。往模具内壁涂上黄油，撒一层面粉和糖粉，倒入混合物，放进烤箱烘焙。若操作得当，烤好的蛋糕应充分蓬松胀大，有一个布满裂纹的圆顶。玛丽埃塔大蛋糕非常值得一试，因为它比市面上出售的米兰式大蛋糕味道更好，制作起来也更简便。

605 | 博洛尼亚风味面包

这是一款能为传统博洛尼亚式烹饪增光添彩的面包。它本身吃起来就很美味，也适合浸泡在各种液体中。

500 克面粉

180 克糖粉

180 克黄油

70 克泽比波葡萄干

50 克粗切松子

30 克切成小块的糖渍香橼

8 克塔塔粉

4 克小苏打

2 个鸡蛋

100 毫升牛奶

在面板上将糖粉和面粉堆成一座小丘，按出一处凹陷，往里放入黄油、鸡蛋和混有塔塔粉与小苏打的温热牛奶，您会发现它们已经开始发酵了。混合这些食材，和成 1 个匀质面团，随后把面团摊开，加入松子、糖渍水果和葡萄干。

再次揉搓面团。待前述调味品均匀散开后，把面团分成 2 个略高于 1 指的梭形面块。在它们的表面涂刷一层蛋黄，迅速放入烤箱或乡村式烤炉中烘焙。

606 | 甜甜圈或环形面包（一）

1700 克精细的面粉

300 克糖

200 克发面团

150 克黄油

50 克猪油

400 毫升牛奶

200毫升马沙拉白葡萄酒

两匙朗姆酒

6个鸡蛋

一匙小苏打

一小撮盐

少许柠檬皮

您若精准地遵循上述食材用量，应能和出1个软硬适中的面团。

我已在前文说过，所谓发面团是指提前准备好，用于帮助面包发酵的面团。

柠檬皮应来自于新摘的柠檬。

将发面团与200毫升牛奶放进一个盆子里，再加适量面粉和成1个软硬适中的面团。接着，往盆子里倒一层厚约1指的面粉，把刚做好的面团放在上面。把盆子放在一个温暖且不透风的地方，待面团发好后（需要8~10个小时，具体时间会随季节变化），倒入剩下的200毫升牛奶和适量面粉，和1个更大的面团。等新的面团也充分发酵膨胀后（同样需要8~10个小时），把它放在面板上，加入包括剩余面粉在内的所有食材。用力揉搓面团，直到它变得光滑且质地均匀。

准备一些铁制烤盘或镀锡铜盘，在里面涂上猪油并撒一层面粉。将前述面团做成数个任意大小的面环，摆放在烤盘里，面环之间留出一定的空隙。把面环放在厨房或其他温暖的地方发酵，待它们充分膨胀后，用刀尖在其表面划出长长的口子，刷一层鸡蛋液，撒上被捣成小块的冰糖。

用烤箱以适宜的温度烘焙面环。

在天气寒冷的冬季，最好用温牛奶和面，并将面环放进烘箱里发酵。上述食材量的一半就足够您做出4个重约350克的甜甜圈。您若喜欢，也可以把它们做得更小。

607 | 甜甜圈或环形面包（二）

这种烹制甜甜圈的方法比前一条食谱更加简便。

> 500克匈牙利面粉
>
> 180克糖
>
> 90克黄油
>
> 15克塔塔粉
>
> 5克小苏打
>
> 2个鸡蛋
>
> 少许切成小块的柠檬皮/茴芹/糖渍水果

在面粉堆上按出一处凹陷，放入糖、鸡蛋和熔化的黄油，再加适量牛奶，和1个软硬适中的面团，充分揉搓它。

最后，加入塔塔粉、小苏打和柠檬皮或其他调味料。

您可以做2个而非1个环形面包。由于面包烤熟后会体积膨胀，请把中间的洞开得大些。在环形面包表面划出几道口子，刷一层蛋黄，放入涂有黄油或猪油的烤盘中，用烤箱或乡村式烤炉烘焙。即使只用一半食材，您也能做出1个相当大的环形面包。

608 | 玛德琳面团

> 130克糖
>
> 80克精细的面粉
>
> 30克黄油
>
> 4个蛋黄
>
> 3个蛋清

一撮小苏打

少许柠檬皮

　　将糖加进蛋黄中，打至颜色变白时放入面粉，继续搅拌至少一刻钟。最后，往面团中加入黄油（冬天需要先加热熔化）和打发的蛋清。

　　提前将面粉烤干，如果在夏天，则可以放在阳光下晒干。

　　将面团分成小块。您可以把面块做成任意不同的形状，只要保证它们小且薄即可。有人使用涂有黄油，撒有面粉的模具分割面团，还有人把面团平铺在烤盘里，令其高度不超过1指，烤熟后切成菱形小块，撒糖粉食用。您也可以把面团分成不到半指高的菱形小块，两两贴在一起，中间夹上水果蜜饯。

609 ｜ 那不勒斯风味酥皮馅饼

使用**食谱589配方A**中的一半食材或完全遵照配方B制作酥皮。

150克乳清奶酪

70克甜杏仁

3个苦杏仁

50克糖

20克面粉

1个全蛋

1个蛋黄

少许柠檬皮或香草

半杯牛奶

　　用牛奶、糖、面粉和全蛋烹制奶油。当奶油已做好且仍在沸腾时，加入蛋黄、柠檬皮或香草、乳清奶酪和去皮捣碎的杏仁。充分混合前述食材，随后将混合物填塞进2块带有同样花纹的酥皮之间，涂刷一层蛋黄。如您所知，酥皮馅饼应在烤箱中烤熟后撒上糖粉，放凉食用。在我看来，这是一道美味可口的甜点。

610 | 大肚馅饼

用以下食材烹制奶油：

250毫升牛奶

60克糖

30克淀粉

2个蛋黄

任何您喜欢的调味料

奶油做好后趁热加入：

30克整颗松子

80克葡萄干

像烹饪那不勒斯风味酥皮馅饼时那样，将混合物填塞进酥皮中烘焙。

611 | 英式四分蛋糕 [5]

5个鸡蛋以及与鸡蛋重量相等的糖和面粉

5　译注：传统上，四分蛋糕（quattro quarti）只由同样重量的面粉、黄油、糖和鸡蛋烹制而成，因此得名。其英译名为"磅蛋糕"。

200 克葡萄干

200 克黄油

30 克切成小块的糖渍水果

一匙小苏打

把鸡蛋、糖和面粉混合在一起，用勺子搅拌约半小时。将混合物静置 1~2 个小时，然后加入黄油（用水浴加热法加热熔化）、小苏打、葡萄干和糖渍水果。把混合物倒进涂有黄油，撒有面粉和糖粉的烤盘或光滑模具里，放入烤箱中烘焙。

葡萄干常带有砂砾，因此请提前将它们洗净并擦干。说起葡萄干，我便禁不住想谈谈人所共知的意大利人的懒惰。譬如，他们总要向外国购买那些明明可以在自家院子里种出来的东西。罗马涅南部乡村地区出产一种小粒无籽黑葡萄，当地人称之为"罗马妮娜"。我自己在家烹饪时常会用到它。罗马妮娜葡萄干看起来与其他葡萄干并无区别，但它的质量更好，且不带任何砂砾。将葡萄粒摊开摆放，置于烘箱中 7~8 天，烘干后去掉干梗。

612 │ 意式四分蛋糕

这种蛋糕的烹制方法与上一条食谱相同，只是用柠檬皮取代了蜜饯，用 100 克混有苦杏仁的甜杏仁代替葡萄干。做意式四分蛋糕也要用到小苏打，因为它能使糕点更加松软。杏仁焯水去皮，晒干或烤干后与两匙糖混合并捣碎。把它们放入混合物之前，还需再加一点干面粉。若不这样做，杏仁很可能会粘在一起。用于烹制四分蛋糕的面团需经过长时间揉搓，加入黄油前后均如此。我的厨师实验发现，揉面时把装有面团的盆子浸泡在热水里效果更好，这对于其他类似的面团同样适用。倘若烹饪得当，这将是一道非常美味的糕点。

613 | 杏仁蛋糕

3 个鸡蛋

与鸡蛋等重的糖

125 克马铃薯粉

125 克黄油

125 克甜杏仁

3 颗苦杏仁

少许磨碎的柠檬皮

杏仁焯水去皮，晒干或烤干后与前述1/3与鸡蛋等重的糖一起放入臼中捣碎。把剩余的糖和柠檬皮加进蛋黄里，用勺子搅拌至颜色发白，再放入马铃薯粉、碎杏仁和熔化的黄油并继续搅拌。最后，倒入打发的蛋清。将所有食材混合均匀，放入乡村式烤炉中烤熟，放置冷却后，撒上糖粉食用。

选用直径约为22厘米的烤盘能令杏仁蛋糕拥有恰到好处的高度。您可以用前述黄油涂抹烤盘内壁，此外——如您所知——还应往烤盘里撒一层面粉与糖粉的混合物。杏仁蛋糕口感细腻，可供8人食用。

614 | 果酱奥菲莱

"奥菲莱"是罗马涅方言词汇。如果我没有记错的话，伦巴第方言中也有这个词。它可能来源于古词"offa"，意思是用二粒小麦粉和其他各种食材制成的扁平蛋糕或面包。

"把奥菲莱扔给刻耳柏洛斯（Dar l'offa al cerbero）"[6]，是一个很合时

6　译注：神话中看守地狱的三头恶犬。

宜的表达，可以用来形容如今那些——而且这样的人不在少数——寻求
公职以便能享用公共资金，中饱私囊的人。不过，我们最好还是回到奥
菲莱上来。

  500克红苹果

  125克糖粉

  30克糖渍水果

  两匙肉桂粉

苹果削皮、去核，切成尽可能薄的片。把苹果片放进深平底锅里，
倒入2杯水烹煮它们，边煮边用勺子碾压、搅拌果肉。红苹果果肉坚实，
所以需要加水烹煮。如果水蒸发殆尽，就再倒一些进去。苹果煮成糊状
后放糖，尝尝看甜度是否合适，因为水果的酸度会随其成熟度变化。最
后，加入切成小块的糖渍水果和肉桂粉，搅拌均匀。

根据食谱589配方A中的描述制作酥皮面团，并用擀面杖将其擀成厚
度与斯库多硬币相当的面皮。接着，用如下页图所示的圆形带花边模具
把面皮分割成许多小片。将苹果糊放在一张面片上，再盖上另一张，润
湿面片边缘以使它们粘连在一起。用有条状纹饰的擀面杖在上方面片上
印出花纹，涂刷一层蛋黄，放入烤箱烤熟后撒糖粉食用。

果酱奥菲莱模具

---

615 | 杏仁奥菲莱

制作杏仁奥菲莱需使用与上一条食谱相同的酥皮面团，但填馅应选取**食谱579**中描述的甜味杏仁馅料而非果酱。如果您没有糖渍橙子，可以用新鲜的橙子皮代替，它的味道也非常好。您可以把杏仁奥菲莱做成与前述点心不同的形状以作区分。我一般使用如下页图所示的模具把酥皮分割成小块面皮，包裹馅料后从中对折，制成带扇形花边的半月形点心。

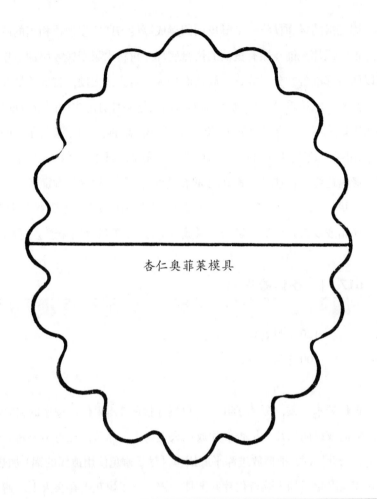

杏仁奥菲莱模具

---

616 │ 派

我所说的"派"是指包裹着水果蜜饯或奶油的酥皮馅饼。

用**食谱589**配方 B 中的所有食材, 或取配方 A 中食材用量的一半制作酥皮面团。不论您选择哪一种, 都应至少使用 1 个全蛋和 1 个蛋黄。单独留出一点鸡蛋液不加进面团里, 以便稍后涂刷在派表面。烹制这种糕点时, 往酥皮面团里加一些诸如柠檬皮或橙花水之类的调味品是个不错的主意。实际上, 最好的选择是**食谱589**中的配方 C。

用光滑的擀面杖将一半酥皮面团擀成厚度与斯库多硬币相当的圆面片。把圆面片平铺在涂有黄油的烤盘底部，再将水果蜜饯或奶油（您也可以两者都准备并分开放置）放在面片上。若蜜饯太硬，就提前加几勺水将其煮软。接着，用带条状纹饰的擀面杖把一部分酥皮面团擀成面皮。将面皮切成不到1指宽的条状，纵横交错地铺盖在馅料上，条与条之间距离应相同，交汇成网格的形状。最后，将剩余的酥皮面团搓成长条，围放在烤盘边缘，盖住已放置好的面条的两端。提前用水浸湿面条，这样它就能更好地与其余部分粘连。将此前留待备用的鸡蛋液刷在派表面，放入烤箱或乡村式烤炉中烘焙。派放置1天或2天后食用味道会更好。

---

617 | 杏仁糖片

120克甜杏仁
100克糖粉

杏仁焯水去皮，分离子叶——自然连接的2瓣果仁，按您的喜好将其沿横向或纵向切片。把杏仁片放在火上烤干、烤黄，注意不要将它烤焦了。与此同时，把糖放进深平底锅里（尽量避免使用镀锡的锅）加热，待它完全融化后加入热杏仁片并搅拌。铲一铲子煤灰盖在炭火上，避免杏仁因温度过高而变苦。继续加热杏仁糖，当它呈现肉桂色时就说明火候已到了。把杏仁糖一点点倒入任意涂有黄油或橄榄油的模具中。用1个柠檬将糖浆压向模具内壁，使它尽可能延展得宽而薄。糖片凝结后，将其从模具中取出。如果您觉得取糖片太过费劲，可将模具浸入沸水中。有人习惯把杏仁放在太阳下晒干并用弯月刀切碎，再把碎杏仁和一块黄油一起放进糖液里。

这种甜点可被更恰当地称为"填馅海绵蛋糕"，它是糕点店橱窗里一道靓丽的风景线。对于那些没有学习过烘焙技艺的人来说，它看起来可能太过花哨，但做起来其实一点也不难。

用以下食材制作海绵蛋糕。把面团放入一个涂有黄油，撒有面粉的大烤盘（尽可能选用长方形的）里，平铺成半指高，用烤箱或烤炉烘焙。

> 200克糖粉
>
> 170克精细的面粉
>
> 6个鸡蛋

有的烹饪书建议在做英式甜肠或类似糕点前，先将面粉晒干或烘干。这或许是为了让糕点更加松软。

把糖加进蛋黄里，搅拌约半小时，随后倒入蛋清并彻底打发。借助滤网把面粉轻轻筛进打发的蛋液里，动作轻缓地搅拌均匀。您也可以参考**食谱588**中描述的方法和面团。

将烤好的海绵蛋糕从烤箱中取出，趁热把一部分蛋糕切成足量宽2厘米，长度与剩余的海绵蛋糕相同的长条。这些蛋糕条将被用作馅料，我们可以为它们染上不同颜色以提升美观度：往一部分蛋糕条上倒白葡萄干露酒，将它们染成黄色；一部分倒胭脂红利口酒染成红色；最后一部分倒掺有巧克力的白葡萄干露酒染成黑色。把糖水罐头涂抹在此前剩下的整块海绵蛋糕和染色蛋糕条上，再将后者交替叠放在前者正中。糖水有助于增强黏性。把大块海绵蛋糕的边缘向上拉，裹住蛋糕条，卷成1个紧实的蛋糕卷。蛋糕卷被切开后，您将能在其横切面看见五颜六色的小格子。

您也可以按下述方法为您的家人做一个简化版本的蛋糕。仅用前文食材用量的一半就能做出一个相当大的蛋糕了。

往海绵蛋糕上洒一些干露葡萄酒，再涂抹上糖水水果——不管是榅桲、杏还是桃子都行。接着，把蜜饯切成细条，摆放在海绵蛋糕中间，卷成1个蛋糕卷。无论您选择哪种烹饪方法，都可以像糕点师那样用糖霜或巧克力装饰蛋糕卷顶部。那些先生们知道该如何做出完美的糖霜，因为他们掌握着不愿外传的特殊秘方。不过，我恰好了解一点儿这项特别的技艺，您能在**食谱789**中找到相关描述。在此之前，您只能暂时满足于下述方法了。它虽不完美，但简单易行：

混合糖粉与蛋清，充分搅拌至蛋清变为固态。把打发的蛋清均匀地涂抹在蛋糕表面，或将其装入裱花袋，从底部的小孔挤出，画出任何您喜欢的图案。若想要深色糖霜，就把60克糖粉、30克巧克力粉和蛋清混合在一起，充分打发后涂在蛋糕卷上。如果蛋清层无法自然凝结，就将蛋糕放入烤箱，中温烘干。

619 | 锡耶纳小马

锡耶纳的特色甜点有锡耶纳硬面包、锡耶纳杏仁点心、锡耶纳小马和库帕得。如下图所示，锡耶纳小马是一种形状像穆斯塔乔利的小面点。它和马没什么关系，实际上，我认为连锡耶纳人都不知道它为什么叫这个名字。众所周知，锡耶纳充斥着三样东西：塔楼、钟声和马背枪赛。

锡耶纳小马

此处，我想为诸位提供一个可堪模仿的食谱，它与正宗的锡耶纳小马并非百分百一致，两者的味道基本相同，但操作上仍有可改进之处，这也是无可避免的。再高明的模仿都会存在瑕疵，试图大规模制造某种配方秘不外传的东西时尤其如此。

> 300 克面粉
>
> 300 克黄糖
>
> 100 克去壳核桃仁
>
> 50 克糖渍橙子
>
> 15 克茴芹
>
> 5 克香料和肉桂粉

核桃切成与野豌豆大小相仿的小块。糖渍橙子切丁。

把黄糖放进锅里，加 100 克水熬煮。待黄糖熔化至可以拉丝的程度时，放入其他所有食材并充分混合。将热的混合物倒在铺有面粉的面板上，再加一些面粉，和 1 个软硬适中的面团，随后把面团分成小块，做成如上图所示的形状。上述食材应足够您做出超 40 个锡耶纳小马。由于含糖量较高，面团质地将会颇为黏稠，您可以撒些干面粉在上面。把做好的锡耶纳小马盛在烤盘里，不再添加其他调味料，放入烤箱以中温烘焙。熬糖时要小心控制火候，因为糖一旦熬得太过就会发黑。用拇指和食指捻起一点糖，如果能拉出丝线，就说明它（至少对本食谱而言）已熬好了。

---

620 │ 锡耶纳风味杏仁点心

> 220 克细白糖
>
> 200 克甜杏仁
>
> 20 克苦杏仁

2个蛋清

少许橘子皮

　　杏仁焯水去皮后晒干或烘干，放进臼里，边研磨边一点点加入两匙糖。随后倒入剩余的所有糖并充分搅拌。

　　在任意容器中将蛋清打发，加磨碎的杏仁和橙皮，用勺子搅拌均匀。把混合物倒在铺有一层薄薄的面粉的面板上，加少量面粉和成面团，用擀面杖将其擀成半指厚的柔软面饼。把面饼分割成16~19个如下图所示的面片。按以下方式烘焙：

　　取一个烤盘，在盘底铺一层厚度与斯库多硬币相当的麦麸，盖上一层薄脆饼，再放入杏仁点心。把烤盘放进烤箱，中温烘焙以使杏仁点心保持柔软。若您没有烤箱，则最好用乡村式烤炉代替。

　　杏仁点心烤好后，切掉突出其边缘的薄脆饼。用此方法，您将能做出品质最上乘的锡耶纳风味杏仁点心。

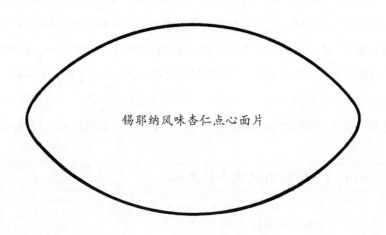

锡耶纳风味杏仁点心面片

621 | 薄脆饼

往锅里放入：

80克面粉

30克黄糖

20克微微温热的猪油

7匙冷水

将面粉和糖溶于水中，随后放入猪油。

把铁制饼铛放在炉子上预热，热好后掀开盖子，每次倒入半勺面糊，合上饼铛的盖子，两面交替翻转加热，用刀刮除渗出的面糊。当您预计薄饼已经变成浅褐色时，用刀抬起饼铛的盖子。借助刀尖撬起薄饼一角，并立即用一根小棍子或手将薄饼卷起来。此操作可以直接在饼铛上完成，也可以先把薄饼拿到放在炉膛里的一块布上，但动作一定要快，因为薄饼一旦冷却就无法再卷起来了。时不时往饼铛上涂抹猪油以防薄饼粘连。若面糊太稀，薄饼无法被完整地取出，就多往面糊里加些面粉。

如您所知，薄脆饼可以单独食用，但搭配浓奶油或生蛋奶糊以及牛奶布蕾（**食谱692**）或葡萄牙风味牛奶（**食谱693**）味道更佳。

622 | 罗马风味甜豆（亡灵豆）

这种面点通常是为纪念逝者而烹制的。它们取代了过去和火腿骨一起烹煮的巴亚豆——菜园里种出来的蚕豆。这一习俗应起源于遥远的古代，那时蚕豆被当作献给三位帕尔开、普鲁托和普罗塞耳皮娜[7]的祭品，

7　译注：分别是罗马神话中的三位命运女神、冥王和冥王的妻子。

并因被用在这些迷信仪式中而闻名。食用蚕豆在古埃及人看来是一种禁忌，他们不种植蚕豆，也不用手触摸它。古埃及祭司甚至不敢把眼神投向蚕豆，因为他们认为这是一种肮脏可怖的东西。蚕豆——尤其是黑蚕豆——常被用作丧葬祭品，人们相信它们能像冥府之门那样锁住亡灵。

在驱灵节[8]期间，人们会一边抛撒黑蚕豆一边敲打铜制器皿，以将先人的灵魂、怨魂和冥府神赶出家门。

费斯图斯[9]声称蚕豆花上有象征丧葬的标志。据说，用蚕豆作祭品的习俗是毕达哥拉斯禁止学生食用蚕豆的原因之一，另一个原因是防止他们参与政府事务，因为蚕豆也曾被当作选票。

罗马风味甜豆有多种烹饪方式，接下来我要向诸位介绍三种配方：前两个较为家常，第三个则更加精致。

配方 A

200 克面粉

100 克糖

100 克甜杏仁

30 克黄油

1 个鸡蛋

少许调味料，如柠檬皮、肉桂或橙花水

配方 B

200 克甜杏仁

100 克面粉

100 克糖

---

8 译注：又称勒穆里亚（Lemuria），古罗马节日，人们会在每年5月的9日、11日、13日举办仪式驱除亡灵或怨魂。

9 译注：费斯图斯（Sextus Pompeius Festus），古罗马语法学家。

30 克黄油

1 个鸡蛋

少许调味料，同上

配方 C：

200 克甜杏仁

200 克糖粉

2 个蛋清

柠檬皮或其他调味品

若您选择前两种配方，请将杏仁去皮，与糖一起捣碎至只有米粒的一半大小。把它们和其他所有配料放在面粉堆中间，根据需要添加葡萄干露酒或白兰地，和 1 个柔软的面团。接着，用面团做 60~70 个形状像大号蚕豆的面块。把小面块摆在涂有猪油或黄油，撒有面粉的铜制烤盘里，刷一层鸡蛋液，放入烤箱或乡村式烤炉中烘烤。请记住，由于这些面块的体积很小，它们会熟得非常快。若您选择第三种配方，请将杏仁晒干或烤干，放进臼中捣碎，一边捣，一边一点点倒入蛋清。最后加入糖粉，用沾有面粉的手把几种食材搅拌均匀。将混合物倒在铺有一层薄薄的面粉的面板上，搓成 1 条长面卷。把长面卷切成 40 个（或更多）小块，将它们揉成蚕豆的形状，按前文描述的方法烘焙。

623 | 榲桲果酱

3000 克榲桲

2000 克细白糖

倒水没过榲桲，放在火上烹煮。榲桲开始开裂时将它捞出，削去果皮，尽量把所有果肉都刮下来，捣碎并用网筛过滤。把经过滤的果肉和糖一起放回锅里，边加热边不断搅拌，以免粘锅。此过程一般需要7~8分钟。不过，一旦您用漏勺盛起榅桲果肉时它会从网眼中漏下来，就说明可以关火了。您可以把煮好的糖水榅桲保存在罐子里，当蜜饯使用。以此方法做出的糖渍榅桲比**食谱741**中描述的那种色泽更白，但它的香味偏淡，因为水煮会使水果的部分香味流失。

若您想做榅桲果酱，就把煮好的果肉倒在一块板子上，平铺成厚度与斯库多硬币相仿的一层，放在太阳下晒干。不过，要记得用一块薄布盖住榅桲，因为它也是苍蝇和黄蜂的最爱。榅桲果肉上表层凝固后，把它切成类似巧克力块的小块，随用刀将其撬起，翻面晾晒。

如果您希望做好的榅桲果酱有不同的形状，可以找一些双面开口的小锡模，把煮好的果肉填进去，抹平，小心地刮去突出模具的多余部分，再将它们放在板子上，像前文描述的那样晒干。

只要您想，还可以为榅桲果酱块裹一层糖霜。将100克白糖与两匙水放进锅里熬煮，煮至糖水浓度适中——用两根手指捻起一点糖水能拉出丝线——后，用小刷子把它涂抹在每一块榅桲果酱上。最好挑一个不潮湿的日子进行此操作。若您正涂刷糖水时它开始凝结，就将其倒回锅里，再加少量水煮开。上方及侧面的糖霜凝固后，将榅桲果酱块翻面，往另一面涂刷糖水。

---

624 | 鹰嘴豆饼

这是一种常在四旬斋期间做的糕点。

　　300克干鹰嘴豆（我强调干鹰嘴豆是因为托斯卡纳人会将它放入腌鳕鱼的腌汁中泡软后出售）

把鹰嘴豆放在凉水中浸泡一晚。第二天早上，把鹰嘴豆和7~8个干栗子放入陶罐，倒凉水烹煮，再加一小块重约3克的小苏打——这就是人们所说的能使鹰嘴豆更易煮熟的"秘方"。您也可以用碱水代替小苏打。提前一天晚上把鹰嘴豆放进容器里，拿一块厨用纱布盖住容器开口，再铲一铲炭灰放在布上。透过厨用纱布往容器里倒开水，直到鹰嘴豆被淹没。第二天早上，把鹰嘴豆从碱水中捞出，用清水彻底冲洗干净，再放进锅里烹煮。鹰嘴豆煮熟后取出，连同栗子一起用网筛过滤一道。如果使用了小苏打或碱水的"秘方"后鹰嘴豆仍然发硬，可将其放入臼中捣碎。往鹰嘴豆和栗子泥中加一小撮盐、足以软化混合物的浓缩葡萄汁、半罐萨维尼亚诺芥子蜜饯或**食谱788**中描述的托斯卡纳风味芥子水果蜜饯、40克切成小块的糖渍水果、（若加了芥子蜜饯后甜度仍然不足）一点糖以及两匙肉桂粉。

俗话说，若你没有马，就设法让驴子跑起来，也即，在当下情境中，如果您既没有浓缩葡萄汁，也没有芥子蜜饯（就我的口味而言，罗马涅萨维尼亚诺地区出产的芥子蜜饯是最好的），就用80克糖代替前者，7克溶于煮鹰嘴豆的热水中的芥子粉代替后者。现在，让我们来说说包裹鹰嘴豆栗子馅所需的面团。您可以将**食谱595**中介绍的食材用量减半制作面团，也可以使用以下材料：

270 克面粉

20 克黄油

15 克糖

1 个鸡蛋

3 匙的马沙拉或其他种类的白葡萄酒

一小撮盐

把面团擀成厚度与半个斯库多硬币相当的面片，再用**食谱614**中展示的圆形带花边模具将其分割成许多小片。往小面片中填满馅料，对折并捏紧边缘，将每个面饼捏成月牙形。用猪油或橄榄油把小面饼炸熟，撒糖粉食用。

煮鹰嘴豆剩下的汤汁可以拿来做浓汤。您也可以像托斯卡纳人那样，用它烹煮从商店里买回来的面条。

这些炸饼非常好吃，以至于没有人能猜到它们是用鹰嘴豆做的。

625 | 葡萄牙风味蛋糕

这是一种口感细腻柔软的糕点。

150 克甜杏仁

150 克糖

50 克马铃薯粉

3 个鸡蛋

1.5 个橙子

杏仁去皮，与一匙糖一起放入臼中捣碎。蛋黄加糖搅匀，再放入面粉和碎杏仁。接着，把橙子汁挤进混合物里，并将 1 个橙子的外皮一并切碎放入。最后，倒入打发的蛋清。把混合物倒进一个涂有黄油的纸盒子里，纸盒大小应使混合物盛在其中呈 1 指半高，放入烤箱以适宜的温度烘焙。蛋糕烤好后，裹上一层**食谱789**中提到的白色糖霜。

626 | 蛋白杏仁饼 （一）

250 克白糖粉

100 克甜杏仁

50 克苦杏仁

2 个蛋清

杏仁焯水去皮，晒干或烘干后用弯月刀切碎。把糖粉加进蛋清里，搅拌至少半个小时，再放入碎杏仁。把混合物和成 1 个坚实的面团，再揉成许多个大小与小核桃相当的面球。如果面团太软，可以多放一些糖，如果太硬则加一些打发了的蛋清。若您希望蛋白杏仁饼呈棕色，可以往混合物中加一点焦糖并搅匀。

把做好的面球压成厚约 1 厘米的小面饼。将小面饼摆在薄脆饼或小纸片上，也可以放进涂有黄油，撒有面粉和糖粉的烤盘中。请确保小面饼之间有足够的间隔，因为它们会在保持空心的情况下发胀膨大。将小面饼放入烤箱，以适宜的温度烘烤。

627 | 蛋白杏仁饼（二）

这是蛋白杏仁饼的另一种做法，我认为它比前一种更好，也更简便。

300 克白糖粉

180 克甜杏仁

20 克苦杏仁

2 个蛋清

杏仁焯水去皮，晒干或烘干后放进臼里捣碎。在此过程中，分多次放入 1 个蛋清，再加 150 克白糖粉，单手将几种食材混合在一起。把混合物倒进容器里，继续用手搅拌以使各种成分充分混合，最后依次放入半个蛋清、另 150 克糖和最后半个蛋清。

用上述混合物和 1 个软硬适中的均质面团。将面团揉搓成长圆柱条，再切成许多大小相等的小块。把您的手沾湿，逐个将面块揉成核桃大小的小球。接着，把小球压平成厚约1厘米的小饼，按照上一条食谱中的描述将它们烤熟。不过，这次先撒糖粉，再把小面饼放进烤箱——请注意，我说的是烤箱而非乡村式烤炉，后者不适用于烘焙这种点心。用前述食材，您将能做出30多个蛋白杏仁饼。

628 | 杏仁酥点

按照**食谱589**配方C所述制作酥皮。

参照**食谱579**，用如下食材制作甜味杏仁馅料：

> 180克去皮甜杏仁
>
> 3颗去皮苦杏仁
>
> 150克糖
>
> 25克黄油
>
> 25克糖渍橙子
>
> 1个蛋黄
>
> 几匙水

取一些您烹制黄油鸡蛋面包时使用的模具——您若有更小的模具当然更好。往模具内壁抹一层黄油，把厚度与斯库多硬币相当的酥皮铺在其底部，随后填入甜味杏仁馅料。将酥皮边缘合拢，用一点水润湿它，再盖上一层酥皮。为包好的点心刷上一层蛋黄，将其放入烤箱或乡村式烤炉中烘焙，撒糖粉食用。

上述食材足够您做出16~18个杏仁酥点。

629 | 粗粒小麦粉面点

180 克粗粒小麦粉

100 克糖

50 克松子

20 克黄油

800 毫升牛奶

4 个鸡蛋

一小撮盐

少许柠檬皮

用牛奶烹煮粗粒小麦粉，当它逐渐变稠后，依次放入在臼中捣碎的松子和糖、黄油、盐和柠檬皮。混合物冷却后，加入鸡蛋并搅拌均匀。此后的烹饪步骤与**食谱630**"米粉点心"相同。

上述食材足够您做出18~20个粗粒小麦粉面点。

食用粗粒小麦粉面点前，先在上面撒一层糖粉。

630 | 米粉点心

150 克大米

70 克糖

30 克黄油

30 克糖渍水果

800 毫升牛奶

3 个鸡蛋

两匙朗姆酒

一小撮盐

用牛奶将大米彻底煮熟，烹饪过程中请时不时搅动大米以避免其粘锅。米饭煮至七成熟时，放入糖、黄油、盐和切成小块的蜜饯。混合物煮好后静置冷却，再依次加入朗姆酒、蛋黄和打发的蛋清。

取一些您烹制黄油鸡蛋面包时使用的模具，往其内壁上涂抹黄油，撒一层面包糠，再倒入前述混合物，放进乡村式烤炉中烘焙。米粉点心热食风味更佳。

上述食材将足够您做出12~14个米粉点心。

---

631 | **贝奈特饼**

150克水

100克面粉

10克黄油

3个全蛋

1个蛋黄

适量盐

将水烧开，一次性倒入所有面粉并迅速搅拌。接着放入黄油，边搅拌边烹煮10分钟，您就会得到1个结实的面团。把面团拉伸至手指粗细，放入臼中与1个鸡蛋一起研磨，使其稍稍软化。随后，把面团放进一个小盆子里，逐个加入剩余的鸡蛋，持续用勺子搅拌至蛋清膨起，混合物变成顺滑的膏糊状。将混合物静置几个小时，然后用勺子把它一勺一勺地（应能盛出10~12勺）舀进涂有黄油的烤盘里。将1个蛋黄打匀，加一点蛋清以使其更富流动性，并用一把小刷子将蛋液刷在混合物上（这一步并不是必需的），放入已预热好的烤箱中烘焙。贝奈特饼烤好后，用小刀在它的侧面划一道口子或在底部割出一个半圆，填入奶油或水果蜜饯，撒上糖粉食用。

我想提醒您的是，为了让面团能更好地发酵，搅动它时请上下移动勺子，不要转圈搅拌。

632 | 贝里吉尼

贝里吉尼是一种甜食，也是一种托斯卡纳的特色小吃。在当地集市和节日庆典上，您总是能找到这种现场制售的圆形扁饼。

> 2 个鸡蛋
> 120 克糖
> 10 克茴芹
> 一小撮盐
> 适量面粉

将上述食材和成 1 个结实的面团。把面团放在面板上，用手将其充分揉搓后捏成许多核桃大小的面球。将面球压扁，放进铁制饼铛里，每个面球之间留出适当空隙。把铁饼铛架在烧木柴的炉子上烘烤，时不时将其翻面。贝里吉尼烤至变色后即可取出食用。

633 | 蛋清糕

若您有一些多余的蛋清不知该怎样消耗掉才好，可以拿它们来做蛋清糕，这是一种美味的点心。

> 8~9 个蛋清
> 300 克匈牙利面粉
> 150 克糖粉

150 克黄油

　　100 克苏丹娜葡萄

　　10 克塔塔粉

　　5 克小苏打

　　少许香草糖

　　将蛋清打发，加入面粉和糖粉并搅拌均匀，再倒入熔化的黄油。待几种食材充分混合后，加入塔塔粉和小苏打，最后放入苏丹娜葡萄。把混合物倒进涂有黄油，撒有糖粉和面粉的烤盘里（烤盘大小应能令混合物盛在其中呈2指高），放入烤箱或乡村式烤炉中烤熟，放置冷却后食用。

634 ｜ 配茶吃的饼干

　　伍德夫人是一位亲切和蔼的英国女士。她不仅请我喝茶，吃她亲手做的饼干，还十分热情地把茶点的食谱给了我。这些品质在那些自命不凡的厨师身上是很少见的。我已经实践过以下食谱，现将它介绍给诸位。

　　440 克匈牙利或其他精细的面粉

　　160 克马铃薯粉

　　160 克糖粉

　　160 克黄油

　　2 个蛋清

　　适量温牛奶

　　把两种面粉和糖粉混合堆放在面板上。在粉堆中间按出一处凹陷，将蛋清和切成小块的黄油放入其中。先用刀刃再用手搅动所有食材，根据需要添加适量牛奶，直至和成1个相当柔软的面团。此过程将持续半小时左右。拿擀面杖把面团擀成厚度与斯库多硬币相当的面片，再用**食谱7**中提到的圆形模具把它分割成数个小圆盘。拿叉子在每个小圆面盘上戳几个小洞，随后将它们放进涂有黄油的烤盘里，在烤箱或乡村式烤炉中烘焙。

即使将上述食材用量减半也能做出相当数量的饼干。

635 | 猫舌头

这是我从一份来自巴黎的食谱中学到的茶点。

> 100克黄油
>
> 100克白糖粉
>
> 100克匈牙利面粉
>
> 1个蛋清

把黄油放进碗里，用勺子搅动它，依次放入糖、面粉和蛋清，持续搅拌至混合物成为匀质面糊。将面糊装进带直径约1厘米的圆形或方形出孔的裱花枪中，挤在涂有黄油的烤盘上，使其呈长约1指的小段。保持面糊之间的距离，因为它们会在熔化后散开。把烤盘放进乡村式烤炉中，以适宜的温度烘烤。上述食材应够您做出约50块猫舌头饼干。

636 | 沙蛋糕

沙蛋糕也是一种德式甜食。它之所以被称为沙蛋糕是因为它会在口中像沙子一样碎裂。因此，沙蛋糕一般配茶食用，这种饮品有助于增益其口感。当您得知制作沙蛋糕需要2个小时的不间断劳动，而且烹饪地点必须在厨房无风处时，请不要惊慌。天生便更富耐心的女士们——尤其是那些以烹制甜点为乐的人——不会因此而放弃，若有一双强壮的手臂协助她们，这就更不成问题了。

185 克新鲜黄油

185 克糖粉

125 克大米粉

125 克精细淀粉

60 克马铃薯粉

4 个鸡蛋

1/4 个柠檬的汁

一匙白兰地

一匙小苏打

少许香草

所谓精细淀粉就是将质量上乘的普通淀粉进一步磨细。

先将黄油打散，再逐个放入蛋黄，一直沿同一方向搅拌。接着，依次加入糖、白兰地、柠檬汁、面粉和小苏打。将蛋清打发，先放两匙进混合物中软化它，再慢慢放入剩下的部分，搅拌均匀。把混合物倒入一个涂有黄油，撒有糖粉和面粉，大小适中的烤盘里，在烤箱或乡村式烤炉中以适宜的温度烘烤 1 个小时或烤熟即止。

蛋糕和用勺子吃的甜点

TORTE E DOLCI AL CUCCHIAIO

———

1906年7月14日，我正修改本书第十版的校样时收到了以下信件，它是由一位匿名崇拜者从费拉约港（Portoferrario）寄出的。现在，我将它公之于众，并不是为了往自己脸上贴金，而是为了满足这位神秘人的愿望，并博诸君一笑。

尊敬的阿尔图西先生：

一位诗人送了一本您的著作《烹饪中的科学》给我，并在上面附了几句诗，抄录如下。我想，若您的书再版——衷心祝愿这能早日实现——它们或有用处。

诗云：

> 这本书乃是讲养生健康
> 是颂扬人类的味蕾之作
> 有了它人便可寿至期颐

并尽情地享受生活点滴

人世间唯一的真正乐趣（其余的都如同过眼云烟）

被上帝托付给厨师之才

若竟无阿尔图西佳作一本

您只好独叹息自作自受

倘没有用心品此君良言

胜呆驴十倍蠢正是足下

Delia salute e questo il breviario,

L'apoteosi e qui della papilla:

L'uom merce sua pud viver centenario

Centellando la vita a stilla a stilla.

Il solo gaudio uman (gli altri son giuochi)

Dio lo commmise alia virtu de' cuochi;

Onde se stesso ogni infelice accusi

Che non ha in casa il libro dell'Artusi;

E died volte un asino si chiami

Se a mente non ne sa tutti i dettami.

一个仰慕者

637 | 核桃蛋糕

140 克去壳核桃仁

140 克糖粉

140 克磨碎的巧克力或巧克力粉

20 克糖渍香橼

4 个鸡蛋

少许香草糖

把糖粉和核桃仁放入研钵中磨细，随后把它们倒进碗里，依次加入巧克力、香草糖、蛋黄、打发的蛋清和切碎的糖渍香橼。

将混合物放进一个涂有黄油，撒有面包糠的烤盘里，在烤箱或乡村式烤炉中以适宜的温度烘焙。烤盘应足够大，保证混合物盛在里面高度不超过 2 指。我的食客们都认为这是一道非常美味的甜点。

638 | 米糕

1 升牛奶

200 克大米

150 克糖

100 克甜杏仁

4 颗苦杏仁

30 克糖渍香橼

3 个全蛋

5 个蛋黄

少许柠檬皮

一小撮盐

杏仁去皮后与两匙糖一起放入臼中捣碎。

将蜜饯切成极小的碎块。

用牛奶煮熟大米，加入其他调味品，静置冷却后放入鸡蛋并搅拌均匀。将混合物倒进涂有黄油，撒有面包屑的烤盘里，在烤箱中用上下火烘焙。把烤好的米糕静置一夜，第二天将它切成菱形端上餐桌，撒糖粉食用。

639 | 乳清奶酪蛋糕

这种蛋糕的味道与**食谱663**描述的乳清奶酪布丁非常相似，但比后者精致细腻得多。它是罗马涅地区乡村婚宴上最受欢迎的一道菜，比许多由专业糕点师制作的蛋糕还更好。

500 克乳清奶酪

150 克糖

150 克甜杏仁

4~5 颗苦杏仁

4 个全蛋

4 个蛋黄

少许香草

乳清奶酪蛋糕的烹饪方式与**食谱663**中的布丁一样。不过,最好将杏仁捣碎并与蛋清混合后用网筛过滤一道。往烤盘内壁涂抹大量猪油,底部铺上疯面团(**食谱153**),随后倒入混合物(盛在烤盘里约半指高),在烤箱或在乡村式烤炉中用上下火烘焙。我建议您用中温慢烤混合物,并盖上一张涂有黄油的纸作额外保障:乳清蛋糕的美丽之处就在于成品的洁白色泽。蛋糕完全冷却后,把它切成菱形。每块蛋糕下面都垫有一块疯面团,鉴于它的作用主要是使蛋糕整洁美观,您可以随意选择是否食用它。

依照本食谱做出的乳清奶酪蛋糕可供十二甚至更多人食用。

640 | 黄南瓜蛋糕

此蛋糕一般在秋冬季菜市场售卖南瓜时制作。

1 千克南瓜

100 克甜杏仁

100 克糖

30 克黄油

30 克面包糠

500 毫升牛奶

3个鸡蛋

一小撮盐

少许肉桂粉

削掉南瓜皮，去除丝状瓜瓤，随后将它切碎，摆在厨用毛巾上。拢起毛巾四角，隔着毛巾用力挤压南瓜，直到挤出其中的大部分水分。此操作完成后，1千克南瓜的重量应减少到约300克。把剩下的南瓜泥放进锅里用牛奶煮熟。烹煮南瓜将需要约25~40分钟，具体时间取决于您使用的南瓜的品质。与此同时，把去皮杏仁和糖一起放入臼中捣成粉末。南瓜煮好后，加入并混合所有食材——鸡蛋除外，您得等到混合物彻底冷却后再放入鸡蛋。其余烹饪步骤请参见**食谱639**"乳清奶酪蛋糕"。

641 | 马铃薯蛋糕

请不要一见马铃薯蛋糕这个看似别扭的名字就开始发笑。您试一试就会知道，它绝对是一道值得一尝的糕点。若您的客人没尝出这种蛋糕的朴陋本质，就干脆别告诉他们，否则他们会鄙夷它的。

许多人靠他们的幻想而非舌头品尝食物。因此，至少在客人吃下并消化完您所提供的菜肴之前，千万不要提到所谓的劣等食物。哪怕那些食物被人轻视的原因仅仅是它们价格低廉或会引起一些令人反感的联想，但只要处理、烹饪得当，就能成为美味可口的菜肴。说到这儿，让我给你们讲一个故事。有一次，我受邀去参加一个亲友聚会。主人为了给我们留下一个好印象，在端上烤肉时开玩笑说："任谁也没法批评我今天款待不周！光烤肉就有三种：奶饲乳牛肉、鸡肉和兔肉。"一听到"兔肉"这个词，几位客人就皱起了鼻子，另一些则好像惊呆了，还有一个人——主家的一位朋友——说："你是怎么想的？瞧瞧你给我们吃的是什么！至少也别说出来呀，现在我彻底没胃口了。"

在另一场宴会上，当话题偶然转到烤小猪（将一头重50~60千克的猪处理干净，肚子里塞满香料，完整地放进烤炉里烤熟）时，一位女士嚷道："这么肮脏的东西我可吃不下去！"烤小猪是一道在主人家的故乡备受推崇的菜，因此，被这位女士的冒犯之言激怒的主人故意邀请她再来用餐，并为她准备了一份可口的烤猪瘦肉。这位女士不仅吃了，还以为那是一块奶饲乳牛肉，觉得它美味极了。我还能讲出许多类似的故事，后面这位先生的行为尤其令我觉得不吐不快：他曾觉得某个蛋糕非常好吃，连吃了两天仍觉不足。但是，当他发现那蛋糕是由南瓜制成的时候，他不仅再也不肯吃了，还用一种恶狠狠的眼神盯着它，仿佛自己被它冒犯了似的。

马铃薯蛋糕的食谱如下：

> 700克淀粉含量高的大马铃薯
> 150克糖
> 70克甜杏仁
> 3颗苦杏仁
> 5个鸡蛋
> 30克黄油
> 一小撮盐
> 少许柠檬皮

把马铃薯煮熟（蒸熟更佳），趁热去皮并捣成泥状，用网筛过滤一道。杏仁去皮后与糖一起放入臼中碾碎，然后将它们和所有其他食材加进马铃薯泥中，用勺子搅拌整1个小时。接着，逐个打入鸡蛋并倒入融化的黄油。

把混合物倒入涂有黄油或猪油，撒有面包糠的烤盘中，放进烤箱里烘焙，静置冷却后食用。

这种蛋糕的食材组合有些奇怪，因此很长一段时间里我都不确定是否应该向公众介绍此食谱。它既不够格出现在高雅的宴会餐桌上，作为家常菜来说成本又太高了。不过，它在其他方面无可非议。考虑到有些人可能会觉得它颇合口味——我熟知的一家人就很喜欢这种蛋糕，常常烹制它——我将为诸位介绍它的做法。

> 200克炖或烤的纯瘦肉，选用不带筋膜及软骨的公牛肉或小牛肉
>
> 100克巧克力
>
> 100克糖
>
> 50克黄油
>
> 50克松子
>
> 50克苏丹娜葡萄
>
> 25克切碎的糖渍香橼

用弯月刀把肉切碎。

烘烤松子。

把苏丹娜葡萄浸泡在马沙拉白葡萄酒中，预备烹饪前再捞出沥干。

把碎肉放进锅里，用黄油煎至变色后捞出放凉。烹饪过程中请时不时翻动碎肉以免粘锅。

将巧克力磨碎或切碎，与3匙水一起放进锅里加热。巧克力融化后，把糖也加进溶液里。将此液体浇在牛肉上，再放入松子、苏丹娜葡萄和糖渍香橼，搅拌均匀。

现在，用以下食材制作包裹蛋糕的酥皮：

170 克小麦面

80 克玉米粉

80 克糖粉

70 克黄油

25 克猪油

1 个鸡蛋

足量用于和面的马沙拉或其他种类的白葡萄酒

取一个混合物盛在里面不会超过1指高的烤盘。往烤盘里涂抹黄油或猪油，铺一张薄薄的酥皮，倒入混合物，再盖上另一张酥皮。请提前用带条状纹饰的擀面杖为上层酥皮印上花纹。

在酥皮表面刷一层蛋黄，放入烤箱或乡村式烤炉中烘焙。蛋糕烤好后放凉食用。

643 | 粗粒小麦粉蛋糕

1 升牛奶

130 克精细的粗粒小麦粉

130 克糖

100 克甜杏仁

3 颗苦杏仁

20 克黄油

4 个鸡蛋

1 个柠檬的皮，磨碎

一小撮盐

杏仁焯水去皮，与所有糖（每次加一匙）一起放入臼中磨成细粉。

用牛奶烹煮粗粒小麦粉。加入黄油、杏仁和盐，随后把锅从火上移开。与糖混合在一起的碎杏仁会很快溶解在牛奶中。待混合物变得温热时，倒入已在另一个容器中搅匀的鸡蛋液。将混合物放入涂有黄油，撒有面包屑的烤盘中，放进烤箱或乡村式烤炉里烘焙。烤盘应足够大，保证混合物盛在里面高度不超过1指半或2指。蛋糕烤好后静置冷却，整块取出或切成菱形食用。

644 | 德式黑面包蛋糕

这是一种非常值得一试的蛋糕。

> 125 克甜杏仁
> 125 克糖
> 4 匙白兰地
> 3 满匙磨碎的黑麦面包皮
> 5 个鸡蛋

杏仁去皮，与2勺糖一起捣碎。打2个鸡蛋，往里加入剩余的糖和碎杏仁，搅拌均匀，再放入磨碎的黑麦面包皮、3个蛋黄和白兰地。接着，把剩下的3个蛋清打发，同样倒进混合物里。取一个大小适中的烤盘，涂上黄油，撒一层糖粉和面粉。把混合物倒进烤盘里，在烤箱或乡村式烤炉中烘焙。蛋糕烤好后，像**食谱645**中描述的那样为其盖上一层糖霜，您也可以用如下方式制作巧克力糖霜：

加热30克黄油和100克切碎的巧克力。二者充分融化后，放入30克糖粉并搅拌。关火，待混合物稍稍冷却后把它均匀地浇在蛋糕上。

此处又是另一个讲些关于德式烹饪题外话的机会，希望此类话题还没有令诸位感到厌烦。

只要我还活着，就绝不会忘记莱维科（Levico）一家浴场旅社的自助餐台上摆放着的那些食物。所有食物——从油炸食品到煮肉再到烤肉——都浸渍在同一种酱汁中，它们的气味和味道都是一模一样的。想象一下我的肠胃该有多"高兴"！更折磨人的是，这些菜肴的配菜几乎都是用天使发丝面做成的鼓形馅饼。天使发丝面！您明白我的意思吗？那是世界上最细的面条，被烹煮的时间却是正常情况的两倍长：真正意义上的一摊烂泥。

这与意大利人的口味是多么不同呵！我家的厨师被要求一旦水沸就把天使发丝面捞出，我则早已蓄势待发地坐在桌前了。

意大利菜能与法国菜相媲美，在某些方面甚至已超越了后者。近些年来，大量外国人涌入了意大利。当然，他们每年能给我们带来大约3亿里拉的收入，且根据粗略的计算，在圣年1900年时，这一数字的涨幅更是达到了惊人的2亿里拉。但是，在迁徙旅行者们的流转混合中，意大利菜逐渐失去了其特殊性。这种膳食上的变化已经开始表现出来，在大城市和外国人最常去的地方尤为明显。近期一次去庞贝的旅行让我确信了这一点。一群德国游客（男女皆有）抢在我和我的旅伴之前进了一家餐馆。我们跟在他们身后，接受了与他们相同的服务。当店主走过来礼貌地询问我们是否满意时，我不揣冒昧地批评了令人作呕的调味品。店主回答说："我们须得把菜式改进得令这些外国人满意，因为这是我们如今的生计。"我听说博洛尼亚美食也发生了一些改变，已不再配得上它曾经的声誉，或许也是出于同样的原因。

645 | 德国风味蛋糕

这是另一种来自德国的蛋糕，它和前一条食谱描述的黑面包蛋糕一样美味，甚至还要好。

我们的祖辈曾经讲过，当德国人于十八世纪末入侵意大利时，他们仍有一些颇为粗陋的习俗。例如，德国人曾用牛油蜡烛烹饪肉汤，把意大利人惊得目瞪口呆：他们会将牛油蜡烛的灯芯挤出，再把剩下的牛油蜡块扔进盛有沸水的锅里。可惜的是，1849年德国人再次进入意大利时就显得文明多了。当时，您只有在克罗地亚民兵的大胡子上才能看到牛油。克罗地亚人把自己的胡子修成1指长，抹上牛油，让它们笔直而僵硬地竖立着。不过，根据曾去过德国的人告诉我的情况，牛油仍在该国烹饪中占据着一席之地。在意大利人眼中，德式烹饪是味道最差、最令人作呕的，因为它惯于滥用各种肥肉油脂，做出来的汤油腻又淡而无味。与此相反的是，大家都认为德国人能做出美味的甜点。您可以根据我将要描述的这种蛋糕以及此书中介绍的其他源于德国的甜点，亲自判断这一论断的真实性。

250 克糖

125 克面粉

125 克甜杏仁

100 克黄油

15 克塔塔粉

5 克小苏打

8 个蛋黄

5 个蛋清

少许香草

　　杏仁焯水去皮，晒干或烘干，放进臼里捣碎，再加入1个蛋清。用勺子把黄油碾碎，逐个放入蛋黄，加糖并搅拌至少半小时。冬季时请先用水浴加热法加热软化黄油。把碎杏仁放进混合物里，继续搅拌，再倒入4个已打发的蛋清。透过网筛把面粉撒在混合物上，轻轻混合所有食材，最后加入塔塔粉和小苏打，它们能使蛋糕更加松软。将混合物倒进涂有黄油，撒有糖粉和面粉的烤盘里，放入烤箱烘焙。请注意烤盘的大小，混合物盛在里面不应太满。

想让杏仁与混合物融合得更充分只有这一种办法：把一部分混合物倒在杏仁上面，将两者一起捣碎。

现在，您已经有了斗篷，该做个兜帽搭配它了。我所说的兜帽是指裹在蛋糕胚外面的柔软糖霜，您将需要以下食材烹制它：

100 克黄油

100 克糖粉

30 克咖啡粉

用少量水煮咖啡粉，直到获得2~3匙清澈的浓咖啡液。将黄油搅拌半个小时（冬季时请先用水浴加热法加热软化黄油），加入糖粉继续搅拌片刻。确保搅拌时勺子始终顺着同一个方向转动。最后，半匙半匙地倒入咖啡液，待您能明显尝到咖啡的味道时就停止。蛋糕冷却后，把混合物倒在上面，用餐刀将它均匀地摊开。为使糖霜更加匀净光滑，您可以拿一把热抹刀在其上方快速抹一道。

一般而言，这种口感细腻的糖霜颜色应与拿铁相近。若您喜欢，也可以像前一条食谱"德式黑面包蛋糕"中描述的那样，用融化的巧克力代替咖啡液。

---

646 | 巧克力杏仁蛋糕

对喜欢巧克力的人来说，这是一种非常美味的蛋糕。

150 克杏仁

150 克糖

100克巧克力

60克马铃薯粉

50克黄油

300毫升牛奶

4个鸡蛋

少许香草糖

杏仁焯水去皮，晒干或烘干，随后与50克糖一起放入臼中捣碎。加热并混合黄油和马铃薯粉，一点点倒入牛奶。当混合物达到适当的稠度时，加入磨碎的巧克力和剩余的100克糖。待它们也与混合物充分相融后，放入碎杏仁并不断搅拌。将所有食材混合均匀，最后把香草糖加进去。待混合物冷却后，倒入已经打发的鸡蛋液。

用100克面粉制作**食谱153**介绍的疯面团，按照**食谱639**"乳清奶酪蛋糕"中的描述把面团铺在烤盘里，再将混合物倒在上面，放进乡村式烤炉中烘焙。请选用大小适中，混合物盛在其中约1指高的烤盘。蛋糕烤好放凉后切成菱形小块食用。

647 | 巧克力贝奈特饼

按**食谱631**的描述烹制贝奈特饼。不过，您可以把它们做得稍小些，这样用同样的食材便可做出20~23个小饼。往贝奈特饼中填入奶油（**食谱685**）、打发的生奶油或水果蜜饯。

把以下食材倒进巧克力模具里，加热并搅拌均匀：

120克巧克力

50克糖粉

100毫升水

当混合物变得像盛在杯子里的热巧克力一样均匀时，趁热把它逐个浇在贝奈特饼上，再将贝奈特饼摆在盘子里，摞成一座漂亮的小山。

这种甜点做完后最好当天食用，否则就会变得干硬。

依照本食谱做出的巧克力贝奈特饼可供六人食用。

648 | 罗马风味甜点

一位我无缘得见的先生好心地从罗马寄来了此食谱。我非常感谢他，原因有二：一是这种甜点优雅美味，二是他清晰准确的描述方式让我在实践时一点儿都没觉得费劲。不过，还有一件事得做，那就是为这道美食起名。鉴于原食谱中没有名字，又考虑到这道甜点诞生于一座光辉的城市，我觉得自己有责任将它与都灵风味甜点和佛罗伦萨风味甜点联系起来，以罗马——有朝一日，它的声名将像古时候那样传遍世界——的名字为它命名。取600克大小适中，尚未熟过头的优质苹果，苹果的数量应不超过5或6个。拿一根锡管完整地剔除苹果果核，削去果皮，并用200毫升白葡萄酒和130克糖的溶液熬煮剩下的果肉。烹煮过程中请轻轻搅动苹果，注意不要将其搅碎，也不要煮过了头。苹果煮好后捞出沥干，竖直放进一个既耐高温又能直接端上餐桌的容器里，把用以下食材做成的奶油倒在上面：

> 400毫升牛奶
>
> 3个蛋黄
>
> 70克糖
>
> 20克面粉
>
> 少许香草糖

现在，将剩下的3个蛋清打发。当它们变为固态后，加入20克糖粉搅拌均匀，覆盖在奶油上。把准备好的甜点直接放入乡村式烤炉或罩在铁皮罩下，用上下火烘烤至其表面变色即可。拿小刷子在甜点表面刷一层熬煮苹果留下的浓浆，将其端上餐桌。

依照本食谱做出的罗马风味甜点可供七至八人食用。

649 | 都灵风味甜点

取一个托盘或盘子烹制这道甜点，将其塑造成方形。

> 100克萨伏依手指饼干
>
> 100克巧克力
>
> 100克新鲜黄油
>
> 70克糖粉
>
> 1个蛋黄
>
> 两匙牛奶
>
> 少许香草糖

将萨伏依手指饼干沿纵向切成两半，浸泡在葡萄干露酒里。若条件允许，将一半饼干浸泡在葡萄干露酒，另一半浸泡在胭脂红利口酒里会更好，因为这样做出来的甜点会有两种交替的色彩，更加美观。混合黄油、糖和蛋黄，搅拌均匀。把巧克力磨碎或切碎，放进牛奶里加热。巧克力融化后，趁热将混合液浇在黄油混合物上，再加入香草糖，持续搅拌至所有食材混合成匀质糊状。

在盘子底部铺一层手指饼干，轻轻地涂上一层前述混合物。随后再放一层饼干并抹一层混合物。接着，铺叠第三层饼干，仍旧轻轻地把混合物涂抹在上面。最后，尽可能均匀地把剩余的混合物淋在甜点的顶部及侧面。静置一天。食用甜点前，拿一把预热过的抹刀（或餐刀的刀刃）

将甜点表面刮光滑。若您喜欢，还可以把开心果或轻烘榛子切碎，撒在上面做装饰。取40克去壳的榛子或15克开心果就足够了。您应该已经知道，这两种坚果需先用热水焯一道以去皮。

依照本食谱做出的都灵风味甜点可供六至七人食用。

650 | 佛罗伦萨风味甜点

我在古老而美丽的鲜花之城发现了这种甜点。既然没有人花心思给它起名字，我便决定大胆地把它叫作佛罗伦萨风味甜点。若它因自己的朴素本质而无法给这座杰出的城市带来荣耀，它一定会这样请求您的原谅："请把我列为您家的一道家常菜吧，只需一点点成本，我就能让您的味蕾得到满足。"

100克糖

60克上等面包

40克苏丹娜葡萄干

3个鸡蛋

适量黄油

500毫升牛奶

少许柠檬皮

把面包切成薄片，微微烘烤片刻，趁热双面涂抹黄油，然后将其放进一个凹形容器里。请挑选一个体面美观的容器，因为稍后它会被直接端上餐桌。把葡萄干和磨碎的柠檬皮撒在面包片上。把鸡蛋打进一口小锅里，加糖搅匀，随后倒入牛奶并充分混合。把混合物浇在面包片及配料上，不要翻搅或移动它们。用铁皮罩盖住凹形容器，把它放进乡村式火炉的炉膛里小火烘焙。甜点做好后趁热端上餐桌。

依照本食谱做出的佛罗伦萨风味甜点可供五人食用。

651 | 萨巴雍杏仁酥蛋糕

100 克蛋白杏仁饼

100 克糖

80 克马铃薯粉

500 毫升牛奶

3 个鸡蛋

把糖和马铃薯粉放进锅里，边搅拌边一点点倒入冷牛奶。

将蛋白杏仁饼放入臼中碾成粉末。如果杏仁饼太过结实，难以捣碎，就倒少量牛奶润湿它，用网筛过滤一道，再将其放进前述混合物里。加热混合物至其成为固态，关火。静置散温，待混合物变得温热时加入鸡蛋：先放蛋黄，再倒入打发的蛋清。把混合物倒进一个中间有洞，涂有一层冷黄油的模具里，在乡村式烤炉中烘焙。蛋糕烤好后，浇上**食谱 684**中描述的萨巴雍，端上餐桌。

652 | 栗子糕

一位来自巴尔加，出身于显赫家族的先生——我未有幸识得他本人——颇为喜爱（如他所说）我的作品，并好心地给我寄来了这条食谱作为馈赠。我认为它不仅值得被发表，还应当大受赞扬。

200 克甜面粉，即栗子粉

50 克巧克力

30 克糖

25克黄油

20克糖渍香橼

12颗甜杏仁

几颗开心果

500毫升牛奶

3个鸡蛋

150克添加了香草的打发奶油

杏仁和开心果焯水去皮，将后者切成两半，前者切成小片或小块并烘脆。把糖渍香橼剁碎。

把巧克力放入100毫升牛奶中加热，待其融化后加入糖和黄油，放在一旁备用。

将面粉放进平底锅里，一点点倒入剩下的牛奶，持续搅拌以防止面粉结块。接着，把牛奶面糊加进前述溶液中，烹煮得到的混合物。

混合物煮好后静置冷却，依次加入蛋黄、打发的蛋清、杏仁、开心果和糖渍香橼。

现在，取一个中间有洞的模具，在其内壁上涂抹一层冷黄油，再倒入混合物，用水浴加热法将其蒸熟。蛋糕做好后，先在模具旁围一圈混有盐的碎冰为其降温，再将它从模具中取出，把前文提到的香草奶油放在中间空出来的地方，端上餐桌。

依照本食谱做出的栗子糕可供七至八人食用。

653 | 奶油栗泥

500克（即约30颗）大栗子

130克糖粉

60克巧克力

3匙香橼干露酒

用水烹煮带壳的栗子。趁热将煮好的栗子剥皮捣碎，放凉后用网筛过滤一道。把巧克力磨成粉状。将所有食材混合起来，搅匀成糊状。取一个外观尚可的大圆盘，把一个咖啡碟倒扣在其中心位置，中间倒放一个小咖啡碟。用一个由马鬃毛编织成的网筛将糊状混合物滤进盘子里。时不时转动盘子以使混合物分布得更加均匀。完成这一步骤后，小心地移开咖啡碟，往空出来的地方填入300克打发的奶油。

依照本食谱做出的奶油栗泥可供八人食用。

654 | 给产妇吃的小饼干

女性被冠以仁善温柔的美名，与其说是因为她们举止温雅，不如说是她们身上有一种细致体贴的道德本能。这种本能使得女性不惜一切代价帮助和抚慰他人——她们为本食谱的丰富性、多样性做出了巨大贡献。

一位来自科内利亚诺的女士写信给我，表示她为没能在我的书中找到"主显节甜面包"和（请您别笑）"给产妇吃的小饼干"感到惊讶。她认为它们是两道非常重要的菜肴。这位善良的女士写道，每逢主显节前夕，可爱的科内利亚诺镇周围山上和乡间的农民都会在露天点燃巨大的篝火，围着它尽情狂欢，并诵读祷文以祈求上天赐福，保证来年丰收。随后，他们就会兴高采烈地回到家中，"浸在美酒中的甜面包"正在那儿等待着他们。

当这些忠厚的农民享用他们的甜面包时——我不打算在此详述这种甜面包，因为它只适合当地的气候条件和在那儿居住的人们——我想如这位女士所愿，说一说"给产妇吃的小饼干"。她认为这道菜营养丰富，口感细腻，十分有利于刚刚产子的妇人们恢复元气。

8个蛋黄

150克糖粉

40克可可粉

40克黄油

少许香草糖

　　将所有食材放进一个容器里，用勺子搅拌15分钟以上。接着，把混合物均分成4份，放进四个长8厘米，宽6厘米的纸盒中。将纸盒摆在一个带盖子的铜制烤盘里，放进烤炉中用上下火烘焙。请用小火烘烤混合物，这样它的表面就不会结硬壳。这种甜品应用勺子舀着吃，因而"小饼干"其实是个不太恰当的名字。

655 ｜ 英国风味红醋栗

300克红醋栗

120克糖

200毫升水

　　去掉醋栗的茎，将其放进水里烹煮。水沸腾后加糖，煮2分钟就足够了，因为我们需要令醋栗保持完整。把醋栗捞出，放进果盏里，放凉后食用。您若不想吞下醋栗籽，就将它们吸出并吐掉。此方法还可以用来烹饪马拉斯加酸樱桃，把带核的樱桃放进水里，加一小块肉桂烹煮即可。

656 ｜ 糖渍梅子

　　做这道甜点请选用波斯尼亚西梅干。波斯尼亚西梅大而长，果肉厚，不像马赛西梅那样小、圆且瘦。此外，后者身上还有佛罗伦萨人称为"花"的白色绒毛，不适用于这道菜。将500克波斯尼亚西梅干洗净，在冷水中浸泡2小时后捞出沥干，与以下食材一起放进带盖子的深平底锅里：

400毫升上等红葡萄酒

200毫升水

1小杯马沙拉白葡萄酒

100克白糖

一小块肉桂

一般而言，用文火慢炖半个小时就足够了。不过，关火前请检查西梅是否已变得足够柔软，因为果干的品质可能会影响烹饪它所需要的时间。

把煮好的西梅捞出沥干，放进稍后可直接端上餐桌的容器里。在不盖锅盖的情况下，继续将锅里剩下的甜汤熬煮8~10分钟，直到它变成浓稠的糖浆，再将其浇在西梅上。在我看来，肉桂是烹制这种甜点最合适的香料，不过您也可以用少量香草、香橼皮或橘子皮代替它。

这是一种可以保存很长时间的甜点，它清甜的味道尤受女士们的喜爱。我想——哪怕这会让我显得像托代罗·布龙托隆[1]——再谈一谈意大利制造业的问题。我们本可以在意大利的土地上种植并出售更适合晒成梅干，也更适合拿来做这种甜点的梅子，却仍旧选择了进口波斯尼亚西梅干。

1　译注：哥尔多尼《好抱怨的托代罗先生》中的主人公。

657 | 粗粒小麦粉布丁

具体食材用量如下：

> 800毫升牛奶
>
> 150克面粉
>
> 100克糖
>
> 100克葡萄干
>
> 20克黄油
>
> 4个鸡蛋
>
> 3匙朗姆酒
>
> 一小撮盐
>
> 少许柠檬皮

有的人还会加一些糖渍水果，但我认为调味品过多可能会影响口感。将所有食材混合均匀并加热完毕后，把它们放进一个涂有黄油，撒有面包糠，光滑或带花纹的模具中。如果没有烤箱，您也可以将混合物放入炉膛烘焙。粗粒小麦粉布丁宜热食。

658 | 粗粒小麦粉蜜饯布丁

> 500毫升牛奶
>
> 130克粗粒小麦粉
>
> 70克糖
>
> 15克黄油
>
> 2个鸡蛋
>
> 一小撮盐

少许柠檬皮

几种不同的蜜饯

在牛奶中烹煮粗粒小麦粉。当牛奶开始沸腾时，加入糖和黄油并搅拌均匀，关火前再放入柠檬皮和盐。趁热把鸡蛋打进混合物里，充分搅拌融合。准备一个光滑或带花纹的模具，涂上黄油并撒一层面包糠。混合物冷却后，将其慢慢倒进模具里，时不时点缀一点蜜饯，放入烤箱烘焙。若蜜饯是固体，就切成小块放入，如果带液体，就用小勺子舀进去。不过，请不要让水果蜜饯接触到模具的侧面，以免它们粘在上面。且蜜饯不能放得太多，否则布丁就会甜得令人作呕。布丁烤好后热食风味最佳。

在我看来，最适合用于烹饪此布丁的蜜饯是覆盆子和榅桲，但您也可以使用杏、醋栗和桃子。

如果您想烹制八到十人份的蜜饯布丁，请将上述食材用量翻倍。

659 | 米粉布丁

在我看来，这道简单的甜点有着无比细腻的口感。可能大家都早已知道它了，不过，了解一下烹饪它需要的食材和确切用量——我认为不应再对以下配方进行增减——也无妨：

1升牛奶

200克大米粉

120克糖

20克黄油

6个鸡蛋

一小撮盐

少许香草

将大米粉溶于250毫升冷牛奶并加热，米糊将要沸腾时，加入少量热牛奶，待米糊完全沸腾后倒入剩余的所有牛奶。这样做能够防止米粉结块。米糊煮熟后放入糖、黄油和盐，把锅从火上移开。等米糊变得温热时，加入鸡蛋和香草并搅拌均匀。最后，按照前一条食谱中的描述烤制布丁。

此食谱诞生于世的时间并不久远。它让我想到，菜肴也会受到社会风潮的影响，人们的口味亦会随着文明进步而改变。现今人们推崇的是清淡、细腻、美观的菜肴。或许有一天，许多我们现在觉得不错的菜品会被其他更好的佳肴取代。曾经风靡一时的甜腻葡萄酒如今已让位于醇厚的干葡萄酒；在1300年被视为美味佳肴的以大蒜和榅桲为填馅的烤鹅，早已被松露家养火鸡和阉公鸡肉冻所取代。在庄重严肃的宴会场合，古人们会烹饪这样一道菜：将孔雀拔毛洗净，炖煮或烤熟，再将它的羽毛重新插回去。随后，他们会用各种有害健康的彩色矿物粉为肉冻着色，当作孔雀肉的配菜。最后，撒莳萝和布凯罗（更详细的解释请见下文）等香料调味。

十六世纪末之前，佛罗伦萨人掌握的甜面点烹饪技艺十分原始、粗糙且简单。直到一群伦巴第人来到这里，教会了他们烹制馅饼、奥菲莱、酥皮点心和其他用鸡蛋、黄油、牛奶、糖和蜂蜜制作的糕点。在此之前，古籍中似乎只提到过一种馅饼：马拉泰斯塔在佛罗伦萨被围困期间[2]作为礼物送给朋友的驴肉馅饼。那是一段各种食物——尤其是肉类——都非常短缺的时期。

现在，让我们来谈谈布凯罗。历史上，西班牙一度是时尚风潮的引领者，各国竞相模仿的对象，就像今天的法国一样。因此，十七世纪末至十八世纪初，西班牙风格的香水和香料曾极为流行。所有香料中，最受人欢迎的一种叫布凯罗，它渐渐被广泛应用于各个领域，甚至被当成调味

2　译注：1530年神圣罗马帝国军队围攻佛罗伦萨时，马拉泰斯塔是佛罗伦萨军队的指挥官。

料放入食物和饮品中，就像如今的香草一样。布凯罗究竟是什么，是从哪种物质中提取出来的呢？这一问题的答案必定会令您震惊。就请您自己想想人类和他们的品味究竟有多古怪吧！布凯罗是由陶器碎片磨成的粉末，它的味道类似于被夏日骄阳烤焦的大地在雨后散发出的气味——实际上就是用来制作陶器的黏土的气味。布凯罗是一种用于制作薄而脆的无釉陶器的黏土，它的名字来源于其暗红的颜色——虽然这种黏土中色泽偏黑亮的一类最为珍贵。布凯罗陶器最早是由葡萄牙人从南美洲运到欧洲的。一开始，它们被当作酒具以及制作香水和香料的器皿，后来其碎片被运用于前文所述领域。

在荷马史诗《奥德赛》中，安提诺奥斯说：

> 高贵的求婚的人们，请听我提个建议。
> 炉火边正烤着许多羊肚，我们本想
> 备好作晚餐，里面填满肥油和羊血。
> 他们谁战胜对方，显得更有力量，
> 便让他亲自从中挑选最喜欢的一个。
> 他从此永远可以同我们一起饮宴，
> 我们再不让其他乞丐在这里乞求。[3]

>   …Nobili Proci
> Sentite un pensier mio. Di que'ventrigli
> Di capre, che di sangue e grasso empiuti
> Sul fuoco stan per la futura cena,
> Scelga qual più vorrà chi vince, e quindi
> D'ogni nostro convito a parte sia

---

3 译注：《奥德赛》XVIII，43~49行。此处引用的是王焕生译本。

我们能在《佛罗伦萨观察者》（*Osservatore Fiorentino*）第六卷中找到对一次独一无二的宴会的描述，部分引用如下：

"此宴还有一道菜是带羽毛的炖孔雀，各种形状的彩色肉冻点缀在其周围。1450年左右，一个锡耶纳人设宴款待教皇庇护二世的一位名叫戈罗的庭臣。他在如何烹饪孔雀和肉冻方面采纳了十分糟糕的建议，以至于沦为整个锡耶纳的笑柄。有趣的一点是，由于找不到孔雀，他决定用去掉喙和爪子的野鹅代替它。

当无喙的'孔雀'被端上桌时，锡耶纳人命令一个侍者将它切块。那位侍者从未有过这方面的经验，因此，在与鸟儿斗争了许久之后，他只成功地令羽毛飘遍了整个宴会厅和餐桌，落进了梅塞尔·戈罗和其他人的眼睛、嘴巴、鼻子和耳朵里……

待那该死的鸟肉被撤下餐桌后，各色撒有大量莳萝的烤肉被端了上来。哪怕到了这一步，一切都还可以被原谅，要不是主人听信馊主意，决定用一盘特意为此场合烹制的肉冻进一步向客人表达敬意：他令厨师——就像佛罗伦萨和其他地区的人们有时会做的那样——把教皇、梅塞尔·戈罗和其他宾客的纹章画在肉冻上。于是，厨师们烹制肉冻时，用雌黄、白铅、朱砂、铜绿和其他荒谬可笑的东西描绘出了这些图案。当肉冻被作为一道新奇的菜肴摆在梅塞尔·戈罗面前时，他和他的同伴们很愉快地吃下了它。怪异的菜肴和过量莳萝留在他们口中的苦味正需要靠肉冻来冲淡。

有些宾客差点在当晚就蹬了腿。首当其冲的就是梅塞尔·戈罗。他的头和胃疼得厉害，还很可能吐出了几根野鹅毛。作为晚宴的尾声，大量甜食在这些恶魔般可怕的菜肴之后被端了上来。"

660 | 德国风味布丁

140克细面包心

100克黄油

80克糖

4个鸡蛋

少许柠檬皮

一小撮盐

在模具中烘焙的英国风味面包是最好、最适用于烹饪这道菜的。将面包心掰碎或切块，放入冷牛奶中充分浸泡后捞出，拿厨用毛巾包裹着拧干，再用网筛过滤。冬季时，先用水浴加热法融化黄油，再加入蛋黄，拿勺子搅拌至两种食材充分融合。接着，放入蛋清、面包心和糖，搅拌均匀。把混合物倒入涂有黄油，撒有面包糠的模具中，像烹饪其他布丁那样烘烤它，也即放入烤箱烘焙。只要您足够用心，就一定能做出既美味又美观的德国风味布丁。请趁热将其端上餐桌。

661 | 马铃薯布丁

马铃薯是茄科下属的一种块茎植物。它原产于南美洲，在十六世纪末被引入欧洲。不过，由于普通民众——他们抗拒所有少见和新奇的东西——一直对马铃薯持顽固的抵触态度，它直到十八世纪初才被大规模种植。

随着时间的推移，马铃薯渐为更多人所接受，以至于在穷人的饭桌和富人的宴会桌上都能见到它的踪迹。然而，尽管马铃薯美味、抗饿且适合各种烹饪方式，但是它有与大米相同的缺点：令人发胖，使人有饱腹感，而营养价值很低。

大米和马铃薯都无法为大脑提供磷脂，为肌肉提供纤维，也无法提供蛋白质。

　　700克富含淀粉的大马铃薯

　　150克糖

　　40克黄油

　　20克小麦粉

　　200毫升牛奶

　　6个鸡蛋

　　一小撮盐

　　少许肉桂或柠檬皮

马铃薯煮熟或蒸熟后去皮，趁热碾碎，用网筛过滤。把马铃薯泥、黄油和面粉一起放进锅里加热，慢慢倒入牛奶并不断地用勺子搅拌混合物。接着，加入糖、盐、肉桂或柠檬皮，搅拌烹煮至所有食材充分融合。

　　将混合物从火上移开，静置至其变得温热或冷却后，放入鸡蛋：先加入蛋黄，再倒入打发的蛋清。

　　现在，像烹饪其他布丁那样处理混合物，即放入烤箱或乡村式烤炉中烘焙，烤好后趁热食用。

662 ｜ 米布丁

　　1升牛奶

　　160克大米

　　100克糖

　　80克柯林托（苏丹娜）葡萄

　　30克糖渍水果

2 个全蛋

2 个蛋黄

1 小杯朗姆酒或白兰地

少许香草

用牛奶烹煮大米。米饭半熟时加入糖、葡萄、切碎的蜜饯、盐和一小块鸡蛋大小的黄油。米饭完全煮熟后，把它从火上移开，静置至其稍稍冷却后，放入鸡蛋、香草和朗姆酒或白兰地，将所有食材搅拌均匀。接着，把混合物倒进涂有黄油，撒有面包糠的布丁模具里，在烤箱或乡村式烤炉中烘焙。米布丁烤好后请趁热食用。

留 1/3 牛奶备用，如果米饭开始变硬就将其倒进去。

依照本食谱做出的米布丁可供八人食用。

663 │ 乳清奶酪布丁

300 克乳清奶酪

100 克糖粉

100 克甜杏仁

3~4 颗苦杏仁

5 个鸡蛋

少许柠檬皮

杏仁焯水去皮，与 1 个蛋清一起放入臼中捣碎。如果乳清奶酪太硬或有结块，就先用网筛过滤一道，再将其与杏仁充分混合。把剩余的鸡蛋打发，与糖一起放入前述混合物中。现在，把混合物倒进涂有黄油，撒有面包糠的布丁模具里，放入烤箱或乡村式烤炉中烘焙，放置冷却后食用。

依照本食谱做出的乳清奶酪布丁可供六至七人食用。

664 │ 那不勒斯风味布丁

用3杯牛奶烹煮粗粒小麦粉，注意不要将面糊煮得太过浓稠。把煮好的面糊从火上移开，加入糖、一小撮盐和少许柠檬皮。混合物不再滚烫时，加入3个蛋黄和2个蛋清，搅拌至所有食材充分融合。取一个中等大小的铜制烤盘，在其内壁上涂抹一层黄油或猪油，再铺上一张与斯库多硬币厚度相仿的酥皮（使用**食谱589**配方A中食材用量的一半）。往烤盘里倒入1/3粗粒小麦粉面糊，保持适当间距点缀一些水果蜜饯（若蜜饯是固体，就切成小块放入，如果带液体，就用小勺子舀进去），如覆盆子、榅桲、杏等。把倒面糊及添加蜜饯的步骤重复两次。

现在，将一张同样的酥皮盖在混合物的顶部。用沾了水的手指润湿酥皮边缘，令它与其余部分紧密黏合在一起，再在上面刷一层蛋黄。在烤箱中烘焙混合物。将烤好的布丁从模具中取出，撒一层糖粉，放凉后食用。

您可以用苏丹娜葡萄干或糖渍水果代替蜜饯。

665 │ 黑布丁

烹饪这种布丁有时是为了消耗掉多余的蛋清，不过，请不要因此轻视它。

      6个蛋清
      170克甜杏仁
      170克糖粉

杏仁焯水去皮，晒干或烘干后用弯月刀剁碎，放进盛有融化的糖粉的锅里加热。一旦混合物变成了杏仁糖片的颜色，也即杏仁皮的颜色，就将它倒入臼中，放置冷却后捣成粉末状。把6个蛋清打发，加入杏仁糖粉并搅拌均匀。把混合物倒进一个只涂有冷黄油的模具里，用水浴加热法蒸熟。黑布丁冷食风味最佳。

666 | 柠檬布丁

1个刚摘下来的新鲜大柠檬

170克糖

170克甜杏仁

3颗苦杏仁

6个鸡蛋

一匙朗姆酒或白兰地

将柠檬放入水中烹煮2小时后捞出沥干，用网筛过滤。不过，在此之前请先品尝一下柠檬，如果它仍有苦味，就把它浸泡在冷水里，直至那股恼人的味道消散。加入糖、去皮碎杏仁、6个鸡蛋的蛋黄和朗姆酒，充分混合所有食材。接着，将剩下的蛋清打发，放入混合物中并搅拌均匀。把混合物倒进模具里，在烤炉或烤箱中烘焙。柠檬布丁热吃或冷吃风味俱佳。

667 | 巧克力布丁

800毫升牛奶

80克糖

60克巧克力

60 克萨伏依饼干

3 个鸡蛋

少许香草

把巧克力磨碎，放进牛奶里加热。当牛奶开始沸腾时，加入糖和捏碎的萨伏依饼干，时不时搅动它们以防止粘锅。半小时后关火，用网筛过滤混合物。混合物冷却后，放入打发的鸡蛋和香草，将其倒进一个底部铺有一层熔化的糖粉的光滑模具中，用水浴加热法蒸熟。

50 克熔化的糖粉就足以覆盖模具底部了。巧克力布丁宜冷食。

668 | 巧克力甜点

100 克海绵蛋糕

100 克巧克力

50 克黄油

30 克糖

适量葡萄干露酒

将海绵蛋糕切片，巧克力磨碎。

用水浴加热法熔化黄油，放入糖和巧克力，用勺子充分搅匀。往模具里倒入适量葡萄干露酒，再放入前述混合物和同样浸有干露酒的海绵蛋糕片。这将有助于您更方便地把做好的甜点从模具中取出来。夏天时，您可以将模具放在冰块中间以促使混合物凝固。

依照本食谱做出的巧克力甜点可供六人食用。

669 | 烤杏仁布丁

800 毫升牛奶

100 克糖

60 克萨伏依饼干

60 克甜杏仁

3 个鸡蛋

首先准备好杏仁：将其焯水去皮，置于架在火焰上的石板或铁板上烘烤，放入臼中捣成细粉。加热混合杏仁末、萨伏依饼干、糖和牛奶，烹煮片刻后用网筛过滤混合物。接着，加入打发的鸡蛋液，把混合物倒进一个底部铺有融化的糖粉的模具里，用水浴加热法蒸熟。无须额外添加香料或调味品。烤杏仁会使布丁呈现灰色并为它增添风味。这道甜点将赢得男人们的掌声，更能博得女士们对其美味的赞誉。它和巧克力布丁一样可以冷藏后食用。此外，为使烤杏仁布丁的外表更有吸引力，您可以用缀有彩色糖果蜜饯的奶油或生奶油装饰它。

670 | 内阁布丁

这种布丁带有外交的味道，它的名字、原料和多层次的味道都能体现出这一点。因此，我想把它献给最伟大的外交官，我们这个时代的楷模。众所周知，世人总是需要一个可崇拜的偶像。如果没有，人们就会塑造出一个来，把他的功绩吹得天花乱坠。我生来便是个怀疑论者，后来的人生经历更强化了这一点。我同意那人的说法："把他的尸首带给我，我们再来好好理论。"在这个时代里，我们曾见证过多少偶像好似星辰那样熠熠生辉，结果很快就陨灭或可耻地坠落了！我最初创作本书时，也曾有一颗光芒四射，受所有人敬仰的星星，可现在它已陷入了被人遗忘的境地。

十人份内阁布丁的食材用量：

> 1 升牛奶
>
> 100 克糖
>
> 100 克萨伏依饼干
>
> 80 克马拉加葡萄干
>
> 50 克苏丹娜葡萄干
>
> 50 克杏子蜜饯
>
> 50 克榅桲蜜饯
>
> 20 克糖渍水果
>
> 50 毫升樱桃白兰地
>
> 6 个蛋黄
>
> 4 个蛋清

把糖放进牛奶里，烹煮半个小时。

将马拉加葡萄干去籽，糖渍水果和蜜饯切丁。做这种甜点最好选用固体蜜饯。

按**食谱574**"苏丹蛋糕"中的描述，用朗姆酒烹煮葡萄干和糖渍水果。

牛奶冷却后，加入打发的鸡蛋和樱桃白兰地。取一个光滑的圆柱形模具，为其涂抹一层冷黄油，按以下方式放入各种食材：先在模具底部铺一层糖渍水果和蜜饯，盖一层萨伏依饼干在上面，随后再铺一层蜜饯和糖渍水果、一层萨伏依饼干，重复此步骤直至用完所有固体食材。最后，慢慢倒入已按前文所述准备好的牛奶。用水浴加热法将混合物蒸熟，趁热食用。

有人认为，这种布丁若想对得起其"内阁"之名，就应该以一种封闭的姿态出现在餐桌上——它的配料要像政治机密一样绝对保密。要做到这一点，需取140克萨伏依饼干覆盖模具底部、侧面内壁和顶层，这样，您就能将蜜饯和糖渍水果完全包裹起来了。

须得提醒您的是，当涉及菜肴中牛奶的用量时，食谱并不一定是百分百精准的。牛奶自身的性质就决定了它常常会令厨师们头疼。

671 | 切萨里诺布丁

我认为这位切萨里诺一定是个好小伙子。现在，我将这种布丁以及它奇怪的名字一起卖给您。切萨里诺布丁的食谱是我从一个年轻可爱的女孩那儿买来的。她正直、虔诚，是那种能在无意之间轻而易举地吸引身边所有人的姑娘。

> 200克细面包心
> 250克糖
> 额外100克糖，用于模具中
> 125克马拉加葡萄干
> 125克苏丹娜葡萄干
> 0.5升牛奶
> 马沙拉白葡萄酒和朗姆酒，共3匙
> 5个鸡蛋

把面包心切成薄片，浸泡在牛奶里。与此同时，将葡萄干洗净，马拉加葡萄干去籽，并准备好烹饪需要用到的模具。取一个铜制布丁模具。加热融化100克糖，待其呈现近似榛子的颜色时，把它倒进模具里，均匀覆盖模具内壁。糖层冷却后，刷一层鲜黄油在上面。

将吸收了牛奶的面包心、另250克糖、蛋黄和酒混合在一起并搅拌均匀。最后，加入葡萄干和打发的蛋清，再把混合物倒进已按前述方式准备好的模具里。用水浴加热法蒸混合物，前2个小时用上下火，最后1个小时只用上火。趁热把带着火苗的布丁端上桌——往布丁表面撒上大量朗姆酒，用一汤匙燃烧的烈酒将其点燃。

依照本食谱做出的切萨里诺布丁可供十至十二人食用。

672 | 梅子布丁 [4]

此英语单词的意思是梅子做的布丁，但我们在烹饪这道菜时其实不会用到梅子。使用鸡蛋作为混合物的黏合剂，每个鸡蛋配以：

30 克糖粉

30 克泽比波葡萄干

30 克苏丹娜葡萄干

30 克细面包心

30 克羊肾上的脂肪

15 克糖渍香橼

15 克糖渍橙子

一匙朗姆酒

将葡萄干去籽，糖渍水果切成短而薄的小片。摘除羊肾脂肪上的网膜，像切面包心那样把它切成小块。如果您找不到羊肾脂肪，可以用小牛肾的脂肪代替它。

将蛋液搅匀，随后把所有食材混合在一起，静置几个小时。接着，把混合物放在一张餐巾中间，合拢餐巾四角，用麻绳将其扎紧，使底部

4　译注：原文为英文单词plum-cake。

呈圆球状。在锅里烧水，水腾沸后放入裹在餐巾里的球状混合物，令其自然沉至锅底。根据您所使用的鸡蛋个数决定烹煮混合物的小时数。小心地把煮好的混合物从餐巾里取出，在它的上表面按出一处凹陷，往里倒入1~2小杯白兰地或朗姆酒，让溢出来的酒液淌遍整个布丁。趁热把布丁端上桌并点燃烈酒。火焰熄灭后，将布丁切成小块食用。

用3个鸡蛋就足以做出六人份的梅子布丁。

673 | 梅子蛋糕

这是一种与梅子布丁同属一个家族的甜品——它也同样名不符实。

> 250克糖
>
> 250克黄油
>
> 250克非常精细的面粉
>
> 80克糖渍水果
>
> 80克马拉加葡萄干
>
> 80克苏丹娜葡萄干
>
> 80克黑柯林托葡萄干
>
> 5个全蛋
>
> 4个蛋黄
>
> 100毫升（即5汤匙）不到的朗姆酒
>
> 少许柠檬皮或香草

将糖渍水果切成薄片，马拉加葡萄干去籽。用勺子碾碎黄油，如有必要，可先加热软化它。接着，把糖加进黄油里，持续搅拌至混合物颜色变白。逐个加入鸡蛋，边加边不断搅拌，随后放入面粉和所有其他食材。将混合物倒进铺有黄油纸的光滑模具里，放入烤箱烘焙。

您可以在做好的梅子蛋糕上撒一层糖粉趁热食用，也可以放凉后再吃，两种方式都同样美味。

黄油纸的作用是防止葡萄干粘在模具上。依照本食谱做出的梅子蛋糕可供十二人食用。

674 | 伦巴第风味冻甜点

这种甜点有很多不同的名字，您也可以称其为"每日甜点"，因为许多家庭都喜欢这道菜，它出现在餐桌上的频率也非常高。

> 180克新鲜优质黄油
> 180克糖粉
> 150克长萨伏依饼干或海绵蛋糕
> 6个煮熟的蛋黄
> 足量用于调味的香草糖
> 足以浸湿萨伏依饼干的葡萄干露酒

将鸡蛋烹煮7分钟后捞出，分离蛋白与蛋黄。把蛋黄和黄油混合在一起，用网筛过滤一道，再加入糖粉和香草糖，用勺子把所有食材搅拌均匀。取一个模具——如有可能，最好选择一个有多条棱的模具——往里倒入葡萄干露酒。将萨伏依饼干沿纵向切成两半，在干露酒中浸一浸。您也可以选择只将一半饼干浸入干露酒，另一半则浸入胭脂红利口酒中，令它们染上不同的颜色。在模具底部铺一层萨伏依饼干（如果您准备了两种颜色的饼干，请交错摆放它们），倒入混合物，再盖上另一层饼干。把模具放置在冰块中间至少3个小时，随后取出食用。如条件允许，提前一天冷冻会更好。依照本食谱做出的伦巴第风味冻甜点可供八人食用。这种甜点的口感非常细腻。

675 | 英式蛋奶挞

在托斯卡纳，出于气候原因，也因为那里人们的肠胃已经习惯于此，所有食物都以清淡为特点，并且都带有流食的特征。故当地人烹制的奶油也无比顺滑，不含淀粉或面粉，一般盛放在咖啡杯里。然而，虽然这种奶油的口感更细腻，但它并不适用于这道需在模具中烹制的英式乳脂松糕，在外观上也不占优。

以下是制作糕点商奶油所需要的食材。厨师们给它起了"糕点商"这个名字以区别于不加面粉的奶油。

> 500毫升牛奶
>
> 85克糖
>
> 40克面粉，淀粉更佳
>
> 4个蛋黄
>
> 少许香草

混合糖、蛋黄和面粉，搅拌均匀，再一点点倒入牛奶。大火烹煮混合物，边煮边不断搅拌。等您看到混合物上方开始有热气蒸腾时，请将一把煤灰盖在炭火上以使火焰变小，或把锅移到炉子边角温度较低处，否则混合物很容易结块。混合物变浓稠后，继续加热8~10分钟，关火待其冷却。

取一个带数条凹槽的模具，在其内壁上涂抹一层冷黄油，按如下方法填入食材：如果您有品质上乘的蜜饯，如杏、桃子或橼梓，就先把它们摆在模具底部。蜜饯上方铺一层奶油，再叠放一层在白葡萄干露酒中浸泡过的萨伏依饼干。如果您选择的模具有十八条凹槽，就用九条凹槽盛放在胭脂红利口酒中浸泡过的萨沃伊饼干，另外九条盛放在白葡萄干露酒中浸泡过的。请将不同颜色的饼干交替填进这些凹槽里。接着，再往饼干上铺一层奶油，奶油上又叠一层浸有酒液的饼干，重复此步骤直到模具被填满。

请不要让饼干在葡萄干露酒中泡得太久，否则它们被放入模具后会有多余的酒液渗出。若您觉得干露酒太甜，可加一些朗姆酒或白兰地调和它。如果蜜饯（其实它在这道甜品中并不是必需的）因放置时间太长而变得干硬，就倒一点水加热软化它。不过，请等蜜饯冷却后再将其倒入模具中。

依照本食谱做出的英式蛋奶挞可供七至八人食用。

夏天时，您可以将模具放在冰块中间冰冻。若想将做好的英式蛋奶挞取出，请把模具放在热水中浸泡一会儿，使黄油稍稍融化。

烹制这道甜品将大约需要120~130克萨伏依饼干。

---

676 | 鞑靼挞

将200克乳清奶酪浸泡在牛奶中软化，加30克糖和两小撮肉桂粉调味并搅拌均匀。

取一个考究漂亮的模具，倒入葡萄干露酒或涂抹黄油润湿其内壁。把萨伏依饼干放进干露酒或胭脂红利口酒中浸一浸。首先在模具底部铺一层萨伏依饼干或固态水果蜜饯，随后交替叠放乳清奶酪、萨伏依饼干和蜜饯——杏脯或桃脯均可。几个小时后，将鞑靼挞从模具中取出。倘若烹饪得当，鞑靼挞不仅美味，还会有令食客赞叹不已的外观。您也可以用香橼干露酒软化乳清奶酪，这种情况下无须再添加肉桂。

这将是一道非常受欢迎的甜点。

---

677 | 樱桃甜点

这是一道美味的家常甜点，值得一试。

200 克不带果梗，新鲜完整的黑樱桃

100 克糖粉

50 克黑麦面包糠

40 克甜杏仁

4 个鸡蛋

两匙葡萄干露酒

少许香草或柠檬皮

若您找不到黑麦面包，用普通面包代替即可。杏仁焯水去皮，烘干后切成半粒米大小的碎块。

将加了糖的蛋黄打至膨起，放入面包糠、干露酒、香草或柠檬皮，继续搅拌片刻后倒入已打发的蛋清。慢慢地把混合物倒进涂有冷黄油，撒有碎杏仁（模具底部铺的杏仁层应比侧壁上的更厚）的光滑模具中。最后，混合搅拌剩下的碎杏仁和樱桃，再把它们放进混合物里。此步骤的目的是避免樱桃因其重量全部沉积在模具底部。将模具放入烤箱或乡村式烤炉中烘焙。依照本食谱做出的樱桃甜点可供四至五人食用，热食或冷食风味俱佳。

678 | 欧洲酸樱桃挞

烹制这种甜点可选用薄烤面包片，也可以用海绵蛋糕或萨伏依饼干。取足量欧洲酸樱桃，去核，加少量水和一小撮肉桂皮烹煮。在沸水中放入足量糖，轻缓地搅拌均匀以免弄碎樱桃。糖完全溶解后，品尝一下糖水，看看甜度是否足够。当您发现樱桃已经开始缩水起皱时把锅从火上移开，捞出樱桃并弃置肉桂皮。把薄面包片或萨伏依饼干放进干露酒中浸泡片刻。将樱桃和面包片或饼干交替叠放在托盘或碗里，直到将其填满。您也可以拿一个光滑的模具制作这种甜点，使其形状更加规整。将模具放在冰块中间冷冻一段时间，再把做好的樱桃挞取出。酸樱桃成熟时，可以享受冰镇菜肴的季节已到了。烹制此甜点需要的糖量约是酸樱桃毛重的1/3。

679 | 柠檬挞

我推测这道甜点起源于法国。它并不太符合我的口味。尽管如此，我仍决定向您介绍它，以防您没有更好的选择，手头又有一些多余的蛋清。

135克糖

2个蛋黄

5个蛋清

1个大柠檬的汁

半杯水

一匙面粉

将面粉溶解在水里，搅拌均匀后倒入深平底锅中，加入其他食材并充分混合。像烹制奶油时那样，边加热边不断地用勺子搅拌混合物。混合物变得浓稠后关火，用网筛过滤一道。把一半混合物倒进碗里，盖上萨伏依饼干或海绵蛋糕，再倒入剩余的混合物。柠檬挞冷食风味最佳。

依照本食谱做出的柠檬挞可供四至五人食用。

680 | 蜜饯挞

取一个多棱或有多条凹槽的布丁模具，在其内壁上涂抹一层冷黄油，填入水果蜜饯以及在葡萄干露酒中浸泡过的萨伏依饼干或海绵蛋糕。除不加奶油外，其余操作步骤请参照**食谱675**中的描述。不同食材渗透相融将需要几个小时的时间。随后，把模具浸泡在热水里，使黄油稍稍熔化，再将做好的蜜饯挞取出。

681 | 牛奶冻

150 克甜杏仁

3 颗苦杏仁

150 克糖粉

20 克片状鱼胶

半杯奶油

1.5 杯水

两匙橙花水

　　首先处理鱼胶。用手指把鱼胶按在杯子底部，倒水浸没它，静置片刻令其软化。准备烹饪鱼胶前将水倒掉，再把它冲洗干净。杏仁焯水去皮，放入臼中研磨，过程中时不时加一小勺水保持湿润。待杏仁被磨成细粉后，倒半杯水将它冲调成液态。接着，取一块织线较为稀疏的厨用毛巾作为滤网，倒入先前得到的杏仁乳，尽可能保证所有碎杏仁都能穿过滤网。将杏仁乳、奶油、糖、鱼胶和橙花水放进深平底锅里，搅拌均匀并烹煮数分钟。把深平底锅从火上端走，待混合物冷却后，将其倒入大小适中、涂有黄油的模具中。最后，请把模具浸泡在冷水里或放在冰块中间使混合物凝固。若您想取出做好的牛奶冻，只需拿浸过开水的厨用毛巾擦拭模具两侧即可。

　　混合物须煮沸以使鱼胶与其他食材充分融合，否则它可能会沉积在模具底部。

682 | 玉米面发糕

这道菜:

法国人称其为 soufflet

饮宴时把它当 entremet

请允许我叫它 sgonfiotto

端上桌做一道 tramesso

500 毫升牛奶

170 克玉米面粉

30 克黄油

6 个蛋清

3 个蛋黄

一小撮盐

烹制一份玉米面糊——即在牛奶沸腾时倒入玉米面粉。不过，若您想防止玉米面粉结块，可先用少量冷牛奶将其化开，再倒入沸腾的牛奶中，不断搅拌。烹煮片刻后把锅从火上移开，加入黄油、糖和盐。待玉米面糊完全冷却后，依次放入蛋黄和打发的蛋清，轻缓地把所有食材搅匀。将混合物倒进涂有黄油，撒有小麦粉的光滑模具或深平底锅里，放入烤炉用上下火烘焙。请尽量在糕点膨起后立即将其端上餐桌食用，此时它的口感最为蓬松柔软。在我看来，最好的选择是把混合物倒进一个耐火的托盘里烘烤，这样您就可以直接把做好的发糕端上桌，无须再转换容器。

依照本食谱做出的玉米面发糕可供六人食用。

683 | 萨巴雍面包

50克马铃薯粉

20克小麦面粉

90克糖粉

3个鸡蛋

少许柠檬皮

将糖粉放进蛋黄里，搅拌约半小时，再倒入打发的蛋清。透过网筛把马铃薯粉和小麦粉撒在混合物上。轻柔地搅匀所有食材，使混合物保持蓬松质地。接着，把混合物倒进一个涂有黄油，撒有面粉和糖粉，中心部分有洞的模具里，迅速放入烤箱或乡村式烤炉中烘焙。面包冷却后，将它从模具中取出，往中间空洞处中倒入按**食谱684**的描述制备的萨巴雍，端上餐桌即可食用。

依照本食谱做出的萨巴雍面包可供五至六人食用。

684 | 萨巴雍萨伏依饼干挞

100克萨伏依饼干

70克马拉加葡萄干

50克苏丹娜葡萄

30克糖渍香橼

适量马沙拉白葡萄酒

将马拉加葡萄干去籽，糖渍香橼切成小块，萨伏依饼干表面蘸一点马沙拉白葡萄酒。取一个中间有洞的模具，在其内壁上涂抹冷黄油，往里填入萨伏依饼干、葡萄干和糖渍蜜饯，分层交替摆放。

用以下原料制作奶油：

200 毫升牛奶

2 个全蛋

50 克糖

少许香草

直接把做好的生奶油倒入模具，铺在萨伏依饼干上。用水浴加热法将所有食材蒸熟，趁热从模具中取出并端上餐桌。把萨巴雍倒进饼干挞中间的空洞里，直到它溢出并淌满整个甜点。

用以下食材准备萨巴雍：

2 个全蛋

1.5 升马沙拉白葡萄酒

50 克糖

把这些材料放进一口小锅里，边加热边用搅拌器充分搅拌。

您可以用糖水水果代替葡萄干，也可以两者各加一点，甚至可以选用糖渍香橼和橙子的混合物。依照本食谱做出的萨巴雍萨伏依饼干挞可供六人食用，它一定能受到食客的喜爱。

---

685 │ *奶油*

---

1 升牛奶

200 克糖

8 个蛋黄

少许香草

混合糖与蛋黄并搅拌均匀，随后一点点倒入牛奶。您可以用大火加热混合物以加快烹调进程，不过，待它开始冒烟时请降低温度，防止其凝结。若真有凝块出现，就用网筛过滤一道。当混合物开始粘在搅拌勺上时，就说明奶油已经做好了。加入香草，片刻后把锅从火上移开。

以上述食材制成的奶油不含任何面粉或淀粉。用它做出来的奶油冰淇淋味道非常好——实际上，您在任何咖啡馆都难以找到能与之匹敌的冰淇淋。它还可以用于烹制流质英式蛋奶挞：奶油冷却后，放入海绵蛋糕片或浸有少量干露酒的萨伏依饼干即可。若您想令它的味道更上一层楼，可再加一些切成小块的糖渍水果。

686 │ 小杯子

这是一种非常精致的甜点。像所有其他甜点一样，人们会在用餐接近尾声时将其端上餐桌。它一般被盛放在比咖啡杯更小的杯子里，一人一杯食用，因此被称为"小杯子"。以下是烹饪十人份甜点需要的食材：

> 300 克糖
>
> 60 克甜杏仁
>
> 10 个蛋黄
>
> 100 毫升水
>
> 少许橙花水
>
> 适量肉桂粉

杏仁去皮，烘烤成浅棕色后磨碎备用。

将糖放进水里烹煮 1~2 分钟，注意火候，避免糖水变色。糖水稍稍放凉后加入蛋黄：1 次放 1~2 个蛋黄，不停地顺着同一个方向搅拌并用适宜的温度加热。待混合物变得足够浓稠，不再有结块的风险后，您可以用打蛋器从下往上搅拌混合物，这能使它更加蓬松。持续以此方式搅拌混合物，直到蛋黄变白且质地近似于浓稠的奶油。

接着，放入橙花水和碎杏仁并搅拌均匀。把混合物倒进小杯子里，再在其表面撒一撮肉桂粉。当食客把肉桂粉和甜点搅拌在一起时，它的香气将会分外馥郁。

这种甜点不易变质，可以提前几天准备好。若您愿意，可以用剩下的蛋清烹制**食谱665**中描述的黑布丁或者**食谱633**中的蛋清糕。

---

687 | 杏仁球

140克甜杏仁

140克糖粉

40克磨碎的巧克力或巧克力粉

4汤匙马拉斯加酸樱桃干露酒

杏仁焯水去皮，晒干或烘干，与两匙糖一起放入臼中捣碎。把碎杏仁倒进碗里，加入剩余的糖和马拉斯加酸樱桃干露酒，搅拌均匀。

将巧克力摊在面板上。把前述混合物揉成与榛子大小相仿的小球——这些食材应该够您做出至少30个。把小球放进巧克力里滚动，直至其表面完全被巧克力覆盖。杏仁球是一种能保存很久的甜品。

---

688 | 法式奶冻

佐以石榴汁，这个季节科马奇奥山谷里的鲻鱼是顶好的烧烤材料。就像诗人说的那般，五彩缤纷歌唱着的鸟儿被第一股寒风驱赶着穿过我们的乡村，想到更温暖的地方去。有时，这些无辜的、可怜的小生灵会落入遍布的陷阱，被串在烤架上：

> ……只有我，一个人，孑然
>
> 准备去面对一场将临的斗争：
>
> 既畏前路，又为所见而悯惘。
>
> 这场斗争，由无讹的记忆来吟讽。[5]

> ... ed io sol uno
>
> M'apparecchiava a sostenere la guerra
>
> Si del cammino e si della pietate,
>
> Che ritrarrà la mente che non erra.

　　我的斗争是去坐落在宜人山丘上的朋友家度假时，不得不进行的长达200公里的旅程；我的悯恻则给了那些迷人的小动物，每当从俯瞰田野的小屋里看到它们陷入阴险之人的网罗时，我的心都会猛地一紧。不过，我毕竟不属于毕达哥拉斯教派，而且有这样一个坚定的信念：当某件坏事已成定局无法挽回时，人——或因爱，或为武力所迫——须得学会适应。若有可能，还应设法谋求最大利益。为了赢得厨师的好感，我教他用他从未尝试过的方法处理野味、烹饪野味并为之调味，使其更加优雅、美味。作为对此以及一些其他烹饪建议的回报，他在我逗留期间做了下述菜肴和我接下来要向诸位介绍的两种甜点。

　　一般而言，野禽和其他野味是芳香、有营养、微带刺激性的食物。我认识的一位颇有名望的医生曾嘱咐他的厨子，在有野味可选的时候不考虑其他肉类。至于鲻鱼，我要告诉诸位，当我还处在那个连钉子都能消化掉的美妙年纪时，我的女仆会把鲻鱼和切成两半的白洋葱一起端上

5　译注：节选自《神曲·地狱》II，3~6行。此处引用的是黄国彬译本。

餐桌——两者都已在烤架上烤熟，并用橄榄油、盐、胡椒粉和石榴汁调过了味道。

每年十月到次年二月底是科马奇奥山谷捕捞鲻鱼的季节。说到这个著名的渔区，我想补充一下（这是件值得一听的奇闻），截至1905年11月1日，科马奇奥山谷的渔获量如下：

鳗鱼　　487,653千克

鲻鱼　　59,451千克

胡瓜鱼　105,580千克

在此前奏之后，我又将开始布道，告诉您制作这种所谓的"法式奶油冻"需要哪些食材：

500毫升牛奶

150克糖

1个全蛋

4个蛋黄

2片鱼胶

少许香草或柠檬皮

把糖和鸡蛋放进深平底锅里，搅拌均匀，随后一点点倒入牛奶，再加入鱼胶。加热混合物，拿勺子顺着同个一方向不断搅拌它。当混合物变得浓稠且会粘在勺子上时，将锅从火上移开。取一个中间有洞，大小适中的光滑模具。往模具侧壁刷一层黄油或葡萄干露酒，底部也铺一层同样的食材，随后倒入混合物。若在夏天，就将模具放在冰块中间，若在冬天，就把它浸泡在冷水里。把做好的法式奶冻从模具中取出，放在托盘里叠好的厨用毛巾上。

如果您不确定牛奶是否足够新鲜，做奶冻时请多放1片鱼胶或提前将牛奶烹煮25分钟以上。

689 │ 搅奶油

6个蛋黄

70克糖粉

15克鱼胶，即6~7片

3/4杯水

3片完整的桂樱叶或任何您喜欢的调味品

把糖和鸡蛋放入深平底锅并搅拌均匀，随后加入水和桂樱叶，边加热边搅拌混合物。如前文所说，当混合物变得浓稠且会粘在勺子上时就说明它已被煮好了。趁热将混合物倒进小盆里，拿打蛋器用力将蛋液打发。捞出丢弃桂樱叶，一点点放入鱼胶，过程中持续不断地搅拌混合物。取一个精美的模具，在其内壁涂抹一层橄榄油，四周围满冰块，再倒入打发的奶油。若您喜欢，可以在奶油中间放一层浸有葡萄干露酒的萨伏依饼干或撒一些水果蜜饯。把模具放在冰块中间冰冻至少1个小时。如果很难将奶油冻从模具中取出，可以拿一块泡过热水的布擦拭模具外壁。

提前准备好鱼胶，方法如下：先将鱼胶泡软，随后把它和（盛在普通杯子里）2指高的水放进锅里烹煮。待鱼胶融化成一种会粘住手指的黏稠液体时，趁热把它倒进奶油里。您还可以加一些胭脂红利口酒、咖啡或巧克力调味。

依照本食谱做出的搅奶油可供五至六人食用。

690 | 蒸杏仁

150克糖

85克甜杏仁

5个蛋黄

400毫升牛奶

杏仁去皮，用弯月刀切成麦粒大小的碎块。加热融化110克糖，放入碎杏仁，用勺子不断搅拌，直至糖浆呈现肉桂色。将杏仁糖浆倒进涂有黄油的烤盘里放置冷却后，把它和剩下的40克糖一起放入臼中，捣成细末。

混合碎杏仁糖、蛋黄和牛奶，搅拌均匀。把混合物倒进一个中间有洞、涂有黄油的模具中，用水浴加热法烹熟。若此时正是夏季，就把模具放在冰块中间冰冻一段时间。若您想烹制六人份甚至更多蒸杏仁，请将食材用量加倍。如果您不确定牛奶是否足够新鲜，就先烹煮它至少15分钟。

691 | 雪鸡蛋

1升牛奶

150克糖

6个鸡蛋

适量糖粉

少许香草

在一口宽大的深平底锅中加热牛奶。与此同时，分离蛋黄和蛋清，用打蛋器搅拌蛋清。往蛋清里加一小撮盐有助于增加其浓稠度。蛋清起泡后，拿起一般用来盛放糖粉的带孔调料瓶，一边继续搅拌蛋清一边撒入足量糖粉，直至前者变甜。一般而言，20~30克糖粉就足够了，但您最好还是自己品尝一下。接着，用餐勺舀起雪白的蛋清，将其团成近似鸡蛋的形状，放进沸腾的牛奶里。翻动这些"鸡蛋"，待它们被煮成固体后捞出，用网筛沥干水分。过滤锅里剩下的牛奶并静置冷却。接着，混合牛奶、蛋黄和糖，再加少许香草，按**食谱685**中的描述将它们制成奶油。把雪白的"鸡蛋"放进盘子里，堆叠成美观的形状，再把奶油倒在上面，放凉后食用。

依照本食谱做出的雪鸡蛋可供八至十人食用。

---

692 │ 牛奶布蕾

1升牛奶

180克糖

8个蛋黄

2个蛋清

往牛奶里加入100克糖，烹煮1个小时后把锅从火上移开，静置牛奶令其冷却。在一口深平底锅里加热融化剩余的80克糖。将部分糖水倒进一个光滑模具中，像薄纱一样覆盖模具底部。继续加热锅里剩余的糖，直至其转为深色。浇一勺冷水在焦糖上，您应能听见它凝结的声音。继续加热水和焦糖，不断用勺子搅拌，直至获得深色的浓稠糖浆。接着，将上述鸡蛋打匀，与糖浆和牛奶混合在一起。品尝得到的混合物，如果它已足够甜，就用一个网眼较疏的锡制过滤器将它过滤一道。把混合物倒进前述模具里，用上火蒸熟。当混合物表面开始变色时，在锅盖下垫一张涂有黄油的纸。把一根麦秸插进混合物里，如果它被取出时仍是洁净且干燥的，就说明混合物已经熟了。把蒸锅从火上移开，待混合物冷却后，拿薄薄的刀片顺着模具内壁刮一圈，使混合物与模具脱离。把做好的牛奶布蕾放在托盘上，可以垫一张餐巾，也可以不垫。夏天时，您可以把模具放在冰块中间冻一会儿，再将牛奶布蕾取出。如有可能，最好选用椭圆形模具。模具应带有1指宽的边沿，以免用水浴加热法蒸混合物时溅起的沸水落进里面。

依照本食谱做出的牛奶布蕾可供十人食用。

693 | 葡萄牙风味牛奶

除焦糖外，此食谱的配方与前一条基本相同。因此，您将需要：

> 1升牛奶
>
> 100克糖
>
> 8个蛋黄
>
> 2个蛋清
>
> 根据您的喜好选择香草、芫荽或咖啡作调味料

如果您选择咖啡，就将几颗烤过的咖啡豆磨碎。如果您更偏好芫荽或香草——它们与这种甜品搭配效果都很好——就取一撮放进牛奶里烹煮后再用网筛过滤。若牛奶不够浓稠，您可以将烹煮它的时间延长至1个小时15分钟。

不要忘记往模具底部倒一层薄薄的糖。

694 | 牛奶布丁蛋糕

牛奶布丁蛋糕是一种非常精致的甜点。在罗马涅的某些地区（也许

还有意大利的其他地方），为庆祝圣体节，农民们会把它作为礼物送给自己的主家。

少许香草或芫荽

1 升牛奶

100 克糖

8 个蛋黄

2 个蛋清

少许香草或芫荽

把糖加进牛奶里，烹煮 1 个小时。若您不确定牛奶质量如何，可以将烹饪时间延长到一个半小时。如果您想用芫荽调味，请参照前一条食谱的描述操作。请时不时搅动牛奶以戳破其表面结起的奶皮。为确保牛奶没有结块，用漏勺将其过滤一道，静置冷却后倒入已提前打发的鸡蛋液，搅拌均匀。

在烤盘里铺一层疯面团（**食谱 153**），按照罗马涅风味猪血糕（**食谱 702**）中的描述摆放它。倒入前述混合物，把烤盘放在上下火之间用中温烘焙。为防止混合物表面被烤成焦黄色，请拿一张涂有黄油的纸盖住它。做好的牛奶布丁蛋糕完全冷却后，像处理罗马涅风味猪血糕那样将其带面皮切成菱形。

---

695 | 简易牛奶布丁蛋糕

简易牛奶布丁蛋糕不像前一条食谱那样精致，但是一道很适合在家里烹制的甜点。它极富营养，对儿童来说更是如此。

1 升牛奶

100 克糖粉

6个鸡蛋

少许柠檬皮

柑橘类水果的香气就蕴藏在其表皮细胞所含的挥发性油脂中。因此，只需用小刀从它们的表皮上切下手掌长的细条，放进您想调味的液体中烹煮即可。

用小刀将柠檬皮切成长短不一的小条，放进牛奶中煮沸，随后放入糖粉，继续烹煮半个小时。牛奶冷却后，将柠檬皮捞出丢弃。把打发的鸡蛋液倒进牛奶中，搅拌均匀。按前一条食谱中描述的方法烘焙混合物，不过，您也可以选择不在烤盘底部铺面皮，转而将足量冷黄油涂抹在其内壁上，避免混合物粘连。

696 | 红醋栗果冻苹果

取小皇后苹果或其他品种大小适中，尚未熟过的苹果。削去苹果皮，用锡管去掉果核，随后把苹果逐个丢进加有半个柠檬的汁液的冷水里。以烹饪650~700克苹果为例，把120克糖溶于500毫升水中，加热得到的溶液，再倒入一勺樱桃白兰地。把混合液浇在整齐地摆放在深平底锅里的苹果上。烹煮苹果，并请确保它们在烹饪过程中始终保持完整。苹果煮好后捞出，沥干水分，摆放在水果盘上。待它们冷却后，将红醋栗果冻（**食谱739**）填入去除果核留下的空洞处。红色的果冻与白色的苹果果肉相互映衬，十分美观。继续熬煮锅里剩余的液体，直至其变为浓稠的糖浆。用一块湿纱布过滤糖浆，再倒入一勺樱桃白兰地，随后把它均匀地浇在苹果周围。红醋栗果冻苹果冷食风味最佳。

若您找不到樱桃白兰地，可以用葡萄干露酒代替它。红醋栗果冻则可用果酱替代。

697 | 填馅桃子

6 个没有完全成熟的大桃子

4 小块萨伏依饼干

80 克糖粉

50 克甜杏仁

3 颗桃核

10 克糖渍香橼或橙子

小半杯优质白葡萄酒

将桃子切成两半，去掉桃核，再用刀尖把它留下的空洞扩大一些。混合刚被剜出来的桃肉、桃核、去皮杏仁和 50 克糖，将它们放入臼中捣成碎末。接着，加入碎萨伏依饼干和切成小块的糖渍水果，搅拌均匀。把准备好的馅料填进 12 瓣桃子里。将所有桃子正面朝上整齐地摆放在铜制烤盘中，再把白葡萄酒和剩余的 30 克糖粉倒在上面。用上下火将填馅桃子烹熟。这道甜点冷食或热食均可。您可以把填馅桃子和它的汁水一起盛进盘子里。若烹饪得当，这种甜点将相当美观，填馅表面结起的硬皮会令它看起来像糕点一样。

698 | 蛋奶酥

法国人称这种甜点为"舒芙蕾"。如果您有多余的蛋清，又没有更好的选择，它可作权宜之选。

100 克糖粉

3 个蛋黄

6 个蛋清

少许柠檬皮

先把糖粉加进蛋黄里，搅拌几分钟，再将蛋清打发。混合蛋黄与蛋清，动作轻缓地将它们搅拌均匀。选取一个能被混合物填满的耐火容器。在容器内壁涂一层冷黄油，倒入混合物，迅速将其放进已预热好的乡村式烤炉中烘焙。5分钟后，用刀在混合物顶部划开几道口子，撒上糖粉，再继续烘焙。此过程总共将需要10~12分钟。请留意火候，以免混合物顶部被烤焦。蛋奶酥做好后，立即将其端上餐桌食用。为使蛋奶酥更加松软，有人会往混合物中添加少量柠檬汁。

699 │ 牛奶块

做六人份牛奶块需要：

1升牛奶

240克糖

120克淀粉

8个蛋黄

少许香草

像烹制奶油那样将所有食材混合在一起，放进深平底锅里，边加热边不断用勺子搅拌。待混合物变得浓稠后，继续加热几分钟，再把它倒进烤盘或耐火的盘子里，平铺，使之呈1指半高。混合物冷却凝固后，将它切成许多菱形小块。把这些小块整齐地摞在铜制或陶瓷烤盘里，中间夹上薄黄油片，放入乡村式烤炉烤至表面金黄后趁热食用。

用以下食材制作奶油：

200毫升牛奶

30克糖

半匙面粉

1个鸡蛋

少许柠檬皮

用以下食材烹制糖浆：

200毫升水

50克糖

将糖溶于水中，烹煮10分钟后关火。待糖浆冷却后，把1个柠檬的汁液挤进去。将300克海绵蛋糕片、水果蜜饯和奶油填入带有精美花纹的布丁模具中，再把糖浆浇在海绵蛋糕上。您若喜欢，也可以用萨伏依饼干代替海绵蛋糕。静置几个小时后，把做好的法式奶油挞从模具中取出并端上餐桌。

依照本食谱做出的法式奶油挞可供八人食用。

701 | **法式苹果挞**

500克小皇后苹果

125克糖粉

适量陈面包心

适量新鲜优质的黄油

1根完整的肉桂

半个柠檬

　　做这种甜点最好选用小皇后苹果，因为它们气味芬芳且口感绵软。买不到这种苹果时可以用类似品种代替。如果您打算即刻食用做好的果酱，取重量为苹果重量1/4的糖即可，若您想长期保存，就将糖的用量翻倍。

　　苹果去皮，切成4瓣，去掉果核和籽粒，放入加了柠檬汁的冷水中浸泡。接着，把苹果捞出沥干，沿横向切成薄片，与肉桂一起放进深平底锅里加热。果汁被烹出时放入糖粉，持续搅拌至苹果完全被煮熟，这应当不难判断。将肉桂捞出丢弃，继续按以下步骤烹饪。

　　提前准备好无皮面包心，把它们切成不到1厘米宽的小块。加热融化黄油，当它开始沸腾冒泡时，将面包心蘸进里面。取一个光滑圆形模具，用面包心覆盖模具底部和侧壁，不留一丝空隙。倒入煮好的苹果，再拿一些涂有黄油的面包片盖住它。像烘焙布丁那样用上火烘烤苹果挞，待面包变色后趁热将其端上餐桌。

　　此甜点还有许多变种和更复杂的版本。例如，您可以在果酱中间挖一个洞，填入杏或其他水果蜜饯，也可以分层堆叠果酱和面包。

　　这种苹果果酱也可以用来做酥皮点心。

702 ｜ 罗马涅风味猪血糕

"如果猪会飞，你就再也买不起它了。"

这是一种说法。还有人说："一头猪不同部位的肉与种种烹饪方式相结合，能让你连吃三百六十五天都不重样。"就请诸位自行判断这两句废话哪个更贴近现实吧。我更想讲讲所谓"猪的婚礼"[6]。哪怕像猪这样肮脏的动物也能令人们的脸上泛起笑容，但就像守财奴一样，这只能发生在它死亡的那一天。

在罗马涅地区，富裕的家庭和农民会在自己家里杀猪。这是个比平日欢快得多的场合，孩子们可以尽情地玩乐吃喝；也是一个探访朋友、亲戚和其他你需要拜访的人的好时机：给一个人送三四块里脊，给另一个人带一块肝，再给第三个人端去一盘美味的猪血糕。收到这些东西的家庭自然也会在他们杀猪时进行相应的回礼。俗话说"收人面粉，还人面包"。总的来说，这类习俗有助于维系不同家庭之间的关系和友谊。

书归正传，以下是罗马涅风味猪血糕的食谱。出于其高贵的出身，它甚至不承认自己与您在佛罗伦萨任何街角都能找到的甜面血布丁是亲戚。

    700 毫升牛奶

    330 克猪血

    200 克浓缩葡萄汁或精制蜂蜜

    100 克去皮甜杏仁

    100 克糖

    80 克细面包糠

    50 克糖渍水果

    50 克黄油

    两匙辛香调味粉

    100 克巧克力

    一匙肉豆蔻

    1 小条柠檬皮

---

6 译注：当地人对杀猪宴的委婉表达。

把杏仁和糖渍水果一起放入臼中锤捣,时不时加几匙牛奶润湿它们,捣碎后用网筛过滤一道。将柠檬皮放进牛奶里,烹煮10分钟,随后把柠檬皮捞出丢弃,放入磨碎的巧克力,搅拌至其溶解在牛奶中。把锅从火上移开,令牛奶稍稍冷却。

用网筛过滤猪血,把它和所有其他食材全部倒进一个容器里,最后放入面包糠。若您觉得面包糠太多,可以留一部分备用。

用水浴加热法加热混合物。拿一个勺子搅拌它,以免其粘锅。把搅拌勺放在混合物中心位置,如果它能直直立住,就说明混合物已被烹熟,浓稠度也达标了。若混合物始终不够浓稠,请把剩余的面包糠(我假定您没有将它们全部放入)加进去。接着,把混合物倒入铺有疯面团(**食谱153**)的烤盘里,按**食谱639**"乳清奶酪蛋糕"中的描述烘焙。待猪血糕冷却凝固后将其切成菱形小块。烘烤疯面团的时间请尽量短一些,这样才能更容易地把它切开。只要麦秸从混合物里抽出来时洁净干燥,就立即把烤盘取出,以免猪血糕被烤得太干。

为防止猪血糕太过甜腻,如果您选择的配料是蜂蜜而非浓缩葡萄汁,在加糖之前请先品尝一下。记住,这种甜点的优点之一就在于奶油般细腻绵软的口感。

我总担心读者没法理解我的意思,因而撰写食谱时常会添加许多不必要的细节——如果可以,我其实很乐意将它们省去。

尽管如此,我的描述似乎仍然不够详尽。一位罗马涅厨师在来信中说:"我为我的雇主烹饪了您那本备受推崇的烹饪书中描述的猪血糕,所有人都很喜欢它。不过,我没太明白怎么才能将杏仁和蜜饯过筛,您愿意好心地教教我吗?"

我很高兴看到这个问题,回答道:"我不确定您是否知道,有一种网筛是专门为此目的而制造的。它十分结实,滤网较为稀疏,一般由细铁丝或马鬃编织而成。有了它,再加上臼和大力气,您甚至可以把最坚硬的东西捣碎过滤。"

703 | 巧克力蛋奶酥

120克糖

80克马铃薯粉

80克巧克力

30克黄油

400毫升牛奶

3个鸡蛋

一匙朗姆酒

加热融化黄油，随后放入磨碎的巧克力。待巧克力也融化后加入土豆粉，再一点点倒入热牛奶，最后加糖，用力搅拌混合物。当所有食材充分混合，马铃薯粉被煮熟后将锅从火上移开，静置混合物至冷却。依次加入朗姆酒、蛋黄和打发的蛋清。若您用3个以上的蛋清，这道甜点的味道还会更好。

把混合物倒入一个涂有黄油的耐火容器中，放进乡村式烤炉或上下都有热源的烤箱里，烤至混合物膨起后立即将其取出，趁热食用。

依照本食谱做出的巧克力蛋奶酥可供六人食用。

704 | 路易塞塔的蛋奶酥

这种甜点值得一试，它称得上相当美味。

500毫升牛奶

80克糖

70克面粉

50克黄油

30 克甜杏仁

3 个鸡蛋

少许香草糖

杏仁焯水去皮，晒干或烘干后与一勺糖一起放入臼中碾成细末。

用黄油、面粉和热牛奶烹制一份贝夏美酱。把碎杏仁、糖和香草糖放进贝夏美酱中，搅拌均匀，把锅从火上端开。贝夏美酱冷却后，加入蛋黄和打发的蛋清。把混合物倒进一个涂有黄油的耐火容器里，放入乡村式烤炉中烘焙。

依照本食谱做出的路易塞塔的蛋奶酥可供五至六人食用。

705 | 马铃薯粉蛋奶酥

100 克糖

80 克马铃薯粉

500 毫升牛奶

3 个全蛋

2~3 个蛋清

少许香草或柠檬皮

把糖和面粉放进锅里，一点点倒入冷牛奶并搅拌均匀。边加热边搅拌混合物，直到它变得浓稠，再放入香草或柠檬皮。烹饪过程中混合物沸腾是正常现象，不必担心。关火，当混合物处于温热状态时加入 3 个蛋黄和打发的蛋清，将所有食材充分混合。把混合物倒进一个金属容器里，拿一只烤炉罩盖住容器，然后将它放入烤箱用上下火烘焙。待混合物膨起，表面呈焦黄色时将其取出，撒一层糖粉，迅速端上餐桌食用。这道甜点定会因其美味而大受称赞。若还剩一些没吃完，您便会发现它冷食风味亦佳。依照本食谱做出的马铃薯粉蛋奶酥可供五人食用。

---

706 | 大米蛋奶酥

100 克大米

80 克糖

600 毫升牛奶

3 个鸡蛋

一小块黄油

一匙朗姆酒

少许香草

用牛奶烹煮大米。请尽量煮久一些，否则这道甜品的口感便会大打折扣。米饭半熟时，放入黄油、糖和用于调味的香草。待它被完全煮熟并放置冷却后，加入蛋黄、朗姆酒和打发的蛋清。

其他烹饪步骤请参见**食谱705**"马铃薯粉蛋奶酥"。用上述食材做出的大米蛋奶酥可供四人食用。

---

707 | 栗子蛋奶酥

150 克颗粒最饱满的栗子

90 克糖

40 克黄油

5 个鸡蛋

200 毫升牛奶

两匙马拉斯加酸樱桃酒

少许香草

把栗子放入水中烹煮5分钟，如此一来，您就能趁热剥去栗子壳和栗仁皮。接着，用牛奶将栗子煮熟，过筛，加入糖、融化的黄油、马拉斯加酸樱桃酒和香草，最后放入蛋黄和打发的蛋清。

将混合物倒进涂有黄油的耐火容器里，放入乡村式烤炉中烘焙。栗子蛋奶酥烤好后，在上面撒一层糖粉，端上餐桌食用。

依照本食谱烹制的栗子蛋奶酥可供五人食用。

708 | 糖水杏

600克接近成熟的杏

100克糖粉

1杯水

在杏上划开一道口子，小心地在不伤及其外皮的情况下剔出果核，再把它放入水中烹煮。水开始沸腾时加入糖粉，时不时晃动深平底锅。待杏皮皱起，果肉变得柔软时，用勺子将它们逐个捞出来，沥干水分，放进水果碗里。继续熬煮锅里剩下的糖水，直至其成为浓稠的糖浆。把糖浆倒在杏上，放凉后端上餐桌。

709 | 糖水梨（一）

600克梨

120克细糖粉

2杯水

半个柠檬

如果梨的个头较大，就把它们切成小块，若是小梨则连果梗一起完整地保留。把柠檬汁挤进水里，再将梨去皮放入。柠檬汁有助于保持果肉的洁白色泽。用网筛过滤一道柠檬水，再用它煮梨，水沸腾时倒入糖粉。其余烹饪步骤请参见前一条食谱"糖水杏"。糖水梨冷食风味最佳。

710 | 糖水梨（二）

这种烹饪方法更加细致，不过做出的糖水梨味道与上一条食谱相差不大。

> 600 克接近成熟的梨
>
> 120 克糖
>
> 2 杯水
>
> 半个柠檬

把柠檬汁挤进水里，放在一旁备用。

倒水浸没梨子，烹煮 4~5 分钟后将它们捞出，放进冷水里，削去梨皮并剪掉一半果梗。把果肉放进此前准备好的柠檬水里浸泡片刻。用网筛过滤柠檬水，再将其倒进锅里加热。水沸腾时放入糖粉，继续加热片刻后把梨放进锅里烹煮。注意火候，不要将果肉煮烂。把梨子捞出，沥干其表面水分，放进水果碗里。继续熬煮糖水，直至它呈浓稠的糖浆状，随后用网筛将其过滤一道，浇在梨子上。

如果梨子个头较大，就在第一次煮沸后将其切块。您可以用红葡萄酒、糖和 1 根肉桂煮梨，这也是许多家庭常用的烹饪方法。这道甜点宜冷食。

711 │ **糖水榅桲**

削去榅桲果皮，剔除果核，然后将其切成小块。以烹饪500克榅桲为例，把榅桲和1杯半的水放进锅里加热，水沸腾后盖上锅盖，继续烹煮15分钟，再加入180克糖粉。榅桲煮熟后捞出沥干，放进一个可以直接端上餐桌的容器里。熬煮糖水至其呈浓稠的糖浆状，再把它浇在榅桲上。糖水榅桲冷食风味最佳。

712 │ **糖水水果米饭**

您若觉得"糖水水果米饭"这个名字并不恰当，也可以称呼它为"放在米饭中间的甜水水果"。

> 700毫升牛奶
>
> 100克大米
>
> 50克糖
>
> 20克黄油
>
> 一小撮盐
>
> 少许柠檬皮

倒600毫升牛奶烹煮大米。米饭半熟时放入其他食材，边煮边不断用勺子搅拌，以免粘锅。混合物变得浓稠时关火，加入剩下的100毫升牛奶。取一个中间有洞的光滑模具，其大小应能保证混合物盛在里面至少2指高。加热50克糖，待它融化并呈浅褐色时，将糖液涂抹在模具侧壁和底部。把混合物倒进模具里，用水浴加热法烹至混合物变得浓稠，糖层也再次融化后关火，静置冷却后将其从模具中取出。

现在，该往米饭中间的空洞里填入糖水水果了。您可以选择任何种类的水果，不过此处我假设您用的是苹果或干梅。

若您选择第一种，取200克颜色鲜红，饱满多汁且气味芬芳的苹果。请削去果皮，剔除果核，再将其切成小块，泡进掺有柠檬汁的凉水中以防果肉氧化变色。把苹果放进深平底锅里，倒入勉强够没过它们的水。水沸腾时，加入70克糖和一匙樱桃白兰地。苹果煮好后捞出沥干，继续熬煮锅里剩余的糖水至其成为浓稠的糖浆，放置冷却后再倒入一匙樱桃白兰地。最后，把糖浆浇在苹果上。将糖水苹果填进米饭中间的空洞里，端菜上桌。

若您选择第二种，准备100克干梅和60克糖就足够了。先用水浸泡干梅5~6个小时，再将其放进锅里烹煮。其余烹饪步骤与前文相同，别忘了樱桃白兰地。

如果您想做十至十二人份的糖水水果米饭，则需将食材用量加倍。这道甜点宜冷食。

713 | 惊喜馅饼

1 升牛奶

200 克米粉

120 克糖

20 克黄油

6 个鸡蛋

一小撮盐

少许香草

取一口深平底锅，一点点倒入蛋液、糖、面粉和牛奶，持续搅拌以防止混合物结块。不过，请不要一次性把牛奶全部倒进锅里，留下一小部分备用。边加热边不停地用勺子搅拌混合物，就像您烹制奶油时那样。

关火前，加入黄油、香草和盐。混合物冷却后，把它倒进耐火的金属或陶制容器中，填满后者。

用一张酥皮（**食谱589配方B或C**）覆盖混合物。往酥皮表面涂抹一层蛋黄，进行一些适当的装饰，放入烤箱烘焙。馅饼烤好后撒上一层糖粉，趁热食用。

714 | 冰橙子果冻

150 克糖

20 克鱼胶

400 毫升水

4 匙胭脂红利口酒

两匙朗姆酒

1 个大甜橙

1 个柠檬

把鱼胶放进水里浸泡1~2个小时，中途换一次水。

把糖倒进200毫升水中，烹煮10分钟后用纱布过滤一道。

把橙子和柠檬的汁液挤进糖水里，再次使用前述纱布过滤。

将已经被泡软的鱼胶捞出，用剩下的200毫升水烹煮它，随后将其倒入糖水中，再加入胭脂红利口酒和朗姆酒，把所有食材搅拌均匀。当混合物开始冷却时，把它倒进模具里。夏天请把模具放在冰块中间，冬天则将其浸在冷水里。

烹制此类甜点需要使用铜制模具。它们有的形状完整，有的中间有一个洞，但一般都带有精美的花纹，因为这样能令最后做出来的果冻更加美观。为保证您能完整地取出果冻，倒入混合物之前请先在模具内壁上涂抹一层橄榄油。果冻做好后，把模具放进热水里浸泡片刻或用一块热的布擦拭它也有利于完整取出果冻。鱼胶本身是无害的，但它较难消化，可能会给肠胃造成很大的负担。

715 | 冰草莓果冻

300 克鲜红的成熟草莓

200 克糖

20 克鱼胶

300 毫升水

3 匙朗姆酒

1 个柠檬的汁

用纱布包裹住草莓并用力挤压，榨出所有果汁。把糖放进 200 毫升水中烹煮 10 分钟，再倒入草莓汁和柠檬汁。用网眼细密的纱布过滤混合液。按前一条食谱中的描述将鱼胶泡软，再用剩下的 100 毫升水烹煮它。趁热把鱼胶倒进混合液里，加入朗姆酒并搅拌均匀，随后将混合物倒入模具中冰冻。

这种果冻很受女士们欢迎。

716 | 冰马拉斯加酸樱桃或欧洲酸樱桃果冻

400 克马拉斯加酸樱桃或欧洲酸樱桃

200 克糖

20 克鱼胶

300 毫升水

3 匙朗姆酒

1 根肉桂

摘掉樱桃梗，用手捏碎樱桃，再把果核捣碎。将樱桃静置几个小时，随后用纱布包裹住它们，用力挤压，滤出所有果汁。令果汁静置沉淀片刻，用纸或棉布将其过滤几道，直到它变得清澈无杂质。把糖和肉桂放进200毫升水里烹煮10分钟。接着，用纱布过滤糖水，将它倒进樱桃汁里。用剩下的100毫升水烹煮鱼胶。最后，把鱼胶和朗姆酒倒进前述混合液里，按照上一条食谱中的描述完成后续烹饪步骤。

717 | 冰红醋栗果冻

300克红醋栗

130克糖

20克鱼胶

200毫升水

4匙马沙拉白葡萄酒

少许香草

冰红醋栗果冻的制作方法与前一条食谱中的樱桃果冻一样。

香草[7]常被制作成糖，以香草糖的形态为食物调味。若您想制作香草糖或类似调味品，最好选用未经加工的天然香草豆荚，将其与一小块糖一起放进水里烹煮。购买香草果荚时，请检查它们是否饱满。把香草和黄糖混合在一起，密封保存。待黄糖吸附了前者的香气后便可以用来为菜肴调味了。

香草原产于美洲热带雨林，它属于兰科，和常春藤一样是攀援植物。香草的花粉带有黏性，无法靠风力传播，因而需以昆虫为媒介传粉。此现象直到上个世纪[8]上半叶才被发现。如今，人们会在温室里培育香草，

7　译注：食品行业中日常所称之香草一般指香荚兰（Vanilla planifolia）。

8　译注：指十八世纪。本书初次出版是在1891年。

并已经掌握了人工授粉的技术。香草刚被引入欧洲时一直不结果，直至1837年才在比利时长出了第一批果实。

718 | 冰覆盆子果冻

您若有覆盆子糖浆，可以用它做一个美味的果冻。加热20克鱼胶，使其溶解在300毫升水里，再与下列食材混合：

> 200毫升糖浆
> 100毫升马沙拉白葡萄酒
> 一匙朗姆酒

做这道甜点不需要额外放糖，如果您实在想加糖，也请只加一点点，因为糖浆本身甜度已经够高了。其余烹饪步骤请参照前几条果冻食谱。若你选择用新鲜的覆盆子代替糖浆，请遵照冰草莓果冻（**食谱715**）中列出的食材用量。

719 | 给孩子吃的一人份鸡蛋

知道如何让一个哭着要美味点心当早饭的孩子安静下来吗？把1个新鲜鸡蛋的蛋黄放进碗里，加2~3匙糖粉搅拌均匀。将蛋清打发，动作轻柔地把它和蛋黄混合在一起。把鸡蛋液摆在孩子面前，再配上几片蘸着它吃的面包。尤能令小孩子开心的一点是，他们还可以用蛋液给自己画胡子。

如果所有的儿童食品都能像这样无害，世界上患有歇斯底里和惊厥的孩子一定会比现在少得多！我所说的"有害"是那些刺激神经的饮食，如咖啡、茶、酒和烟草等其他东西。作为家常饮食的一部分，它们常常会过早进入孩子们的生活。

720 | 巧克力面包布丁

这只是一种家庭布丁，因而可能不像您想象的那样惊艳。

> 100克普通细小麦粉面包
>
> 70克糖
>
> 40克巧克力
>
> 20克黄油
>
> 400毫升牛奶
>
> 3个鸡蛋

将牛奶煮沸，浇在被切成薄片的面包上。让面包在牛奶中浸泡大约2个小时，用网筛过滤一道，随后将其放进锅里，加入糖、黄油和磨碎的巧克力。边搅拌边烹煮混合物，待它沸腾片刻后关火，静置冷却。接着，依次放入蛋黄和打发的蛋清。把混合物倒进一个涂有黄油的光滑模具里，用水浴加热法蒸熟，放凉后食用。从模具中取出布丁后在上面涂抹一层奶油不失为一个好主意，因为这样能让它看起来更有吸引力。

依照本食谱做出的巧克力面包布丁可供五人食用。

721 | 英国风味苹果

"英国风味苹果"并不是一个非常恰当的名字，您可以称这道菜为"苹果派"。

选取玫瑰苹果或其他品种的新鲜苹果。借助一根锡管剔除果核，再将苹果削皮，切成薄而圆的片。把果肉和1根肉桂放进锅里，倒足量水烹煮。苹果半熟时加糖，再放入少量切成小块的糖渍水果。

将煮好的苹果倒进耐火的铜制或陶制烤盘里，盖上一层酥皮，放入烤箱或乡村式烤炉中烘焙，趁热端上餐桌作为餐后甜点食用。

722 | 萨巴雍

3个蛋黄

30克糖粉

准备1~1.5升（即约9匙）塞浦路斯葡萄酒、马沙拉或马德拉白葡萄酒。您若要准备八人份的萨巴雍，就将食材用量翻倍。如果您希望它更够劲儿，可再加入一匙朗姆酒。放一匙肉桂粉也是个不错的主意。把糖加进蛋黄里，用勺子搅拌至蛋黄几乎变成白色，随后倒入前述酒液并充分混合。边用大火加热混合物边不断地搅拌它。注意火候，避免令混合物沸腾，否则它容易结块。一旦混合物膨起就将其从火上移开。

我认为最好把做好的萨巴雍盛放在巧克力壶里。

糖浆

SIROPPI

———

将用酸味水果制成的糖浆溶解在冷水或冰水中，会做出一种令人愉悦、使人感到清爽的饮料，在炎炎夏日饮用最佳。但需要注意的是，最好在正餐消化完后再饮用这种饮料，因为它所含的糖分可能会扰乱自然消化过程，从而加重胃的负担。

723 | 覆盆子糖浆

覆盆子是一种口感细腻的水果，法国人称之为木莓白兰地 (framboise)。凭借这一特点，覆盆子糖浆在众多食谱中脱颖而出。先用手压碎覆盆子，随后倒入相同比例的糖和柠檬酸，**按第725条食谱**中描述的方法操作。和红醋栗相比，覆盆子含有的胶质较少，因此发酵所需的时间也相对短一些。在制作糖浆时放大量糖，是为了能将它们保存得更久，而加入同等比例的柠檬汁则可以抵消甜度，调和口味。

724 | 酸味覆盆子糖浆

您可以用优质葡萄酒醋代替柠檬酸为覆盆子糖浆调味。将覆盆子糖浆熬煮好并关火后再加入葡萄酒醋，用量依您的口味而定，不过一开始最好少放一些。如有必要，可先舀出一滴糖浆，在（盛在普通杯子里）

2指高的水中稀释后品尝一下，再根据情况加适量醋。这种糖浆能令人身心愉悦，且比其他糖浆更加清爽宜人。

725 | 红醋栗糖浆

红醋栗是一种富含胶质的水果，因此需要较长时间发酵。如果您直接把糖溶解在刚榨好的红醋栗汁里熬煮，得到的将是果冻而非糖浆。

像制作葡萄汁时那样将红醋栗连着果梗一同捣碎，放入陶制或木制容器中，置于阴凉处发酵。此过程可能需要3~4天。捞掉浮在表层的杂质，每天用大木勺搅拌红醋栗两次，重复此操作直到不再有杂质漂起。接着，拿厨用毛巾一点点过滤红醋栗，如果您没有榨汁机，就用手使劲挤压毛巾。用网筛过滤得到的液体——一般2~3次即可，必要时可多几次——直到红醋栗汁变得澄澈透明。熬煮红醋栗汁，当它开始沸腾时按以下比例加糖和柠檬酸：

3000 克红醋栗汁

4000 克白糖粉

30 克柠檬酸

不断用勺子搅拌糖浆以免粘锅。待其沸腾2~3分钟后品尝一下，看看是否还需添加更多柠檬酸。静置待糖浆冷却后把它装入瓶中，保存在地窖里。

我想提醒您的是，红醋栗糖浆之美就在于果汁充分发酵后呈现出的清澈质地。

726 | 柠檬糖浆

3个院子里种出来的柠檬

600克细白糖

1杯（约300毫升）水

完整地取出柠檬果肉，去掉白色丝络和柠檬籽。

用小刀把1个柠檬的皮切成细条状，放进水里加热。水沸腾时加糖，继续烹煮片刻后将柠檬皮捞出丢弃。放入柠檬果肉，继续熬煮至糖浆达到适中的浓度，表面冒出珍珠般的气泡，呈白葡萄酒的颜色为止。

若条件允许，请将煮好的糖浆储存在玻璃容器里，想食用时用勺子舀出，溶于冷水中即可。用此糖浆做成的饮料口感非常清爽，以至于我总为在意大利一些地区的饮料吧、咖啡厅里找不到它而感到费解。

727 | 酸樱桃糖浆

请选用马拉斯加酸樱桃。这种樱桃的特殊之处就在于它完全成熟后味道也很酸。摘掉樱桃梗，像酿酒时处理葡萄那样将其压碎。取出樱桃核，留一小把备用——它的用途我稍后揭晓。把樱桃肉和1根肉桂一同放进陶罐里，静置于阴凉处发酵，此过程至少需要48个小时。用力向下按压上浮的樱桃肉，时不时搅拌它们。樱桃发酵好后，用榨汁机榨出全部果汁。您若没有，就用一块纱布包裹住樱桃，分多次使劲用手挤压。

正如我之前所说，糖浆之美就在于它澄澈透明的质地。因此，静置樱桃汁一段时间以令杂质沉淀。接着，倒出上层清澈的果汁，取一个由羊毛制成的网筛将剩下的液体过滤几道，去除所有杂质。用前述肉桂和以下食材烹制糖浆：

6000 克过滤后的果汁

8000 克白糖粉

50 克柠檬酸

加热果汁到较高温度时放入糖和柠檬酸，不断搅拌以免粘锅。烹煮糖浆的时间尽量短一些，只需4~5分钟使糖溶解就够了。

熬煮糖浆的时间过长容易导致樱桃的果香味流失，但熬煮时间过短又会造成糖结块沉淀在底部。樱桃糖浆熬好后，把它倒进陶制容器里静置冷却，随后装瓶并塞紧瓶塞（无须使用沥青），储存在地窖里。这种糖浆可以保存若干年。

最后，我想谈谈樱桃核的用途。将果核晒干、碾碎，选30克放入臼中捣成细末，与樱桃果肉混合在一起发酵。微苦的果核能为糖浆增添风味。

728 | 令人愉悦的酸樱桃糖浆

做这道甜点最好的原料是上文中提到的马拉斯加酸樱桃。意大利一些地区的人们喜欢在喝樱桃饮料的同时吃到果肉，若您也想这样，可以往做好的糖浆中加入按以下方法烹制的糖渍樱桃：

1500 克马拉斯加酸樱桃

2000 克细糖粉

摘掉果梗，把樱桃放在阳光下曝晒5~6个小时。接着，把樱桃和一小块肉桂放进锅里熬煮，当樱桃进一步变干后加糖，小心地搅拌均匀，尽量保持果肉完整。继续加热至樱桃变得干瘪且呈棕色时，将其从锅里取出，按上文提到的方式享用它。

729 | 杏仁糖浆

200克甜杏仁

10~12颗苦杏仁

600克水

800克细白糖

两匙橙花水

杏仁焯水去皮，放入臼中碾碎，时不时倒一点橙花水浸润它。

当杏仁被碾成细质糊状物时，将其溶解在200克水中，拿厨用毛巾包裹住它并均匀挤压以过滤汁液。把剩下的干糊状物放回臼中研磨，同样加200克水稀释，用厨用毛巾过滤。再重复一次前述操作。加热3次过滤获得的所有液体，待其变烫后倒入糖，搅拌烹煮20分钟左右。关火，糖浆冷却后把它装进瓶子里，置于阴凉处保存。杏仁糖浆不容易发酵，它虽不像水果糖浆那样耐放，但也能保存相当长的时间。此外，杏仁糖浆的浓度也很高，只需往1杯水里放一点儿就足以制成美味清爽的饮料。由甜瓜籽制成的糖浆口感更加清甜。

730 | 红酒风味饮（英式饮料）

这种饮料很值得一提，因为它不仅口感醇厚，而且简单易制。烹制红酒风味饮需要品质上乘的红葡萄酒，您可以选择波尔多、基安蒂、桑娇维塞或类似葡萄酒。

500毫升葡萄酒

500毫升水

5个柠檬

500 克白糖

将糖放进水里，烹煮5分钟后把锅从火上移开，加入柠檬汁和葡萄酒。用干酪布滤掉混合液中的杂质，重新将其倒进锅里加热25分钟。糖浆做好并静置冷却后装瓶保存。在炎热的夏季，您可以用水稀释糖浆，再加冰饮用。如需长期保存，可将糖浆存放在地窖里。

731 | 浓缩葡萄汁

浓缩葡萄汁实际上就是一种葡萄糖浆。它在烹饪方面用途广泛，特殊的味道使得它能与许多菜肴搭配。浓缩葡萄汁是孩子们的最爱：在冬天，他们会把它和刚落下的雪花混在一起，做即食冰激凌。

选取成熟优质的白葡萄——刚从果园里采摘的那些是最理想的。将葡萄榨汁，静置发酵24个小时，随后用纱布滤掉其中的杂质。把葡萄汁倒进锅里熬煮几小时，直至它呈现近似糖浆的浓度。最后，将浓缩葡萄汁装瓶储存。

果酱
CONSERVE

———

如果在家里就能吃到果酱和果冻，就再好不过了。它们是制作甜点的常用原料；是女士们早餐的尾韵；涂抹在面包片上时，又是孩子们健康营养的绝佳零食。

732 | 无盐番茄酱

番茄（Solatium lycopersicum）是茄科茄属植物，原产于南美洲。过去，它的果实稀少而珍贵，因而价格可与松露媲美，甚至更高。番茄汁与许多菜肴都能搭配起来食用，可见做出一道美味的无盐番茄酱是值得的！制作番茄蜜饯的方法多种多样，每个人都有自己偏好的方法。接下来，我想向诸位介绍一种我已使用了多年且一直非常满意的无盐番茄酱制备方式。

选取生长在田间而非花园里的小个番茄，因为后者水分太多。将番茄碾碎，放进一口未镀锡的铜锅里，把锅架在柴火上。请不必担心：在锅被从火上移开，番茄开始散热之前，它含有的酸是不会与铜发生反应的，否则我至少已中毒过一百次了。番茄被煮至软烂后，将其倒入一个细织的沥水袋中，悬挂起来沥干水分。接着，用力挤压番茄，分离果肉与籽和果皮，再用网筛过滤果肉。

把铜锅仔细清洗干净，再次将番茄泥放入其中熬煮，使它变得尽可能的浓稠。判断番茄酱浓度是否已经达标的方法是把几滴番茄泥倒进盘子里。如果它们既不流动，周围也没有包裹着透明的汤汁，就说明番茄酱已被熬煮至最理想的状态。借助漏斗将其装瓶。如果您发现它从漏斗落进瓶子里的过程有些艰涩，便更足以证明它已经达到了足够的浓度。

若你想缩减熬煮番茄的时间，使蜜饯更具流动性，可以往每2.3升番茄泥中加入3克水杨酸。据说水杨酸对人体无害，但我至今都没有使用过，因为意大利政府出于公共卫生的考虑，已经下令禁止出售水杨酸。出于谨慎考虑，如果您每天都会食用无盐番茄酱，最好不要放水杨酸。

尽量选择容量较小的瓶子贮存番茄酱并尽快食用。不过，打开瓶盖后，无盐番茄酱仍能保存12~13天而不变质。我一般用雷科阿罗牌矿泉水的透明玻璃瓶或装啤酒的深色瓶子盛放番茄酱。用手拿软木塞塞住瓶口，确保玻璃瓶已密封好后拿一根细绳绑住瓶塞。番茄酱不要装得太满，它和软木塞之间应有一段空隙。此时，基本烹饪步骤都已完成了。但我还想补充简短却也十分重要的一点。把盛有番茄酱的瓶子放进一口大锅里，用稻草、破布或类似的物品紧紧包住瓶身。往锅里倒水，淹至瓶颈处，随后开火加热。密切关注玻璃瓶的情况，一旦有未塞紧的软木塞弹出或有液体溅出，就立即把火熄灭。现在所有操作都已经彻底完成了。水冷却后，取出瓶子（也可提前拿出），用手指将松动的瓶塞按回原处，然后把玻璃瓶存放在地窖里。无须在瓶口涂刷沥青，因为只要烹饪步骤规范，番茄酱就不会发酵。若番茄酱发酵并导致玻璃瓶炸裂，那就说明熬煮番茄泥的时间不够长，番茄酱水分含量过高。

我听说，如果提前加热空瓶，趁瓶子温度尚高时装入番茄酱，就无须再次倒水加热它们了。不过我没有亲自实践过这一操作。

我强烈推荐这种制作无盐番茄酱的方法，因为它是非常实用的烹饪原料。保存番茄更好的方式是"真空包装"，即把新鲜的番茄完整地保存在锡罐里。此方法发源于意大利弗利镇，已在当地形成了一个小型产业。我真希望它能继续发展繁荣。可是，一场灾难降临了！税务机构开始对其征税，可怜的企业家们无可奈何，正准备停产。

733 | 甜番茄果酱

甜番茄酱这个名字听起来虽然有些奇怪，但经我测试，它丝毫不逊色于其他果酱。

但丁曾写道："每株植物，都可以凭种子辨析（Ch'ogni erba si conosce per lo seme）。"[1]如果不去探究果酱里含有的植物种子，我们往往很难猜到它们的原料。

> 1000 克番茄
>
> 300 克白糖
>
> 1 个柠檬的汁液
>
> 少许香草和柠檬皮

制作这种果酱须选用已经非常成熟、果肉饱满的圆形番茄。将番茄放入热水中泡软以便去皮，随后将其切成两半，用勺柄挖去番茄籽。把糖倒进（盛在普通杯子里）2指高的水里加热溶解，接着放入番茄、柠檬汁和磨碎的柠檬皮。用小火熬煮前述食材，时不时搅动它们，不用盖锅盖。若有残留番茄籽浮起就将它们捞出丢弃。最后，加入少许香草糖调味。当果酱达到合适的浓度时，将其从火上移开。

关于烹饪这种果酱究竟需要放多少糖，我很难给出一个确切的数值，因为这得取决于番茄的水分含量。准备您想得到的番茄果酱的量的两倍的新鲜番茄，因为它的体积会在烹饪过程中大幅度缩水。

1　译注：见《神曲·炼狱》XVI，114行。此处引用的是黄国彬译本。

734 | 杏果酱

若说李子果酱是所有果酱中最差的，那么杏果酱则是符合大多数人的口味的优质果酱之一。

选取已非常成熟的优质杏（品质低劣的水果很难达到同样的效果），将其去核，放进锅里在不加水的情况下熬煮。边加热边用勺子捣碎果肉。半小时后，借助网筛把果肉与果皮和粗纤维分开。把果肉放回锅里，加入白糖粉，继续熬煮。杏肉和白糖的比例应为10∶8，即1000克杏泥需搭配800克糖。不断用勺子搅拌混合物直至它变得足够浓稠。您可以时不时舀一小勺果酱进盘子里，如果它流淌得十分缓慢，就证明浓度已经达标了。趁热把果酱倒进罐子里，待其冷却后，将一张涂有猪油的纸盖在上面。用厚厚的纸封住罐口，拿一根绳子扎紧它。

桃子果酱的制作方法同上。

735 | 李子果酱

李子果酱虽不是最受欢迎的果酱，但也不乏拥趸，因此，我认为介绍一下它的制作方法是个不坏的主意。

任何品种的李子都可以拿来做李子果酱，但最好选用已成熟的克劳迪娅李子。将李子去核，入锅加热几分钟后用网筛过滤。接着，把李子果肉和白糖粉一起放进锅里熬煮。每100克（刚从树上摘下时的净重）李子需要配以60克白糖。

如果一段时间后果酱开始发霉，就说明此前熬煮果肉的时间不够长。您可以把果酱倒回锅里再次烹煮。我做的果酱有时可以保存四五年仍不失风味。

736 | 黑莓果酱

黑莓果酱不仅十分美味，还能缓解咽喉疼痛。

> 1000 克黑莓
>
> 200 克白糖

用手压碎黑莓，烹煮约 10 分钟后捞出，用网筛过滤一道。熬煮过滤好的黑莓果肉和白糖，待果酱浓稠度达标时即可关火。

737 | 红醋栗覆盆子果酱

你可以按**食谱 739** "红醋栗果冻"中的描述制作红醋栗果酱。若想做覆盆子果酱，就将未发酵的覆盆子放进锅里，在不添加任何其他配料的情况下熬煮 20 分钟左右。接着，用网筛过滤覆盆子，去籽，称重，加入适当比例的白糖粉，熬煮至果酱浓稠度达标即可。浓度的判断方法请参见前文。

我认为少量覆盆子果酱是制作酥皮点心的馅料的最佳选择。

738 | 榅桲果冻

取黄皮榅桲——比起绿皮榅桲，它的成熟度更高——去核并切成半指厚的片。把榅桲放进盛有水的锅里烹煮，盖上锅盖，烹饪过程中无需翻动它们。用细密的网筛过滤煮好的榅桲，在网筛下方摆一个盆子接住所有果汁。无须挤压榅桲，令果汁自然滴落即可。为过滤得到的液体称重，将其与等量白糖一起放进深平底锅里熬煮。边加热边撇去榅桲糖浆表面的浮沫，直到它开始凝结。当榅桲糖浆中出现小珍珠般的气泡，滴在盘子里的糖浆也不大流动时即可关火。

您可以按**食谱742**中的描述将剩余的榅桲果肉制成果酱，即用网筛过滤它们，再放入等比例的糖熬煮。不过，这样做出来的果酱口感一般，味道也偏淡。

最好把水果果冻装在透明的玻璃瓶里，因为这样可以更好地展现出它们的颜色。例如，榅桲果冻就呈漂亮的石榴红色。

739 │ 红醋栗果冻

正如**食谱725**"红醋栗糖浆"中提到过的那样，红醋栗含有大量胶质。因此，只需拿一块厨用毛巾包裹住它们，挤出其果汁，加入白糖粉（红醋栗汁和白糖粉的比例应为10∶8）熬煮即可。无须熬煮太长时间，红醋栗汁就会凝结成果冻。这种果冻可以像果酱一样储存在罐子里，可以搭配各种甜点食用，对正在休养中的人来说也是一种清淡而健康的食品。

740 │ 山楂果酱

山楂在一些地方也被称为"皇家苹果"，是一种在九月底成熟的水果。山楂分为红、黄两种，烹制果酱时，请选用个头最大、最为成熟（即果皮已不再发绿）的黄山楂。

> 1000克山楂
> 800克白糖
> 700毫升水

将山楂连同果梗一起扔进沸水里熬煮10分钟，趁热用刀尖从果蒂处入手剔除果核。若山楂果因此变形，请用手指将其捏成原状。接着，削去山楂皮，但仍保留果梗。把糖溶解在700毫升水里（您可以用此前煮山楂的水），把山楂放入其中烹煮。待糖浆变得足够浓稠，以至于被舀起后会从勺子上缓缓滴落时，把山楂连同糖浆一起盛出，贮存在罐子里。山楂果酱看起来就像糖水蜜饯一样，而且非常可口。

741 ｜ 浓稠的榅桲果酱

有智慧的妈妈懂得该怎样利用果酱。孩子们嘴馋时，她们会把果酱涂抹在面包片上给他们吃。

有人建议将榅桲带皮放入锅中烹煮以保留更多香气。但在我看来这完全没有必要，因为榅桲果肉本身就香味浓郁。此外，去皮烹煮榅桲还能帮您省去过筛的步骤。

> 800克去皮去核的榅桲
>
> 500克白糖粉

把白糖溶于半杯水中，加热沸腾片刻后放在一旁备用。

将榅桲切成薄片放进铜制深平底锅里，倒入1杯水，开火烹煮。盖上盖子。用勺子把榅桲碾碎并时不时搅拌它，除此之外请盖上锅盖。榅桲果肉变软后，倒入已经准备好的糖水。把锅盖拿开，边搅拌边熬煮果酱，直至其变得足够浓稠。果酱被舀起后成团从勺子上滑落是其浓度达标的标志。

742 ｜ 稀榅桲果酱

按以下方式制作的榅桲果酱更富流动性，适于涂抹在面包上。

将榅桲切段，在保留外皮的情况下挖去果核。称出果肉的重量，随后把它们放进锅里，加水熬煮。

榅桲被完全煮熟后捞出，用网筛过滤一道。把过滤后的果肉放回方才烹煮它的水里，加入与它等重的糖粉。边加热边搅拌果酱，待它变得足够浓稠时（倒几滴在盘子上观察）把锅从火上移开。

---

743 | 橙子果酱

12个橙子

1个花园里种出来的柠檬

与橙子等重的白糖粉

重量为橙子一半的水

4匙纯朗姆酒

用叉子在橙子外皮上扎洞，放进水里浸泡3天，早晚换水。到第四天时，将橙子切成两半，再把每半都切成数片半厘米厚的小片，去籽。称出橙子的重量，以此确定所需白糖和水的重量。把水和橙子放进深平底锅里烹煮10分钟，随后加入像橙子一样切片的柠檬和糖粉。不断搅拌混合物至其再次沸腾，以防糖粉沉底或粘锅。

为检查果酱状态，请每隔一段时间就将其滴一点进盘子里，轻轻吹气，待果酱滴流淌缓慢时，立即把锅从火上移开。等橙子果酱变得温热时倒入朗姆酒，然后把它像其他水果蜜饯一样储存在罐子里。橙子果酱有助于增强肠胃功能。

您也可以少放或不放柠檬。

---

744 | 苦橙果酱

接下来，我将向诸位介绍如何用味道极苦的苦橙制作果酱。

将苦橙放进水里熬煮至细木棍可以轻易从中穿过。接着，把苦橙转移到冷水里浸泡2天，时常换水。像前一条食谱中描述的那样将苦橙切片，剔除果籽和白色丝络。称出苦橙此时的重量。把果肉放进锅里，不放水，只加细白糖，用文火熬煮。每100克苦橙需配以150克细白糖。注意不要将果酱煮得太过黏稠，否则苦橙会变得很硬。

745 | 玫瑰蜜饯

玫瑰乃是花中皇后，在东方拥有一座光彩夺目的宫殿。它的用途很广，但令我惊异的是，它还可用于制作芳香美味的蜜饯。

在所有玫瑰品种中，我最喜欢千叶玫瑰。每当欣赏它初绽的花蕾时，我的脑海里——或许其他人也会这样——就会浮现出纯洁的少女形象。也许正是这种花朵为阿里奥斯托提供了灵感，助其写就了以下优美的八行诗：

> 美少女好似那艳丽玫瑰，
> 天生就浑身刺，玉立花园，
> 温和风、黎明露将其滋润，
> 清澈泉、肥沃土为其奉献，
> 放牧人与羊群不敢近身，
> 孤芳花享自在，无比安全：
> 俊少年、怀春女爱慕有加，
> 摘鲜花，插鬓角，装饰胸前。

> ——时间被摘下绿色花茎，
> 离开了母亲怀无人照看，
> 没有了天与人青睐关怀，

一切美皆丧失，丽质不见。
美少女对鲜花热爱至极，
远胜过其生命、美丽双眼，
如鲜花被采摘失去颜色，
众情人心目中不再鲜艳。[2]

La verginella e simile alla rosa

Ch'in bel giardin sulla nativa spina

Mentre sola a sicura si riposa,

Ne gregge ne pastor se le avvicina:

L'aura soave e I'alba rugiadosa,

L'acqua, la terra al suo favor s'inchina;

Giovani vaghi e donne innamorate

Amano averne e seni e tentpie ornate.

Ma non si tosto dal materno stelo

Rimossa viene, e dal suo ceppo verde

che quanta avea dagli uomini e dal cielo

Favor, grazia e belleza, tutto perde.

La vergine che 'I fior, di che piu zelo

Che de' begli occhi e delta vita aver de',

Lascia altrui cone, il pregio ch'avea innanti

Perde nel cor di tutti gli altri amanti.

2　译注：《疯狂的罗兰》42~43行。此处引用的是王军译本。

千叶玫瑰让我想起了一位在自家花园里栽种这种花儿的慈祥老夫人。千叶玫瑰是她最喜欢的花，在得知我也十分喜欢这些可爱而富有诗意的鲜花后，她每年五月都会给我送来一些。

制作玫瑰蜜饯的最佳时间是5月15日至6月10日，也即玫瑰盛开的时候。烹制玫瑰蜜饯需选用五月玫瑰，它是一种馥郁芬芳的粉红色玫瑰。请将玫瑰花瓣一片片摘下，剪掉其底部淡黄色的尖端。另一种更省时的办法是用左手握住玫瑰花冠，右手拿着剪刀，对准花萼上方一点的位置，转着圈剪下所有花瓣。以下是制作玫瑰蜜饯所需的食材：

> 600克白糖粉
> 200克玫瑰花瓣
> 600毫升水
> 半个柠檬
> 一匙布列塔尼

把花瓣放进一个小盆子里，再加入200克白糖粉和半个柠檬的汁液。用手撕碎花瓣，尽可能地将其揉搓成糊状。将剩余的400克糖溶于600毫升水中，随后放入玫瑰花瓣，熬煮至糖浆变得足够黏稠。判断糖浆黏稠度的方法是用手指捻起一点，当能感受到粘稠，但还无法拉丝时，就说明已熬好了。把锅从火上移开前，根据您的喜好选择是否加入布列塔尼为玫瑰蜜饯染色。布列塔尼是一种无害的红色植物液体，因其发明者而得名，能为各种甜品着色。

上文描述的是最简单，也是我本人最喜欢的制作玫瑰蜜饯的方法。但这样烹制的玫瑰花瓣会有些发硬。如果您希望它们更柔嫩一些，还需进行以下步骤：将花瓣放进600毫升水里煮5分钟后捞出，挤干其水分。接着，把花瓣、200克糖和柠檬汁一起放入臼中，尽可能地碾碎。将剩余的400克糖溶于烹煮花瓣的水中，再放入捣碎的混合物。后续烹饪步骤参照前文进行即可。

玫瑰蜜饯冷却后，请像处理其他果酱那样将其放进罐子里贮存。

酒

LIQUORI

———

746 | 葡萄牙风味露酒

650克白糖粉

360克水

250克36度的葡萄烈酒

一小撮藏红花

1个橙子

用小刀削下橙子皮。把橙皮和藏红花放入盛在罐子里的葡萄烈酒中，用一张带孔的纸盖住罐口，静置3天。将糖和水倒进另一只罐子里，时不时摇晃它，使糖粉充分溶解。到了第四天，混合两种液体，再将混合液静置8天。8天过后，先用一块亚麻布将酒液滤一道，再拿纸或棉布过滤第二道，装瓶贮存。

747 | 柠檬露酒

800克白糖粉

1升雨水或泉水

800毫升烈酒

3个花园里种出来的, 仍有些泛绿的柠檬

把白糖粉放进水里, 每天摇晃容器以使其充分溶解。与此同时, 将柠檬皮磨碎, 放入200毫升烈酒中浸泡8天。前3~4天需经常搅动柠檬皮。冬天时请将烈酒置于温暖的地方。8天后, 用一块湿亚麻布过滤泡有柠檬皮的烈酒。混合过滤得到的液体与剩余的600毫升烈酒, 静置24个小时。到了第二天, 将糖水掺入酒液, 然后把混合液倒进一个坛子里, 时不时摇晃它。15天后, 用纸或棉布过滤几次酿好的柠檬露酒。过滤时, 请将棉布铺在漏斗底部, 用一根上端带有多根分支的细木棍引流酒液。

748 | 茴香露酒

这种酒的制作方法与前一条食谱相同, 只不过浸泡在烈酒中的不是柠檬皮, 而是50克罗马涅茴香。这种茴香口感上佳, 芬芳馥郁, 堪称世界上最好的茴香。但是, 在把茴香泡进酒里之前, 要先用水将它们清洗干净, 去除可能混在其中的泥土。有的商家会为了牟利故意把泥土掺进茴香里。我认识这桩恶行的源头, 他是一个如今已有六十多岁的宵小之徒, 合该被诚实的人们指点责备。后来, 许多奸商都开始效仿他。他们会选用一种颜色与茴香相似的黏土, 将其放进炉子里烘干, 捣碎筛分成和茴香大小相近, 形状相类的颗粒, 再按10%甚至20%的比例掺入商品中。

我们应当严厉谴责那些在本国产品中掺假以攫取不义之财的人。他们目光短浅, 最后往往会自食恶果。他们意识不到自己的掺假行为会损害品牌的声誉，降低信誉度，造成客源流失。我常说，诚信是商业的灵魂。本杰明·富兰克林（Benjamin Franklin）曾说，如果骗子知道了诚信能带来多么大的好处，他们便会因为想要投机取巧而成为绅士。

长期的生活经验告诉我，若想在商业上大获成功，以诚待客是最重要的品质。

第一帝国的一名士兵告诉我，他曾在莫斯科一间药铺的罐子上看到一行字："来自弗利的茴香。"我不知道茴香在意大利以外的地方是否出名。这种伞形科植物只在梅尔多拉、贝尔蒂诺罗和靠近布里西盖拉的法恩扎地区种植。

749 | 德国风味露酒

别看这种酒的成分有些奇特，它其实非常容易制备，而且酒色澄澈，口感上佳。

> 500 克上等葡萄烈酒
>
> 500 克白糖粉
>
> 500 毫升牛奶
>
> 1 个从花园里种出来的柠檬
>
> 半个香草豆荚

将柠檬皮剥下磨碎，接着剔除柠檬籽，切碎果肉。把香草豆荚切成小块。混合所有食材，把它们装进一个玻璃瓶里，您会看到牛奶迅速凝结。每天摇晃一次瓶子，8 天后，先拿一块亚麻布过滤酒液，再用纸滤一道。

750 | 核桃酒

六月中旬是制作核桃酒的好时候，那时核桃还没有完全成熟。这种酒不仅味道好，还有滋补养生和促进肠胃功能的作用。

> 30个带壳核桃
>
> 1.5升烈酒
>
> 750克糖粉
>
> 2克磨碎的皇后肉桂
>
> 10颗完整的丁香
>
> 400毫升水
>
> 1个花园里种出来的柠檬的果皮，切成小块

把核桃切作4瓣，与其他食材一起放入容量为4~5升的玻璃坛或陶制坛子里。封紧坛口，将其置于温暖的地方保存40天，时不时晃晃坛子。

40天过后，先拿一块亚麻布过滤酒液，再用棉花或纸过滤一道，使它彻底变得清澈透明。提前几天品尝一下核桃酒，若酒精浓度过高，可以往坛子里倒入1杯水稀释它。

751 | 金鸡纳酒

我并未把自己实践过的所有食谱都公之于众，因为我认为它们中的一些不够格被发表出来。不过，接下来要为诸位介绍的这种酒是我的得意之作。

> 50克磨碎的秘鲁金鸡纳树皮
>
> 5克磨碎的干苦橙皮

700 克葡萄烈酒

700 克水

700 克白糖

混合250克葡萄烈酒和150克水。将金鸡纳树皮和橙子皮浸泡在混合液里，在温暖的地方存放10天左右，每天至少摇晃一次酒坛。10天后，用一块亚麻布过滤混合液，用力挤出金鸡纳树皮和橙皮中蕴藏的水分，再用纸滤一次所有液体。把糖放进剩下的550克水里，加热使其溶解。在糖水沸腾前关火，用网筛（亚麻布更佳）将其过滤一道以去除杂质。往糖水中倒入前述混合酒液和剩余的450克烈酒，搅拌均匀，金鸡纳酒就做好了。最后一次过滤酒液之前请先品尝一下，如果酒精浓度太高，可再多加一些水。

752 | 橙汁潘趣酒

1.5升朗姆酒

1升烈酒

1升水

1000克细白糖

3个橙子的果汁

将一个花园里种出来的柠檬的果皮磨碎，放入100毫升烈酒中浸泡3天。把水和糖放进锅里熬煮5~6分钟，待其冷却后，倒入朗姆酒、橙汁、烈酒以及用亚麻布过滤过的柠檬皮泡酒。

像处理其他利口酒那样过滤做好的潘趣酒，随后将其装瓶。人们一般把潘趣酒盛在小酒杯里，点燃后端上餐桌。

冰淇淋
GELATI

———

我在一份意大利报纸上看到，冰淇淋制作初始于意大利。它的历史源远流长，1533 年，第一批冰淇淋作为给凯瑟琳·德·美第奇（Catherine de' Medici）的献礼在法国巴黎问世。文章还提到，宫廷里的佛罗伦萨糕点师、厨师和制冰师不愿将自己的秘方外传，因此冰淇淋的制作方法成了只在卢浮宫内流传的秘密。直到一个世纪之后，巴黎人才品尝到了冰淇淋的滋味。

为验证这个故事的真实性，我展开了一系列研究，但最终也没有得到一个结果。有一点可以肯定：用储存的冰块和雪制作冰镇饮料的想法源于东方，可以追溯到遥远的古代。冰淇淋于 1660 年左右被引入法国。当时，巴勒莫人普罗科皮奥·科尔泰利（Procopio dei Coltelli）在巴黎开设了一家以自己名字命名的咖啡馆——普罗可布咖啡馆（Cafe Procope）。这家店开在法兰西喜剧院（Comédie Française）对面，后来成了众多巴黎文人学士的聚会场所。普罗可布咖啡馆开创性地把冰淇淋做成球状或鸡蛋状，盛放在杯子里。此举大获成功，引得售卖柠檬水和其他软饮的小贩们纷纷效仿，其中就有托尔托尼（Tortoni）。他制作的冰淇淋美味可口，风靡一时，他也因此成功地开办了一家享誉欧洲的咖啡馆，赚得盆满钵满。

根据阿特纳奥斯（Atheneus）和塞内加（Seneca）的说法，古人通过建造冰窖储存冰雪，使用的技术与我们今天的别无二致：挖一个深坑，放入雪和冰块，压实，盖上一层橡树枝和稻草。不过，古人还不了解盐的特性。盐溶解时会吸收热量，因此，把它与冰块放在一起能大大加速液体的冷冻速度。

用餐结束时给宾客上一份冰饮或冰淇淋一定会给他们带来极大的愉悦感，在夏季尤其如此。冰淇淋除能满足人的味蕾之外，还能在胃部聚集热量促进消化。如今，美国的三动式制冰机已经投入使用，它无须铲子，运作起来也比以前的机器更省事、更迅速。若不借机多享用美味的冰点，那就太可惜了。

如果想节约成本，您可以烘干融化后的冰水，回收盐粒。

753 | 冰淇淋块（冰糕）

用以下食材制作一份蛋奶糊：

140 克水

50 克糖

4 个蛋黄

少许香草

加热蛋奶糊并不断搅拌。当它开始粘连在勺子上时，将其从火上移开，用搅拌器打发。如果打发蛋奶糊需要的时间较长，就把盛放它的容器摆在冰块上。将 2 片鱼胶和少量水放进锅里，加热至鱼胶熔化。把鱼胶和 150 克打发的生奶油慢慢倒入蛋奶糊中，搅拌均匀。最后，将混合物倒进专门用于制作冰淇淋的模具、深平底锅中或带盖的铜罐里，盖上一层厚厚的冰和盐，静置冷冻至少3小时。依照本食谱做出的冰淇淋块可供七至八人食用，它将会是一道十分令人满意的甜点。

754 | 柠檬冰淇淋

300克白糖粉

500毫升水

3个柠檬

若条件允许，最好选用花园里种出来的柠檬，它的气味比进口的柠檬更香，味道也更好。

把糖和部分柠檬皮放入水中，在不盖锅盖的深平底锅里烹煮10分钟。糖浆冷却后，依次挤入3个柠檬的果汁，品尝一下混合液以确保它不会太酸。接着过滤混合液，将其倒入冰淇淋机。

依照本食谱做出的柠檬冰淇淋可供六人食用。

755 | 草莓冰淇淋

300克已非常成熟的草莓

300克白糖粉

500毫升水

1个花园里种出来的大柠檬

1个橙子

将糖放入水中，在不盖锅盖的深平底锅里烹煮10分钟。用网筛过滤草莓、柠檬汁、橙汁和糖水。混合所有食材，搅拌均匀，随后将混合液倒入冰淇淋机。

依照本食谱做出的草莓冰淇淋可供八人食用。

756 | 覆盆子冰淇淋

除独有的芬芳气味之外，覆盆子与草莓几乎一模一样。因此，按照草莓冰淇淋的食谱制备覆盆子冰淇淋，去除配料表中的橙汁即可。

757 | 桃子冰淇淋

400克（带核重量）已非常成熟的软桃

250克糖

500毫升水

1个花园里种出的柠檬

3个柠檬籽仁

将柠檬籽仁（柠檬籽去皮后剩下的部分）和糖一起捣碎，放入水中烹煮10分钟。桃肉捣碎并过筛，挤入柠檬汁并倒入糖水，搅拌均匀。用一个细密的网筛过滤混合物。

依照本食谱做出的桃子冰淇淋可供六人食用。

758 | 杏冰淇淋

300克（带核重量）成熟美味的杏

200克白糖粉

500毫升水

1个花园里种出来的柠檬

把糖粉放进水里烹煮10分钟。糖水冷却后，加入已过筛的杏肉和柠檬汁。再用网筛过滤一次混合物，随后将其倒入冰淇淋机。

依照本食谱做出的杏冰淇淋足供四人食用。

---

759 | 奶油冰淇淋

按照**食谱685**中的描述用以下食材烹制奶油：

　　1升牛奶

　　200克糖

　　8个蛋黄

　　少许香草

只要操作得当，您就能做出一道美味可口、香浓醇厚的冰淇淋。

依照本食谱做出的奶油冰淇淋可供十人食用。

您可以用芫荽、烘咖啡豆或烤杏仁代替香草。若您选择芫荽，请参照**食谱693**葡萄牙风味牛奶中的描述处理它；若您选择烘咖啡豆，请将几颗磨碎的咖啡豆放入牛奶中单独烹煮；若您选择烤杏仁，请参照**食谱617**中的描述用100克杏仁和80克糖制作杏仁糖片，随后将其碾碎，放入少量牛奶中单独烹煮，过筛，再加进奶油里。

---

760 | 杏仁饼干冰淇淋

　　1升牛奶

　　200克糖

　　100克杏仁饼干

　　6个蛋黄

少许香草糖

将杏仁饼干放入臼中碾碎。把碎饼干、糖、蛋黄和香草糖放进深平底锅里，一点点倒入牛奶并搅拌均匀。加热混合物，待它变得像奶油般浓稠时，将其倒入冰淇淋机。

用上述食材，你将能做出可供八人食用的美味杏仁饼干冰淇淋，若把食材减半，则可做出四至五人份的冰淇淋。

761 | 巧克力冰淇淋

1升牛奶

200克优质巧克力

100克糖

巧克力磨碎，与糖和400毫升牛奶一起放进深平底锅里烹煮几分钟。边加热边搅拌混合物，待其变得匀质顺滑后把锅从火上移开，倒入剩余的牛奶。最后，把混合物倒入冰淇淋机。

依照本食谱做出的巧克力冰淇淋可供十人食用。

若您想使冰淇淋更有营养，可以把糖的用量增加到120克，并在巧克力混合物从火上移开稍稍冷却后加入2个蛋黄。将各种食材搅拌均匀，再加热几分钟（但不要令其沸腾），倒入剩余的牛奶。

762 | 欧洲酸樱桃冰淇淋

1000克欧洲酸樱桃

250克糖

200毫升水

1根完整的肉桂

　　选取150克酸樱桃，在尽量保证果肉完整的情况下剔除果核。把酸樱桃、50克糖和肉桂（稍后需捞出丢弃）放进锅里烹煮。樱桃糖浆煮好，即樱桃变形并起皱后将其盛出，放在一旁备用。用手把剩余的850克樱桃压碎，丢弃大部分樱桃核，只留一把放入臼中碾碎，与果肉混合在一起。把樱桃分成几批包裹进厨用毛巾里，用力挤出所有果汁。将留在毛巾里的碎樱桃肉和200毫升水一起放进锅里，烹煮4~5分钟。拿同一块厨用毛巾过滤煮出来的液体，并将它倒入此前过滤好的樱桃汁中。加热樱桃汁并放入两撮肉桂粉，当它即将沸腾时，倒入剩余的200克糖，搅拌均匀。继续烹煮樱桃汁2分钟，随后用网筛过滤它。将果汁倒入冰淇淋机。冰淇淋做好后，均匀地淋上已做好的樱桃糖浆，盛在小玻璃盏里端上餐桌即可。它一定会因其美味获得所有人的喜爱。

　　依照本食谱做出的欧洲酸樱桃冰淇淋可供八人食用。

763 ｜ 橙子冰淇淋

4个大橙子

1个花园里种出来的柠檬

600毫升水

300克糖

　　橙子和柠檬榨汁并过滤。把糖放进水里烹煮10分钟。把果汁掺入糖水中，过滤得到的混合液，再将其放入冰淇淋机。橙子冰淇淋可以盛在杯盏中端上餐桌，也可以整块食用。

　　依照本食谱做出的橙子冰淇淋可供八人食用。

764 | 红醋栗冰淇淋

这种冰淇淋没有什么特殊之处,但我仍想向诸位介绍一下它的做法。

500 克红醋栗

300 克糖

150 克黑樱桃

500 毫升水

1 个花园里种出来的大柠檬

用手将红醋栗和樱桃压碎,掺入柠檬汁。用力挤出混合物中蕴藏的所有汁液,并用网筛过滤一道。把水和糖放进深平底锅里烹煮10分钟,待其呈较浓稠的糖浆状时关火。糖浆冷却后,加入红醋栗和樱桃的混合果汁,将所有液体搅拌均匀后倒入冰淇淋机。使用这些食材,您将能做出七至八人份的红醋栗冰淇淋,请把它盛在小盏里端上餐桌。樱桃不仅能给冰淇淋增添特殊的风味,还能为其染上更漂亮的颜色。

765 | 什锦水果冰淇淋

虽然这种冰淇淋号称"什锦水果",但正如您将在后文中看到的那样,它实际仅含三到四种水果。以下是制作四人份什锦水果冰淇淋所需食材:

200 克糖

100 克(带核重量)已非常成熟的杏

100 克覆盆子

100 克红醋栗

20克糖渍香橼

500毫升水

把糖和水放进锅里烹煮10分钟。随后，用网筛过滤果肉，把它们放入糖浆中，再加入切碎的糖渍香橼。

如果您找不到所需原料，可以用柔软的桃子代替杏，用草莓代替红醋栗。

766 | 香蕉冰淇淋

林奈将香蕉树命名为"musa paradisiaca"。在他的故乡，香蕉曾俗称"亚当的无花果"或"伊甸园之树"。人们认为香蕉是著名的禁果，因为在违抗上帝的命令，犯下原罪之后，亚当和夏娃用香蕉树宽大的叶子遮盖了自己的裸体。

香蕉树原产于印度，它的果实像一个大豆荚，外观类似于青黄瓜，不同之处在于香蕉的表皮更加光滑，呈弯曲的三棱柱状。成熟的香蕉口感细腻，尚未熟透的则会有些苦涩。制作冰淇淋时，请选用外皮偏黄的香蕉，那是它已经成熟的标志。

制作六人份香蕉冰淇淋需要：

4根去皮香蕉，重约240克

200克白糖

1个花园里种出的柠檬

500毫升水

用网筛过滤香蕉，再往里掺入柠檬汁。把白糖和水放进深平底锅里，在不盖锅盖的情况下烹煮5分钟。混合所有食材，随后将混合物倒入冰淇淋机。请不要吝惜您的盐和冰。

767 │ 开心果冰淇淋

800 毫升牛奶

150 克糖

50 克开心果

6 个蛋黄

开心果焯水去皮，与一匙糖一起放入臼中碾碎。把碎开心果、蛋黄和剩余的糖一起放进深平底锅里，充分搅拌混合，再倒入牛奶。边加热边用勺子搅拌混合物，当它达到近似奶油的浓稠度时关火，静置冷却后将其倒入冰淇淋机。依照本食谱做出的开心果冰淇淋可供八人食用。有人习惯用烘开心果制作冰淇淋，但我不建议您这么做，因为开心果经烘焙后会失去它原有的独特味道。

我曾听说，将少量甜菜煮熟后过筛，掺进开心果里，可以加深后者的绿色。

768 │ 果仁冰淇淋

1 升牛奶

250 克糖

40 克糖渍南瓜

40 克糖渍香橼

30 克杏仁

20 克开心果

4 个蛋黄

少许香草

用牛奶、糖和蛋黄烹制奶油，加香草调味。将混合物倒入冰淇淋机。冰淇淋做好后，放入上述所有食材并搅拌均匀。请提前将开心果和杏仁焯水去皮，把前者切成三段，后者切成大小与野豌豆相当的碎块并烘脆。此外，还需将糖渍香橼切片，南瓜粗切成大块，它的颜色能使冰淇淋更加美观。

如果牛奶质量上佳，您可以只将它和糖一起烹煮半个小时，不放蛋黄。但这样做出来的冰淇淋口感会稍显逊色。

在此种及类似情况下，最好用下述方式烘杏仁：将它们去皮并切碎，与少量水和一匙糖一起放进锅里加热。不断翻动杏仁，待其变成棕色时再滴入少量水。接着，透过漏勺把杏仁撒在剩余的糖上，继续进行后续烹饪步骤。

769 | 栗子冰淇淋

这是一种普通但广受欢迎的冰淇淋，因为几乎所有人都爱栗子的味道。其制作方法如下：

200 克栗子

150 克糖

500 毫升牛奶

少许香草

将栗子放入水中煮熟后捞出，剥去外壳和果皮，用网筛过滤栗仁。把栗泥、牛奶和糖放进深平底锅里，在不盖锅盖的情况下用小火熬煮15分钟，加香草调味。将混合物倒入冰淇淋机。把做好的冰淇淋整个端上餐桌。若想做九至十人份的栗子冰淇淋，就将上述食材用量加倍。

770 | 罗马风味潘趣酒冰淇淋

六人份潘趣酒冰淇淋的制作方法如下。

这种冰淇淋最近常出现在盛大的宴会上。它通常会在烤肉之前被端上餐桌，因为它能促进消化，帮助肠胃容纳剩余的菜肴且不会使人感到恶心不适。

> 450克糖
>
> 500毫升水
>
> 2个橙子
>
> 2个柠檬
>
> 2个蛋清
>
> 1小杯朗姆酒
>
> 少许香草

将250克糖、少许柠檬皮和橙皮放入400毫升水中烹煮5~6分钟。关火，把橙汁和柠檬汁挤进糖水里。用一块布过滤混合液，并将滤得的液体倒入冰淇淋机。

把剩余的200克糖放进100毫升水里，加香草调味，熬煮至糖浆滴进盘子里不会流动，或用手指捻起糖浆能拉出细丝即可。趁热把糖浆淋在已打发的蛋清上，搅拌成匀质糊状物。待它冷却后，将它与做好的冰淇淋充分混合。最后，倒入朗姆酒，把冰淇淋盛在小盏中端上餐桌。

771 | 意式茶冰淇淋

250 克打发的奶油（奶制品店售卖的那种普通奶油）

200 克水

100 克糖

15 克质量上乘的茶叶

3 个蛋清

3 片明胶

把沸腾的水倒在茶叶上，令后者在热水中浸泡40分钟。用一块布过滤茶水，充分挤压茶叶以挤出其吸收的所有水分。茶汤的颜色应像咖啡一样深。

按**食谱753**中的描述用茶、蛋黄和糖烹制蛋奶糊。把融化的鱼胶和打发的奶油掺进蛋奶糊里，动作轻缓地搅拌均匀。将混合物倒入冰淇淋模具中，再像烹制冰糕时那样把模具放在冰和盐中间。

依照本食谱做出的意式茶冰淇淋可供八人食用。

772 | 马切多尼娅

瞧啊，马切多尼娅夫人来了！实际上，我更习惯用朴实无华的方式称呼它为"混合水果冰"，这种甜点在炎热的七月和八月尤其受欢迎。

如果您没有制作这种甜点所需的冰淇淋模具，可以拿一个形似饭盒或平底锅的金属容器代替，只要它配有一个能密封起来的盖子即可。

取数种成熟、优质的应季水果，比如红醋栗、草莓、覆盆子、樱桃、李子、杏、桃子和梨。将所有水果去皮，剔除果核，切成南瓜籽大小。请仅用极少量的红醋栗，因为它们的籽太大、太硬。您若喜欢，还可以加一些香瓜。

按上述方式处理好水果后，称出它们的重量。若水果重500克，就撒100克糖粉，把1个花园里种出的柠檬的汁液挤在上面。将所有食材搅拌均匀，静置半个小时。

把一张纸铺在金属容器底部，倒入水果混合物，将其均匀地铺开，压实。盖上容器的盖子，把它放进一个装满冰和盐的大木桶里冷冻几个小时。用温水沾湿模具侧壁可使混合物更容易被取出。做好的马切多尼娅应是一块带有花纹，坚固美观的冰砖。

依照本食谱做出的马切多尼娅可供八人食用。

773 │ 杏仁露冰淇淋

品味高雅的女士们，这道冰淇淋食谱是特意为你们准备的，我相信你们一定会喜欢它。我在撰写食谱时总是会想到你们，希望菜肴能贴合你们的口味，满足你们的味蕾。在此，我衷心地祝愿你们的健康和美丽之花常开不败。

> 200克糖
>
> 150克甜杏仁
>
> 4~5颗苦杏仁
>
> 800毫升水
>
> 200毫升生奶油
>
> 少许橙花水或芫荽籽

若您选择用芫荽籽调味，就按**食谱693** "葡萄牙风味牛奶" 所述，将糖和芫荽籽一起放进水里烹煮10分钟。杏仁焯水去皮，放入臼中研磨，加几匙前述糖水稀释磨出的浆液。接着，把杏仁及浆液掺进糖水里，搅拌均匀。拿一块织线稀疏的布过滤混合液，用力挤压杏仁以尽可能多地滤出杏仁露。如有必要，可将研磨杏仁的步骤多重复几次。把生奶油放入滤得的液体中，再倒入冰淇淋机冷冻。冰淇淋做好后，把它盛放在小盏里端上餐桌。

依照本食谱做出的杏仁露冰淇淋可供九至十人食用。

---

774 │ 佐拉玛

您若想要带黑白大理石花纹的冰淇淋，可以按照以下方法操作。

把3片鱼胶放进冷水里泡软，同时用以下食材烹制蛋奶糊：

100克糖

80克巧克力粉

3个蛋黄

300毫升牛奶

蛋奶糊冷却后，加入3个打发的蛋清，再掺入150克可在奶制品店买到的打发白奶油。适当搅拌以使巧克力色的蛋奶糊和白色奶油间错交杂，形成大理石花纹的效果。接下来，在少量水中加热融化3片鱼胶，趁热将其倒进混合物里，搅拌均匀。最后，把混合物倒入冰淇淋模具或其他涂有葡萄干露酒的可密封容器中，再将容器放在大量混有盐的冰块中间静置3~4个小时。

依照本食谱做出的佐拉玛可供八人食用。

---

775 │ 拿铁冰淇淋

在炎炎夏日品尝拿铁冰淇淋是一种享受。制作这种冰淇淋需要：

1升牛奶

500毫升咖啡

300克糖，将其放入牛奶中加热溶解

混合上述食材。像制作所有其他冰淇淋那样将混合物倒入冰淇淋机，待其凝固后即可用杯子或小盏盛装。

其他
COSE DIVERSE

---

776 | 咖啡

有些人认为咖啡起源于波斯，有些人认为它来自埃塞俄比亚，还有一部分人认为它最早在古阿拉伯的费利克斯地区种植。尽管存在种种分歧，但所有人都同意它是一种东方植物。咖啡树是一种常绿灌木，高四到五米，树干直径约为五至八厘米。品质上乘的咖啡多来自摩卡，这一点就可以证实那儿才是它真正的故乡。据传，也门一位伊斯兰教的阿訇观察到，那些吃了当地一种植物浆果的山羊会比其他同伴更加欢腾，更有活力。于是，他将这种植物的种子烤熟磨碎后浸泡在水中，我们今天喝的咖啡就这样诞生了。

这种能把愉悦和兴奋传遍全身的珍贵饮料被称为"知识的饮料，文人、科学家和诗人的挚友"，因为它能刺激神经，从而帮助人们理清思绪，活跃想象力，加快思考过程。

您很难在不品尝咖啡豆的情况下评判其质量。虽说咖啡豆呈绿色说明它品质很好，但现在这种绿色常常是人工添加的。

烘焙咖啡豆的过程也需要特别注意，因为除咖啡豆的品质之外，烘焙也是决定咖啡味道好坏的关键。烘焙咖啡豆时最好逐渐增温，选择木柴而非煤炭作为燃料，因为后者更好控制。咖啡豆开始冒烟并发出噼啪声时，使劲摇晃盛放它们的容器。继续加热，一旦咖啡豆转为棕褐色，就趁着它们还尚未出油迅速把锅从火上端开。为能快速熄灭火焰，佛罗伦萨人选择在露天烘焙咖啡豆。我不反对这种选择，但不赞成他们把刚烘好的咖啡豆扣在两个盘子中间的做法，这样易使咖啡豆的香气和精油乱糟糟地混在一起，影响咖啡的风味。咖啡豆经烘焙会失掉百分之二十的重量，所以500克鲜咖啡豆烘好后将只剩400克。

正如多种肉类的组合能为肉汤增添风味，不同烘焙程度、不同种类的咖啡豆混合也可以使做出来的饮料更加美味。我个人最喜欢的口味就是250克波多黎各咖啡豆、100克圣多明各咖啡豆和150克摩卡咖啡豆，这可称得上是最佳组合。300克波多黎各和200克摩卡咖啡豆的搭配也很不错。15克咖啡粉就足以泡出一大杯咖啡，若您要一次泡很多杯，那就按人头数准备普通大小的杯子，每人10克咖啡粉就够了。请少量多次烘焙咖啡豆，将它们贮存在密封性良好的金属容器中，每次仅按需取豆研磨，因为咖啡豆磨碎后香气极易流失。

那些喝咖啡后会过于兴奋或严重失眠的人最好戒除或适量饮用它，也可以掺入少许菊苣或大麦调和其效果。经常饮用咖啡可能会减弱这些影响，但一个人若对带刺激性的东西过于敏感且此情况无法改善，那么咖啡可能会对他有害。关于这一点，一位医生曾告诉我，一个极少饮用咖啡的农民摄入这种饮料时出现了种种中毒症状。应绝对禁止儿童饮用咖啡。

在气候潮湿的地区，咖啡的刺激性效果似乎会减弱。欧洲国家中咖啡消费量最高的是比利时和荷兰，原因或许就在于此。东方人习惯把咖啡豆磨成细粉，用传统方法冲调饮用。您总能在他们家里见到架在火炉上的咖啡壶。

　　曼特伽扎教授表示"咖啡对消化没有任何帮助"，我认为有必要对此说法加以阐明。他的理论对那些神经系统能免疫咖啡影响的人而言也许是成立的。但不可否认，对于神经（譬如迷走神经）会受咖啡影响的人来说，这种饮料可以增强他们的消化功能。如今，在丰盛大餐后喝一杯美味咖啡的习惯蔚然成风，就证实了这一点。另外，我还发现早上空腹喝咖啡能清除未消化完全的残留物，使肠胃为早餐做好准备。以本人为例，每当我感到肠胃不适时，最好的缓解方式就是放弃早餐，只喝加水稀释并稍稍放了一点糖的咖啡。

> 如果您遭受忧郁症的折磨
> 或曼妙身姿不堪脂肪之扰
> 就请轻启双唇品味这琼浆
> 由烘熏烤咖啡豆调制而成
> 自阿勒波和摩卡到您身边
> 彼处万千只运船忙碌不休

> E se noiosa ipocondria t'opprime
> O troppo intorno alle vezzose membra
> Adipe cresce, de' tuoi labbri onora
> La nettarea bevanda ove abbronzato
> Fuma ed arde il legume a te d'Aleppo
> Giunto, e da Moka che di mille navi
> Popolata mai sempre insuperbisce.[1]

1　译注：选自朱塞佩·帕里尼（Giuseppe Parini，1729—1799）的 *Il Giorno*（《一天》）中 "Morning" 一章。

威尼斯与东方有贸易往来，因此它约在十六世纪成了意大利首个饮用咖啡的城市。不过，威尼斯的第一家咖啡店直到1645年才开业。接着，咖啡传到了伦敦，随后是巴黎，那儿一磅咖啡的价格高达40斯库多。

咖啡渐渐开始普及、风靡，如今它的消费额已相当巨大。但仅两个世纪前，雷迪[2]还曾在一首酒神颂中写道：

我宁愿饮下毒药
也不要满满一杯
苦涩邪恶的咖啡

Beverei prima il veleno

Che un bicchier che fosse pieno

Dell'amaro e reo caffè.

一个世纪以前，意大利人还很少使用"咖啡"这个词。当时佛罗伦萨人仍用"acquacedrataio"（柠檬水小贩）而非"caffettiere"（咖啡小贩）称呼那些出售热巧克力、咖啡和其他饮料的人。

哥尔多尼的悲喜剧《波斯新娘》（*La sposa persiana*）中有一个奴隶角色叫库尔库马（Curcuma），他说道：

这是咖啡，先生，它起源于阿拉伯，
被商队带到西班牙。
阿拉伯产的咖啡无疑是最好的。
咖啡树能一边抽条一边开花，
它生于肥沃的土壤，喜阴，不喜阳光。

2　译注：弗朗切斯科·雷迪 (Francesco Redi, 1626—1698)，医生、博物学家和文学家。

人们每三年种植一次这种灌木。

据说它的果实很小，实不尽然，

它其实应当很饱满，带点绿色，

您最好选用新鲜果实磨成粉末，

存放在温暖干燥处，小心保管。

……制作很简单：

倒入适量咖啡粉，当心撒落在火上。

煮至它泛起泡沫，快速降温令其消散，

重复至少六七次，很快咖啡就做好了。[3]

Ecco il caffè, signore, caffè in Arabia nato

E dalle carovane in Ispaan portato.

L'arabo certamente sempre è il caffè migliore;

Mentre spunta da un lato, mette dall'altro il fiore.

Nasce in pingue terreno, vuol ombra, o poco sole,

Piantare ogni tre anni l'arboscel si suole.

Il frutto non è vero, ch'esser debba piccino,

Anzi dev'esser grosso, basta sia verdolino,

Usarlo indi conviene di fresco macinato,

In luogo caldo e asciutto con gelosia guardato.

... A farlo vi vuol poco:

Mettervi la sua dose e non versarla al fuoco.

Far sollevar la spuma, poi abbassarla a un tratto

Sei, sette volte almeno, il caffè presto è fatto.

3　译注：《波斯新娘》第四幕，第四场。

茶叶几乎只在中国和日本种植,是这两个国家的主要出口产品之一。人们普遍认为产自爪哇、印度和巴西的茶叶质量不如前者。

茶树是一种多枝常绿灌木,一般不超过两米高。人们采摘它的叶子,揉捻并烘干后出售。茶叶一年可收获三次:第一次在四月,第二次在夏初,最后一次在中秋前后。

头采茶叶小而娇嫩,因为此时距茶叶抽芽刚刚过去几天。"贡茶"就是用这些茶叶生产出来的,这种茶不会出口,而是留在国内供最高等级的贵族使用。第三次采摘时,茶叶已到了生长的最末期,因而品质要稍差一些。

市面上的所有茶叶都可以被归为两大类:绿茶和红茶。这两类又可以细分为许多品种,最常见的要数珠茶、小种茶和白毫银针,这种茶最为芳香宜人。绿茶通过杀青工序加工而成,不经发酵,所以蕴含的精油更丰富,刺激性也更强。因此,最好不饮或将小剂量绿茶与红茶混合饮用。

中国饮茶的历史可以追溯到公元前的许多世纪。对欧洲而言,这种饮料则是由东印度群岛的荷兰公司于十六世纪初引入的。大仲马坚称,1666年路易十四统治时期,茶叶在经历了不亚于咖啡面对过的那种激烈反对之后,终于被引入法国。

茶叶应泡了喝。最好用英国产的金属茶壶泡茶。泡1杯(普通大小的杯子)茶只需一匙茶叶就够了。先用一点开水预热茶壶,放入茶叶,再倒入刚好足以浸没它们的开水。静置5~6分钟,让茶叶有充分的时间舒展开。随后,根据需要倒入适量开水并搅拌,再等待2~3分钟,茶就泡好了。如果您将茶放得太久,茶汤的颜色就会变深,味道也会更加苦涩,因为茶叶会随着时间的推移释放出味道苦涩的酚类物质。如果您在等待茶叶泡开的那5~6分钟里,能设法把茶壶放在烧水产生的水蒸气上方,就将获得风味最佳的茶饮。如果您觉得茶太浓,可以加开水冲淡它。

饮茶在意大利的一些省份——尤其是小城镇——仍然很少见。几年前,我曾派遣一个年轻的仆人去博洛尼亚省波雷塔镇的温泉旅店,希望他能从技艺精湛的博洛尼亚厨师那里学点东西。如果他告诉我的事都是真的,那么当时碰巧有一些外国人想要喝茶,于是店主立即从博洛尼亚订购了一些茶叶——店里什么都有,可就是没有茶叶。茶送到了,但外国人们抱怨说它没有味道。您能猜到原因吗?原来厨师制作茶水时并没有浸泡茶叶,只是简单地用漏勺把开水浇在茶叶上。我的仆人曾为我泡过很多次茶,于是他纠正了这个错误,做出了味道正常的茶饮。

和咖啡一样,茶也会刺激神经并导致失眠,但一般来说它的效果没有前者明显。此外,我觉得茶偏沉闷,激发诗兴和灵感的效果较差,与之相比,咖啡更容易令人兴奋。不过,比起阿勒波的咖啡豆,中国的茶叶有如下优势:它能舒张皮肤毛孔,帮助人们抵御严冬的寒冷。鉴于此,午餐时不饮酒的人可以选择喝茶。茶可以单独饮用,也可以搭配牛奶制成一种美味的饮料。我一般使用混合茶叶:一半小种茶、一半白毫。

---

778 | 巧克力

令所有人都满意绝非易事,更不用说在烹饪方面了,毕竟人们的口味多样且多变。一位先生注意到我的书里有一处让他痛苦的缺陷,这是我未曾料想的。他说:"您怎么能花费那么多笔墨赞美咖啡和茶,却只字不提我最爱的饮料,被誉为'诸神的食粮'的巧克力呢?"我想对那位先生说,此前之所以没有介绍巧克力,一是因为若要讲清它的历史以及制造商生产它时层出不穷的掺假手段,文段的篇幅就太长了;二是因为每个人都已多少掌握了制作热巧克力的方式。

可可树(Theobroma cacao)原产于拉丁美洲,在墨西哥尤为常见。它的果实自古以来就被用于制作食物和饮料,西班牙人第一次登陆美洲时尝到了它的味道。

可可中两种最优质的两个品种是卡拉卡斯（Caracas）和马里尼奥内（Marignone）。通过正确的配比把它们混合在一起，就能做出最好的巧克力。为保证巧克力的品质，请不要盲目追求低价，优先考虑最值得信赖的制造商。若要制作1大杯巧克力，则取不少于60克巧克力，将其溶解在200毫升水中。如果您喜欢清淡口味，可以只用50克巧克力，要是偏好浓醇的口感，就放80克。

把巧克力块和水放进巧克力壶里加热。一旦水温变高就开始搅拌巧克力，这样它才能充分融化且不粘在壶里。水沸腾后立即把巧克力壶从火上移开，搅拌5分钟，随后再次将混合液煮沸即可。与其他能刺激神经系统的食物一样，巧克力也能活跃思维，提高敏感度。不过，因其富含蛋白质和脂肪（可可脂），巧克力同样极具营养、具有催情效果且不太容易消化，为此，人们常使用肉桂或香草为巧克力调味。曼特伽扎教授曾提到过，对于能消化这种食物的人来说"巧克力十分有益——对老年人、体虚者、消瘦的年轻人、长期受疾病折磨的人和有不良生活习惯的人而言都是如此"。巧克力还是那些从事脑力劳动，又不想在清早摄入大量食物增加肠胃负担的人最好的早餐选择。

779 │ 酒浸水果

喜欢用烈酒腌制水果的人应当很高兴看到下述烹饪方法。

从春季第一批上市的水果——草莓、红醋栗和覆盆子——开始。每种水果取50或100克放进容器里，加入相当于水果一半重量的糖，倒足量白兰地或烧酒浸没它们。接着，准备樱桃、李子、杏和桃。将所有水果去核，切片（樱桃除外），同样放进容器里，再加入适量糖和白兰地。

您还可以放一些鹅莓、萨拉曼纳葡萄和新鲜的梨。尝一尝容器里液体的味道，根据您的喜好添加适量糖或酒调味。

容器被填满后盖上盖子，静置几个月再食用。

780 | 酒浸黄桃

1000克尚未熟过的黄桃

440克白糖

1升水

1根手指长的肉桂

数粒丁香

适量酒

黄桃一般呈红黄色或黄色，其果肉与果核连接得相当紧密。

拿一块厨用毛巾把黄桃上的绒毛擦拭干净，并用牙签扎出5~6个小孔。把糖和水放进深平底锅里，在不盖锅盖的情况下加热20分钟，随后完整地放入黄桃。如果糖水不足以浸没黄桃，就不断地翻动它们。糖水再次沸腾后继续烹煮5分钟，随后将黄桃捞出沥干。

待糖水和黄桃冷却或最好等到第二天，把它们放进玻璃罐里——若有带玻璃内衬的崭新陶罐则更好。倒入足量烈酒或白兰地浸没黄桃，再放入肉桂和丁香。请保证所有食材都始终被浸泡在液体中，如有需要可以再倒一些酒进去。

保持罐子密闭，静置1个月后再食用。

781 | 冰桃子

这曾是本书中我唯一没有亲自尝试过的食谱。当一位英国女士主动向我提供这份食谱时，桃子的季节已经过了，而再版的出版日期已经迫近。不过，推荐它的女士向我保证说这种美食在她的国家很受欢迎，因此我决定大胆地发表这篇食谱。

选取成熟且新鲜的毛桃，把它们两两扔进沸水里，烹煮1分钟后捞出，尽量在保持果肉完整的情况下撕去外皮。把毛桃放在白糖粉里来回翻滚，再放入一个漂亮的深碗或罐子中。取与毛桃数量相当的方糖，在成熟的新鲜柠檬皮上摩擦它们，直至其充分吸收柠檬的精华。接着，把方糖摆在桃子中间，放置至少2个小时（时间再长些也没关系）。最后，将容器密封起来，用大量冰块围住它，静置2~3个小时后端上餐桌。我没忘记等到桃子再次上市的时候检验本食谱，因而现在我可以告诉您，它确实值得一试。我烹制冰桃子时选择的是一个金属容器，用大量糖粉代替了方糖，并往冰块上撒了一些盐。

782 | 酒浸欧洲酸樱桃

这种樱桃发酵后会产生酒精，因此无须额外加酒。

> 1000 克欧洲酸樱桃
>
> 300 克白糖
>
> 一小块肉桂

从1000克欧洲酸樱桃中挑选出200克外表难看或有破损的樱桃，将它们碾碎、榨汁并过滤。摘掉剩余樱桃的果梗，把它们分层叠放在玻璃罐里，每放一层樱桃就撒一层糖。接着，倒入过滤好的果汁。取出一部分被碾碎的樱桃核的内仁，把它们和肉桂一起放进罐子里，随后封住罐口，静置2个月以上。一开始，您将看到樱桃浮起，白糖慢慢溶解。之后，当果汁发酵转化为酒精后，樱桃就会重新沉下去，这也是酒浸樱桃已经可以食用的标志。

783 | 法国风味红醋栗

将少量阿拉伯树胶粉溶于水中，制成一份低浓度溶液。取成串的新鲜红醋栗，用手把它们小簇小簇地蘸进溶液里，再撒一层冰糖粉。把红醋栗摆在盘子里。这种闪亮的红色装饰能使宴会果盘增色不少，很受女士们的喜爱。

您也可以使用白醋栗代替红醋栗。

784 | 巴黎风味潘趣酒

这种潘趣酒有助于增进食欲，适合您在两餐之间需要开胃时饮用。

取一个能容纳200毫升液体的杯子。把1个蛋黄和两匙糖放进杯子里，持续搅拌至蛋液发白，再根据您的口味加入2~3勺白兰地、朗姆酒或其他烈酒。一点点倒入开水直到将杯子填满，边倒水边不断搅拌以激起漂亮的泡沫。

785 | 烘杏仁

> 200克甜杏仁
> 200克糖

拿一块厨用毛巾将杏仁擦拭干净。把糖放进未镀锡的深平底锅里，加（盛在杯子里）2指高的水烹煮它。待糖溶于水中后放入杏仁，不断地搅拌。当杏仁开始噼啪作响时把深平底锅从火上移开，放置在灶台边缘处。随着温度慢慢下降，您会发现糖开始结晶，呈现砂粒状。接着，把锅从灶台上端开，盛出杏仁并将糖分成两份。用（盛在普通杯子里）2指高的水熬煮一半糖，待其散发出焦糖的香气时，加入杏仁并搅拌。等杏仁充分吸收了焦糖后将其盛出。把另一半糖和（盛在普通杯子里）2指高的水倒进锅里，再次——也是最后一次——重复前述操作。将做好的杏仁倒进盘子里，分开粘在一起的颗粒。

烘杏仁即使不加任何调味品也很美味。不过，您若喜欢，也可以放些香草糖增添香气或加入30克磨碎的巧克力。最好在杏仁出锅前再放入这两种调味料。

786 | 盐渍橄榄

腌橄榄或许有更现代、更好的方法，但我要向您介绍一种源自罗马涅的方法，用它做出的盐渍橄榄非常美味。

以下是腌制每千克橄榄需要的材料：

> 1000克草木灰
> 80克生石灰
> 80克盐
> 800毫升用于腌制橄榄的水

生石灰遇水会发生化学反应，产生热量、水蒸气和气泡，气泡稍后又会干裂成粉末。把反应产生的粉末和草木灰混在一起，加水调成浓度适中（类似泥浆）的混合物。把橄榄放进混合物里——可以借助一些东西使其完全没入——浸泡12~14个小时，直到它变得足够柔软。请时不时查看并触摸橄榄以确认其状态。有些人把橄榄果肉与果核分离作为它已泡好的标志，但此判断方法并不总是可靠。

取出泡好的橄榄，把它们彻底清洗干净，放入冷水中浸泡4~5天，每天更换3次水。待橄榄不再有苦味，浸泡它们的水也不会再变混浊时，将它们放入玻璃罐或带玻璃内胆的陶器容器中。现在，请把盐、几块野生茴香的粗壮茎干和800毫升水放进锅里烹煮几分钟。盐水冷却后，将它浇在橄榄上。

打湿生石灰最好的方法是用一只手蘸取石灰，在水里浸泡片刻（5~6秒即可），随后将其抹在纸上。

787 | 油浸蘑菇

选取您能找到的最小的牛肝菌［又称"莫雷齐"（morecci）］。如果它们的大小与核桃相近，就将其切成两半。把蘑菇洗净，放入白醋中烹煮25分钟后捞出。如果白醋的浓度太高，您可以加一点水稀释它。拿厨用毛巾擦干牛肝菌，将其暴露在空气中放置一整天。接着，把牛肝菌放进玻璃罐或带玻璃内胆的陶器容器中，倒入橄榄油浸没它们。您还可以按自己的喜好加一些调味料进去：有人选择放1~2瓣去了皮的大蒜，有人会加丁香，还有人偏爱用白醋煮过的月桂叶。油浸蘑菇通常搭配煮肉食用。

788 | 托斯卡纳风味芥子水果蜜饯

制作这种蜜饯需要2000克葡萄。您可以统一用白葡萄，也可以将其中的1/3替换为紫葡萄。

像酿酒时那样榨葡萄汁，静置1~2天，果渣浮起时过滤葡萄汁。

> 1000克红苹果或小皇后苹果
>
> 2个大梨
>
> 240克白葡萄酒，最好选用圣酒
>
> 120克糖渍香橼
>
> 40克白芥子粉

苹果和梨去皮，切成薄片，用白葡萄酒烹煮。等它们充分吸收了酒液后，把葡萄汁倒进锅里。不断搅拌混合物，待其浓稠度达到了水果蜜饯的标准时关火，静置冷却，加入提前溶解在少量热葡萄酒中的芥子粉和切成小块的糖渍香橼。将蜜饯放进玻璃罐中保存，再在其表面撒一层薄薄的肉桂粉。进餐时食用芥子水果蜜饯有助于刺激食欲，促进消化。

789 | 糖霜

我姑且这样翻译烹饪中常用的两个法语术语："糖霜"（glassa）和"裹糖霜"（glassare），寻找更专业、更合适的意大利语单词的任务就交给别人吧！我想讲的是烹制前文介绍的点樱唇（**食谱584、585**）、英式甜肠（**食谱618**）和德国风味蛋糕等几种糕点时，为让它们更加美观而使用的白色、黑色或其他颜色的糖霜。

制作黑色糖霜需要50克巧克力和100克糖粉。把巧克力磨碎，放进一口小的深平底锅里，再倒入3匙水并开火加热。巧克力融化后，放入糖粉，边熬煮边不断搅拌。烹制糖霜的关键就在于恰当的火候。用拇指和食指捻起一点混合物。如果松开两指时糖霜能拉出一条细丝，就代表它已经熬好了。但若细丝能拉长超过1厘米，则说明糖霜已熬过了头。把深平底锅从火上端开，浸泡在冷水里。持续搅拌糖霜，当您看到其表面变得晦暗，仿佛蒙上了一层薄纱时，就可以把糖霜铺在糕点上了。接着，把糕点放回烤箱或用铁皮罩将其盖住放入烤炉，用上火烘焙2~3分钟。您将看到糖霜变成了光滑且有光泽的硬质固体。

制作白色糖霜需要蛋清、糖粉、柠檬汁和葡萄干露酒。如果您想做粉红色的糖霜，就用胭脂红利口酒代替葡萄干露酒。以下是上述食材的大致用量：1个蛋清，130克糖，1/4个柠檬，一匙用于调色的葡萄干露酒或胭脂红利口酒。充分搅拌混合所有食材。待混合物变得足够浓稠但仍有一点儿流动性时，将其铺在甜品上。这种糖霜能自己变干，无须烘烤。

如果您不希望甜点上只有白茫茫的糖霜，还想装饰一些花纹图案的话，请到出售这些装饰工具的商店，购买糕点裱花枪或裱花袋的专用锡嘴配件。惭愧的是，我们必须从法国进口这些烹饪工具。若您没有或买不到它们，可以做一个纸漏斗暂替。把糖霜放进裱花袋里，从底部的小孔挤出，形成一条细线。若糖霜太稀，可以再多放一些糖。

另一种制作白色糖霜的方式请参见**食谱586**"那不勒斯风味蛋糕"。另请参阅**食谱644和645**。

790 | 碎辛香调味料

若您想在厨房里放些优质辛香调味料备用，以下是所需食材：

2 颗肉豆蔻仁

50 克锡兰肉桂，也被称为女王肉桂

30 克带麝香味的胡椒

20 克丁香

20 克甜杏仁

再添加任何一种香料都会破坏上述组合的味道——肉豆蔻衣除外。它是肉豆蔻的表皮，味道很香。有些杂货店会用果阿肉桂代替锡兰肉桂，还会放一大把芫荽籽等便宜的香料增加商品重量，请不要效仿他们。

把所有香料放入铜臼中捣碎，用丝制滤网筛一道，再将它们存放在带磨砂瓶塞的玻璃罐或带软木塞的小瓶子里。辛香调味料可如此贮存数年且仍保持香气如初。香料属于兴奋剂，适量食用有助于消化。

附录
词条解释

有些出自托斯卡纳方言的词语对部分读者而言理解起来会有些困难，我们特此稍加解释。

·过水（bianchire）：见词条"焯水"。

·甜菜（bietola）：一种常见蔬菜，叶子呈长矛状，在一些地区被称为甜菜头。

·烘箱（caldana）：烤炉顶部空间，常被面包师用来给面包发酵。

·腌五花肉（carnesecca）：盐渍猪腹肉。

·肫（cipolla）：在讲鸡肉时，特指鸡胗。

·肋排（costoletta）：小牛肉、羔羊肉、小羊肉及其他类似的肋条肉。

·炸肉排（cotoletta）：原文为法语，指不超过手掌大小的瘦肉（通常是小牛肉），捣碎压成肉饼后裹上面包糠，炸至金黄。

·糕点商奶油（crema pasticcera）：用面粉做成的奶油，质地偏浓稠。

·去壳芸豆（fagiuoli sgranati）：选取接近成熟的芸豆，将其从豆荚中剥出。

·匈牙利面粉（Farina d'Ungheria）：一种精细度极高的小麦粉，在各大城市的商店有售。

·菲力肉（filetto）：四足动物脊背部的嫩质里脊肉，也可泛指鱼和飞禽的肉。

·下水摊儿（frattagliaio）：售卖动物内脏的摊贩。

·下水（frattaglie）：泛指被屠宰的动物的内脏。

·茴芹酒（fumetto）：从茴芹中提取的含酒精饮料，意大利一些地区称其为mistrò。

·焯水（imbiancare）：煮至半熟。

·嵌油器（lardatoio）：粗锥状烹饪用具，大多为黄铜质地，用于在肉中嵌入猪油和火腿。

·猪膘（lardo）：即猪油，用途广泛，但最主要用于油炸（那不勒斯称其为"Nzogna"）。

·培根（lardone）：用盐腌制的猪脊背部肥肉。

·鲜猪油（lardo Vergine）：刚刚做好的新鲜猪油。

·弯月刀（lunetta o mezzaluna）：用于切割肉类、蔬菜的铁制刀具。刀片呈半月形或弯月形，两侧有木制把手。

·擀面杖（matterello）：长约1米的木质细圆棍，用于擀平、延展面团，使其便于切割或其他。

·搅拌勺（mestolo）：木质勺子，浅勺头、长勺柄，用于搅拌烹饪器皿中的食品。

·香料或香草束（odori o mazzetto guarnito）：气味芬芳的蔬菜，如胡萝卜、芹菜、欧芹、罗勒等。用线把香草捆成束即可。

·裹面包糠（panare）：在烹饪肉块（如法式肉排等）前，先在外面裹上一层干面包屑。

·肺脏（pasto）：四足动物的肺。

·腰子（pietra）：肾。

·炸锅（sauté）：铜质大锅的法式名称。现在的炸锅锅口更浅，锅柄较长，主要用于用小火烹炸食物。

·煎肉片（scaloppe o scaloppine）：小母牛肉切片并与调料充分混合，油煎前无须蘸鸡蛋液。

·面板（spianatoia）：宽大、平滑的杉木板，一般用于揉面。在托斯卡纳之外的地区，它被不甚恰当地称作案板（tagliere），但案板实际是宽大的四边形木板，有把手，人们一般在上面剁肉、调料。

·网筛（staccio）：用于过滤肉汁或肉泥的工具，由黑色马鬃或细铁丝制成。与普通筛子相比，它的滤网要稀疏得多。

·案板（tagliere）：见上文"面板"。

·绞肉机（tritacarne）：我本人的厨房里也有一台。这种工具能直接把肉绞碎，省去用刀剁肉的麻烦。

·托盘（vassoio）：用于把食物端上桌的椭圆形盘子。

·小牛或小牛肉（vitella o carne di vitella）：与牛肉（manzo）作区分，特指肉质未因劳作变老，年轻健壮的小牛肉。

·糖粉（zucchero a velo）：经纱制滤筛过滤的质地细腻的白色糖粉。

·香草糖（zucchero vanigliato）：带有香草香味的金色糖。

我知道部分读者觉得液体的量很难把握，所谓"一杯水难倒英雄汉"，哎呀！买一个一分升的量杯，就可以量出本书中提到的所有液体体积。

一分升等于一百毫升。

我在食谱中提到"一杯"，一个普通杯子的容积大概是300毫升。

适宜肠胃虚弱者食用的菜肴

现今，您常能听人谈论适合脾胃虚弱的人的饮食，这种烹饪方式已经流行起来了。

我认为有必要就这个问题发表一点看法，但这并不意味着我的理念可以强健或完全满足这些脆弱如纸的肠胃。胃是一个变化莫测的器官，老龄、疾病、暴饮暴食或先天不足等原因都会造成胃虚。因此，精准而科学地判断因不同缘故而虚弱的肠胃分别适合什么食物并不是一件容易的事。此外，对一些人来说很好消化的东西对其他人未必如此。

无论如何，我还是会尽量指明在我看来较为适合消化困难群体的食品。首先是大自然赋予新生哺乳动物的第一种也是唯一的食物：奶。我相信人们可以随意饮用牛奶，在不引起肠胃不适的情况下，想喝多少都行。其次是撇去了表层油脂的肉汤。鸡肉、羊肉和小牛肉汤尤其适合肠胃虚弱者。

在讨论固体食物之前，我想请您回忆一下本书开头的《一些养生准则》中有关咀嚼的内容。充分咀嚼有助于刺激唾液分泌，使食物更容易消化和吸收，草草咀嚼和狼吞虎咽则会增加胃的工作量，加重肠胃负担，令消化过程变得更加艰难。

　　固定的用餐时间也有助于消化。最健康的习惯是在正午或下午一点吃午餐，这将能为您留出在夏季饭后散步和小憩的时间。夏天的饮食应该比冬天更清淡，更少油脂。此外，我还想提醒各位不要在白天吃零食，女士们也请勿大量摄入甜食损耗肠胃。事实上，应该只在肠胃发出明确的饥饿信号时才进食——这种情况最容易发生在体育运动之后。运动和节制饮食是健康的两大支柱。

汤点

　　让我们从天使发丝面或碎面条开始讲起。请购买用硬粒小麦加工出来的意面，不要人工染黄的那些。硬粒小麦面天然呈现蜂蜡的颜色，无须染色，而且十分耐煮，口感筋道。脾胃虚弱的人或许可以吃些鸡蛋面、被切得很细的扁细面条以及用面包糠做的马尔法蒂尼汤。他们也可以选择纯汤、易消化的蔬菜浓汤、木薯粉（我个人不太喜欢它黏稠的质地）和拌有蛋黄和帕尔玛奶酪的烩饭。

　　西班牙风味浓汤（**食谱40**）、黄南瓜浓汤（**食谱34**）、酸模浓汤（**食谱37**）、鸡蛋面包汤（**食谱41**）、女王汤（**食谱39**）、肉馅面包浓汤（**食谱32**）、健康浓汤（**食谱36**）、奶酪面包浓汤（**食谱11**）、干面包屑汤（**食谱12**）、粗粒小麦细扁面条（**食谱13**）、粗粒小麦粉汤（**食谱15、16**）、天堂汤（**食谱18**）、肉泥汤（**食谱19**）、榛粒粗麦面汤（**食谱23**）、千卒汤（**食谱26**）、粗粒小麦粉过孔面（**食谱48**）和过孔面汤（**食谱20**）。烹饪过孔面汤时，您可以用20克黄油代替面包糠。

　　至于不含红肉的汤点，我推荐加奶酪、黄油或酱料调味的天使发丝面或特细天使发丝面，用牛奶烹制的米饭，牛奶玉米面（**只要不觉得胃反酸即可**），**食谱65、66及67**介绍的鱼汤和**食谱64**描述的蛙汤。烹饪蛙汤时请不要放鸡蛋，否则它看起来会让人食欲尽失。

此外，请不要往汤点里放任何调味香料，最多加极少量借味，因为口味清淡的女士和味觉异常灵敏的人都不喜欢香料浓郁的味道。

头盘

三明治（**食谱114**）、多种煎面包片（**食谱113**）、鸡肝鳗鱼煎面包片（**食谱115**）、精美煎面包片（**食谱117**）、熟火腿和南特沙丁鱼配黄油。

酱

领班酱（**食谱123**）、白酱（**食谱124**）、蛋黄酱（**食谱126**）、辛辣酱（**食谱127**）、配煮鱼肉吃的黄酱（**食谱129**）、荷兰风味酱（**食谱130**）、烤鱼酱（**食谱131**）。

蛋

新鲜鸡蛋营养价值很高且很好消化——只要您不生吃它们，也不把它们烹饪得太老。若想做煎蛋卷，最好加一些切碎的蔬菜，单面煎制以保持鸡蛋的软嫩口感。芦笋煎蛋（**食谱145**）和蛋黄面包片（**食谱142**）都是健康的选择。

煎炸类食品

有人认为煎炸类食品对肠胃而言是很重的负担，因为它们会吸收锅里的油脂。实际上，肠胃可以很好地消化炸脑花、牛胸腺、牛脊髓、粗粒小麦粉、奶饲乳牛肝、羊杂和肝。另外，金鸡（**食谱205**）、猩红舌酱佐鸡胸肉（**食谱207**）、炸羊宝（**食谱174**）、炸米糕（**食谱179**）、管状和球形炸糕（**食谱183**）、炸夹心肉排（**食谱220**）、煎小鸟式奶饲乳牛肉（**食谱221**）、炸面包块（**食谱223**）、为午餐准备的肾（**食谱292**）、炸牛胸腺肉柱（**食谱197**）、纯炸米丸（**食谱198**）、博洛尼亚风味混合炸物（**食谱175**）、罗马风味鼠尾草火腿裹牛肉（**食谱222**）以及其他类似的煎炸食品都是不错的选择。

清水煮肉

清水煮肉非常适合肠胃虚弱的人。您可以用黄油或酱汁烹制菠菜等蔬菜，将其切碎后当作煮肉的配菜食用。最健康的绿色蔬菜是洋蓟、西葫芦、芜菁和芦笋。嫩豆角也可作疗养饮食。煮公鸡或小母鸡配米饭（**食谱245**）以及煮羊肉同样是理想的菜肴。

蔬菜

除了上一段中提到的蔬菜，您还可以为肠胃虚弱者烹饪煮洋蓟（**食谱418**）、油炸洋蓟片（**食谱187**）、香焗刺苞洋蓟、菠菜、洋蓟和茴香（**食谱389、390、391和392**）、炸茄子和炖茄子（**菜谱400和401**）、作为清炖肉配菜的芹菜（**食谱413**）及酱汁洋蓟（**食谱416**）。

配菜

粗粒小麦粉面块（**食谱230**）、罗马风味面团（**食谱231**）和煎锅洋蓟（**食谱246**）。

炖菜

在我看来，最健康且最好消化的炖菜有：炖肉块（**食谱256**）、蛋黄汤鸡杂（**食谱257**）、鸡肉蛋奶酥（**食谱259**）、嫩煎牛肉片（**食谱262**）、填馅羊腰肉（**食谱296**）、蛋酱鸡肉（**食谱266**）、嫩煎鸡胸肉（**食谱269**）、文火炖牛腱（**食谱299**）、被淹没的牛臀肉（**食谱301**）、里窝那风味煎牛肉片（**食谱302**）、鸡蛋酱小母牛肉排（**食谱311**）、火腿肉排（**食谱313**）、法式肉肠（**食谱317**）、炖奶饲乳牛肉（**食谱325**）、马沙拉白葡萄酒菲力肉（**食谱340**）、巴黎风味菲力牛肉（**食谱341**）、阿代莱夫人的焗菜（**食谱346**）、炖匣蒸菜（**食谱350**）、阉公鸡肉冻（**食谱366**），最后也是最开胃的菜肴是金枪鱼小牛肉（**食谱363**）。

冷盘

阉公鸡肉冻（**食谱366**）、膀胱鸡（**食谱367**）、烤猪腰脊肉（**食谱369**）、猩红牛舌（**食谱360**）和肝面包（**食谱374**）。

海鲜

常见鱼类中最好消化的是无须鳕鱼和银鳕（尤其当它们被烤熟或煮熟，只用橄榄油和柠檬汁调味后）、鳎目鱼、大菱鲆、鲟鱼、荫鱼、鲈鱼、海鲷、金头鲷、星鲨（**参见食谱464"酱汁星鲨片"**）以及煎或烤的绯鲤。不要吃蓝鱼，它们是最难消化的品种。

烤肉

作为类似人体的物质，肉类——只要不是太硬或太多筋——烤熟后通常很容易消化。家禽是最适合肠胃虚弱者食用的肉类，尤其是法老鸡（**食谱546**），奶饲乳牛肉同样如此。此外还有佛罗伦萨风味牛排（**食谱556**）、炸肉排、煎锅牛排（**食谱557**）、嫩煎牛肉片（**食谱262**）和烤牛肉（**食谱521和522**）。米兰风味奶饲乳牛肉排（**食谱538**）和羊肉排也是绝佳的选择。您还可以烹饪烤奶饲乳牛肉（**食谱524**）、鼠尾草煎奶饲乳牛肉片（**食谱327**）、烤焖羊腿（**食谱530**）、烤扦或汤汁烤焖羊腿、烤鹌鹑（**食谱536**）、鲁迪尼风味鸡肉（**食谱544**）和像法老鸡（**食谱546**）那样烹制的火鸡。若您的肠胃受得了，汤汁烤肉（**食谱526**）搭配豌豆同样非常美味。人们普遍认为鸽子、成年火鸡和其他鸟类的肉都很有营养，但热量也很高，因此，需要在恰当的时机有节制地食用它们。

沙拉

适宜肠胃虚弱的人食用的沙拉种类较少，不过，我想您会喜欢以下几种：煮菊苣拌甜菜（若甜菜较大就将其放入烤箱烤熟，较小则可以煮熟）、芦笋（**食谱450**）、西葫芦（**食谱376、377及378**）和豆角（**食谱380、381、382**）。

甜品

我想把甜品的选择权交到您的手上，因为我觉得您有能力自己判断哪种甜品更适合脾胃虚弱的人。不过，我得提醒您一下，酥皮和生面团都很难消化，其他一些不含酵母的面团亦是如此。如果您患有便秘，我推荐煮苹果和梨、糖水西梅、杏和梨。若您的肠胃能接受牛奶，您还可以试试牛奶布蕾（**食谱692**）、葡萄牙风味牛奶（**食谱693**）以及牛奶布丁蛋糕（**食谱694和695**）。

水果

应只食用新鲜、成熟的应季水果。冬季忌吃果干，多吃枣、橙子和橘子。在肠胃能够消化它们的情况下，刺梨搭配一块合您口味的奶酪将是一道非常开胃的佳肴。在其他季节，您可以选择葡萄（优质的萨拉曼纳白葡萄、麝香葡萄和阿利蒂科葡萄）、多汁的斯帕多纳梨、克劳迪娅李子、油桃、黑樱桃、杏以及口感绵软的苹果。不过，请不要太过贪嘴，也别再吃草莓了，因为草莓密密麻麻的种子可能会对肠胃有害。大草莓或许没那么危险，但它的味道就差多了。

葡萄酒和烈酒

最适合脾胃虚弱者的佐餐葡萄酒是干白葡萄酒。在我看来，奥维多白葡萄酒是最佳选择，因为它味道甘醇且易于消化，可以搭配甜点饮用。您当然也可以在吃甜点时佐以圣酒、阿斯蒂葡萄酒、马拉加葡萄酒以及其他能在市面上找到的类似葡萄酒，但人们真的能信任这些产品吗？至于烈酒，您最好将它们从菜单中划去，因为它们一喝就容易喝多，从而造成危害。白兰地是唯一的例外，但也别过量饮用。

作为总结，我想引用一句诗：

请随便享用，我已摆好了盛宴。[1]

冰淇淋

餐后或食物完全消化后可以吃点冰淇淋，尤其是水果冰淇淋。

1　译注：《神曲·天堂》X。25行，此处引用的是黄国彬译本。

餐食建议

人们烹饪时经常会拿不定主意该做什么菜，因此，我决定在这则附录中列出一些可供参考的菜肴。我针对每个月准备了两份菜单，另为十个重大节日各列出了一份。节日菜单不包含对餐后水果的建议，因为此事的决定权不应在我，而应由诸位根据应季水果的情况选择。即便您不完全按照我的建议烹饪，这些菜单至少也能为您提供一些灵感，使做决定的过程变得更容易些。

元旦

肉汤汤点：罗马涅风味帽饺（**食谱7**）

煎炸类食品：炸夹心肉排（**食谱220**）

炖菜：文火炖牛肉配胡萝卜（**食谱298**）或博洛尼亚风味松露奶饲乳牛肉排（**食谱312**）

冷盘：野味冷馅饼（**食谱370**）

烤肉：烤家养鸭和鸽子（**食谱528**）配沙拉

甜点：榛子蛋糕（**食谱564**）、都灵风味甜点（**食谱649**）

一月

I.

肉汤汤点：博洛尼亚风味小饺子（**食谱9**）

煮肉：山羊肉配米饭（**食谱245**）

煎炸类食品：管状和球状炸糕（食谱183）、炸牛胸腺肉柱（**食谱197**）

配菜：猪蹄皮灌肠或熏肉肠配烤奶酪马铃薯饼（**食谱446或447**）

蔬菜：作为配菜的芹菜（**食谱412**）

烤肉：烤鸫鸟（**食谱528**）配沙拉

甜点：卷丝蛋糕（**食谱578或食谱579**）、切萨里诺布丁（**食谱671**）

水果和奶酪：梨、苹果、橙子和干果

II.

肉汤汤点：榛粒粗麦面汤（**食谱23**）、马铃薯面球汤（**食谱29**）

煮肉：煮鱼及其配菜（**食谱459**）

炖菜：酸甜风味野猪或野兔肉（**食谱285**）

配菜：带肉馅的酥皮点心（**食谱161**）

烤肉：烤扦烤牛肉（**食谱521或522**）配土豆和沙拉

甜点：玛格丽特蛋糕（**食谱576**）、牛奶冻（**食谱681**）

水果和奶酪：梨、苹果、柑橘和干果

主显节

肉汤汤点：西班牙风味浓汤（**食谱40**）

煎炸类食品：加里森达风味炸牛胸腺及牛脑（**食谱224**）

煮肉：以芹菜为配菜的煮羊肉（**食谱412**）

炖肉：香焗米饭配鸡杂酱（**食谱345**）

烤肉：烤鹌鸟（**食谱528**）或丘鹬烤面包片（**食谱112**）

甜点：酥皮杏仁酥（**食谱566**）、巧克力贝奈特饼（**食谱647**）或罗马风味甜点（**食谱648**）

贝林嘉丘[1]

干汤汤点：野兔肉酱特宽缎带面（**食谱95或96**）或博洛尼亚风味通心粉（**食谱87**）

头盘：松露烤面包片（**食谱109**）

炖肉：热那亚风味布丁（**食谱347**）

配菜：费拉拉风味肉汁香肠（**食谱238**）或猪蹄皮灌肠、德式酸菜（**食谱433**）

烤肉：烤阉公鸡配沙拉或烤松露阉公鸡（**食谱540**）

甜点：都灵风味甜点（**食谱649**）、橙子冰淇淋（**食谱763**）

二月

I.

肉汤汤点：意式小饺子（**食谱8**）

煮肉：以菠菜为配菜（**食谱448**）的煮鸡肉和小牛肉

冷盘：野兔面包（**食谱373**）

配菜：蛋酱樱蛤或贻贝（**食谱498**）

---

1   译注：佛罗伦萨和邻近城市在狂欢节最后一天之前的星期四举办的庆典。

炖肉：博洛尼亚风味松露奶饲乳牛肉排（**食谱312**）

烤肉：烤野禽和丘鹬（**食谱528**）配沙拉

甜点：萨瓦兰蛋糕（**食谱563**）、法式奶冻（**食谱688**）

水果和奶酪：梨、苹果和干果

II.

肉汤汤点：肉馅面包浓汤（**食谱32**）

头盘：多种煎面包片（**食谱113**）

煮肉：煮小母鸡配马铃薯泥（**食谱443**）或配皱叶甘蓝（**食谱453**）

炖肉：通心粉馅饼（**食谱349**）

烤肉：烤法老鸡（**食谱546**）和鸽子（**食谱554**）

甜点：那不勒斯风味酥皮馅饼（**食谱609**）、冰淇淋块（**食谱753**）

水果和奶酪：梨、苹果、柑橘和干果

三月

I.（斋餐）

汤：蛙汤（**食谱64**）、卡尔特会修士汤（**食谱66**）

头盘：鱼子酱和鳗鱼煎面包片（**食谱113**）

配菜：斋日馅饼（**食谱502**）或酱汁星鲨片（**食谱464**）

蔬菜：香焗菠菜（**食谱390**）

烤肉：酱香烤鱼（**食谱131**）

甜点：鹰嘴豆饼（**食谱624**）、掼奶油（**食谱689**）

水果：梨、苹果和干果

II.

肉汤汤点：罗马涅风味过孔面汤（**食谱20**）

煮肉：煮大鱼配蛋黄酱（**食谱126**）

炖肉：鸡杂酱菲力牛肉（**食谱338**）

配菜：刺山柑煎面包片（**食谱108**）

烤肉：烤填馅牛肉卷（**食谱537**）

甜点：曼托瓦蛋糕（**食谱577**）、奶油冰淇淋（**食谱759**）、果仁冰淇淋（**食谱768**）

水果和奶酪：各种水果和软饼干（**食谱571**）

四旬斋

汤：鲻鱼汤（**食谱65**）或卡尔特会修士汤（**食谱66**）

头盘：白峰腌鳕鱼（**食谱118**）配鱼子酱煎面包片（**食谱113**）

煮肉：煮鱼配热那亚风味酱（**食谱134**）

配菜：罗马风味面团（**食谱231**）

炖肉：炖鱼（**食谱461**）

烤肉：烤鳗鱼（**食谱491**）

甜点：杏仁酥点（**食谱628**）、开心果冰淇淋（**食谱767**）

四月

I.

肉汤汤点：乳清奶酪砖汤（**食谱25**）

煮肉：芦笋小牛肉配白酱（**食谱124**）

配菜：填馅圆面包（**食谱239**）

蔬菜：香焗洋蓟（**食谱391**）

烤肉：烤奶饲乳牛肉配沙拉

甜点：玛丽埃塔大蛋糕（**食谱604**）、牛奶布蕾（**食谱692**）、薄脆饼（**食谱621**）

水果和奶酪：蚕豆、带壳杏仁、玛德琳面团（**食谱608**）

II.

肉汤汤点：奶酪面包浓汤（**食谱11**）

煎炸类食品：克拉芬（**食谱182或562**）

炖肉：去骨填馅鸡肉（**食谱258**）配豌豆

配菜：罗马风味面团（**食谱231**）

烤肉：复活节羊肉配沙拉和煮鸡蛋

甜点：那不勒斯风味蛋糕（**食谱586**）、巧克力冰淇淋（**食谱761**）

水果和奶酪：新鲜时令水果、里窝那烤饼（**食谱598**）

复活节

肉汤汤点：奶酪面包浓汤（**食谱11**）或天堂汤（**食谱18**）

煎炸类食品：炸洋蓟、牛胸腺和填馅面包块（**食谱223**）

炖肉：美味鸽子菜肴（**食谱278**）

配菜：马铃薯粉蛋奶酥（**食谱705**）或罗马风味面团（**食谱231**）

烤肉：烤羊肉配沙拉

甜点：葡萄牙风味牛奶（**食谱693**）、里窝那烤饼（**食谱598**）

五月

I.

肉汤汤点：西班牙风味浓汤（**食谱40**）

头盘：鸡肝煎面包片（**食谱110**）

炖肉：炖匣蒸菜（**食谱350**）

蔬菜：法式风味豌豆（**食谱424或425**）

烤肉：烤填馅牛肉卷（**食谱537**）配小土豆和沙拉

甜点：蛋白霜蛋糕（**食谱581**）、柠檬冰淇淋（**食谱754**）

水果和奶酪：各种水果，把基安蒂或其他品种的红葡萄酒淋在草莓上，用糖粉和马沙拉白葡萄酒调味

II.

肉汤汤点：健康浓汤（**食谱36**）

煎炸类食品：博洛尼亚风味混合炸物（**食谱175**）、炸洋蓟（**食谱186**）、炸西葫芦（**食谱188或189**）

炖肉：鼓形鸽子肉馅饼（**食谱279**）

蔬菜：黄油拌芦笋（**食谱450**）

烤肉：烤奶饲乳牛肉配直立的洋蓟（**食谱418**）

甜点：杏仁奥菲莱（**食谱615**）、草莓冰淇淋（**食谱755**）

水果和奶酪：时令水果、蛋白杏仁饼（**食谱626或627**）

五旬节

肉汤汤点：粗粒小麦粉汤（**食谱15或16**）或肉泥汤（**食谱19**）

煮肉：白酱（**食谱124**）芦笋鸡肉

炖肉：炖奶饲乳牛肉（**食谱325**）配填馅西葫芦（**食谱377**）或炖匣蒸菜（**食谱350**）

配菜：香焗豆角（**食谱386**）

烤肉：烤鹌鹑（**食谱536**）配蛋黄酱沙拉（**食谱251**）

甜点：英式蛋奶挞（**食谱675**）、马切多尼娅（**食谱772**）

六月

I.

肉汤汤点：博洛尼亚风味蝴蝶面（**食谱51**）

煎炸类食品：炸奶饲乳牛肝、牛胸腺和牛脑配蘑菇

炖肉：豌豆鸽子（**食谱354**）

配菜：填馅西葫芦（**食谱377**）

烤肉：刚成年的公鸡配沙拉

甜点：点樱唇（**食谱584或585**）、欧洲酸樱桃冰淇淋（**食谱762**）

水果和奶酪：时令水果、贝奈特饼（**食谱631**）

II.

肉汤汤点：豆泥油汤（**食谱35**）

煎炸类食品：炸奶饲乳牛肉排、炸奶油（**食谱214**）、炸西葫芦（**食谱188或189**）

煮肉：回锅清炖肉（**食谱355**）配蘑菇

蔬菜：香焗豆角（**食谱386**）

烤肉：烤公鸡配蛋黄酱沙拉（**食谱251**）

甜点：意式四分蛋糕（**食谱612**）、欧洲酸樱桃挞（**食谱678**）

水果和奶酪：新鲜时令水果

七月

I.

肉汤汤点：炸面团汤（**食谱24**）

煮肉：鸡肉填馅（**食谱160**）

炖肉：香焗西葫芦泥（**食谱451**）配炖鸡杂和奶饲乳牛肉

配菜：路易塞塔的蛋奶酥（**食谱704**）

烤肉：烤奶饲乳牛肉配俄罗斯风味沙拉（**食谱454**）

甜点：苏丹蛋糕（**食谱574**）、冰覆盆子果冻（**食谱718**）

水果和奶酪：桃子、杏和其他时令水果

II.

肉汤汤点：肉泥汤（**食谱19**）

头盘：无花果火腿

炖肉：去骨填馅鸡肉（**食谱258**）

冷盘：金枪鱼小牛肉（**食谱363**）

配菜：肝面包（**食谱374**）

烤肉：烤鸽子和公鸡配蛋黄酱沙拉（**食谱251**）

甜点：梅子蛋糕（**食谱673**）、蒸杏仁（**食谱690**）

水果和奶酪：时令水果

法规日[2]

肉汤汤点：粗粒小麦粉过孔面（**食谱48**）

煎炸类食品：金鸡（**食谱205或206**）配炸梨形饭团（**食谱202**）

炖肉：鼓形鸽子肉馅饼（**食谱279**）

蔬菜：贝夏美酱豆角（**食谱381**）

烤肉：烤奶饲乳牛肉（**食谱524**）配土豆和沙拉

甜点：蛋白霜蛋糕（**食谱581**）、红醋栗冰淇淋（**食谱764**）

---

2 译注：1861年5月5日，即意大利在萨伏依王朝统治下实现统一后不久，每年6月的第一个星期日被宣布为全国假日，纪念国家的统一和王国的建立。

八月

I.

肉汤汤点：扁细面条

头盘：蜜瓜火腿佐以大量葡萄酒，谚云：

> 金乌行至狮子座
>
> 娇妻美眷束高阁
>
> 开怀啜饮葡萄酒

> Quando sole est in leone
>
> Pone muliem in cantone
>
> Bibe vinum cum sifone

煮肉：煮小牛肉配阿雷佐风味嫩豇豆（**食谱383**）或贝夏美酱豆角（**食谱381**）

配菜：法式酥盒配鸡肉填馅（**食谱161**）

炖肉：鸡蛋酱小母牛肉排配火腿（**食谱313**）

烤肉：烤小火鸡（**食谱549**）配沙拉

甜点：糖水梨（**食谱709或710**）、掼奶油（**食谱689**）、伦巴第风味冻甜点（**食谱674**）

水果和奶酪：各类时令水果

II.

肉汤汤点：女王汤（**食谱39**）

煮肉：蛋黄酱棘刺龙虾（**食谱476**）

炖肉：嫩煎鸡胸肉（**食谱269**）

蔬菜：香焗西葫芦泥（**食谱451**）

烤肉：烤家鸭和鸽子配沙拉

甜点：填馅桃子（**食谱697**）、覆盆子冰淇淋（**食谱756**）

水果和奶酪：蜜瓜、无花果和其他时令水果

八月十五日[3]

肉汤汤点：鹌鹑饭（**食谱44**）或粗粒小麦粉汤（**食谱15或16**）

煎炸类食品：管状和球形炸糕（**食谱183**）、罗马风味炸点（**食谱176或177**）

炖肉：家常牛肉（**食谱297**）配烤奶酪西葫芦（**食谱445**）

配菜：金枪鱼酱鸡肉（**食谱365**）

烤肉：烤小公鸡配沙拉

甜点：巴巴蛋糕（**食谱565**）或那不勒斯风味蛋糕（**食谱586**），意式茶冰淇淋（**食谱771**）或巧克力冰淇淋（**食谱761**）

九月

I.

肉汤汤点：橙盖鹅膏菌浓汤（**食谱33**）

头盘：无花果火腿配腌鳀鱼

煎炸类食品：炸牛胸腺和牛脑填馅面包块（**食谱223**）

配菜：鸡杂填馅香焗蘑菇（**食谱452**）

烤肉：烤火鸡（**食谱549**）配沙拉或鲁迪尼风味鸡肉（**食谱544**）

甜点：巴巴蛋糕（**食谱565**）、杏仁露冰淇淋（**食谱773**）、佐拉玛（**食谱774**）

3　译注：即圣母升天节。

水果和奶酪：桃子、葡萄和其他时令水果

II.

肉汤汤点：粗粒小麦粉汤（**食谱15或16**）

煎炸类食品：炸鳎目鱼、鱿鱼和蘑菇

炖肉：炖家养鸭配阿雷佐风味特宽缎带面（**食谱91**）

烤肉：烤牛肉（**食谱521**）配马铃薯和沙拉

甜点：水果派（**食谱616**）、烤杏仁布丁（**食谱669**）

水果和奶酪：时令水果和薄脆饼（**食谱621**）

九月八日 [4]

肉汤汤点：米兰风味烩饭（三）（**食谱80**）

煎炸类食品：炸鳎目鱼、鱿鱼和蘑菇

炖肉：炖奶饲乳牛肉块（**食谱256**）

配菜：刺山柑煎面包片（**食谱108**）或马铃薯粉蛋奶酥（**食谱705**）

烤肉：烤阉羊腿（**食谱530**）

甜点：松子蛋糕（**食谱582**）、萨巴雍面包（**食谱683**）或涂有打发的奶油的巧克力布丁（**食谱667**）

十月

I.

肉汤汤点：肉汤面团（**食谱14**）

煮肉：菠菜羊肉

4　译注：即圣母圣诞节。

冷盘：猩红牛舌（**食谱360**）配肉冻（**食谱3**）

配菜：鸡肉填馅（**食谱161**）酥皮点心

烤肉：烤鸫鸟（**食谱528**）配面包片和沙拉

甜点：黄南瓜蛋糕（**食谱640**）、蜜饯挞（**食谱680**）

水果和奶酪：包括柑橘在内的各种水果

II.

肉汤汤点：米面球汤（**食谱30**）

煎炸类食品：炸包羊肋排（**食谱236**）

配菜：火腿绯鲤（**食谱468**）

炖肉：葡萄酒风味野鸟（**食谱283**）

烤肉：烤法老鸡（**食谱546**）和鸽子

甜点：鞑靼挞（**食谱676**）、薄酥卷饼（**食谱559**）或那不勒斯风味蛋

糕（**食谱586**）

水果和奶酪：梨、苹果、枇杷、花楸果、葡萄

十一月

I.

汤：法式通心粉（**食谱84**）或肉酱汁浓汤（**食谱38**）

炖肉：野鸭（**食谱270或271**）配以小扁豆或紫甘蓝

配菜：野兔面包（**食谱373**）

蔬菜：贝夏美酱花椰菜（**食谱431**）或香焗花椰菜（**食谱387**）

烤肉：松露去脊肉（**食谱523**）

甜点：萨巴雍萨伏依饼干挞（**食谱684**）、冰橙子果冻（**食谱714**）

水果和奶酪：梨子、苹果、橙子和干果

II.

肉汤汤点：鸽子肉小饺子（**食谱10**）或黄南瓜浓汤（**食谱34**）

头盘：松露烤面包片（**食谱109**）

煮肉：鸡肉填馅（**食谱160**）

炖肉：炖腊肠（**食谱322**）

蔬菜：香焗菠菜（**食谱390**）或香焗茴香（**食谱392**）

烤肉：烤猪里脊（**食谱552**）和烤禽（**食谱528**）

甜点：普雷斯尼茨面包（**食谱560**）、惊喜馅饼（**食谱713**）、萨巴雍萨伏依饼干挞（**食谱684**）

水果和奶酪：梨、苹果、柑橘和干果

十二月

I.（斋餐）

汤：意式饺子（**食谱55**）或樱蛤烩饭（**食谱72**）

头盘：鱼子酱、鳗鱼、橄榄油和柠檬汁煎面包片（**食谱113**）

煎炸类食品：炸鳎目鱼、鱿鱼和绯鲤

蔬菜：贝夏美酱刺苞洋蓟（**食谱407**）或克莱西奥尼（**食谱195**）

烤肉：烤鳗鱼或其他种类的鱼

甜点：杏仁糖片（**食谱617**）、红醋栗果冻苹果（**食谱696**）、用糖粉和胭脂红利口酒调味的橙瓣

水果和奶酪：梨、苹果和干果

II.

汤：罗马涅风味帽饺（**食谱7**）

炖肉：阿代莱夫人的焗菜（**食谱346**）

冷盘：阉公鸡肉冻（**食谱366**）或去骨鹌鸟肉冻（**食谱368**）

烤肉：烤雪兔（**食谱531或532**）或丘鹬烤面包片（**食谱112**）配沙拉

甜点：锡耶纳风味蛋糕、德式黑面包蛋糕（**食谱644**）、梅子布丁（**食谱672**）

水果和奶酪：梨、苹果、柑橘和枣

圣诞节

肉汤汤点：罗马涅风味帽饺（**食谱7**）

头盘：鸡肝煎面包片（**食谱110**）

煮肉：清水煮肉配米饭（**食谱245**）

冷盘：野兔肉馅饼（**食谱372**）

烤肉：烤法老鸡（**食谱546**）和野鸟

甜点：锡耶纳风味蛋糕、博洛尼亚风味卡尔特会面包、烘杏仁冰淇淋

[版权所有，请勿翻印、转载]

图书在版编目（CIP）数据

地中海饮食圣经：烹饪中的科学和饮食的艺术 /
（意）佩莱格里诺·阿尔图西（Pellegrino Artusi）著；
文铮，李承之译.－长沙：湖南美术出版社，2023.10
    ISBN 978-7-5746-0186-4

    Ⅰ.①地… Ⅱ.①佩… ②文… ③李… Ⅲ.①菜谱 Ⅳ.
①TS972.12

    中国国家版本馆 CIP 数据核字（2023）第175076号

地中海饮食圣经
烹饪中的科学和饮食的艺术

DIZHONGHAI YINSHI SHENGJING
PENGREN ZHONG DE KEXUE HE YINSHI DE YISHU

出 版 人：黄　啸
策 划 人：王瑞智　王柳润
著　　者：[意] 佩莱格里诺·阿尔图西
译　　者：文　铮　李承之
责任编辑：曾凡杜聪
责任校对：董田歌
书籍设计：张弥迪
制　　版：杭州聿书堂文化艺术有限公司
出版发行：湖南美术出版社
　　　　　（长沙市东二环一段 622 号）
印　　刷：上海雅昌艺术印刷有限公司

开　本：710mm×1000mm 1/16　　印　张：44
版　次：2023 年 10 月第 1 版　　印　次：2023 年 10 月第 1 次印刷
定　价：328.00 元

销售咨询：0731-84787105　邮　编：410016
电子邮箱：market@arts-press.com
如有倒装、破损、少页等印装质量问题，请与印刷单位联系调换。
联系电话：021-68798999